アストロラーベ

光り輝く中世科学の結実

セブ・フォーク［著］
松浦俊輔［訳］

The Light Ages

by Seb Falk

柏書房

口絵1.4, 1.5：セント・オールバンズの暦にある、オクトーバーとノベンバーの月名の装飾頭文字。

Ricardus abbas vicesi
mus octavus divina
et humana scientia preditus con
struxit horologium. quod ut
credimus omnia huius regni
horologia antecellit. Hic mul
tas tribulationes sustinuit
pro ecclie sue iure. sed deo fa

口絵2.5：ハンセン病の傷がある大修道院長ウォリンフォードのリチャード。自ら建造した大時計と。セント・オールバンズの『恩人たちの書（Book of Benefactors)』より。

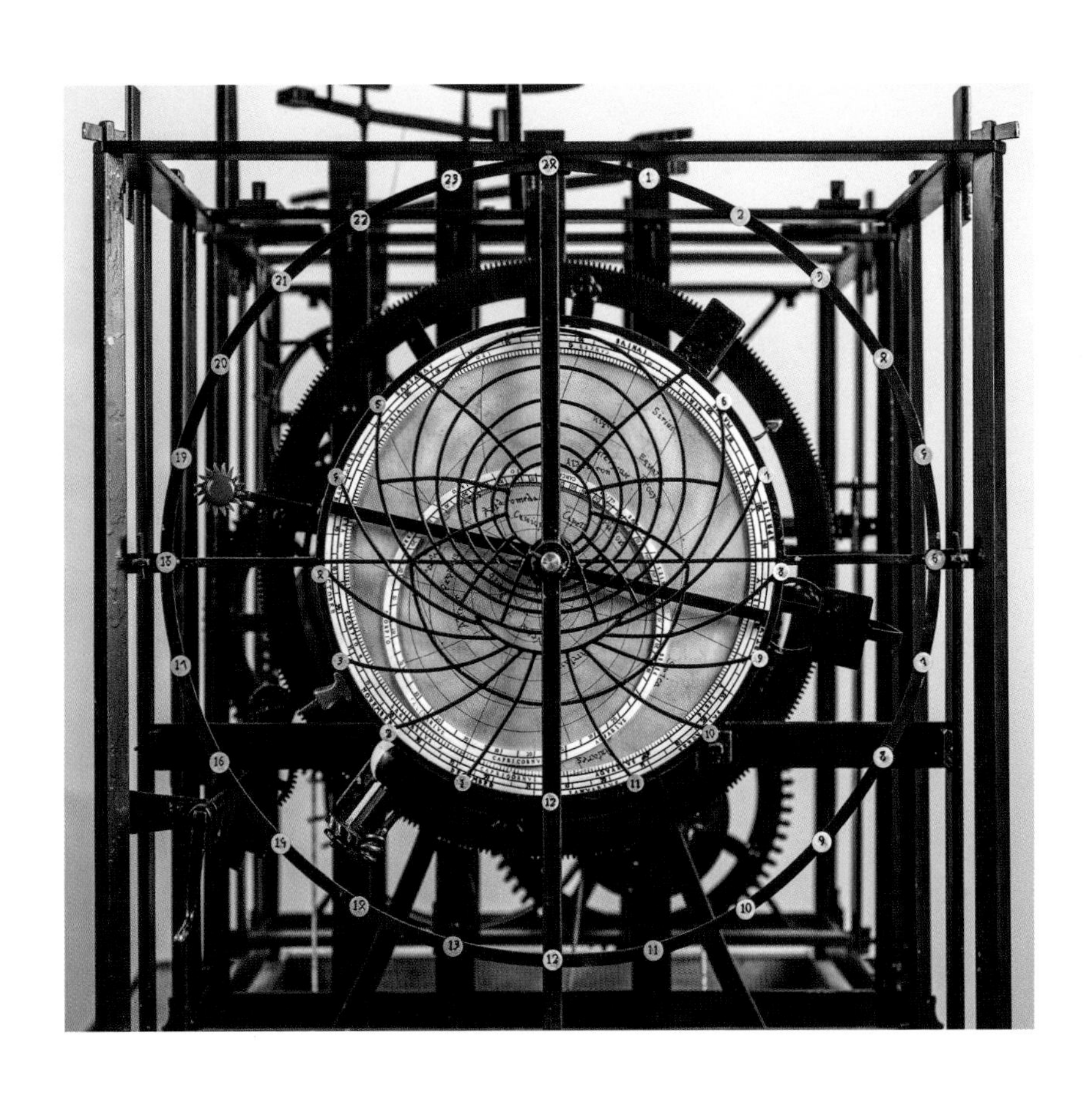

口2.9：ウォリンフォードのリチャードによる時計の主盤。不定時法の時間は、内側の6から6までの数字がついた円で、6から内側へ走りもう1つの6に至る曲線で読み取れる。真の太陽時を示す太陽や、月の交点を示す尻尾と赤い舌がついた金の竜にも注目のこと（1/4スケールの再現模型）。

口絵4.9：天狼星、アルハボル（シリウス）の頭と曲線をなす舌。このレーテはアストロラーベの下部にセットされている。縁には180度の印と12時の印があるのに注目のこと。

口絵5.10：コールディンガム聖務日課表。ベネディクト会修道士が聖母子の前でひざまづいている。文章はおそらくジョン・ウェストウィックによるもので、新月の時刻を計算する方法を解説している。

口絵6.2：マシュー・パリスによるブリテン島の地図（1255年頃）。スコットランドはほとんど別の島のように、スターリングの橋だけでイングランドにつながっているように示されている。リンカンシャーの脇のボックス（右側下から2番め）には、「hec pars respicit flandriam ab oriente（この部分は東のフランドルに面している）」とある。

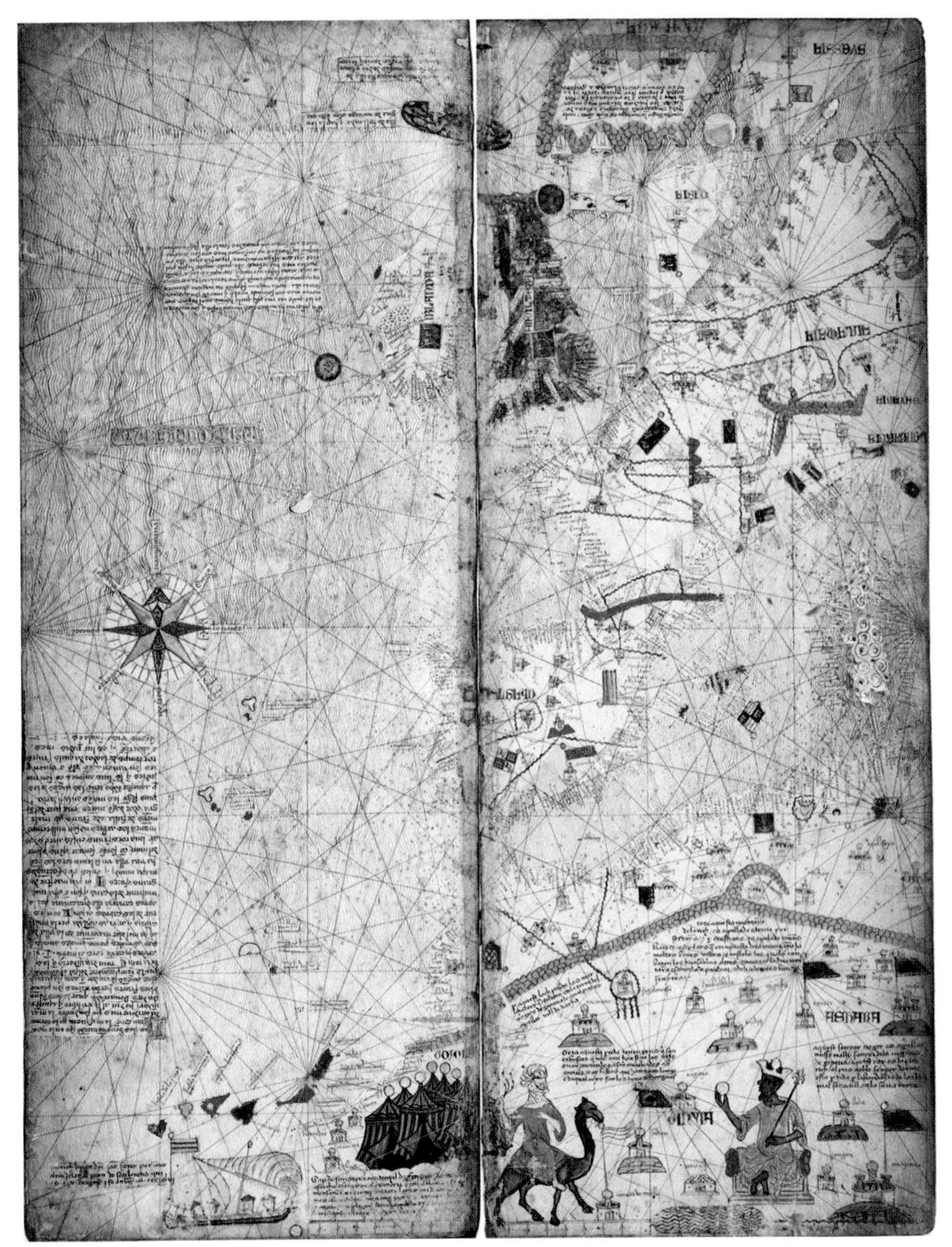

口絵6.3：カタルーニャ図の一部、西ヨーロッパ（おそらくエリシャ・ベン・アブラハム・クレスケスによる。1375年）の一部。この贅沢な作品は、ポルトラーノに影響を受け、四方八方に伸びる航程線や、多数の港の名を記した海岸線があるが、重要な内陸の詳細も含んでいる。地図の左側で目立っているのは、現存する中では最古の羅針図。マヨルカ島はカタルーニャ・アラゴンの赤と金色の縞模様になっている。

ファーガスとヴィヴィアンに

しかし人は言うものだし、確かにそうなのだが、知識について書かれたことばかり読んでいると、しばしば人の理解力は鈍ってしまう。だからそういう人のために、読んでいただけるなら、私は両者の中間の道をとり、ときには楽しいことを、ときには教えるべきことを書こう。足りないものもあれば余計なこともあって、誰か、私が書いたことを好きになるかもしれない。

——ジョン・ガワー

【目次】

序章 謎の稿本

デレク・プライスは、「行儀がよくなかった」と言われる。[1] 一九五〇年代のケンブリッジでは、それではなかなかやっていけなかった。下層中産階級のユダヤ人家庭の出身であることは有利ではなく、誇るべき軍功もなく、サウスウェスト・エセックス工科大学卒という学歴も平凡だった。植民地のシンガポールで数学を教え、その間に科学史に興味を持つようになり、講師の職を求めてあちこちに応募していた。教授たちは学生として入学するほうがいいと言った。[2] プライスは、チャールズ・ダーウィンや、女王の親戚で戦争の英雄マウントバッテン卿が出たクライスツ・カレッジに入った日から、必死になって自分の能力を見せようとした。

一九五一年一二月の寒い朝、プライスはチャンスをつかんだ。科学機器の歴史についての研究を始めて数か月後のことで、その日はケンブリッジ最古のカレッジであるピーターハウスの中世図書館を訪れる約束をしていた。プライスが関心を抱いていた稿本は一つ——75という番号がついていた——だけだった。そこには——一九世紀に目録を作った人物の自信なさそうな推測によると——「アストロラーベを作るための説明書（?）」が収められていた。[3] 後のプライスの回想では、それは「つまらなそうな本で……おそらく図書館にあった五〇〇年の間、開かれたこともなかっただろう」。

開いてみると、相当な衝撃を受けた。そこに描かれていた器具は、アストロラーベとは——あるいはすぐに正体がわかるような他の何とも——まったく違っていた。稿本そのものは、美しいほど明瞭で読みやすかったが、削除されたり修正されたりしていて、まさしく著者が推敲した後の原稿らしかった（実際にそうであるのはほぼ確実である）。何より、ほとんど全編が一三九二年のもので、ラテン語ではなく中英語（中世英語）で書かれていた……

その年代が意味することはこういうことだった。ある器具について書かれた中世で最も重要なテキスト、つまりチョーサーの『アストロラーベ解説』は一三九一年に書かれていた……この文書がチョーサーと関係しているという結論は逃れられない。それはわくわくする追跡劇(チェイス)だった。[4]

プライスはある単語の始まりが「chauc」となっているのに目を留め、この追跡はますます熱くなった。その先は稿本が一九世紀以来のきつい綴じ目に隠れていたが、プライスはすぐにピーターハウスの司書を説得して、その綴じ紐を切ってもらった。繙(ひもと)かれた各葉が保存処理部門から戻ってきたその日、プライスと二人の高名な教授は、発話禁止の図書館から飛び出して、あふれる喜びに大声をあげた。[5]「chauc……」は、確かに「chaucer(チョーサー)」であることが明らかになった。この「つまらなそうな」稿本は、まったく未知の科学的器具を作るための説明書となる原稿だった。それがどうやら、シェイクスピア以前で最大の英国作家、ジェフリー・チョーサーの手によるものらしい。

プライスは、プライスらしい集中力を発揮し、ケンブリッジ学界では規範とされる慎重さを、やはりプライスらしくすっとばして、その発見を急いで公表しようとした。ケンブリッジの大学新聞『バーシティ』は、カールした髪で太い縁の眼鏡の、二八歳という実際の年齢よりは少し若く見えるプライスと稿本の合成写真の上に、「チョーサーの自筆原稿、図書館で発見」と書き立てた（図0・1）。数日後の『ロンドン・タイムズ』紙は、それよりは慎重で、「チョーサーの稿本か。ケンブリッジで発見」と見出しをつけた。この記事は、すぐに世界中に伝えられ、コペンハーゲンでもチェンナイ〔インド、旧称マドラス〕でも、新聞が報じた。[6] しかしプライスは正しかったのだろうか。それとも『タイムズ』紙の慎重さの方が正当だったのだろうか。そしてなぜそれが重要だったのか。

図0.1　デレク・プライスとピーターハウス稿本75の画像。*Varsity*, 1952年2月23日付に掲載。合成画像では、プライスの頭が、肝心の「chaucer」にかぶさっている。

衝撃は、単に有名な『カンタベリー物語』の著者による新たな作品が発見されたということではなく、それが科学的な解説書だったところにあった。インドの新聞『ヒンドゥー』は、「チョーサーは科学者でもあった？」と、そんなばかなと言いたげな見出しをつけた。もちろん歴史家は――当のプライスを含め――チョーサーがここにあるのとは別の科学器具のマニュアル、『アストロラーベ解説』も書いていたのをよく知っていたが、一般的な見方からすると、一九五〇年代も、今日同様、「中世科学」というのが矛盾した言葉だったのだ。

＊＊＊

科学はルネサンスに始まると考えられることが多い。サイエンスライターのスーパースター、カール・セーガンは、ミリオンセラーとなった著書『コスモス』（一九八〇）で、科学史上の有名人や大事件を並べた時系列を記したが、そこには、ピュタゴラスやプラトンといった古代の人物が並んだ後の西暦四〇〇年あたりに「『暗黒時代』の始まり」と記入され、そこから、「コロンブス、レオナルド」の名がある一五〇〇年頃まで、広い空白が続いている。「この図の中央にある千年のギャップが、人類にとって痛恨の失われたチャンスの表れだ」と、セーガンは嘆いた。[7] セーガンは自分が歴史家だとは言わなかった――だからこのテーマには立ち入るべきではなかったのではないかと言われるかもしれない――が、歴史家を名乗る多くの人々が、同じ間違った印象を自著の読者に与えてきた。本屋に行くと、「科学の発明」のようなタイトルの、科学の誕生を――少なくともヨーロッパでは――新世界の発見や活版印刷の発明の後、一六〇〇年頃の革命的な沸騰の時代に置く本があふれている。[8]大学の科学史の授業もその時代から始まることが多い。けっこう新しいある本は *Science: A History*〔科学——一つの歴史〕と題されている。優れた本だが、それは一五四三年に始まり、第一部は「暗黒時代（ダークエイジズ）を抜けて」と名づけられている。[9]しかし現実の中世は、科学的関心と探求による「光の時代（ライト・エイジズ）」だった。

　おもしろいことに、当の暗黒時代の由来は、中世世界にある。初期のキリスト教徒は、イエス誕生以前の多神教の闇について書いていた。一四世紀イタリアの人文学者は、その古いキリスト教的比喩を採用し、それをひっくり返して、四〇〇年頃のローマ帝国の崩壊と、自分たちのルネサンスによる古典的学問の復活の間の文化的衰退と考えられる時期の暗さを表した。人類の歴史をわかりやすいくくりに分けたい学者にとって、それは便利であり、かつ喚起力もあった。それは敵をはっきりさせ、自分たちはそれと対抗しているのだと見ることができた。これはプロテスタントによる宗教改革が強まった時代にはとくに魅力的になり、以前の時代をローマ・カトリックの迷信に囚われていたと蔑（さげす）むこともできた。一六〇五年、英国教会派の好古歴史家ウィリアム・キャムデンは、イングランド文学選を紹介して、中世を「無知の暗い雲に覆われた、あるいは濃い霧がかかった」時代と片づけている。[10]暗黒時代という考え方が頂点に達したのは一八世紀で、エドワード・ギボンは著書『ローマ帝国衰亡史』で、「中世の暗黒」と述べ、暗黙のうちにそれを自身が属する啓蒙の時代と対比させた。[*11]しかし歴史家は新たに、中世の文化や学問の優れたところを評価するようになり、「暗黒時代」という用語は着実に廃（すた）れ始めた。英語圏では他より長く残ったが、それは一〇六六年のノルマン人による征服という分水嶺以前のイングランドを表す略語として使えたからだ。ところがそれさえ長続きはせず、歴史家は今や、あたりさわりのない「中世前期」という名の方を好んでいる。

とはいうものの、中世世界の話となると、とくにその科学的成果について語られる裏には、暗黒時代という亡霊がつきまとっていた。「中世的」という言葉は、あたりまえのように、テロ集団の野蛮な犯罪をくくるために用いられる。政治家、ジャーナリスト、判事がこの言葉をメタファーとして振り回し、拷問や女性の割礼を非難したり、捜査を「魔女狩り」として否定したり(魔女裁判は近代初期のものなのだが)、さらには携帯電話が通じにくいことを嘆いたりする。[12] よく引用される、一九九四年の映画『パルプフィクション』に「get medieval on your ass」(「お前のケツに中世(のような拷問)をかます」)という台詞が登場した後、少し異なる用法が復活した。スティーヴ・バノンは、二〇一七年八月、ドナルド・トランプ大統領の首席戦略補佐官の職が危うくなった頃、「go medieval on enemies of Trump and his populist agenda」(トランプとトランプのポピュリズム的政策の敵に対して、中世的にいく(敵をひどい目に遭せる))と繰り返し脅した。バノンの言葉はソーシャルメディア上で不快にも思われ、おもしろがられもした。歴史家でテレビ番組の司会者ダン・スノーは、ツイッターのフォロワーに、冗談で、バノンは、「統制できない貴族や、貧弱な装備の徴用された農民による、少人数のあてにならない軍勢を集めて、すぐに赤痢にかかるのか?」と尋ねた。その後のツイートでは、「ごく基本的な科学的方法の理解がなくて、「いんちき医者や占星術を信じて、自分に勝利をもたらすために想像の神に頼る」と言った。[13]

スノーの後の方のツイートは、軽い感じで言ってはいるが、中世科学についての否定的な紋切り型が通用していることを思わせる。それももっともなことだ。私たちの注意は目立つ対象に引き寄せられるし、頭は単純な要約に引き寄せられるものだ。世界一高い建物がリンカン大聖堂だった時代にあっては、信仰の巨大な力を誰が疑うだろう。しかし神への信仰が、人々が周囲の世界を理解しようとするのを妨げることはなかった。聖書のテキストや伝承に忠実であることは、新たな思想を拒否するということではなかった。金銭や創造的エネルギーを宗教画や宗教建築に回すからといって、中世の人々の関心の範囲が制約されることはなかった。本書を通じて信仰と自然研究との関係は複合的だった――し、今もそうである――ことを見ることになる。もちろん、相争う思想は時として紛争を引き起こした。しかし「科学」と「宗教」を、対立することが避けられないまったく別々の役者として思い浮かべたり、今も残る閉鎖的な精神性が、つねに宗教の側のものと説いたりするのは、あまりにも単純すぎる。中世は戦争と疫病だけの時代ではない。

もっと詳細な構図を得るには、もっと広い範囲の典拠が必要だ。最もふつうに繰り返される中世のイメージは、想像力と職人技による珠玉の品、すなわち、極美の時禱書だとか、神話的な獣を描いたタペストリだとか、手のかかる装飾文字だといったものだろう。科学的な著作の大半はそれほど美しくはない。今日の学術誌に発表される研究成果の魅力が、通りいっぺんの読者にすぐにわかるわけではないの

＊実は、当の「暗黒時代」の間でさえ、学者は自分のいる時代をそれ以前の停滞と対比させるために非常によく似た喩え（たとえ）を用いていた。ドイツの修道士、ヴァラーフリット・ストラボは、アインハルトによるカール大帝（七四二～八一四）の伝記につけた前書きで、「カール大帝は、文化のない、私に言わせてもらえればほとんどまったく蒙を啓かれていない領土を神から信託され、そこにあらゆる人間の知識を求める新たな熱狂を与えることができた。それ以前の蛮族の状態では、帝国がそのような熱意に襲われることはなかったが、今やその目は神の照明に向かって開かれた。我々の時代にあっては知識への渇望は再び消えつつある。叡智の光はどんどん求められなくなっていて、今や大半の人々の頭では再び希少なことになりつつある」。Einhard the Frank, *The Life of Charlemagne*, L. Thorpe 英訳（London, 1970), 23.

と同じことだ。デレク・プライスが最初にピーターハウス稿本75をめくったとき、まず現れたのは、それを埋める数多くの手書きの数表の一つだっただろう。図0・2のようなものだったはずで、そこにはユニコーンは出てこない。

本書に登場する稿本と器具はおおむね、図書館の名品展に展示されるような、金箔で贅沢に装飾された貴重な芸術品ではない。中世の科学書は数多く残っているが、それはたいてい、紙幣や郵便切手を飾るような装飾的なモチーフがあったり、国家的威信の象徴になったり、学者がなかなか手を触れられない、王冠の宝石のようなものだったりといったものではない。プライスが見たような、歴史家が知らなかったものもあるし、状態が悪いものもある。それでも、図書館員や文書管理員はたゆまず仕事をして――たいてい認められることもなく――それを保存し、誰かがそれを調べるときは、必ず喜んで手伝ってくれる。閲覧を拒まれることはほとんどないし、私が手を洗ったかどうか誰も確かめようとしないことに、私はいつも少し驚いている（中世の稿本を取り扱うのに手袋をはめることもほとんどない）。しかしピーターハウス75のような稿本は、展示ケースで光を放つ稿本に負けず劣らずめざましく、また劣らず重要である。本書では、ときとして断片的な文章を読むことになるが、真鍮製の器具を少々操作したり、略図を解読したりもする。そうしたものが、忘れられた中世科学の世界について、生き残っている証言なのだ。そうした資料を調べるのは、内容のためだけではなく、それがどのように作られ、保管・使用され、読まれ、綴じられ、貸借・売買され、装飾され、捨てられたかを知るためでもある。

＊＊＊

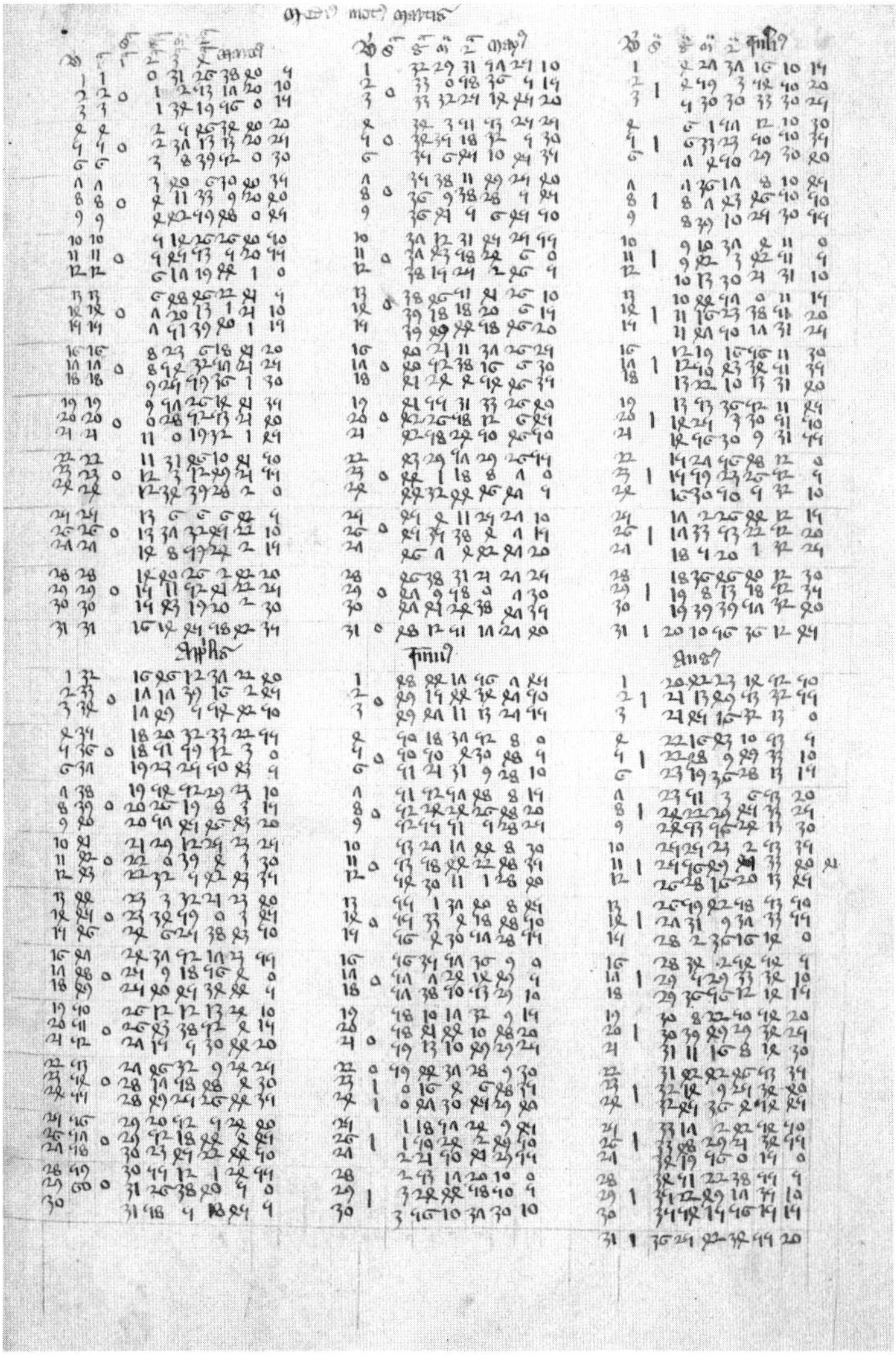

図0.2　火星の平均運動の表。Peterhouse, Cambridge MS 75.I.

「中世科学」とは何だったのだろう。この言いまわしからして議論の的になる。私たちは科学とは何を意味するか知っていると思っている。科学とは科学者がすることだ。科学者はその世界の基準に沿った教育を受け、国際的に認知される専門的資格を得て、誰もが認める方法を用いて、目的にかなうように設計された空間で、科学の規格に合う形で出された問いに対する信頼できる答えを得る。けれども中世科学はそういうものではなかった。確かに今日の科学は、中世やそれよりずっと前にまでさかのぼる知識を積み上げる活動から育ったものだし、そうした活動は、今日の科学者が調べるのとよく似た自然現象を調べていた。中世の人々は、自然の事物がしかじかにふるまう理由の理解を積み上げようとしていたし、その理解を用いて未来を予測した。しかしそうした人々は科学者（サイエンティスト）ではなかったし、その頃の科学には、今日では科学とは考えられないような活動が含まれていた。私たちが中世科学を調べて、今私たちのやり方の前身、先駆形を探すだけなら――とくに、それを理想化された「科学的方法」に照らし合わせて判定するのであれば――必ずそれは私たちの域には達していないと思うだろう。そういう基準だと、現代の科学者でさえ達しない場合がある。

そこで、見つからなくてがっかりするだけのことなら、「科学」という言葉をまったく使わないようにすべきなのだろうか。そのように求める歴史家もいた。その場合、中世の自然研究者は、自然が神に創造されたという信仰によって強く動かされていて、もっぱら天地創造の背後にある神意を理解することに向かっていたので、今の科学とはまったく異なる――たいてい「自然哲学」という名を与えられる――研究だったと論じられる。中世の人々にとって、世界――つまり創造された宇宙全体――の研究は、道徳的・霊的叡智への道だったのだ。アイザック・ニュートン――この人は中世人ではないが、何人かの中世の巨人の肩に立っていた――は、記念碑的な著作『プリンキピア・マテマティカ』のあとがきに、「これだけのことが神にかかわっている。事物の外観から神について語るのは、確かに自然哲学に属するところである」と書いた。[14]

ニュートンはそれを、一八世紀になっても学問の共通語だったラテン語で書いた。ラテン語にはscientiaという言葉があり、これが英語のscienceという語の元になった――しかしそれは納得のいく訳語ではない。中世のscientiaは、一般的な意味での知識とか学問、あるいは思考の方法といった意味にもなりえた。あるいは数学や神学も含め、組織された知識の部門なら何でも指すことができた。現代英語の「science」が持つ、限定された定義はなかった。それでも私は本書全体で、「science（科学）」という言葉を使う。その意味は柔軟で使いやすいからだ（「scientist〔科学者〕」という言葉は使わない。その言葉ができたのは一九世紀のことで、現代の専門的な何かという狭すぎるイメージになって、中世の哲学者や天文学者や医者はきっとそれには当たらないからだ）。本書で述べられた活動と、それに由来する近代科学という子孫との間に同族的類似を認識していただければと願っている。とはいえ、動機、方法、言語は大きく違っており、それに応じて、期待を加減しなければならない。戦史家は、十字軍の戦争は現代の紛争とはまったく異なる形で、また異なる理由で戦われたことを見てとることができるだろうが、それが戦争であることは躊躇なく認識するだろう。私たちは科学について同じことをする。

すでに見たように、「暗黒時代」の軽視は、それと比べて現代の私たちの方が優れているように見せるということだった。しかし自分たちと似ているところを高評価するというのもよくない。過去を今日の状態が完全に発達しきれていない状態と見ることは、私たちの知識の状態についての自己満足で安心し、私たちも知らないあるいは知りえないこと、また科学の構造や地位がどれほど脆弱かということも見ないでいられるようにしてくれる。中世思想の尺度は、「私たちの優れた現代流にどれだけ近いか」とすべきではなく、「当時にあってそれがどれだけ重要だったか」、「それがどんな影響を与えたか」とすべきである。科学思想の歴史をその思想の置かれた適切な文脈で理解することによって——当時の科学をまずそれを作った人々の目を通して見ることによって——科学は一定の、直線状に進むものではないことが正しく認識されるようになる。そこにも進歩があったことに疑いはないが、それは偉人たちの「ヘウレーカ」の瞬間が並んでできているというものでもない。進歩は遅く、漸進的でもありうる。科学的理解が行き詰まることもあったし、脇道にそれたり後戻りしたりすることもあった。それは今でもありうることだ。

＊＊＊

過去の科学についての理解をその立場に立った理解から始めるとすれば、科学を実践し、本書に述べられるような科学的思想や書物や道具を生み出した当時の人々（メン）——何人かの女性も含め——の動機を認識する術を学ばなければならない。これは一人一人の頭の中に立ち入ることを意味する。しかしまず、その一人一人が誰だったのかについて少々知る必要がある。ピーターハウス稿本75で述べられている天文学用の器具が、サザークの風刺詩人、ジェフリー・チョーサーによって考案されたのか、まったく別人によるのかが重要だった理由はそこにあった。

デレク・プライスは、その問題が解決される前に亡くなった。自身で中世英語によって、*Equatorie of the Planetis*（「惑星の計算器」）と名づけた謎の科学器具についての研究は、一九五五年に最終結果を発表し、温かく迎えられたが、プライス自身は、作者がチョーサーであることを指し示す「矢印（ポインター）」をいくつか積み上げた以上のことは見つけていないと認めている。チョーサー学者たちは依然として慎重だった。こちらは文学の専門家で、科学的な文献を判定するのは心許ないと認めており、世俗の科学的散文に手を出すと、チョーサーの詩人としての評判に傷をつけるという感覚もあった。この点は、「計算器（エクアトリー）」の文章には占星術の匂いがあり、「それについては」チョーサーが「我が精神はいささかも信用しない」とあからさまに反対していたこともあって、とくに微妙なところだった。プライスの説は広く受け入れられることはなく、チョーサー作品集として *Equatorie*（エクアトリー）を収録した例は一種類しかなかった。[15]

プライス自身はさらに先へ進んだ。一九五七年、イングランドの閉鎖的な学界風土の呪縛を離れ、大西洋を渡り、アメリカに着くと、象徴として母のユダヤ系の名、デ・ソーラをつけた。まだ家族とともにイングランドに戻ることを夢見ていたが、その夢はまもなく、ケンブリッジ大学の職に応募したとき、消えた。審査した一人によれば、デ・ソーラ・プライスには「天才の雰囲気」があった――が、その同じ審査員が、私信で、「採用されるとは思わない。まったくの個人的な理由で」と書いている。もちろん、採用されたのは別人だった。プライスはおもしろくなく、「人は公平で道徳的だとずっと思っていたが、そのいずれもそうとは言い切れない」と憤慨した。「あの人たちは私の性格とか眼の色が嫌いなのかもしれない。少なくとも私にそう言っているのかもしれない。ケンブリッジが私の六年間の非生産的とは言えない懸命な仕事に対してくれた思いがけない侮辱を考えるほど、私はイングランドが嫌いになる。子どもがアメリカ人として育つだけの一〇年は、甘んじてこの国で暮らさなければならないらしい」[16]。こんな残念な仕打ちがあったものの、その精励はほんの数か月後には報われた。イェール大学に科学史学科を開くよう求められたのだ。一九八三年に亡くなるまでそこの教授に在職し、政府に科学政策について助言する栄誉を受けたり、パイプをくわえた「科学探偵」という評判を培ったりした[17]。

プライスは当代随一の歴史家に数えられるようになり、科学研究の新たな分野で研究を築いたが、「エクァトリー」文書は依然として謎だった。何人かのチョーサー専門家が、分析的な道具を駆使して反対の論陣を張った。手書きがチョーサーのものだという証明はできるだろうか。そもそも、この稿本を書いたのが、本当にこの文書の元の著者(あるいは訳者)だったのか? 文体や語彙はチョーサーに一致するか? 稿本に書かれている天文学はチョーサーの関心や能力に沿っているか? 大半の学者が、チョーサーが著者であることは証明できないことを認めるようになった――中世の稿本の圧倒的多数はただただ作者不詳なのだ。しかし稿本75が他の誰かのものとも断言できない以上、決着はつかない。ところが最近になって、その決着がきっぱりとついた。

カリー・アン・ランドという、エレガントで穏やかな話しぶりのノルウェー人学者が、長年、「エクァトリー」に関心を抱いていた。ランドは一九八〇年代にオスロ大学でそれを研究し、一九九三年、これに関する学術書を出した。そこで示されたのは、この稿本が確かにその著者自身によってざっと書かれた原稿であり、チョーサーの言葉に似たロンドン風の方言を用いていたが、それ以上のことは言えないということだった。二〇年がすぎて、誰も新たな進展を見せられず、ランドは耐えられなくなり、自分で再びこの道を追うことにした。ランドはヨーロッパ中の図書館に、同じ時期の他の道具の取扱説明書を探し、手書きの文字がピーターハウス75と完璧に一致する稿本を見つけた。[18] イングランド北東端のタインマス修道分院の図書室に寄贈されていたこの合致する稿本は、タインマスの母体となるセント・オールバンズの修道院で、一三八〇年頃に作られていた。ランドは最初のページを見て、寄贈者――にして書き手――がそこに名を書いているのを見た。「Dompnus Johannes de Westwyke（ドミヌス・ヨハネス・デ・ウェストウィック）」。つまり、ウェストウィックのブラザー・ジョンということで、チョーサーではなく、修道士（モンク）だったのだ。

ブラザー・ジョンは中世科学の物語については申し分のない案内役である。私たちはこの人物についてあまりよく知らない――しかしそこがまさしくこのジョンをうってつけの存在にする。中世科学についての本が、ほとんど未知の人物を中心にしているというのは、どこから見てもふさわしい。「偉人」の話となる歴史物語はあまりに多い――それも歴史家がこの『惑星の計算器』が有名人によって書かれたとしたがる理由の一つである。本当の科学の物語が有名人のオンパレードであるはずもなく、大多数は科学的精神をもった無名の人々による思想や成果を語るものであるはずだ。この案内人は、広く知られているわけではなく、一四世紀後期に生きて亡くなった、ふつうの修道士（イングランド人のうち聖職にあった二パーセントの一人）である。地方の荘園に生まれ、イングランド最大の大修道院で教育を受け、崖の上の修道分院に追われた。十字軍に参加し、発明家であり、占星術師だった。ウェストウィックのジョンは、多くの点で、それほど変わった存在ではなかった。しかし、科学に携わるふつうの修道士の一生をたどると、中世の信仰と思想の真の姿が得られる。この時代は控えめな無名の時代だったのだ。ジョン・ウェストウィックは、成果を高らかに謳うどころか、デレク・プライスに発見された自身の独創的で重要な著書、『エクァトリー』に、名を書くことさえしなかった。ジョンは、権力ある地位に昇ることのなかった大半の修道士と同様、書庫にはほとんど跡を残さなかった。それでも残った跡から、歴史家からは忘れられることの多い一生について、例外的と言える再構成を試みることができる。このような無名の人物の物語には、いくつも断絶部分があるのは避けられない。しかしジョンの人生と科学についてわかることをつなぎ合わせると、私心のない学問の時代の驚異を経験できるようになる。

ウェストウィックの中世科学を巡る旅路で、私たちは一群の魅惑の登場人物に出会うが、そのいずれも有名人ではない。ウスターシャーでロタリンギアの修道士に蝕（しょく）について教えた、ユダヤ教徒から改宗したスペイン人キリスト教徒。時計を組み立てる、ハンセン病のイングランド人修道院長。スパイに転じたフランス人の職人。世界で最先端の天文台を創立したペルシアの碩学。中世科学は今日の科学と同じように、国際的な営みだった。科学的探求を刺激するのは信仰だったが、深い信仰を抱く人々には、他の信仰から理論を採り入れることに何の問題もなかった。千年にも及ぶ時代の科学的思想が世界的にとてつもなく多様であったことを過小評価すべきではないが、一個人が自分の知っていたことをどう知ったかを見つめると、中世の考え方がどのように他の人の研究の上に築かれ、何千キロも離れたところの別の言語で研究する他の学者にどのように影響を与えたかが理解できるだろう。

ウェストウィックが知っていたことは、何よりも、中世の中心的な科学——天文学——だった。政治的な力もあった詩人——にしてチョーサーの友人——ジョン・ガワーはこう書いた。

天文学なる科学は

はっきり言うならば
他の科学がそれなしでは
すべてむなしくなるものだ[19]

天文学は最初の数理科学だった。それなしには現代科学のモデルも公式も存在しえなかった。天地創造を通じて神の心を読もうとする熱心な学者にとっては、天体の規則正しい運行が神の完全さを明らかにするからと、天文学に関心を抱くのは当然だった。実用的な意味も大きく、計時にも暦にも、地図や建築、航海や医療にも影響した。天文学の学徒にして器具の利用者だったジョン・ウェストウィックは、理論と実践の交差を体現している。本書は読者に、このジョンとともに科学をしてもらい、ジョンが当時学んだように、この科学を学んでもらう。指で9999まで数えるところから、ホロスコープ〔占星術で用いる天体配置図〕を作成したり、赤痢を治したり、中世科学がただどう考えられたかではなく、実際にどうなされたかについて何ごとかを理解する――ただアストロラーベに感心するだけでなく、真鍮の重みを手の中で感じる――のは、その成果を正しく評価するうえで必須のことである。

デレク・プライスがアウェーのケンブリッジに収まろうともがいている頃、L・P・ハートレイは「過去は外国である」と書いた。[20] そこで、私は読者を、この一四世紀の世界への旅に同行し、ある無名の修道士の科学人生をともにするよう招待する。

現代語訳、文字の転記、固有名詞についての注記

中世科学思想の例を知ってもらい、その背後にある人々の肖像を描くうえで、私は矛盾する優先順位のつりあいを取ろうとした。資料をわかりやすくしようとすると、現代的になりすぎるという危険を冒すことになる。「トマス・アクィナス」や「アルベルトゥス・マグヌス」のような人名をおなじみの英語（あるいはラテン語）の形に置き換えれば、そうした人々に関する参考図書を見つけやすくなるかもしれないが、「トンマーゾ・ダクイーノ」や「アルベルト・フォン・ラウインゲン」とした方が、中世科学の多文化状況や多言語状況を明らかに示せるだろう。そのような対立する優先順位を前にして、私は臆面もなく首尾一貫を捨てている。ある場合には中世英語を現代語訳するが、ある場合にはその音楽的なところを鑑賞してもらったりする。他言語の引用は英訳したが（とくに断りのないかぎり私訳）、詩の場合には、豊かなリズムと韻のある原文を挙げた〔訳では、とくにことわりのないかぎり、著者による現代英語訳を訳者が和訳した〕。名前については、その名の主が用いたであろう形に近いところで示そうとしたが、二とおりを示すのがベストと思ったところもある（索引を見れば、不確定なところは解消されるはずだ）。アラビア語のようなローマ字を使わない言語の人名――や他の語句――は、一般に単純な形のローマ字表記にした。見慣れない単語を音にして、舌の上を転がすのを、私と同様に――チョーサー自身も明らかにそうしていたように――楽しんでいただければと願う。

失われた人物の人生をどのように再構成するか。一四世紀の修道士一人の話の上に、どう科学史を立てようというのだろう。その人物がいつどこで生まれたか、どのような生い立ちか、はたまたどんないきさつで、セント・オールバンズで作成された稿本をタインマスの修道分院に寄贈することになったかも定かではないというのに。ジョン・ウェストウィック（Westwyk）は天文学に関する貴重な本を二点（加えて少なくとも他に二つの稿本の何枚かのスケッチとメモ）遺してくれたが、本人の経歴についてはその名以上のことはほとんどわかっていない。

まず名前から。名前も相応のとっかかりになる――中世の人々には、名を知られていない人は数えきれないほどいるのだから――が、やはり名前だけではたいしたことには見えないだろう。その名がジョンとなればなおのことだ。ジョンは一四世紀のイングランドにいた人物の名としてはずばぬけてありふれている。一三八〇年、つまりジョン・ウェストウィックがセント・オールバンズを出て、国境を越える旅を始めたとき、このベネディクト会修道院には五八人が所属していて、そのうちの二三人がジョンと呼ばれていたのだ。[1]

それに対して「ウェストウィック」の方には、いくらか教えてもらえることがある。ほとんどすべての修道士の名字と同様、それは地名であり、その名の主の出身地を教えている。もっとも、そのような名の修道士は、一四世紀の流行には逆らっていたことになる。僧院の外では、生誕地に基づく名字に代わって、タイラー〔タイル工〕とかスミス〔金属細工人〕といった、職業による名字が人気を得るようになりつつあったのだ。何代かのうちに、一族は元の名字を受け継ぐようになったので、地名に基づくように見える名も、先祖の出身地を教えるにすぎないかもしれない。しかし一四〇〇年より前なら、ヨハネス・デ・ウェストウィック（Westwyke）と言えば、ウェストウィック（Westwick）出身のジョンであると思ってよい。[2]

ウェストウィックは今やほとんど存在していない。実はジョンの当時にも、かろうじて存在するだけだった。当時も今も、そこは一般に――すぐ後で見るように、本書の話にとっては重要な理由で――ゴーハムと呼ばれる。今、そこはヴェルラム伯爵の本拠、ゴーハムベリー・エステートで、今もかすかに封建時代の香りが残る田舎の土地だ。当時、その何エーカーかの森林と牧草地は、セント・オールバンズの裕福な大修道院が購入したばかりだった。ロンドンから北へ三〇キロあまり、セント・オールバンズ峡谷を登ってチルターン丘陵の白亜の斜面に出会うところにあり、ヴァー川が田舎の土地を通り抜けて流れ、水はけのよい砂と泥の混じったローム土が肥沃な耕作地をもたらす。南側の堤に面してウェストウィックの村があった。農家と養魚池が点在する荘園だ。荘園の東の端には、ヴェルラミウムというローマ時代の都市にあった劇場の廃墟があり、住民に過去の栄光の名残――と使える建築用材――をもたらしていた。そこから地平を臨むと、ヴェルラミウムから持ち出されたローマ時代のレンガを使って

図1.1　本書に出てくる重要な地名〔†は修道院〕

一〇八〇年代に建てられた、巨大なノルマン風大修道院付属教会の巨大な姿がそびえ立っていた。これは同じ年代のカンタベリーに建設された大聖堂よりも大きかった。私たちの中世の科学的な学問の旅路は、それにふさわしく、この農業と古典時代からの遺産と信仰からなるパノラマとともに始まる。

旧ウェストウィック郷の中心から、ヴァー川を渡り、大修道院まで登って、ローマ時代の町までは、歩いて一時間もかからない。その旅をして修道院に入ったのはジョンだけではなかった。その当時、セント・オールバンズの修道士の衣服、寝具、洗濯を担当していた世話係は、ウェストウィックのウィリアムという人物だった。[3] 修道院は決して周囲から孤立していたわけではなかった。個々の修道士は定住の誓いを立て、囲われた構内にとどまることを約束したが、修道院は、とくにセント・オールバンズのような大規模で町の中心に位置するようなところは、地元の社会と深くかかわっていた――少なくとも地元の経済、生活、文化にとっては、今日の大学ほど重要だった。修道士たちは、つねにこの関係を意識させられていた。大修道院付属教会の中心には、聖オルバン〔イングランド最初のキリスト教殉教者とされる〕を祀る廟があり、昼夜を問わず巡礼者が訪れては、豊かに彩られた大理石の墓の窪みに供物を残していった。ジョン・ウェストウィックの晩年、この町は聖オルバンの聖堂に大増築を加えた。二層の物見台で、そこで修道院の居住者が交代で巡礼者による聖オルバンへの祈りや供物を監督した。この種の建物としてはイングランド唯一のこの木造建築物は、一四世紀末の日々の暮らしを示す彫刻を施されたフリーズ〔外壁上方の装飾帯〕で飾られている。聖堂を守る信者たちは、収穫や狩猟、羊を追い、乳を搾る様子の生き生きとした光景を見た。母豚と子豚たち、ライ麦を刈る人、木の実をかじるリスなど、年間の農村生活が、克明に描かれている（図1・2）。[4]

図1.2　セント・オールバンズの物見台細部。豚の耳をくわえて追う犬。冬の火をおこすためにふいごを用いる夫婦。

これはここの修道士にとっては大事なことだった。その所有地の産物には、食堂のテーブルに載る食物だけではなく、羽織る服、図書室の本や科学用具、拡張を続けていた壁のための石などもあった。土地経営の仕事は、この大修道院の現存する記録の相当部分を占め、国の歴史――修道院の記録が先駆的となった分野――を書くときにさえ、修道士の頭のどこかには、物資調達の問題があった。中世後期イングランド最大の記録史家(クロニクラー)、ブラザー・マシュー・パリスは、教皇と英国王ヘンリー三世の争いについての話をいったん止めて、一二五八年の認可を書き写している。その認可状では、修道院長がウェストウィックの五人の男（とセント・オールバンズから出る肥料）を、近くのキングズベリーの荘園での作業に配置している。その任務は、修道士やそこを訪れる客用のパンとビールの供給量を増やすことだった。[5]

ジョン・ウェストウィックは、二〇歳頃の修道院入所までこの地で育ち、土地経営の仕事は目にしていただろう。ウェストウィック郷の牧草地や林、粉挽き小屋、養魚場、養豚場、牛舎は、この荘園の現存する検地記録にすべて記録されている。[6] 修道院の中の権力の座は、地主や商人が優勢だったが、そのような高みに上ることのなかったジョンは、むしろ、ヴァレトゥスあるいはヨーマンといった中産農民の息子だった可能性が高い。修道院の荘園からの人員補充で最も多かったのが、そうした階層の人々だった。それよりも貧しい農民（奴隷や農奴）が修道院の誓願を立てることはまずなかったが、修道院長の許可――とわずかな入学金の支払い――があれば、セント・オールバンズの学校に通うことはできた。大修道院は文字の読める事務員を必要としたが、それよりも必要なのは、とくに一三四九年にペストがこの町を襲った後では農業労働者だった。ペストの被害はウェストウィック郷のあるハートフォードシャーで甚だしく、農業労働者の不足を招いた。ペストに襲われた直後の何年か、この大修道院と周辺の分院は、必要な穀物を外部から買わざるをえず、労働力不足はその後の何十年かの賃金の高騰を意味した。地主は農奴が教育を受けるのを止められなかったが、志を抱いた労働者が土地を離れて教会など他の職業で出世しようとするのには、もちろん反対だった。そこで、地主は農奴の教育や職業の選択肢を制限しようとした。[7]
ヨーマンの息子だったジョン・ウェストウィックは、商売や科学や生活の手段としての農業に没頭していただろう。そのうちの科学の部分こそ、ジョンが農家から修道院へ進み、さらには天文観測器具の設計に至った道のりを理解しようというときの、最大の関心の的となる。農耕は、根本的なところで天文学と切り離せない。セント・オールバンズの物見台に描かれた季節ごとの農業労働が、ジョンの幼少時代のリズムだった。種蒔き、収穫、養豚、屠殺、作事、祭事、すべてが変化する畑の状況によって定められていた。その状況変化のしるし（サイン）は天に読み取ることができた。
　人間の文化はすべて、身のまわりの世界に見られる違いによって時間の経過を区切る。区切るためにどの違いを選ぶかは、まずもって、何が見えるかによるし、次に、自分の生活の中で何が重要かによる。区切り方――暦や祭礼の形――は、見えるものと重要なこととの結びつきによって決まる。近代以前のヨーロッパ農業社会では、緯度が高いために季節は見えやすく、太陽の循環をたどるのは自然なことだった。逆に、アラビアのほとんどが遊牧する人々の間では、季節変化はさほど意味をもたず、月による暦の方がわかりやすかった。そのために、イスラム教徒が太陰暦を用い、ローマのキリスト教徒が太陽暦を用いるのが必然になったわけではない。政治的・宗教的な決断も、地理や生活様式で限定され、伝統を通じて淘汰された選択肢の中からのことだった。[8]

ジョン・ウェストウィック青年が十月（オクトーバー）一八日の聖ルカ祭の日の夜明けに起きて、冷たい秋霧の向こうを見たら、太陽がセント・オールバンズ大修道院付属教会のずんぐりしたノルマン風の塔の真後ろに昇るのが見えただろう。ジョンあるいはその父は、これをその年の冬小麦の種を蒔く合図と考えることができた。何十年か後に書かれた中世英語の詩の「オクトーバー」のところでも推奨されていたことだ。

一月（ジャニュアル）　By thys fyre I warme my handys　この頃には火によって手を温め、
二月（フェブリュアル）　And with my spade I delfe my landys　鋤を用いて土地を掘る
三月（マーチ）　Here I sette my thinge to sprynge　ここから春の仕事を始め
四月（アプリルス）　And here I here the fowlis synge　このとき鳥が鳴くのを聞く
五月（メイ）　I am as lyght as byrde in bowe　私は枝の鳥のように軽くなり
六月（ジュナイ）　And I wede my corne well i now　穀物の雑草を十分に抜く
七月（ジュライ）　With my sythe my mede I mawe　草刈り鎌で牧草を刈り
八月（オーガスト）　And here I shere my corne full lowe　このとき穀物をすべて刈り取る

九月（セプテンバー）　With my flayll I erne my brede　殻ざおによってパンを得て
十月（オクトーバー）　And here I sawe my whete so rede　このとき赤い小麦を蒔く
十一月（ノベンバー）　At Martynes masse I kylle my swine　マルティヌス祭には豚を殺して
十二月（ディセンバー）　And at Christes masse I drynke redde wyne.[9]　クリスマスには赤ワインを飲む

チルターン丘陵の斜面がヴァー川まで下るウェストウィック郷の野原に立つと、秋には毎朝、太陽が上る位置が少しずつ南になるのが見えるだろう。それが冬至になると、一週間ほど、修道院から手二つ分ほど右側にある同じところから昇るようになる。それから太陽はまた戻り始める。太陽は毎日、出る位置を北へ北へと変え、二月の聖スコラスティカの日〔二月一〇日〕直前にはまた修道院の向こうになり、さらに六月半ばには、川の方にある聖マリア・ド・プレ修道院の尼僧が大麦やえん麦を挽く粉挽き小屋のすぐ横から上るようになる。[10] 一年をとおしてみると、太陽が昇る位置は地平のほぼ四分の一にわたり、それぞれの地点を二度ずつ通り、夏と冬の至（ソルスティス）（ラテン語の *solstitium* は「静止する太陽」の意）の一週間ほど以外は、行ったり来たりを繰り返す。

人々が初めて定住社会を形成して以来ずっと、そのようななだらかな変化によって太陽年は区切られてきた。これは民間天文学で、念入りな測定と細かく調整されたモデルによる精密科学ではなく、古くからの知恵の積み重ねだった。そうだとしても、基本的な原理には、ジョン・ウェストウィックがその後学ぶことになる学術的な天文学と共通のところがあった。それは予測をする。何年にもわたる観察結果に従って空間と時間を区分する。何よりも、地上の事物は絶えず変化し、人類の理解を超えた形で成長・衰退する一方で、天の動きは一定の、果てしなく反復する循環にあるという共通感覚的理解の上に立つ。そういう理解があればこそ、ストーンヘンジは、夏至の日の出と——その建築主にとってはさらに重要なことに——冬至の日の入りに完璧にそろうように築くことができた。民間〔口承〕天文学は、そもそも文字に書かれることはなかったが、ストーンヘンジのような太古の暦は、こうした天文学の意義を示す重々しい証拠だ。太陽は、一年でいちばん暗い日に沈んでも、必ずまた戻ってきて、明るさを増していく。そのことを知る以上に大事な知識もないだろう。[11]

日の出の——また日の入りの——位置が地平線上を少しずつ移動するとともに、ジョンは太陽とその光にさらに二つの変化があることを観察できた。一日のうちの光と闇の量が変化し、それから影の長さも変わる（影の長さは、それに対応する太陽高度よりも測りやすい）。その二つの変化は毎年繰り返される。太陽が大修道院付属教会の後ろから昇ることが二度あるように、一年のうちのどの日にもそれと同じところから昇る日があり、昼の長さが同じ日があり、太陽が地平線から同じ高さまで上がって真昼の影の長さが同じ日がある。

こうした対称性は、一一五〇年代にセント・オールバンズ大修道院で書かれた稿本に記録されており、ジョン・ウェストウィックの当時になっても、大切に保存され、用いられていた。その一一五〇年代には、華麗な筆の腕のある写字士が、ポワティエの教父ヒラリウスによる三位一体についての論考や、聖パウロの書簡や、典礼大全を、赤、青、緑、金の凝った頭文字で際立たせて写していた。[12] 私たちにとって重要なことに、この写字士は、西ローマ帝国後期の農学の実践的な手引きも写していた。それは、ローマ時代の名家の出ながら、地に足をつけた農夫を自称していたパラディウスという人物による、『農業の仕事』という本だった。パラディウスは一年間の農作業を月ごとに追い、植付けや刈取りの時期、土質の評価のしかた、ミツバチの購入先、配管には鉛より陶器がよい理由について（鉛が毒であることをよく知っていた）、的確な助言を与えている。各月の章の終わりには、日中の一時間ごとの影の長さを記し、対称的な対になる月どうしが書かれており、「八月と五月は、太陽が同じようなところを通るので対になる」と記されている。[13]

パラディウスは月ごとに、一時間ごとの影の長さを示しており、六月と七月の正午の二フィートから、一月と十二月の昼の最初と最後の時の二九フィートまでにわたる。夏冬のそれぞれの日の日中の十二時間を並べて記し、一時間の長さが一年を通じて変化することを示した。夏には日中の十二時間のそれぞれが、夜の十二時間よりもかなり長くなる。しかし冬には状況が逆転し、日中の十二時間は早く過ぎる。この等しくない十二時間と十二時間は、古代エジプトで考案され、イエスも使っていたが、中世ヨーロッパでもまだ一般的だった。夏の畑の方が農作業ははるかに多いので、これは理にかなっているし、セント・オールバンズの修道士たちは、日課の時禱を移り変わる季節に合わせることに慣れていた。[14]ジョン・ウェストウィックの一四世紀になってやっと、私たちがなじんでおり、天文学者は何世紀か前から好んでいた定時法の一時間が一般にも使われるようになった。これは次章で見るように、修道士や当局が不定時法が面倒で混乱すると見たからではない。この変化は単純に、季節の移ろいにかかわりなく規則正しい時間を刻む機械式時計が広まったことに影響されてのことだった。

セント・オールバンズの修道士たちは、大修道院の大時計が規則的に鳴らす鐘を聞きながら、パラディウスの写本を読むことができ、それをすべて理解した。春の太陽が赤道を越えて北半球を温めるようになるときには、影が短くなった。ジョン・ウェストウィック自身がこの変化する太陽の赤緯〔天の赤道から測った太陽の高さ（角度）〕の表を書き出している。[15] 修道士たちは、パラディウスが記録した影の長さが正確ではないことにも気づいた。時刻ごとの影は、一か月間ずっと同じ長さなのではないし、またパラディウスは影を落とす物体の高さを明記していなかった。あるいは、その測定がいずれの地点で正しくなるのかを言っていなかった。パラディウスが用いたのは長さ五フィート――だいたいそのくらいの身長の農民には、自分の影を見ればおおよその時刻を推定できて都合がよい――のグノモン〔日時計の影を落とすための柱〕で、自身の出身地である北イタリアか南フランスの緯度のところだったという計算が成り立つ。[16] またウェストウィックの時代の天文学者は、毎日、一フィートの六〇分の一まで計算された影の長さの表を作っていた。[17] しかしウェストウィック郷の農民には、それほどの精度は無用だった。農民が観察できたのは、ただ、自分の体、あるいは地面に差した日時計の棒の影が、毎日午前中にはだんだん短くなり、午後にはそれと同じだけ長くなり、毎日朝と夕方に同じになることだけだった。

修道士にも、それほどの精度は無用だった。こちらはパラディウスの写本を読みながら、頭の中にもっと大きな図を描いていた。影の長さが規則的で予測できることは、相当の農地を管理していた修道士にとって実用的に有益だっただけでなく、宇宙にちゃんと秩序があることも明らかにしていた。そのような計算に従って作られた日時計は、今日と同じような象徴的な機能を持っていた。日時計は時刻を伝えるためというより、時刻がわかるということを示すためにあった。長くなったり短くなったりする影は、修道士たちに、神によって整えられた世界での自分たちの暮らしが、セント・オールバンズ大修道院の物見台に描かれた毎月の労働のように規則正しいパターンにのっとっていることを知らせていた。
当然、『農業の仕事』は人気を博した。カンタベリー〔イングランド南東部〕からコヴェントリ〔同中央部〕に至るどこの修道院でも写本が作られた。ウェストウィックの時代から何十年か後、ヘンリー四世の末の息子にしてセント・オールバンズ大修道院の主要な後援者だったグロスター公ハンフリーが、それを英訳して、評判はさらに広まった。農学書の読みやすい地元語版ができたということには、裕福な地主には当然の実用的価値があったが、それだけではないのは明らかだった。ハンフリーが採用した無名の訳者は、パラディウスの散文による手引書を詩に変えたのだ。古典の学問が自慢の公にとって、この英訳は、自らの文学や人文学での信用を高めた。それに加えて、賢明な土地経営の内容は、王による安定した統治のメタファーとも読めた。[18] 中世の物書きは、狭い専門分野に制約されておらず、天文学と農学、政治と詩を区別する必要を感じなかった。つまり、パラディウスが農民に、日の出前に豆を摘み取り、それを虫がつかないように洗って冷やしてから保存することを奨めているところで、中世の英訳者は自分の文学的創造性を見せつける機会を享受したのかもしれない。

Now benes in decresyng of the moone
Er day and er she rise, upplucked sone,
Made clene, and sette up wel refrigerate,
From grobbis save wol kepe up their estate.[19]

月が欠けるときに豆を
太陽が勢いづく前の未明、素早く摘もう。
きれいに洗ってよく冷やし、それを
その〔新鮮な〕まま虫のいないところにしまおう。

すでに民間天文学のことは見た。今度は文学的天文学ということだ。科学的な――あまり複雑でないとしても――素養が、伝統的な知恵と混ぜ合わされ、詩的な目的に添えられる。中世の綴りについての柔軟性が、訳者に「soon〔早く〕」と「Sun〔太陽〕」の詩的地口の余地を与えさえする。

もちろん、読者はそれぞれに詩に注目するか、実用面に注目するかを選んで自分の学問を異なる方向へ伸ばすことができた。パラディウスの手引きのいくつかの写本には、その読者がローマ時代の詩人ウェルギリウスによる『農耕詩』も読んでいることを示す注記が入ったものもある。[20] 紀元後一世紀に書かれた『農耕詩』は中世イングランドではよく知られていた。一部には、次の秋の助言のような農業の見識による面もあった。

Libra die somnique pares ubi fecerit horas
et medium luci atque umbris iam dividit orbem,
exercete, viri, tauros, serite hordea campis
usque sub extremum brumae intractabilis imbrem.

天秤宮が昼夜の時間をつりあわせ、
世界の半分を明るく半分を暗く分けるときは
牡牛を働かせ、畑に大麦を蒔け。
冬の雨が訪れ仕事を控えざるをえなくなるまでは。[21]

『農耕詩』はパラディウスの著書よりも文学的でありかつ天文学的でもある。ラテン語の六歩格で展開され、影が長くなる話だけでなく、相当量の星の言い伝えも含む。ウェルギリウスは季節の変化のことを書いただけではなかった。九月の秋分に「昼夜の時間を釣り合わせる」のは天秤宮であることを述べていた。また、農家は小麦の種蒔きを十一月にするよう説いている――ウェルギリウスのいたイタリアでは秋には土壌が乾いているから先に見た英語の詩で言われるよりも後になる――が、もっと具体的に、「種を蒔く前に、朝にプレアデスが沈み、燃えるかんむり座のクレタ星が出るようにせよ」と助言している。[22] 毎日多くの星が昇り、沈むが、ウェルギリウスはここで、そうした空の日周運動について語っているのではなく、一部の星が続けて何か月か見えなくなる年周運動のことを言っていた。

天の年周運動が星々にどう作用するだろう。自分が北極にいるとして、空を見上げると、北極星が頭上の真上に見える。地球の中心からほぼぴったり北極星まで走る軸を中心に地球が回転すると、他の北半球の星は、北極星を中心に水平な円を描くように動くことになる。どの星も出たり沈んだりすることはない（図1・3A）。他方、赤道に立っていて（図1・3B）、北の方を見ると、北極星――それとともに地球から北極星へ走る軸――は、ちょうど地平にあることになる。すべての星――北半球、南半球両方の――は垂直に昇ったり沈んだりして、一晩じゅう空に見えるものはない。世界のどこにいようと、星々は極を中心にして回る。地平から測った極の高度〔角度〕は見る人の緯度を教えている。つまり、ジョン・ウェストウィックのように――またそれ以前のウェルギリウスのように――北半球の中緯度で空を観察すると（図1・3C）、北極星や、おおぐま座のようなよく知られた星座のいくつかの星々（北斗七星）など、天の北極にある、あるいはその付近にある星は、沈まない一方、全天で二番めに明るい星、カノープスのような、南半球にある星は昇ってこない。神話にもなっているプレアデス星団の七姉

妹〔すばる〕のような、昇ったり沈んだりする星もある。その星は日ごとに昇る時刻、沈む時刻が異なり、その時刻は日中になることもあれば、夜のこともある。これは季節を追って変わる。星の見え方は、地球と星が太陽の同じ側にあるかどうかで決まるからだ。これは地球が年周運動を一周する間、つまり一年間で変動する（と、今の私たちなら言う）。

ウェルギリウスが朝に沈むプレアデスと書けば、読者はそれが朝に沈む最初の日のことだというのを知っていた――日の出の輝きが星の光を隠してしまう直前に、この星々が西の地平の向こうへ沈むのが見られる最初の日ということで、それは晩秋のことだった。英語圏で一年で最も暑い盛夏の頃を「ドッグデイズ」と呼ぶのは、この季節的天文学の名残を引き継いでのことだ。

A. 北極点の観測者

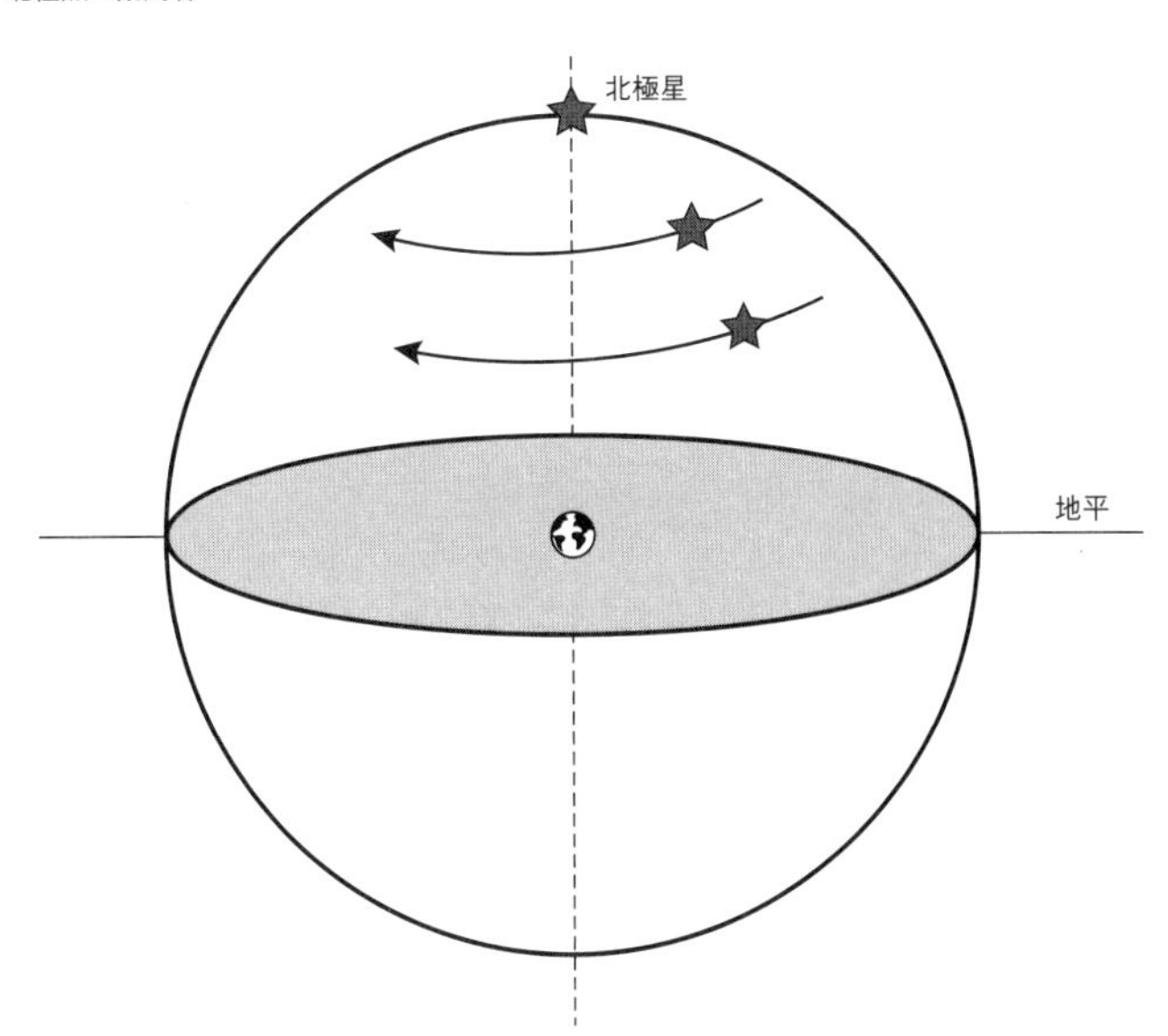

図1.3　3地点から見た星々。北極点から（上のA図）、赤道から（B、次ページ）、ウェストウィック郷から（C、次ページ）。

B. 赤道上の観測者

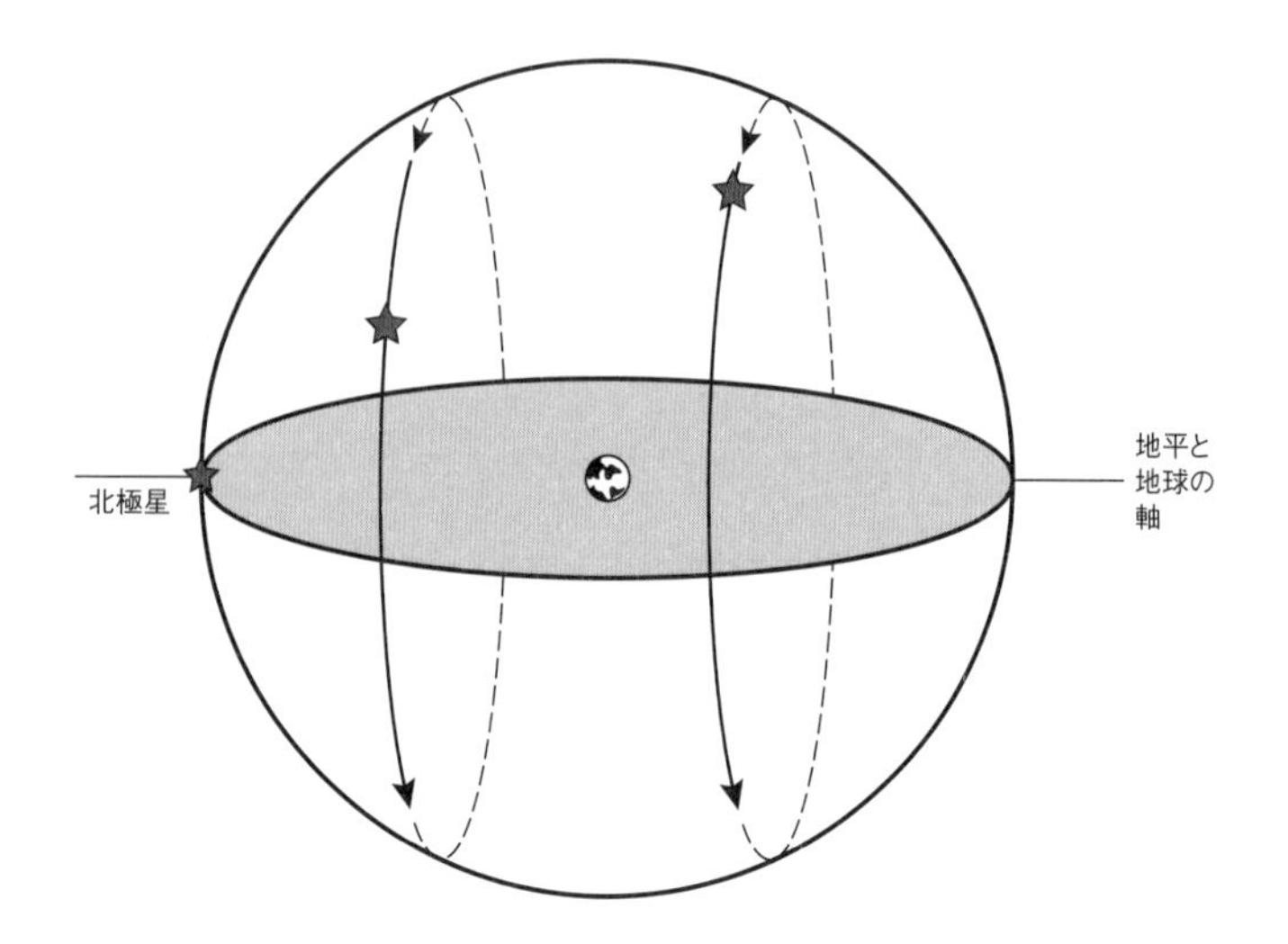

C. 北緯51°45'（ウェストウィック郷）の観測者

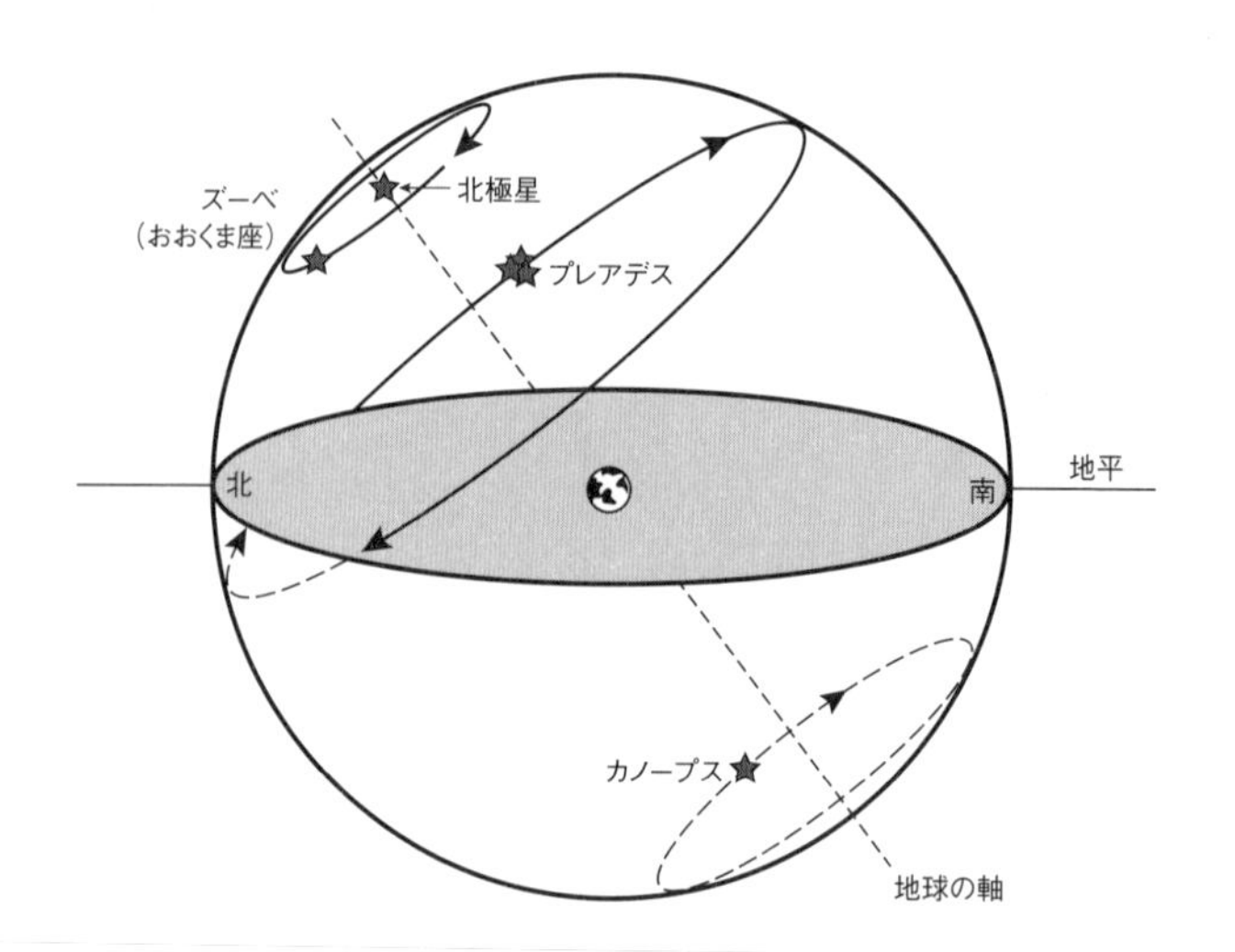

古代の天文学者はこの時期を、ドッグスター、すなわち全天で最も明るいシリウス〔おおいぬ座〕が、七月下旬の日の出直前に初めて見えるようになることで区切ったのだ。[23]

中世の天文観測者（スターゲイザー）も、このことを理解していた――太陽が地球を回る（地球が太陽を回るのではなく）という見かけの運動から一年の巡りを経験していたとは言え、それで相対的な位置の観察結果が違うわけではない。街の明かりに毒されていない空を見上げながら、季節ごとにおなじみの星が再び現れるのを、もうそろそろなんだがと待ち受けていた。ジョン・ウェストウィックが、晴れた夜の冷気に震えながら夜明け前に目覚めれば、あちらからと自分でわかっている方向に、太陽の暖かな日差しを求めたかもしれない。夜明けの空が広がって星が見えなくなる前のそこには、天が回転するとともに昇ってくる星座が見えた。それは毎日少しずつ違っていた。十月の聖ルカの日に大修道院付属教会の上で夜明けを告げる最後の使者となる星は、数週間前には太陽に近すぎて、全然見えなかった。日の出や日の入りの前後に星を見つめていれば、太陽が獣帯にある星々の間を通る狭い年周経路上を着実に進み、その一方で、星々の方は互いに対してがっちり固定されたままでいるのを容易に想像できただろう。聖ルカの祭日には、その季節にてんびん座は見えないが、太陽の向こうに、てんびん座の台形をなす暗い四つの星があることを、ジョンは知っていただろう。

つまり、太陽はてんびん座にあるのだ。しかし、十月半ばのその日、秋分は何週間か前のことで、その星座の天秤は、もはや昼と夜をつりあわせてはいなかった。ウェルギリウスが『農事暦』を書いた一四〇〇年前なら、太陽は秋分の日にてんびん座に入ったので、てんびん座が昼夜をつりあわせるという考え方はほとんどそのまま理解できた。しかし何世紀もたつ間に、星座は少しずつ東にずれた。太陽が毎年、星々を背景にして着実に回る一方、その背景が、少しずつ前進していた。このわずかなずれは、七二年で約一度であり、一人の人間が一生の間に気づけるほどではなかったが、先人の観測結果を参照した古代や中世の天文学者は確かに気づいていた。この現象は、分点歳差〔precession of the equinoxes、文字どおりには、春分点・秋分点が早まること〕と呼ばれるようになった。昼と夜を等しく分ける分点に達するときが、一周ごとに少しずつ早まるように見えるからだった。

天文学者は、固定された星々（フィクストスターズ）〔恒星〕の動きを表すモデルを精密にしようと懸命だった。「固定された」と言われるのは、星座が一定の形を変えないからで、少数の「逸脱した星」が空を確実に移動するのと大きく異なる。少数の方は、ギリシア語で「放浪者」を表す言葉「プラネテス」と呼ばれた〔惑星〕。〔一年の中の同じ日に太陽がある〕星座が少しずつずれることに対して直ちに出された対応策は、目に見える星の群れと、それがかつてその名で空で占めていた位置とを分離することだった——ただし、紛らわしいことに、その実際の群れ〔星座〕にも、かつての位置〔宮〕にも、新しい名をつけることはしなかった。そこで、一四世紀後期の九月半ば、昼夜の長さが等しくなるとき、ジョン・ウェストウィックは、太陽がおとめ座の棒のように並んだ形——星座——の前にあることを観測しただろう。しかし当時の天文学者は、分点にある太陽の位置から東へ三〇度にわたって広がる空の区域は天秤宮であることも知っていた。

ジョンは十一月の半ば、マルティヌス祭の祝日の頃、プレアデスが朝沈むことを見ていたはずだ。毎月の労働を区切った中世英語詩人のように、その天文学的事象を豚を屠殺する合図と見たかもしれない。「At Martynes masse I kylle my swyne」〔マルティヌス祭には豚を殺して〕。セント・オールバンズの修道士たちも、そのような連想をした。パラディウスの『農業の仕事』の写本を作ったのと同じ写字士は、天文暦も作った。生き生きとした装飾頭文字をつけて（口絵1・4、1・5）。各月のKL――Kalends、すなわち月の初日を表す――は、その時期に典型的な農作業を象徴する場面を描く枠となった。十月の場合には農夫が林へ連れて行ってどんぐりを食べさせているおとなしい豚が、十一月では、髭を生やしたヨーマンに乱暴に収穫されている。

この暦は誰にも理解できたが、いずれも公的に編成されたものではなかった。地球の反対側では、事情は違っていた。一二八〇年、中国の元朝の天文官は、季節を授ける方式（授時暦）を公布した。中国を征服したモンゴル人は、民に正確な暦を授けるという皇帝の責任を非常に真剣に受け止め、日々を並べただけではない暦を与えた。改暦のために設けられた国の部局（太史院）は、何十人もの役人や公式の数学者に、天文データの編纂を命じた。これは作物の植付けや収穫や、国の典礼、占星術による意思決定を補助することが意図されていたが、文字を読めるエリート以外にはほとんど影響を及ぼさなかった。[24]

＊＊＊

セント・オールバンズの農業にそれほどの天文学的精度がなかったら、修道士の生活はきっと近隣の農地の運に任せるしかなかっただろう。修道士たちにとって、昔から大修道院の所領であるウェストウィック郷ほど大事なものはなかった。この荘園は一一三〇年、気前のよすぎる院長、ジェフリー・ド・

ゴーハムによって、その妹が結婚するときの持参金として贈与されてしまったことがある。そこがゴーハムと改名されたという事実だけでも、修道士たちは喪失感をおぼえ、積年の怒りの元になった。それでも、セント・オールバンズの記録史家で、酷評することが多いマシュー・パリスは、このジェフリーについて、厳しく批判するのを控えた。マシューは、この院長が、修道院の財源と建物を拡張し、病院や女子修道院を建てるといった、多くの成果があったことを認めていたのだ。[25]

ここでジェフリーに関心を向ける本当の理由は、ジョン・ウェストウィックが初めて数について学ぶことになったであろう大修道院付属学校の、名が残っている中では——ほぼ——最古の教師だったからだ。ところがジェフリーがその職に就くことはなかった。当時は修道士ではなかったが、そこそこの評判がある教師だったことは明らかで、セント・オールバンズが学校教育を改革しようとしていたときに、北フランスのゴロンという町にいたところをヘッドハントされていた。しかし着任するまでには予想外の時間がかかり、その間に修道院側は代役を立てていた。ジェフリーは近隣のダンスタブルで教師として生計を立てた。自分に約束されたセント・オールバンズの職を待つ間、聖カタリナ（ノルマン王家のお気に入りの聖人）の物語を語る奇蹟劇の上演を主催したことがある。[26]演技用の衣装がなかったので、セント・オールバンズの聖歌隊所有の豪華な衣装を何着か借りた。芝居は大当たりだった。しかし、翌日の夜、ジェフリーの家は焼けてしまい、所蔵の本も、借りた貴重な衣装も失われた。ジェフリーはその負債を、自分に残っていた唯一のもの、すなわち自分の生涯で支払った。自らを神と聖オルバンへの犠牲として差し出し、修道士になることにし、その後はあっというまに修道院長にまでなった。マシュー・パリスは、ジェフリーが大修道院長のとき、同院の聖歌用の衣装はとくに注意深く管理したと、淡々と述べている。[27]

セント・オールバンズ学校の発展は、修道院入門の間口を広げるうえで必須だった。ジョン・ウェストウィックが誓願を立てた一三七〇年の頃には、入門の手続きは厳格だった。当時の手紙の文例集には、修道士志望者が試用期間で不合格になったことを保証人に伝える公式の通知書があり、推薦状が必要だったことを明らかにしている。そしてセント・オールバンズのこのような権威ある施設でのこと、新入りもきっと読み書きができなければならなかった。読み書き能力は、中世イングランドでは、思われているほど珍しくはなかった——人口の半分くらいは基礎的な水準、すなわちおなじみのお祈りの文句を読めるくらいにはあった。しかし修道院に入門するには、もっと高い水準に達している必要があった。セント・オールバンズの学校に通ったからといって入門が保証されるわけではないが、おそらく第一段階ではあっただろう。[28]

大規模な修道院には、付属の学校があったが、セント・オールバンズでは、修道院と町の学校は一体だった。修道士で記録史家のマシュー・パリスは、「イングランド中を探してもこれ以上に立派で、豊かで、有用で、生徒の多い学校はめったにないだろう」と自慢している。[29]学校は修道院の壁のすぐ外にあって、修道院社会の外部からの生徒にも有料で門戸を開いていたが、運営するのは修道院だった。「貧しい生徒」のために授業料なしの一六人の定員が設けられていた。こちらに入る生徒は、慈善係〔修道院の慈善活動全般を担当するブラザー〕に世話してもらい、修道院の慈善活動施設に下宿した。一三三九年に定められた規則によれば、貧しい生徒はトンスラ〔頭頂部の髪を剃ること〕しなければならず、朝課のお勤めをしなければならなかった。在学期間は「上限五年。それだけあれば文法に長けるようになれるから」だった。[30]

つまりそれがschola grammaticalis〔文法学校〕——名実ともにグラマー・スクール〔イングランドの、中高一貫校に相当するような学校〕——だった。知られている教科書は、六世紀のプリスキアヌスによる古典『文法学教程』のみで、試験は書き取りと作文の考査によっていた。学校の目標は、生徒が修道院の職に就くための準備で、それには何より、礼拝用の言葉を読み、詠唱する能力が必要だった。とはいえ、学校から修道院への移行は自動的ではなかった。不合格になったと言われる一人、ニコラス・ブレイクスピアは後に教皇ハドリアヌス四世（一一五四〜九）となった〔唯一のイングランド出身教皇〕。進路が決まっているわけではないため、また、教師たちは収入のために、有料の生徒を余分に受け入れることが認められていることもあって、もっと全般的な教育に対する需要が生まれた。

つまりジョン・ウェストウィックは、セント・オールバンズのグラマー・スクールで、行き届いた科学教育とは言わなくても、少なくとも算術の基礎教育はおそらく受けていただろう。そこには数の読み方と、足し算引き算、半分にしたり倍にしたりといった初歩的な計算の理解が含まれていただろう。中世の初心者用の手引きは残っていないが、修道院によくあった数学の文書は、読者がすでにその基礎的水準には達しているという前提に始まっている。

こうした基礎的な計算は、ローマ数字を用いて実行されていた。ジョン・ウェストウィックが生まれたのは、その方式から、私たちが今用いているインド・アラビア式の十進法の体系への漸次的移行のさなかの頃だった。0から9までの数字が西側ラテン世界で普及したのは、一二世紀になってからのことだった。[31] キリスト教徒による科学書の翻訳がさかんな時代で、スペインや南イタリア〔イスラム教徒が支配したことのある地域〕の学者は、アラビアやギリシアの学問の重要な著作をラテン語化しようと熱心に作業をしていた。新しい数字は、地中海沿岸地域から北へ広がりつつあった最先端の天文学や数学での計算を大いにやさしくした。この普及で鍵となるのは、イタリアの数学者、ピサのレオナルド、むしろフィボナッチという名の方が知られる人物だ。しかしこの数字を熱心に取り入れ教えたイングランドの修道士たちは、その数字の起源がさらにずっと東、インドにあり、イスラム圏を経由していることをよく知っていた。

アルゴリズミはこう言った。私はインドの人々がその汎用的な記数で、Ⅸ種の記号を立てたことを見ていたので……私はそれで何がなされるかを明らかにしたい。こちらの方が学習者にとっては――神の御心に叶うなら――やさしいはずである。[32]

これは新しい数字への手引きの冒頭の文で、一三世紀、イースト・アングリア地方にあった、ベリー・セント・エドマンズの修道院で写された。写したベリーのブラザーはラテン語で書いたが、「アルゴリズミ」なる人物が、この解説書を元はアラビア語で書いたことをよく知っていただろう。その元のアラビア語版――残念ながら失われている――を書いたのは、九世紀の碩学、ムハンマド・イブン・ムーサー・アル＝フワーリズミーだった。中央アジア〔フワーリズミーは「ホラズム」のこと〕出身のアル＝フワーリズミーは、学問的には最盛期のアッバース朝のカリフに学者として仕えていたバグダードで、このインドの算術と出会い、習得した。その四〇〇年後、北西に四〇〇〇キロ離れたベネディクト会の写字士は、この技能を習得しようと、自分たちがアラビアとインドから引き継いだものを几帳面に記録した。

　新しい数字がヨーロッパに到来したとき、それは算術の理論の比較的高度な解説書とセットになっていた。中世のラテン語への翻訳者は、この理論を、アル＝フワーリズミーをたたえて「アルゴリスムス」と呼んだ。現代語の「アルゴリズム」はそれに由来する。[33] 高度な算術や幾何学で用いられる複雑な計算にとって、この新しい数字に利があるのは明らかだったが、日常の使用にとっては、新方式に切り替えることの利点はそれほど明瞭ではなかった。ウェストウィックの手稿――本人が後半生で生み出した、天文学や三角比の幅広い数表――に残る数はすべて、私たちがしばしば（間違って）「アラビア数字」と呼ぶ数字で表されているが、ウェストウィックが算数を習い始めたときは、きっとローマ数字方式を使っていただろう。

　ローマ数字とインド・アラビア数字との決定的な違いは、後者には桁の値が組み込まれていたところだ。各桁の数字の意味は、紙面上や書字板上のその数字の位置で決まる。21という数で言えば、1という数字は「いち」を意味するが、12という数字になると、1は「じゅう」を意味する。ローマ数字にはこれは言えない。こちらでは、CIX〔百九〕にあろうとXIII〔十三〕にあろうと、Iはつねに「いち」だし、Xはつねに「じゅう」となる。今の十進数方式は、位取り表記方式の中の一方式にすぎない。1から9までの数と、位の存在を示すだけの0は、五世紀から六世紀のインド生まれだが、位取り表記の考え方はさらに古く、バビロニアの数字にさかのぼり、紀元前二一〇〇年以前のどこかで考案された。その、一部はシュメール人から引き継がれ、古代エジプト、ギリシア、インドに伝わった方式は、六十進法、あるいは六十分数(セクサジェシマル)(60分の1を意味するラテン語による)だった。この六十進法方式を理解することは、中世のどんな数学・天文学を研究するためでも重要な出発点である。

バビロニア人は1から59までの元になる数字を楔形文字で書いた(その数は、位取り表記でなかった方式からこの方式が成長する中で、小さい画の反復によって築き上げられたが、全体で一つの数字として読まれた)。60を過ぎると、同じ数の記号を一桁左で用いた。つまり、たとえば70は、110〔1×60+10〕のように書いた――また明確にするために、カンマをつけて1,10のようにすることもできる。カンマの左にある数は60の倍数となる。さらにカンマがつけば、順に60のべき乗となって進む。たとえば2,21,40の場合、60の累乗が三種類ある。2は2×3600を表し、21は21×60、40は40×1を表す〔1は60の0乗〕。つまり、2,21,40は、(2×3600)+(21×60)+(40×1)=8500に等しい。この方式は扱いにくいように感じるかもしれないが、これを運用するためにバビロニア人が必要とした記号は一四種だけで、現代英語のアルファベットの二六種よりもずっと少ない。*

六十進数の要素と十進数の要素を組み合わせるのは奇妙かもしれないが、今の私たちも、時間を時間、分、秒で表すときにはそうしている。あるいは船乗りが位置を度、分、秒で表すのは(今は秒よりも小数を用いた分が用いられるが)、バビロニアにいた空間と時間の科学の先駆者から受け継いだ六十進方式に執着しているからだ。ジョン・ウェストウィックが正確な惑星の位置を計算するときには、同じ六十

*古代ギリシア人や、それに続く初期中世のアラビア人は、数を表すために、それぞれのアルファベットの文字を流用した。二七字からなる拡張アルファベットを使うと、1から9、10から90、100から900の数を表せた。

進方式を使っていた。

今日でも、口頭では同じ言い方をする数を、あるときは言葉で（「ten」とか「twenty」とか）、あるときはローマ数字、あるときはインド・アラビア数字で数を書くことがあるように、ウェストウィックなどの一四世紀の修道院仲間もそうしていた。インド・アラビア数字と六十分数が知られた後になっても、相変わらずローマ方式も使われていた。ウェストウィックらは、難しい、とくに分数を含んだ数学の実践、さらに広い科学的応用、とくに最も重要な数理科学、すなわち天を度と分に分ける天文学にとっての十進・六十進方式の価値を認めることはできた。しかしローマ数字は誰にもわかりやすくなじみがあったので、学問世界の外では、相変わらずそちらが人気であり、一四四〇年頃、イングランド北西部〔リバプール近郊〕のウォリントンのある托鉢修道士が、日時計づくりのための教えを当時の中世英語に翻訳していたとき、この修道士は元のラテン語の文章にあったインド・アラビア数字をローマ数字に変換していた。[34] その読者がこの配慮を歓迎したことに疑いはない。

＊＊＊

一三九六年、セント・オールバンズの修道士たちはとうとう、ジェフリー・ド・ゴーハムによる嫁入り道具という二〇〇年前の不当行為を元に戻した。ジョン・ウェストウィックは、オックスフォード伯爵領の荘園で生まれたが、一三八八年、リチャード二世の寵臣ロバート伯は、非情議会によって大逆罪に問われ、この地を没収された。八年後、セント・オールバンズ大修道院長が契約を結んでウェストウイック＝ゴーハムを九〇〇マーク〔一マークは三分の二ポンド〕で買い戻した。このような相当の額のためには誰もが寄進する必要があり、この修道院の記録史家は、購入に貢献した修道士や寄進者の名を記し、誰がいくら出したかを――ローマ数字を使って――書き残している。

一、ウェストウィックの荘園購入を援助する関係各方面による寄贈、以下の如し。助祭長レドクリフのニコラス師による寄贈、XL〔四〇〕マーク。聖具係ロジャー・ヘンリード師による寄贈、vi li〔librae、つまりポンド〕xiii s〔solidi、つまりシリング〕iiii den〔denarii、つまりペンス〕。修道院長の従僕トマス・シドンによる寄贈、vi li xiii s iiii d……

リストは寄進者一五人にわたって続き、こうしめくくられる。

ロバート・トランチによる寄贈、xi s & viii den。

合計、L li II s VIII den[35]〔五〇ポンド二シリング八ペンス〕。

こうしたローマ数字は、位取り表記に近づいたような、ポンド、シリング、ペンスとともに用いられている（バビロニア人の汎用位取り方式も、この種の、表される値に固有の単位を用いる表記から発達していた）。一二ペンスで一シリング、二〇シリングで一ポンドとなる。さらにややしいことに、金額はマークで数えられることもあった。こちらは三分の二ポンド、すなわち13s 4dとなる。つまり、レドクリフのニコラスは四〇マークを寄付したとされているが、ロジャー・ヘンリードやトマス・シドンはおそらく、自分の寄付額を端数が多いように見える£6 13s 4dというより、きりのいい一〇マークと考えていただろう。この修道院の記録史家は、そうしたマーク、ポンド、シリング、ペンスをすべて足し合わせて、£50 2s 8dと、正しい合計を（ローマ数字で）記している。

よくそんな見事な算術の離れ業をと思えるなら、一九六〇年代から七〇年代にかけての通貨制度改革（シリングを廃止し、一ポンド＝一〇〇ペンスとする）以前は、旧大英帝国の子どもなら誰もがポンドの二〇分の一や、その一二分の一のシリングやペンスを足したり引いたりすることをおぼえなければならなかったのを考えていただきたい（他の国のほとんどは、一九世紀のうちに通貨制度を十進式にしていた）。同様に、ローマ数字で足したり引いたりというのも、少し練習すれば、簡単なことだ。まず、Xつまり十を、Iに線を入れて、10本のIをひとまとめにしたものを表すと考えるとよい。Vつまり五は、Xを横に半分にした形だ。基本的な足し算、例えばVII＋XVIIIは、二つの数を並べて書いて、整理するだけだ。VIIXVIIIは、XVVIIIIIで、これはすぐにXXVとまとめられる。

もちろん、実際には、この程度の合計なら暗算でもできるだろう。もうちょっと歯ごたえのある計算については、ローマ数字はもっと柔軟な形式に変換することができた。ノーサンブリアの修道士ベーダ——ただ「尊者」だっただけでなく、傑出した碩学でもあった——は、八世紀に書いて大いに影響を残した教科書『時の数え方について』（『暦法』）で、読者に二つの選択肢を提示している。ギリシア語アルファベット方式と、自ら「非常に便利で簡単な指折りの技」と呼んだ方式である。[36]

ベーダのような修道士はどのようにして手で十進数の算術を実行したのだろう。両手を、手のひらを

図1.6　ベーダ『時の数え方について』にある、数を表す指の形。

向こうに向け、親指をそろえた形で保持する（図1・6）。まず左から、左手の外側の三本の指で始める。その三本指の、完全に曲げる、半分曲げる、曲げないの状態を組み合わせて、一から九までを表す。そのため整数を表す専門用語は *digiti* つまりラテン語で指を表す言葉になり、さらにそれが数字の「桁数字（ディジット）」やデジタル技術という言葉になった[37]。次に十の倍数は、左手の親指と人差し指をお互いの方へ曲げて表す（何十のときの十を表すラテン語は *articuli* で、これは指関節（ナックル）という意味でもある）。百の桁は右の親指と人差し指を用い、千の桁は右手の残り3本の指で表す。0から9999までの数はこうして両手を使って表すことができる。親指以外の指は四桁の位数――言わば、千の位、百の位、十の位、一の位――を表すので、大きな数の桁ごとの足し算引き算は容易になり、さらには基本的な掛け算も可能になる。

小さい方の数のために左手を使うのには二つの理由があった。まず、面と向かった人から見ると、左〔大〕から右〔小〕へと無理なく読めるということ。この手振りは数えることだけでなく、伝達でもあったのだ。これなら騒がしかったり言語の違いだったりで会話もままならない市場でも、沈黙が求められる修道院でも使うこともできるだろう。ベーダはさらに、この数は危険な状況でも通信文を送るためのアルファベットと数字による暗号としても使えるとまで言っている。左手から始めるもう一つの理由は、一〇〇より小さい数だけの計算なら、右手はメモや指差しや解説のために使える。ベーダの見事に実用的な方式は、元はといえば、修道士たちが教室で、音楽理論を記憶したり太陽と月の周期の中で日数や日付を定めたりするために手を使うことを習っていたことだった。

指(ディジット)を使って数字(ディジット)を操作するのは見事だが、もっと複雑な算術のためには、カルキュライ、つまり小石を使った方がやさしい。ジョン・ウェストウィックが数の扱いを習っていた頃には、算盤(アバカス)、つまり計算用の盤を使うことにも、すぐに習熟したことだろう。線を引いた盤の上に石を並べるだけで、十進法の位取り表記が生み出せる。五、五十、五百など、中間の位置を加え、必要な石の数を減らした形のものもある。石に一から九までの番号を振り、算盤は一の位、十の位、百の位などの桁を提供する枠になったものもある。修道士たちは、稿本に算盤の枠線を引いて、計算用の石の配置を表すために、桁(カラム)を――しばしば修道院の廊下に並ぶ柱(カラム)のように装飾して――並べることもした。そうした小石で覆われていない、桁と桁との間のすきまは、算術を解説する文章で埋めることもできた。[38]

算盤の利用は、近代初期の、他のますます精巧になる手法が広まった後も人気だった。カルトゥジオ修道会の修道士が書いた、一六世紀に一二版を数えたベストセラー教科書『哲学の真珠』*Margarita Philosophica* では、算術の章がこの主題に対する二とおりの手法を示す木版画で始まっている（図1・7）。左側には、ローマ時代末の学芸の先駆者、ボエティウスがいる。このボエティウスも碩学――万学を取り入れる万能選手で、中世科学ではおなじみの人物――であり、論理学や音楽や算術についての著述があるが、最も有名なのは、人間の境遇に関する省察、『哲学の慰め』で、これは何世紀にもわたって影響を及ぼし、アルフレッド大王、ジェフリー・チョーサー、エリザベス一世といった人々によって英訳もされた。[39] ボエティウスはその著書で、自分より前や後の多くの天文学者と同様、宇宙の広大さ、宇宙の中での地球の微小さ、星々までのぞっとするほどの距離について思いをめぐらせている。この絵にボエティウスが登場することは、数学がただの抽象的な量を扱うだけではないことを読者に気づかせる。

図1.7　算術の女神のイメージ。グレゴール・ライシュの*Margarita Philosophica*（1503）第4巻の扉絵。Alban Graf画。

木版画の右側にいる人物も同等の名声

を得ている。ピュタゴラスだ。このギリシアの大哲学者は算盤を使って一二四一と八二という数を示している。いちばん手前の線が千の位で、次が百というふうに続く――ただし十の位と百の位の間に五十がある点に注意のこと。他方、ボエティウスはアルゴリスムスのインド・アラビア数字と、分数を表す力を示している。両者の間にいるのが算術の女神で、その衣装は上から下へ進む2と3のべき乗で飾られている。インド・アラビア数字が持つ紙とペンによる可能性は長期的には勝ち残るが（大部分は高度な銀行業や会計が広まったことによる）、計数盤、つまり算盤は、その多機能性によって、近代に入ってからも人気を維持することになった。熟練の手にあれば、それは電卓にも劣らない力を持ちうる。一九四六年、東京で、みものの公開試合が開かれた。計算の難問で、日本の算盤の達人が、アメリカの電卓とそのオペレータに次々に勝ち、スピードと正確さの両方で優れていることを見せつけたのだ。[40]

それほど熟達していなくても、算盤は計算の途中経過を記録するためだけにも使えた。中世数学者は、合計を簡単に求めるための手法をたくさん知っていた。多くの場合、暗算、あるいは算盤の基本的な操作で求められるような部分に分割する。ジョン・ウェストウィックもおそらくそうした手法をいくつか習っていただろう。ある方法はロシア農民法とかエジプト法など、いろいろな名がついていて、いくつかの場所で別個に考案され、セント・オールバンズのグラマー・スクールでも教えられていたと思われる。これは数が大きくて難しい掛け算や割り算を、次々と半分にしたり、次々と倍にしたりする計算に変換する。この方法の普及が、先のベリーのベネディクト会士によって筆写された教科書などの、インド・アラビア数字を用いた算数の最初期の教科書が、半分にする方法と二倍にする方法を、足し算と掛け算の間にある別の手順として教えた理由を説明する。

二倍と半分の美しさは、別の手順を知らなくてもよいというところにある。ただ数をそれ自体に足す方法を知っていればよい。たとえば、43に13をかけたいとしよう。二つの数を横に並べて書き、大きい方を倍にし、小さい方を半分にする（余りは無視する）。何回か繰り返すと、こうなる。

43 13
86 6（余りは無視）
172 3
344 1（余りは無視）

それ以上半分にすることができなくなったら、半分にしていく方の列が偶数になる並び（この場合、86 6）を除外して、残った並びの二倍二倍の列に残った数を足し合わせる。つまり、43×13＝43＋172＋344＝559となる。少し練習すれば、これは実に手早く実行できる――そして暗算を用いるので、ローマ数字で計算しようとインド・アラビア数字で計算しようと難しさは変わらない。これがうまくいくのは、それがどんな数も2のべき乗の組み合わせでできているという事実による。つまり、43×13＝43×(1＋4＋8）ということだ。*

*半分にする側が奇数になっているところだけ残すのは、そこが余りの分が「失われている」ところだからで、最後にはそれを足して戻す必要がある。2のべき乗となる数（たとえば8）をかけるなら、そのような余りはない。［右の列が唯一奇数となる］最後の行以外は除外することになる。8をかけるというのは単純に倍々を繰り返すだけだからだ。

これは割り算でも成り立つ。729を34で割りたいとする（DCCXXIX÷XXXIV）。ただ34を倍々にして、729より大きくならない範囲で行けるところまで行くだけでよい。

XXXIV（1）
LXVIII（2）
CXXXVI（4）
CCLXXII（8）
DXLIV（16）（この544を倍にすると729を超えてしまう）。

さて、最終行から始めて、729にできるだけ近くなるように大きい方の数を足し合わせる（これには少々慣れが必要）。それができれば、使ったそれぞれの行の数を足し合わせれば答えが得られる。つまりこうなる。

DXLIV（16の行）＋CXXXVI（4の行）＋XXXIV（1の行）＝DCCXIV（714）
つまり、729÷34＝16＋4＋1＝21（余りは15〔729－714〕）

ここでも、暗算だけでできるが、ジョン・ウェストウィックが算盤を使わなければならなかったとしたら、ローマ数字は完璧にその列に対応していて、答えを直接書き写しやすくなることがわかっただろう。算盤からインド・アラビア数字に転写するとなると、ちょっと余分に考える必要がある。

こうした手法は練習で簡単になる。それを知り、必要なら算盤に訴えるというオプションも持っていれば、たいていの修道士はそれで文句はなく、わざわざ先人の役に立った方法を拒んで新しいアルゴリスムスに乗り換える必要はなかった。修道士たちの作業あるいは関心で頻繁に掛け算を実行したり、分数を使ったりする必要があったら、まったく新しい算術を習うよりも、ローマ数字による掛け算の数表を参照する方を選んだかもしれない[41]。そのような数表や算盤といった用具は、ジョン・ウェストウィックがセント・オールバンズのグラマー・スクールで教育を受け始めた当時、その手元にあったはずだ。そうした道具があれば、その後天文学への関心が強まり、新しい数字インド・アラビア方式の掛け算を把握せざるをえなくなるまでは、十分間に合っただろう。

＊＊＊

学校から修道院の正規の一員となるために、ジョン・ウェストウィックは十年の訓練を経なければならなかった。ジョンが初めて新入生の衣装（そのために大枚五ポンドを払わなければならず、実質的にそれが修道院への入門料だった）を身につけた日から、修道院生活の規則と慣習の訓練を受けた。その基本的原理は、その千年近く前に聖ベネディクトゥスが会の戒律を書いて以来、ほとんど変わっていなかった[42]。

ジョンの当時は安定や確実を求めるのにはよい時代だった。ペストが大打撃となっていたが、その政治的・社会的影響は、エドワード三世の五〇年に及ぶ治世の安定で和らげられていた。しかし、一三七七年にエドワード王が亡くなり、その一年後には、その後継者である長男が亡くなって、王位は一〇歳の孫、リチャード二世に渡った。リチャードはフランスとカスティーリャ、アイルランドとスコットランドでの紛争も、ペストの人口や経済への影響も受け継いだ。この国は強い指導力を必要としていた。貧しい人々の不公平な税制や労働条件への怨嗟は、まもなく、一三八一年のワット・タイラーの乱の広まりで噴出した。それから少し後、詩人のジョン・ガワーはこう書くことになる。

… for now upon this tyde
Men se the world on every syde
In sondry wyse so diversed,
That it wel nyh stant al reversed

今日この頃は……
人々は世界のあらゆる面で見る
多くのことが変化する。
ほとんどすべてがひっくりかえる。[43]

修道院に安全に収まっているのは賢明に見えたにちがいない（一三八一年の反乱でセント・オールバンズ修道院も襲撃されて、どこも本当に安全とは言えないことがわかるが）。不確実な時代、ジョン・ウェストウィックは修道院の礼拝と天文学の勉強の両方に、日常的な安らぎを見いだすことができた。ジョンは毎日詩篇を唱えながら、月も星も配置し（「詩篇」8）、夜を司る月と星を造り、昼を司る太陽を造り（「詩篇」136）、星に数を定め、それぞれに呼び名をお与えになる（「詩篇」147）、神の指について歌っていた。だんだん文章も暗記し、その記憶は、それぞれの詩の内容を生き生きとした記憶の補助として要約する、多くの典礼用詩篇に描かれた頭文字のイメージにかき立てられる。[44]画家はしば

しば星々を含めることにしていた。その明るさと恒常性は、申し分なく神の力に気づかせてくれた。

ジョン・ウェストウィックは子どもの頃、農民にとって太陽と空の周期を理解することがどれほど重要かを観察することができた。長じるにつれて、星々を見つめることが、広大な宇宙に意味を与え、神の御心をのぞかせてくれた。測定と数学的分析は、正確に設計され、神の法則に従順な世界についての感覚を高めるばかりだった。後の章では、その世界をめぐるジョンの探検をたどる。しかしまずは、天文学という科学が修道士たちの日々の暮らしをどう支配していたかを見ることにしよう。

ジョンがウェストウィックからセント・オールバンズへ歩いて行くと、古い王家の養魚場のそばでヴァー川を渡る。養魚場通りの曲がった坂道を、町の市場が立つロームランド広場に向かって登っていると、見上げる先に、新しい要塞風の、のしかかるような建物が目に入る（図2・1）。セント・オールバンズ大修道院の巨大な楼門は、この修道院の町に対する権威の象徴として、ほんの数年前に建てられていた。アーチをくぐるときには、自分が大きな権力を持つ施設に入りつつあるという事実から逃れることはできなかった。

セント・オールバンズは中世末の修道院の豊かさ——と堕落する傾向——の縮図だった。『カンタベリー物語』に出てくる巡礼の旅人の中には、とてつもなく太った、脂ぎった顔の修道士がいた。チョーサーは、そこに、高価なリスの毛皮で縁取られた服、黄金の宝飾品、狩猟好きなところといった細部を重ねている。この修道士が話をする順番になると、宿の主人が尋ねる。「お前様をどうお呼びすればよいでしょうか。ジョン師、トマス師、オルボン師ですかな」[1]。前章にも記したように、ジョンは中世の人名としては頭抜けて多く、当時のイングランド人の三分の一にその名がついていた。トマスもよくあ

図2.1　セント・オールバンズ修道院の楼門（1365）。

る名だった（チョーサーが書いていたときにはセント・オールバンズの有力な修道院長もそうだった）が、オルバンという名の人は一四世紀には耳慣れず、チョーサーは、ジョン・ウェストウィックがいた修道院の評判をからかっているのかもしれない。とはいえ、この鋭い風刺を中世における修道院生活の嘘偽りのない事実による記述ととるべきではない。ベネディクト会は、創立から八百年を経て、傑出した成功の犠牲になり、聖ベネディクトゥスほど謙虚な暮らしに熱心ではない人々も集まってきていても不思議ではないが、代々の院長や教皇は腐敗を認識していて、根気よく改革に取り組んでもいた。その結果、一四世紀になる頃には、ベネディクト会士は、山上や人里離れた峡谷に修道院を構えたシトー派の峻厳さがなくなったとしても、また、ドミニコ会やフランシスコ会の人々と比べると人々に説教する熱心さを失っていたとしても、この

会は、少なくとも、同会の厳しいが甘美な戒律を、社会の様々な層にいる信者にとっても、重要な後援者にとっても受け入れやすく、魅力的にする、適度な熱心さ――および学問への献身――が釣り合う、落ち着いた状態には達していた。[2]

つまり、ジョン・ウェストウィックが地元の修道院に入ったとき、この国でもとくに有力な組織の一つに入っていたのだ。ロンドンから北西へ延びる街道で一日の距離という位置は、この修道院に富と影響力をもたらした。イングランドで最初の殉教者、聖オルバンの名を戴き、八世紀の創立と考えられたことも権威を与えていた。イングランドがノルマン人による征服（ノルマン・コンクエスト）を受けてほどなくして、精力的でコネもある修道院長が改築して、壮大な新教会もできた。さらにその後の何世紀かで、入り組んだ中庭や囲いが増設され、系列の教区教会や修道分院、病院、学校からなる、南部イングランドから北のスコットランド国境にまで広がるネットワークの本部となった。この組織の指導者――にしてイングランド・ベネディクト会総裁――が、トマス・デ・ラ・マーレで、前修道院長と四七人の修道士がペストで死亡した後の一三四九年に修道院長となり、顕著な復興を采配していた。宮廷との密接な関係を育て、財政的にも政治的にも不確かな時期に王家の支援を確保し、威厳のある楼門以外にも、修道院用の写字室（スクリプトリアム）も建てて、隆盛を誇るオックスフォード大学からもたらされる科学や哲学の書物を調べたり写したりできるようにした。[3]

セント・オールバンズの僧院内は、外の世界の苦難と比べると、天国のように見えたにちがいない。もちろん、それは意図されたことだった。つまり、ここの住人たちが調和して暮らし、神を念じてともに暮らす空間だったということだ。とはいえ、調和した共存が実現するには、規範がなければならなかった。さまざまな社会的な出自の人々が、使徒のような平等な存在としてともに生きる場所だったとしても、そこには各人の演じる役割があり、なすべき職務があった。修道士の生活は、瞑想に没頭するような自由はなく、ものすごくきっちりと編成されていた。本章ではこれから、この厳格な構造を通じて、宗教が科学から支援を得る――そして逆に科学の進歩をうながす――ところを見る。

＊＊＊

ジョン・ウェストウィックがヨーマンの服をベネディクト会の黒い服に替えてすぐの仕事は、同会の創始者が五四〇年頃に書いたという戒律を習得することだった。ベネディクトゥスが従順と謙虚という修道士の核となる資質を立てた後に取り上げた最初の題目は、礼拝の規則正しい日課であり、したがって、新人が――まずは戒律のその後で――最初に学ばなければならなかったのは、毎日のお勤めの様式だった。夜課や賛課〔朝の祈り〕から、番号のついた一時課、三時課、六時課、九時課（ミサが加わる）を経て、晩課、終課に至るまで、それぞれに唱和、詩篇、祈禱文、朗読、応答という規程（カノン）がある。[4] すべてが注意深く演じられ、時間に正確に合わせられる。

このお勤めの時間割（ホラリウム）は、午前二時頃――季節による――から始まり、一〇時間から一一時間ほどを占め、午後七時前に終わる。これだけの時間の参列を確保するのは難しいこともあった。権限のある地位に就いている修道士は、管理のための義務を果たす時間を見込んで、日課のお勤めを免除された（だからチョーサーの豪華な服を着た修道士は僧院の塀の外にいることができた）が、それ以外の全員に対しては参列が厳格に課せられていた。トマス・デ・ラ・マーレは、セント・オールバンズの修道院長になる直前、新しい規則集を出した。服装の規定が厳しくなったのに加え、深夜のお勤めである夜課（後には朝課と呼ばれるようになる）に出なかった修道士は、その翌日には肉を食べる権利を失う。魚の日であれば、違反者は魚あるいは乳製品が食べられない。[5]

修道院では、時間を知らせるのは重い責任で、それを担当したのは聖具係（サクリスト）だった。蠟燭や聖餐式のパンとぶどう酒を準備したり、教会のすべての調度用具を整えたりするだけでなく、会員にお勤めが始まることを知らせる鐘を保守し鳴らすのも務めだった。[6] 聖具係にとって幸いなことに、この面倒な責任は、下位の修道士に委任することができた。

そのような下位の修道士への指示がフランス中部に残っていて、それは小さな手帳（四×三インチで、クレジットカードを二枚並べたのより小さい）に書かれている。一一世紀の整った手書きで、楽譜に合わせた詩とともに、一連のラテン語による指示がある。それはこんなふうに始まる。

クリスマスの日の、ふたご座が宿舎のほぼ真上にあり、オリオン座が万聖礼拝堂の上空にあるとき、合図の鐘をかき鳴らせ。

主の割礼祭の日〔一月一四日に相当〕には、うしかい座の膝にある明るい星〔アルクトゥルスのこと〕が宿舎の第一と第二の窓に挟まれる隙間の上空、屋根のすぐ上に見えるときには、ランプを灯しに行け。

聖ロメルと聖アグネスの祝日〔一月二一日〕には、おとめ座が手にすると言われる秤、すなわち

二つの明るい星が、宿舎の第六と第七の窓に挟まれる隙間の上空高く上がるとき〔それをせよ〕。

……

そして聖ビンセンテの祝日〔一月二二日〕には、それが第五の窓のすぐ上、屋根の近くに上るのが見えたとき、ただし――このことを銘記せよ――それを見るには、いつもの場所より井戸への通路を少し杜松（ねず）の茂みの方へ後退りしなければならない。そうすれば窓が見えて数えられる。[7]

こうした指示は、夜のしかるべきときに見える星の、見事なほどに簡単な一覧となっている。祈禱の時刻を調えるために星を用いるのは、修道院の最古の指示書にまでさかのぼる。六世紀後期、ツール司教は、『星々の順路』*De Cursu Stellarum* に手引きを書き、古典的天文学を明示的に宗教で用いた。[8] いくつかの星座を選んで略図を描き、初めて夜明け直前に上るのが一年のうちのどの時期かを記している（図2・2）。毎月、雄鶏のときの声の頃の夜課の唱和に間に合うよう起きるための星座を特定し、夜明け前に詩篇がいくつ暗唱できるかを説明している。とはいえ、中世も後の方になると、そのように星を見つめるのも難しくなった。修道院の建物がさらに大きくなり、地平の視野が妨げられたのだ。そのため、一一世紀の修道士は、宿舎から後退して、多くの修道院で薬草として育てていた杜松の茂みまで下がらなければならなくなった。

それでも、観測器具として建物を用いた観察は、とくに正確なわけではなかった。教会の建物を、天と調和した位置に建てることはできた。一二世紀のシトー派の修道院のいくつかは、ストーンヘンジと似て、注意深く日没の方向に合わせられていた。あの古代の巨石が冬至を指していたのに対し、シトー

図2.2　ツール司教グレゴリウスによって解説された星座*De Cursu Stellarum*（星々の順路）。提示されている星は、断定はできないが、こんなところだろうか。こいぬ座（文章では名指されてはいない）の2つ明るい星、おおいぬ座（グレゴリウスはこれを「Quinio」と呼んだ）のシリウスと近隣の四つの星、おおぐま座（これを一般の人々は荷車と呼ぶ〔北斗七星のこと〕）。

会の修道士は、修道院を聖ミカエル祭（九月二九日）の日没にそろうようにすることが多かった。[9] しかしそのような方向の取り方は、日々の測定のためというより、毎年の象徴的な祝日のためだった。天文学者がイタリアやフランスの教会で子午線を床に引いて、当時最高の太陽観測所にすることを試みたのは、もっと後の一七世紀のことだった。[10] いずれにせよ、ベネディクト会の修道士が教会の向きを天文学的にすることはなかった。セント・オールバンズの身廊〔入口から祭壇があるところに向かう部分〕は半端な方向で、理想的な東西の線から南に二五度近くずれていたが、それは単純に、立地が斜面であることの影響を最小限にしようという、建てる側の実務的な都合によっていた。

これほど大規模で裕福な修道院では、修道士は新人を夜闇に送り出すよりも、目覚まし時計を使って、標準支給品の白いナイトキャップと毛布から引きずり出すこともできた。[11] その種のものとして最古の装置は水時計だった。修道院の記録はその仕組みについてあまり詳細を伝えていないが、この種の目覚ましがイースト・アングリアのベリー・セント・エドマンズ修道院に確かにあったことはわかっている――一一九八年にこの殉教者の廟を脅かした火事を、修道士たちがその水を使って消しているからだ。[12]

ピレネー山脈の山麓にあるサンタ・マリア・デ・リポイの修道院にあった一一世紀の稿本に、水力目覚まし時計をラテン語で記述した、現存する中では最古の例が見られる。[13] 現代の時計とは違い、これには文字盤はなかった。容器から水が流れ、浮きが少しずつ下がり、棒に何個かのベルが垂れ下がってできた目覚まし装置を鳴らすことになる。使われるたびにセットし直さなければならず、それはつまり、聖具係は水を入れ直すときに、夜間の時刻や長さを知っている、あるいは推測する必要があるということだった。

経過する時間の値を評価するのは難しいことはなはだしい。数秒から数時間までの比較的短い間隔については、お祈りの文句、詩篇、お勤め全体にかかる時間で区切ることが多かった。中世の人々は、たとえば一定時間に歩ける距離など、しかるべき空間に置き換えて時間の長さを判断するのも一般的だった。[14] しかしジョン・ウェストウィックの当時には、聖具係の見当を補助できる器具がいくつかあった。なかでも最たるものがアストロラーベだった。修道士はその特性をよく知っていた──実際、リポイの稿本には、初期ラテン語のマニュアル、「アストロラーベの使い方について」が収録されていて、これは「夏でも冬でも、一日の本当の各時間(アワー)を、疑問の余地のない方法で知ること」の価値を強調している。氏名不詳の著者はさらに、「これは毎時の聖なるお勤めを実行することに、またとりわけ学知に、理想的に適っている。主への奉仕が、公正な審判が定めた規則の下で、割り当てられた時刻に適切に実施される方が、万事快適に、なめらかに進行する」としている。[15]

リポイは一一世紀にアラビアの成果から天文学用具の知識を持ち込む道を進んだ少数の修道院の一つだった。このカタロニアの山地にある建物が、ムーア人のスペインから科学を受け入れたのが、地理的な直感どおりに北フランスや南ドイツにある修道院に先駆けていたのかどうかは、歴史家の熱い論争の的となっている。[16] いずれにしても、このイスラム科学の受容において要となる人物は、スイス・ドイツ国境のコンスタンツ湖〔ボーデン湖〕の小島に設けられたライヒェナウ修道院の、歴史上ではヘルマヌス・コントラクトゥス──足萎えのヘルマン──と呼ばれる修道士だった。

ヘルマンは一〇一三年、貴族の家に生まれた。その障害の原因は正確には知られていないが、ある稿本に見られる伝説によれば、子どもの頃、居城の近辺の森で遊んでいるとき、「父が飼っていた熊」に襲われたという（この伝説に懐疑的な歴史家は、ヘルマンの症状についての記述から、特定の神経的疾患があったと診断しようとする人もいるが、そのような遡及的な診断は、どうしてもどこかで憶測になる）。[17] いずれにせよ、病弱であることは、ヘルマンが歴史と賛歌を書くなど、学芸を習得する妨げにはならなかった。ヘルマンは、複雑な分数を計算するややこしい手順を簡単にするための掛け算の表も考案した。[18] しかしその最大の成果は天文学にあった。ヘルマンは、リポイ手稿にある「アストロラーベの使い方」の改訂版（と他にいくつか）に始まって、アストロラーベの作り方についての必須の教えが入った解説書を完成させた。[19]

ヘルマンは一一世紀初めにこの天文学の資料に関する仕事をしていた多くの修道士の一人だったが、早い段階から、ヘルマンの名声は当時の人々の中で抜きんでていた。そのため、セント・オールバンズの記録史家マシュー・パリスは、一二五〇年頃、占星術による予測の本を書くようになったとき、ギリシアの偉大な幾何学者エウクレイデスとともに、アストロラーベを手にするヘルマンの絵を入れることにした（図2・3）。[20]

しかしアストロラーベは複雑で、天文学的にも高度な装置だった（使い方については第4章で述べる）。また、高価でもあった。修道院には確かにそのような器具があった。それが図書館の図書目録の中に挙がっていることもある。まるで、取扱説明書も、それが記述する現物も同じであるかのように。[21] しかしたいていの修道士――少なくとも原理的には私有財産の所有権は放棄しなければならなかった――が、星を観測して時刻を知るために使っていたのは、もう少し簡単にした器具だった可能性が高い。

こうした器具の最初のものを、図のエウクレイデスの左手に見ることができる。手にしているのは望

図2.3　エウクレイデスとヘルマヌス・コントラクトゥス。セント・オールバンズの史家マシュー・パリス画。1250年頃。

遠鏡——最初に作られたのは一六〇八年——ではなく、単純な観測管（サイティング・チューブ）で、ディオプトラとも呼ばれる。通常は支柱に固定され、天体の動きを観察するために用いられる。たとえばエウクレイデス自身、紀元前四世紀に、弟子たちにこの筒を、地平から昇りつつある、かに座に向けるよう指示した。そして素早く管の反対側へ移動してのぞくとやぎ座が見えることから、この二つの星座が天の正反対の位置にあることを明らかにする。管には分度器がついていて、高度を測定できる。あるいは、二本の管を一体にして、一方を北極星に向け、もう一方をそのまわりに一定の角度で回転させると、任意の星の北極を中心とする日周運動が観察できた。当の北極星は、ぴったり天球の回転軸上にあるわけではなく、それがわずかに動いているのも見えた。そのような天の回転は、天の赤道、つまり空の大円

——要するに地球の赤道を外に投影したもの——の上昇と下降として記述されることが多かった。これが太陽や星を地平から上に運ぶのだ。赤道は地軸に対して直角なので、一定の速さで回転する。

この天の回転が日時計(サン・ダイヤル)も機能させている——修道士がさまざまな形や大きさの日時計を持っていたことは確かだ。ジョン・ウェストウィックの当時、最も一般的だったのは、円筒日時計で、羊飼いの日時計(ダイヤル)とも呼ばれる。円筒日時計はローマ時代にも知られていたが、その組み立てについての現存する最古のマニュアルは、一一世紀、ヘルマヌス・コントラクトゥスのアストロラーベに関する著述の付録として書かれている(歴史家はずっとヘルマヌス自身がそれを書いたものと考えていたが、最近の研究ではそうではないらしい[22])。その最古のマニュアルは、この円筒を「旅人の日時計」と呼んでいるが、この器具が一定の緯度でのみ機能することを考えると、その名は適切ではない。名はどうあれ、円筒に時刻線が走るという設計になっている。グノモン(指示針)は円筒をぐるりと回転し、使う際には、一年の中の用いたい日に合わせてこのグノモンをセットしなければならない。円筒全体を覆う図を、ほどいて平らに伸ばしたようにしたものが、ロンドンに近いマートンの、アウグスティノ修道会の裕福な修道院にあった一四世紀の稿本に残っている(図2・4)。このマートン手稿には、魅惑の科学文書が集められていて、それには本書が進むにつれて、何度かお目にかかる。

ジェフリー・チョーサーの『カンタベリー物語』に出てくる巡礼者の一人が、ある修道士——多くのブラザーと同じジョンという名の——についてのきわどい(いささか不穏な)話をした。金に困っている女性を、その吝嗇家(りんしょくか)の夫から借りた金を与えて誘惑しているというのだ。二人は朝早く庭で会う。ジョンは「相手を強く抱きしめ、何度もキスを」し、「できるだけ早く食事をしましょう。私の筒によると一時課（プライム）の時刻です」と言って帰す。[23] この修道士は猥褻なジョークが好きで、「私の筒によると」というのは性的なことを暗示していることに疑いはないが、お祈りの時間を守るために日時計を使っていたことを指していることも明らかだ——もっともチョーサーは、財産管理の仕事のために修道院を出ることを許されていたこの修道士が実際にお祈りをすることを示すようなことは記していないが。いずれにせよ、プライムとは食事には早すぎる。ベネディクト会は、一日の最初の（しばしば唯一の）食事は、真昼（ミッディ）より前ではいけなかったからだ。[24]

それにしても、この「プライム」はどういう意味だったのだろう。単純な問題に見えるが、そう見えるのは、私たちの生活を支配している時間が一般に受け入れられているからこそだ。それはただの約束事で、

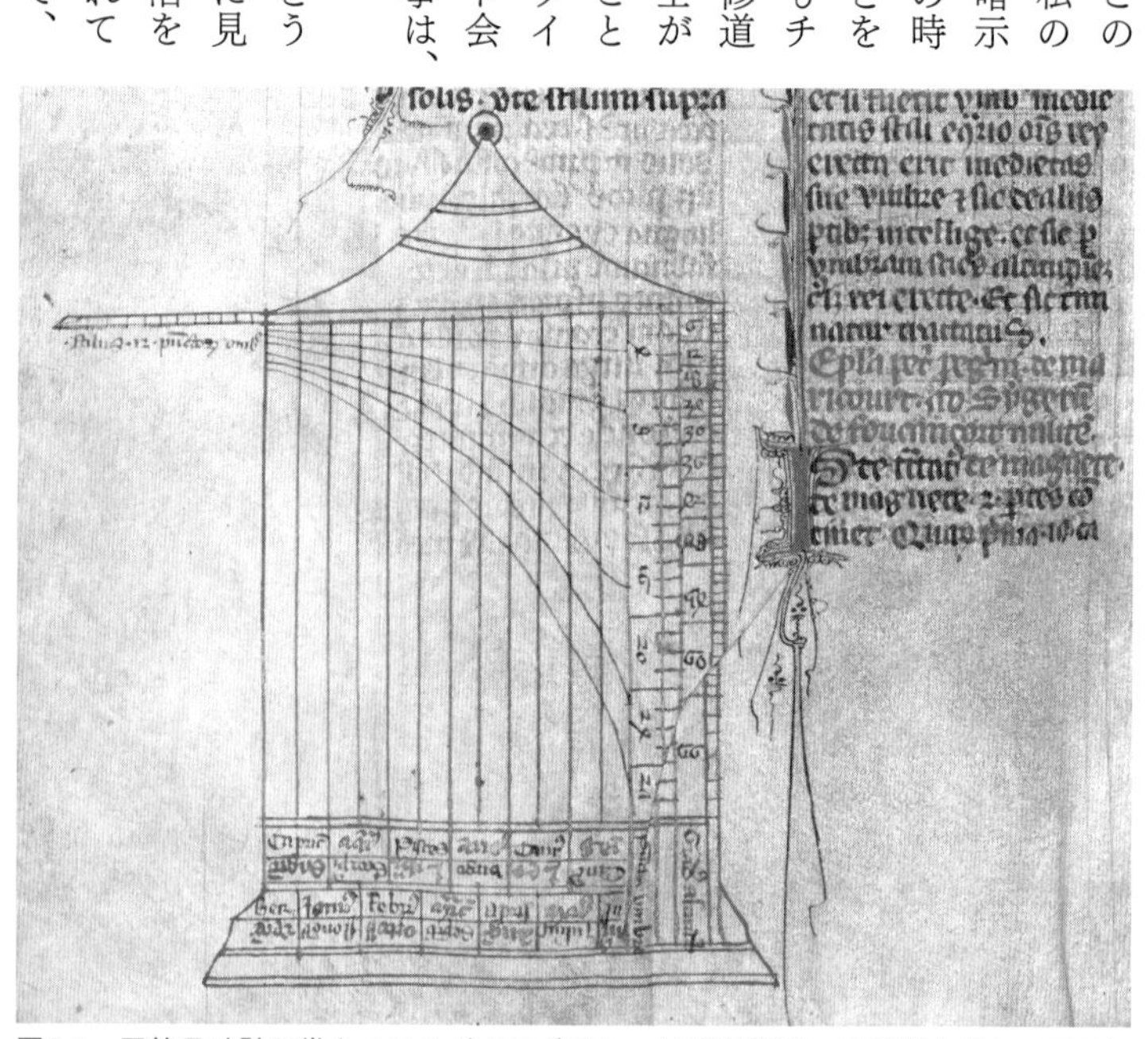

図2.4　円筒日時計に巻きつけるダイヤグラム。14世紀初頭。この稿本はかつてロンドン近くのマートン修道院にあった。

自然にそうなるわけではないことを、私たちはあまりにもあっさり忘れてしまう。プライムは一日の最初の時（アワー）のことだが、それは時刻でもありうるし、ある幅の時間でもありうる——あるいは確かに、その時間に割り当てられる宗教上のお勤めでもありうる。時（アワー）と日（デイ）という概念さえ解説が必要だ。一日がいつ始まるかについては、一致した見解はなかった。ロベルトゥス・アングリクス（イングランド人ロバート）という名の学者は、一二七〇年代に南フランスで書いた文章で、この混乱について不満を述べている。

一日を、多くのラテン人のように、日の出から始めるところもある。おおざっぱに言えば、夜明けの最初に日光が現れるときからである。しかし天文学者のように真昼から始める者もいる。天文学者は、木曜日はその日の真昼に始まると言ったりするのだ。カルデア人のように、真夜中に始まるとする人々もいる。ユダヤ人など、日没から始まるとする者もいる。[25]

ロバートは、一日を始める最も「自然な」時は日の出であるとして、これを太陽の中心が見えたときと正確に定義する。しかしロバート自身が言っているように、この結論はまったく普遍的ではなかった。時間（アワー）の長さについては、第1章でパラディウスと影について見たとき、一アワーが同じ長さではない——毎日、太陽がどれだけの間空に上がっていようと、日の出から日の入りまでをちょうど一二時間とする——ことを見た。この不定時法は、ジョン・ウェストウィックの世紀には、今用いられている定時法に徐々に置き換わっていた。その移行は容易ではなかったし、修道院ほど難しいところもなかった。

そこでは昔からの不定時法によって、季節の移り変わりとともにお祈りの型がスムーズに変動できていたからだ。日時計は、円筒形のものも含め、不定時の教会時間用にも、定時法の時間用にも刻むことができた。図2・4のほどいた円筒に刻まれた六本の曲線は、真昼をはさんだ不定時の日照時間を六本示しているが、残っている円筒日時計の多く（ほとんどが後のもの）では、定時法の線が引かれている。[26]他方、リポイの目覚ましのような水時計に不定時法の刻みをつけたければ、季節による複数の設定が必要だった。水の流れは季節によってほとんど変化しないからだ（凍るときを除けば）。定時法はもっと簡単に刻めるが、それでも聖具係は、水槽に水を入れ直すとき、修道士の休息のための時刻を季節ごとに適切に判断する必要がある。

そのため「プライム」を現代の時計上の時点に翻訳することは容易ではない。原理的には、ジョン・ウェストウィックや修道院のブラザーたちは、日の出直後、だいたい午前六時前後に、広い、仄暗い灯りの修道院付属教会に集まって、修道院のプライム〔第一時課〕のお勤めをしていた。しかし、パラディウスの農作業の手引きをグロスター公のために翻訳した詩人によれば、午前中の六つの等しくない時間帯（アワー）は、半プライム（七時）、プライム（八時）、半アンドロン（九時）、アンドロン（一〇時）、真昼（ミッディ）（一一時！）、正午（ヌーン）（一二時）となっていた。[27]他方、『カンタベリー物語』では、「シャンティクリア」と呼ばれる、ユーモラスな足取りで、季節が変わっても天文学的時間を厳格に守る雄鶏が、五月三日には、太陽が地平線上空四一度に上がったときがプライムであることを、本能的に知っていた――定時法では九時と計算される。チョーサーはそのような計算には経験を積んでいて、シャンティクリアに間違いはありえないと断固主張した。

Wel sikerer was his crowyng in his logge
Than is a clokke or an abbey orlogge.[28]

その止まり木での鳴き声は、
どんな修道院の鐘や時計よりも正確だった

ジョン・ウェストウィックが「プライム」をどう定義しようと――またそれぞれの状況にあって、時を知ろうとする人は、今日私たちが外国の誰かに電話する前に時差がどれだけあるかを確かめることがあるように、自分が何を参照しているか知っていたことを確信してよい――それをセント・オールバンズ大修道院付属教会の台に設置された、世界でも最先端の天文学的時計の上に刻むことができた。ジョンは、壁のドアを通って洞穴のような教会に入るとき、右手で時を刻むそのそばを、一日に何度か通ったにちがいない。それは修道院の誇りだった。それを建造するという申し出は、考案したウォリンフォードのリチャードが、一三二七年に修道院長に選出される助けになっただろう（口絵2・5）。費用が重なって、一三三六年に――ハンセン病で――亡くなるときにも未完成ということになったのだが。[29]

機械式の時計は、確かに中世で最も重要な発明だった。時計のない今日の生活は想像もつかない。時計革命があった一三〇〇年頃、世界中で合意された時間を定時法で維持できる信頼できる機械の可能性が見えてきた。今のGPSシステムやオンラインの配達時間指定は、すべてこのときに由来する。この時計がすぐに盛んに用いられるようになった発明だったことは、多くの人がそれを動かそうとしていたり、それに成功するとすぐに広まったことから明らかだ。一二三〇年頃、あるフランス人技術者が、空を渡る「太陽を、天使が指で指し続けるような装置」をデザインした。また永久運動機関の概略も描いた。これは水銀の特殊な性質を利用するとされていた。[30]他にも、磁石が永久運動をもたらすのではないかという可能性を論じて実験する人々がいた。他方、一二七〇年代のスペインでは、アルフォンソ十世（賢者アルフォンソとも呼ばれる）に仕えた職人が、落下する錘の勢いを弱めるために、水銀のゆっくりした流れを用いる時計仕掛けを設計している。先に、日によって始まりが違うことを嘆いたのを見たロベルトゥス・アングリクスは、一二七一年には、「正確に天の赤道の動きとともに動く輪を時計職人が作ろうとしている」と期待して書いている。そのような輪は、錘を吊るすことで回転するとロベルトゥスは説明するが、「その課題を達成することができない」と悲しそうに記した。[31]

それはすぐに間違いだということがわかった。ほんの二年後には、ノリッジ大聖堂の修道院に、もちろん機械式の時計があったし、ダンスタブル、エクセター、ロンドン、ウェストミンスター、オックスフォードの時計についての、一二八〇年代の記録も現存している。[32]こうした時計のどれについても、断片の一つも残っていない。修繕し、設計し直し、少しずつ技術を改良・更新する、あらがいようのない中世の欲求を、これから繰り返し見ることになる。改良されると、元の部品はどうしても再利用されたりリサイクルされたりするため――保管スペースの制約もあり――物的証拠をほとんど残さなかった。歴史家の頼りは、記述、絵、金銭的記録だけだ。

ノリッジの最初の完全な改修についてわかるのも、金銭的な記録でのことだ。一三二〇年代の始め、この大聖堂では、まったく新しい時計を建造するために、三人の常勤時計職人と、追加で別の職人が、三年の期間にわたって雇われていた。二人の主要な時計職人、ストークのロジャーとローレンスは、けっこうな報酬を受け取っている。それぞれが一年ごとに新しい革の上着と週ごとの賃金を受け取り、修道院はロジャーの医療費も出している。修道院長の食卓で食事をともにする権利を与えられた職人もいた。しかしこの事業はすべて計画通りに進んだわけではない。八七ポンドもの重さがある盤を彫る最初の試みは失敗し、ノリッジの聖具係はロンドンの業者に前払いした額をすべて取り戻すことができなかった。新たにロンドンの職人が二人雇われたが、この二人も仕事を投げ出した。三回めの試みとして、ストークのロジャーが自らノリッジからロンドンへ馬で出かけ仕事を監督した。このときは満足できるように完成した。時計は全部で五二ポンド九シリング六デナリ半かかり、大聖堂の莫大な年間収入の一割を超えた。[33] きっと、そのような重要な事業を完成に持っていく際に示されたロジャーとローレンス（父子だったかもしれない）の能力を見て、ウォリンフォードのリチャードも二人を雇ってセント・オールバンズに自身の時計を建造させることにしたのだろう。

時計を時計たらしめているのは何か。リポイの水時計による目覚ましで、基本的な計時装置には盤面、すなわち文字盤は必要なかったことを見た。初期の機械式時計の多くは単純に鐘を鳴らすことで時刻を区切っていて、「クロック〔時計〕」という言葉も中世ラテン語で「鐘」を表す *clocca* という言葉に由来する。フランス語の *cloche*（クロシュ）やドイツ語の *Glocke*（グロッケ）も同様だ。これに対して、機械式時計の定義となるのは——そうして世界中で使われ、千年以上前から使われていた水力式の装置のほとんどがあてはまらなくなるのは——信頼できる、自己調節する駆動装置だ（「ほとんど」と言ったのは、水による時計仕掛は、中国では三〇〇年以上にわたり、天文学的装置の動力として用いられていたからだ。そうした装置は完全に機械式だったのではなく、一部は水の一定の流れによっており、いくつかの傑出した例を除いて広まったようには見えない。それでも、そうした例は、最初は革命的と見えた発明が、詳しく見ると、長い歴史で段階的に改良されたものと区別しにくいことにも気づかせてくれる。この場合は、中国での、よそよりも創造性のある、天文学的時計の動力としての水の使い方のことだ）。[34]

自己調節する駆動装置の中核は脱進機（エスケープメント）にあった。この部品は錘（おもり）の落下によって連続して生み出されるエネルギーを、一定の塊に分けて計時装置に伝えることで、少しずつ利用する。最古の時計製造業者は、たいてい、機械式の脱進機を、「冠」歯車の形で作った。棒（脱進軸（バージ）と呼ばれる）の両側に固定された二枚のプレートを交互に押し、そうして前後に振動する、鋸の歯のようなところが「冠」と呼ばれる。歯車は一度に歯一枚分ずつしか回転できないので、時計の速さはバージがまず一方に回転し、次に逆に回転するのにかかる長さによって決まる。ウォリンフォードのリチャードは、ストロブという、少し違う形のものを使った。これは重ねられた二枚の輪でできている（図2・6）。それぞれの輪の縁からはピンが互い違いの位置に突き出ていて、バージにつけられた一枚の板（パレット）のそれぞれの側を押し、そうしてバージが前後に振動する。[35]どちらの形が先に考案されたのかは明らかではない。しかしいずれにしても、セント・オールバンズの時計を特別だったゆえんのものは脱進機ではなかった。

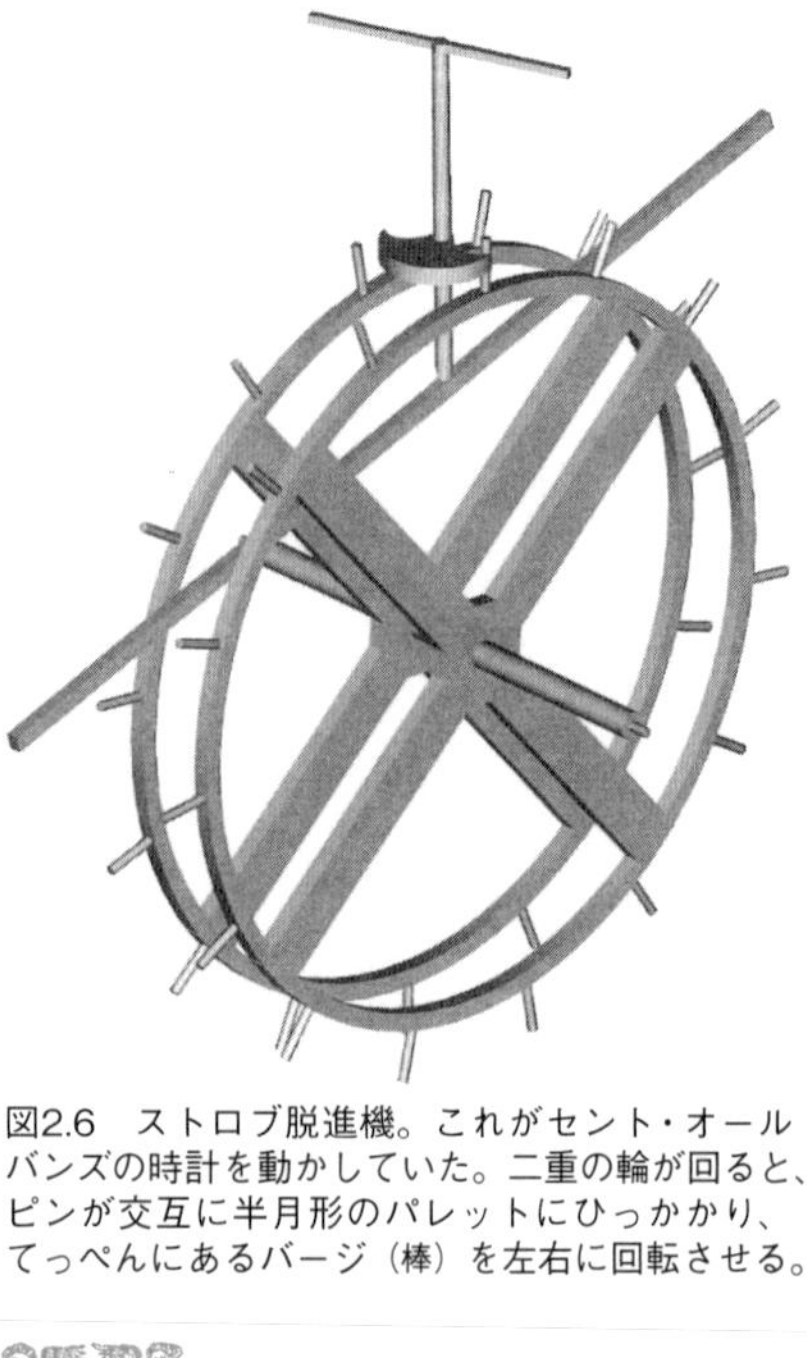

図2.6　ストロブ脱進機。これがセント・オールバンズの時計を動かしていた。二重の輪が回ると、ピンが交互に半月形のパレットにひっかかり、てっぺんにあるバージ（棒）を左右に回転させる。

セント・オールバンズの時計がどれほど見事だったか、歴史家がそれを実際に理解したと言えるのは、ほんのこの五〇年ほどだった。修道院が一六世紀に解散して消滅してからは、時計はセント・オールバンズの修道士や来訪者の曖昧な記述からしか知られなくなったし、記述した人々の誰も、その仕組みは理解していなかった。その設計が再現できるのではないかと初めて説いたのは、「科学探偵」デレク・デ・ソラ・プライスだった。プライスは、自身の計算器についての研究が完成に近づく頃、ケンブリッジの図書館を訪れ、セント・オールバンズで作成されたある稿本を調べた。それはジョン・ウェストウィックの時代より少し後に書かれていたが、筆写した人物は明らかにウェストウィックの世代の栄光に感化されていて、修道院長トマス・デ・ラ・マーレの墓碑銘、「イングランド修道士の輝く太陽」を、高らかに書き取っている。プライスは、「各惑星の動きを表す天文時計用に歯車を区切るための教え」と題された、きちんとした字で書かれた六枚だけの短い解説書を発見した。[36] プライスはその発見について短い記事にして専門誌で発表し、この解説はウォリンフォードの時計について述べたものの断片の可能性があると説いたが、それ以上のテキストが——あるいは図が——なく、その推測を立証したり、仕掛けを理解したりする手立てがなかった。しかし十年後、プライスが正しかったことがわかった。この時計のほぼ完全な記述が、礼儀正しい、眼鏡をかけた、数学者から哲学者に転じたジョン・ノースという別の歴史家によって発見されたのだ。[37]

ノースは、一七世紀の占星術師、イライアス・アシュモールがオックスフォード大学に遺贈した稿本集の中に、小さいながら分厚い本を発見した。羊皮紙二〇一葉が綴じられ、装飾のない革張りの木のカバーにはさまれていて、ウォリントンのリチャードのほぼ完全な科学著作集が収録されていた。何ペー

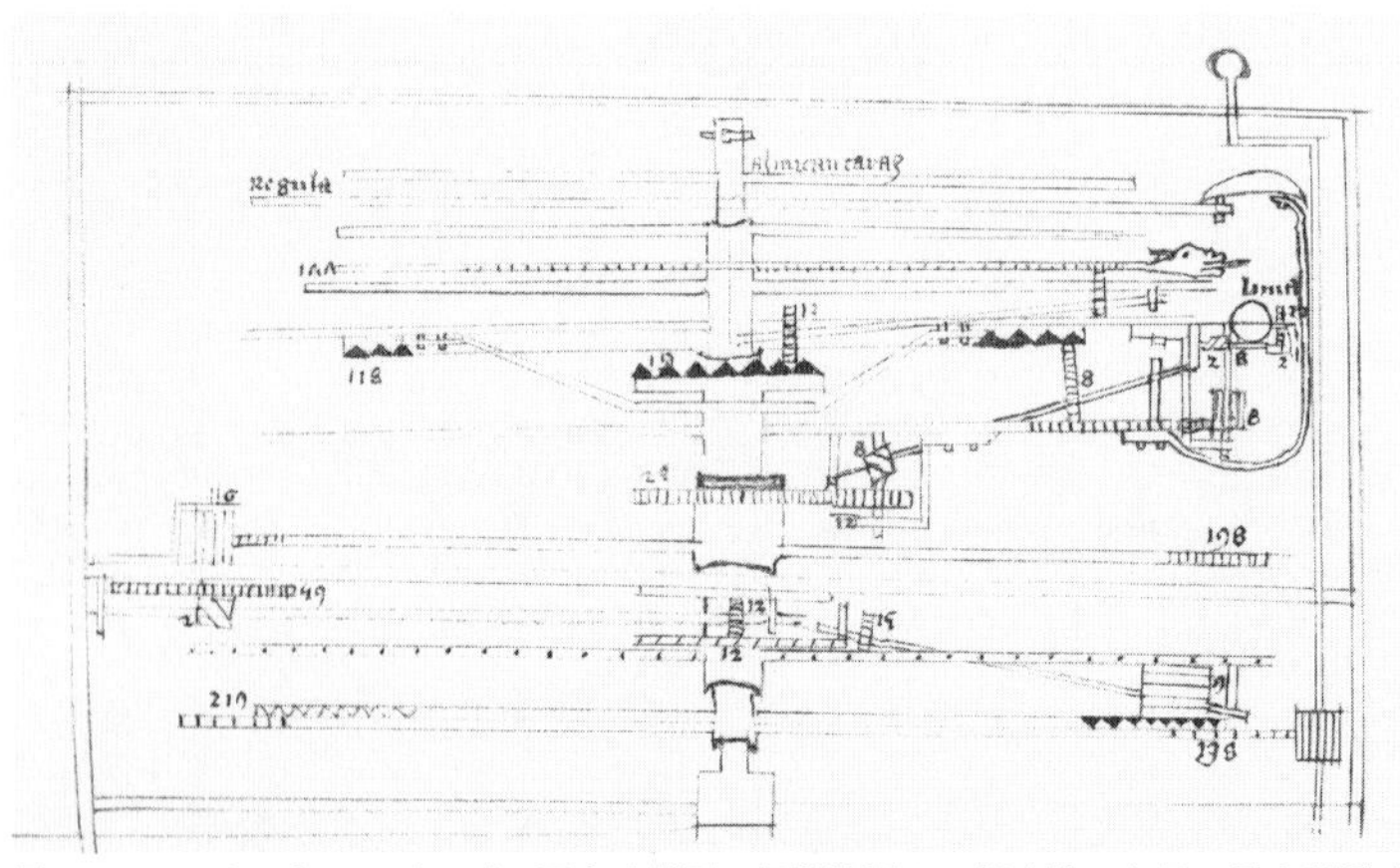

図2.7　セント・オールバンズの天文時計用の伝動装置の一部を描いた図。最上段近くに月の交点〔黄道と白道の交点〕が載った輪があり、右側に竜の頭、左側に177（ιλλ）番の歯が刻まれているところに注目のこと。

ジかには、ジョン・ラウキンの財産というラベルがついていた。ジョン・ウェストウィックと同じ時代のセント・オールバンズにいた在俗ブラザーだ。在俗のブラザーは、他の修道士に課せられる宗教的義務をいくつか免除されるのがふつうだが、その代わり、修道院のために専門職の仕事をしていた。ラウキンは副聖具係で、聖具係の備蓄管理と保守の職務を補助するのが務めだった。その稿本には、ウォリンフォードの時計の著しく詳細な機械図が収録されている。どうやらラウキンは、この時計を設計した本人が亡くなってから五〇年も後に、それを滑らかに動かし続ける責任者を務めたらしい。この頃には、時計の番はおそらく副聖具係の職務のあたりまえの部分だっただろう。[38]

稿本の詳細な図（図2・7）の虜になったノースは、研究の大半を、ウォリンフォードの成果を調べて公刊することに振り向けた。ノースの研究成果によって、ウォリンフォード——第4章で見るように、一筋縄ではいかない人物——は、中世後期最大のイングランド人天文学者として認められてきた（誰でも知っていてよさそうなものだが、実際には今もそうなっているとは言えない）。ウォリンフォードの成果は、科学の物語において修道士が演じた重要な役割をうかがわせ、どれほど宗教と科学が連携していたかをよくわからせてくれる。またセント・オールバンズが、ウォリンフォードが亡くなった後、ジョン・ウェストウィックの時代になり、さらにその先まで至る数十年の間、科学研究の拠点だったことも明らかにする。

ウォリンフォードの時計は、最重要の天文学的問題のすべてを、修道院両側の袖廊（身廊に直交する部分）に高く掲げられた時計の下の席に着いた修道士に対して明らかにした。たいていの時計と同様、この時計も定時法の時刻を打った。時刻ごとに一回だけ鐘を鳴らした他の時計とは違い、こちらは時刻になると、一時の一回から、一日の終わりの二四回のように、複数回鳴らした。このような時の鐘は私たちには——今は一つから一二までだが——おなじみで、あたりまえに思われるかもしれないが、そこには巧妙な技術が必用だった。それを発明したのがウォリンフォードだった。鐘を打つ仕掛けを起動し、しかるべき回数打つとそれを止める、突起付きの筒である（図2・8）。時の鐘を打つ同じ原理は、先のストロブ式脱進機とともに、一五〇〇年後にレオナルド・ダ・ヴィンチが描いたスケッチでも用いられているので、ウォリンフォードのアイデアは広まったらしい[39]。

しかし、ウォリンフォードの時計を非凡にしていたのは、鐘ではなく、文字盤の方だった。不定時法の時間が、固定された曲線の鉄製の網目で表されていて、季節ごとの時間が背後の天を表す盤の回転によって読み取れる（口絵2・9）。月齢は、半分が黒で半分が白の球がウィンドウの奥で回転し、つねに適切な量だけ明るくなることによって、見たままのように表示される。さらに、月の交点、つまり月の経路〔白道〕が太陽の経路〔黄道〕と交差し、蝕が起こりうるところの表示もある。二つの交点は、竜頭と竜尾と呼ばれ（竜は蝕のときに月を食べると想像された）、ウォリンフォードは職人に、竜の形のプレートを彫らせ、蝕の予想が目に見えてわかるようにした。さらに、ロンドンブリッジの満潮の時刻を示す盤もあった。

　ウォリンフォードの天文学に関する偉業の中で最も印象的で工夫に富んでいたのは、真の太陽時という、今日の時計ではまず表示されることのないものを示す針だった。私たちの電話や腕時計――またセント・オールバンズの鐘――が示すのは、平均時（ミーンタイム）、つまり一年中毎日等しい二四時間だ。イングランドの標準時がグリニッジ平均時（ミーンタイム）〔GMT〕と呼ばれるのもそのためだ。しかし中世の天文学者は、毎日の――正午から次の正午までの――長さは変動することをよく知っていた。これは二つの因子で説明された。第一は、太陽が恒星に対して天を巡る年周運動

図2.8　ウォリンフォードのリチャードによる時計の時の鐘を打つ仕掛け（1/4スケールの再現模型）。

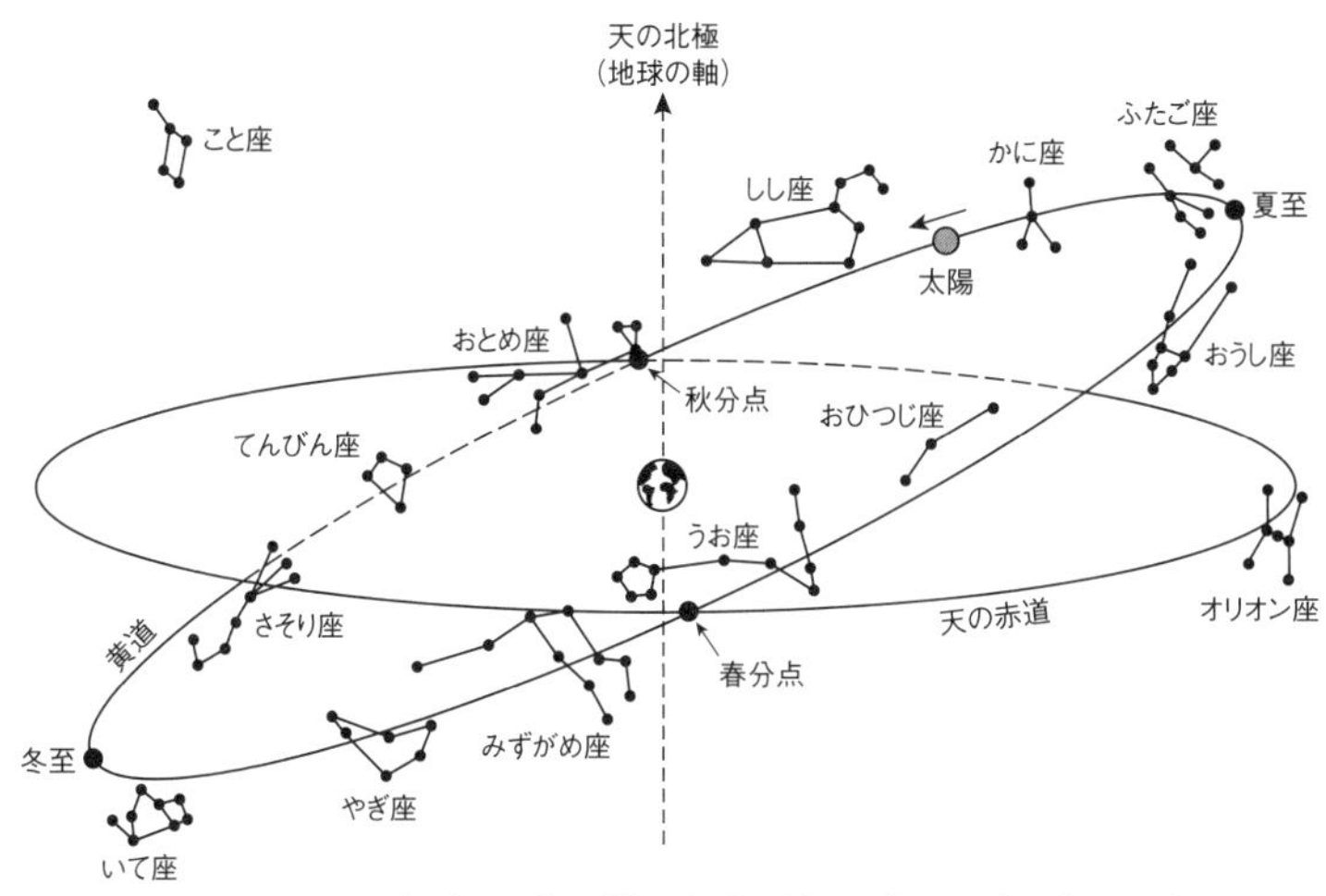

図2.10　黄道と獣帯の星座〔黄道十二宮〕。赤道に対して約23.5度の角をなす。

の速さが変動すること。* もう一つは、太陽が幅の広い獣帯の星座を通り抜けるときの経路が、天の赤道に対して斜めになっていること（図2・10）。

太陽はつねに、星座による周回コースを正確にたどり、一年で一周する。この道は「黄道（エクリプティック）」と呼ばれる。月が新月か満月のときにこの線に達すると、蝕（エクリプス）〔新月の時には日蝕、満月の時には月蝕〕が起きるからだ。二つの基本的な円――黄道と赤道――は、およそ二三・五度の角度をなす。さて、私たちの時間の測り方は、赤道の回転、つまり昇って沈むことによるのだった。太陽が黄道の年周経路上で赤道と交わるとき、それが春分秋分の分点となり、黄道は赤道と最も大きな角度をなす。その交差角が大きいことは、赤道上での太陽の動き〔赤経増加率〕が小さくなり、分点では一日が短くなることを意味する。三か月分早送りして、太陽が赤道から最も離れ、夏至には北回帰線、冬至には南回帰線に達し、そこからまた赤道に戻る（ジョン・ウェストウィックが日の出のときにヴァー川の向

こうに観察したこと）。この夏至と冬至のときには、黄道は赤道と平行になり、一日は長くなる。

一日の長さの違い――今日では均時差と呼ばれる――は、一日に三〇秒になることもあり、それが重なると、一年のあるときと別のときとで時計の時刻が十五分もずれることがある。日没が最も早くなるのがなぜ冬至の何日か前になるのか、北半球の朝はなぜ一月の初めまで遅くなり続けるのか、と考えたことがあれば、これがその答えだ。そのことは中世にもよく理解されていた。ウォリンフォードのリチャードにとっての課題は、それを時計上に再現することだった。ウォリンフォードはこれを驚くべき設計と職人の技で実現した。その仕掛は正確に等間隔で刻まれた三三一枚の鉄の歯をもった楕円形の歯車だった。こうして修道士は、時計のゆっくりとした一一秒で一拍のリズムで、星々が時計回りに回転するのを見たり、それとともに動く太陽が、黄道をめぐる年周運動で逆方向にゆっくりと進むのを見たりすることができた。

＊＊＊

機械式時計は作り手の権威、つまり、その作り手が世界という機械の動きに習熟していることの、わかりやすい象徴だった。ルーアンやストラスブール、ベルン、プラハといった遠くの地域でも、時計が市当局から――セント・オールバンズの造りよりずっと簡単でも――次々と発注されるようになったのは意外ではない[40]。それ以来ずっと、時計には象徴的な力があった。ウェストミンスター宮殿の壮大な時計「ビッグベン」を、保守のために二〇一七年から四年間停止させることが提案されたとき、一時間ご

との鐘の音に従って法律を制定する英国議会の多くの議員が抗議の声を上げた。この議員たちは、そのような沈黙が、とくに国が相当に落ち着かないときには、多大な影響を及ぼすことを本能的に理解していたのだ。[41] セント・オールバンズの修道士にとって、時計は権威の象徴というよりも、完璧に意図された天地創造の循環の象徴だった。修道士たちは、盤が季節と同じく確実に回転し、太陽が赤道を横切り、春が夏に向かうにつれて北へ移動するのを見た。

季節が変わるとともに、ジョン・ウェストウィックの修道院生活のリズムも変化した。時間の区画はすべて相互に関係している。たとえば、二四時間の各時間は占星術的に七つの惑星――太陽と月も星々の間を移ろうので、惑星に入れられる――の一つに割り当てられる。曜日にはそれぞれの惑星の名がついている。七つの惑星の循環は、軌道の長さに基づいて古典時代から受け入れられている順番で、内側へ進む。土星が最大で、木星、火星、太陽、金星、水星、月となる。日曜日(サンディ)には、第一時(アワー)が太陽(サン)に支配される。第二時は内側へ進む順番の次の惑星、すなわち金星となり、第三時は水星、第四時は最も内側と考えられる月となる。そこで順番は最初に戻っていちばん外にある惑星――土星――となり、それから木星、火星となる。その七つの後の第八時は再び太陽が司る。同様に第十五時と第二十二時もそうなる。残りは二時だけで、これは順に金星と水星になるので、翌日は月(ムーン)から始まる――月曜日(マンディ)だ。こうして各曜日には、前日の惑星から内側へ数えて三番めの惑星の名がつく。月の次は火星、その次は水

＊太陽が星座の間を巡る円形の経路上でその速さが時期ごとに違うのは、今日では、地球の軌道が楕円であることの結果と理解されている。

星、以下同様である。現代英語ではまだ土星の日の次は太陽の日だが、それはそういうわけであり、ロマンス諸語の場合は、同じ理由で、たいてい、週の中央の並びは火星（マース）（スペイン語〔ロマンス諸語の一つ〕の火曜日は martes）、水星（マーキュリー）（miércoles）、木星（ジュピター）（jueves）、金星（ヴィーナス）（viernes）となる。古代人が一週間を七日とした理由には確証がないが、曜日の順がこうなるのは、七曜が二四時間の惑星アワーにぴったり収まらないからだとすれば、説明はつく。

日曜日、すなわち主の日は、真夜中のお勤めで余分に朗読や賛歌の時間を作るために、早く始まる。早く始まることは、他ならぬ聖ベネディクトゥスの修道士にとってさえ、明らかに問題を引き起こした。その戒律は、延長される礼拝がすべて実行できるように、時刻どおりに起床するよう「特別の注意」を払う必要があることを強調する。仲間のブラザーたちを定時に起こせない修道士は、祈禱を通じて神に償わなければならないともベネディクトゥスは言う[42]。他方、日曜は御馳走の日でもある。修道士の食事は、通常、冬は一日一食（軽食で補われるとはいえ）と制限されるが、その厳格な食事規則が緩められ、肉が許される。これはまさしく、ジョン・ウェストウィックの時代になると、重層的に複雑になっていた暦における最も基礎的な変動部分だった。季節が異なれば、祈禱の時間も食事の時間も変わる――夏には日は長くなるが、ちゃんとした食事はもう一度できる。贖罪のための断食の時期〔春先〕には、食事は一回となり、遅くなる。それに加えて、各修道院には個別の祝日があって、守護聖人、創始者、かつての院長などの記憶される先人たちを記念する。公共の暦の中では、個々の修道士はときどき瀉血をしてもらえた。これはもともと、イタリアのサレルノにあった有名な医学校で教育を受けたあるセント・オールバンズの修道院長によって定められた健康法だったのだが、ウェストウィックの時代には、修道院の職務の大半から、二日間解放されるということだった。[43] もちろん、キリスト教会では最大の祝日がいくつかあった。そのうちの、たとえばクリスマスのような祝日は、毎年同じ日に固定されているが、復活祭のように、部分的に月の周期によっていて、そのため太陽暦の中では位置を変えるものもあった。

太陽暦だけでも十分に複雑だった。何月何日という場合には、今のように数で表されることもあったが、固定された祝日の循環を思い出す方がわかりやすかった。中世の人々は、月の初日から数えた番号で今日は何日と言うのではなく、しかじかの聖人の日の一日、二日前あるいは後というふうに記す場合の方が多かった。ジョン・ウェストウィックは、この目的のために、何らかの三六五音節からなる暗記法を知っていたにちがいない。優れた暗記法はそういうものだが、これも正確な情報を覚えるように仕立てられており、個々人が自分用に変更することもできたが、ジョンが覚えた最初の二行は、こんなふうだっただろう。

Cisio janus epi lucianus & hil, fe mau mar sul
Pris wul fab ag vin, pete paulus iul agne battil.[44]

一見するとまったくのナンセンスだ。しかしよく見ると、この三一音節には、一月〔ヤヌスの月〕に記念すべき——この詩句が書かれたイングランド北西部の修道院にとって——最もふさわしい聖人の名が含まれている。基本的な考え方は一二世紀ドイツから渡ってきている。最初の五音節もそうで、これ

はこの暗記法の名、Cisiojanus（シシオヤヌス）にもなっている。cisioは当時の一月一日のキリストの割礼（サーカムシジョン）の日を表し、janusはこの月の名〔ジャニュアリ〕を表している。[45] 第六、第七音節――epi――も定期的な行事で、一月六日の顕現日（エピファニ）の祝日のことを言っている。この部分の先には、修道士が自由にどんな聖人でも差し込むことができて、祝日は地元の一年に構造を与える。毎月正しい音節と、もちろん全体で三六五音節を維持するのであれば。一四〇〇年頃に書かれたこの一文には、今でも一部大学の春学期や、法制度の名〔ヒラリー開廷期〕になっていたりする聖ヒラリウスの祝日〔一月一三日〕、一一世紀のウスターにいたアングロサクソン人司教で、ノルマン・コンクエストがもたらした混乱を乗り切り和らげようとしたウルフスタン〔一月一九日〕、イングランドの奴隷で六四八年、ブルゴーニュの王妃となったバルティルド〔一月三〇日〕が出てくるのがわかる。

あまり知られていない聖人もいる、三六五の音節というのはウェストウィックには多すぎて暗記しきれないように思われるかもしれないが、これは新人が身につけなければならないことのほんの一端でしかない。修道院に入った新人は、正式に叙任可能になるまでに、各自ベネディクト会の戒律や、一五〇の詩による典礼用詩篇全編を覚えなければならなかった。それに加えて、唱和〔問いと応答〕、賛美歌（ヒム）〔詩篇に含まれない聖書由来の賛歌〕、賛歌（カンティクル）〔聖書に由来するわけではない賛歌〕、交唱（アンティフォン）〔二組に分かれて交互に歌う聖歌〕という、礼拝式のすべても暗記していなければならない。[46] そのような芸当は、今の私たちには驚くべきことでも、中世の学生にとってはあたりまえのことで、単純な押韻からまったくの架空の城に至る、記憶術をひととおり編み出していた。そうした中世の技法の多くは、今でも外国語の授業や記憶競技などで用いられている。[47] 文書の生産が今よりもずっと手間のかかる、高価な作業だった時代には、記憶は枢要な学習の道具だったことは、容易にわかる。今となってはわかりにくくなっていることだが、記憶が――「丸暗記」と言って軽く見られるかもしれないが――おおいに創造性のある活動だったということは、もっと理解すべきだろう。新たなことを熟考し、生み出すのにも中心となる。何層にも重なるそれまでの考え方という堅固な土台が必要だからである。[48]

新人は、礼拝式を学習するとともに、聖なる音楽を正当に扱うために歌う技能を身につけなければならなかった。ジョン・ウェストウィックは一日に何度もそれを練習し、その声は新たに彫られた身廊の壁に反射して、教会の中心にある高い天井へと漂っていっただろう。とはいえ、音楽もまた科学だった。それは協和音を支える数学的関係の理論の面でも（その発達にはヘルマヌス・コントラクトゥスが無視できない貢献をした）、新しいアイデアを書いて伝える手法の点でも、中世に重要な前進をした。中世後半には、豊かな多声の和音が成長し、修道院どうしが装飾を尽くした音楽で神を讃えようと競っていた。プロの歌手を雇う手に出た修道院長もいたが、トマス・デ・ラ・マーレ院長は、その音楽を奏でるのは、セント・オールバンズの修道士であると決意を固めていた。ウェストウィックの時代のセント・オールバンズの新人用に書かれた記譜法の手引きが今も残っている。もっとも、いくらかお目こぼしもあった。修道士は新時代の音楽を暗記しなくてもよかった。それは従来の単旋律聖歌よりもはるかに複雑だったのだ。暗記しないで譜を読むために、教会の内陣に蠟燭を持ち込むことが許されていた。古参の修道士は、新人の記憶力をだめにすると言って、この改革を嘆いた。[49] いつの世にも、学習のための新しい技術を誹謗する人々はいるものだ。

＊＊＊

複雑な知識ほど書かれがちだったというのは意外ではない。修道士たちが書いた現存する書物には、あたりまえのように、入り組んだ一年の構造を明らかにする暦が多く載っている。こうした暦は、それが役立つところに出てくることが多い。すなわち、内陣で歌われる詩を網羅した典礼用詩篇の一部をなしている。一人前の修道士なら、詩篇の詩はよく知っているのがあたりまえで、こうした典礼用詩篇を勉強するのはおもに新入りだった。前章で見た、一二世紀のセント・オールバンズの暦には、ただの飼われてつぶされる、おとなしい豚の絵ばかりが載っていたわけではなかった。そこにはジョン・ウェストウィックのような若い修道士が、固定された祝日だけでなく、可変の祝日についても知っておく必要がある基本的な情報も含んでいた。修道士が一年をどう区切るかを理解するなら、ジョンと同じように、修道士たちが用いた暗号のような暦の読み方を知らなければならない。

セント・オールバンズ暦の一月のページを図2・11に示した。五列に分かれ、いちばん右の最も広い列に祝日が並んでいる。そのうちのいくつかは、*Cisiojanus* の記憶術ですでにおなじみで、ヒラリウス、フェリクス、マウルス、マルケルス――*hil fe mau mar*――が、月半ばの連続した日に出ている。その聖人のすぐ左に日付が入った二重の列がある。そこには、私たちが慣れている1から31までが振られているのではなく、ローマのカレンズ〔朔（ついたち）〕、ノウンズ〔第五日あるいは第七日〕、アイズ〔第一三日あるいは第一五日〕の方式によって日が並んでいる。カレンズ（Kalends）は月の最初の日のことで、そのため、この暦（カレンダー）の各月は、装飾された大きな頭文字KLで始まる。ラテン語の *kalendarium* という単語はも

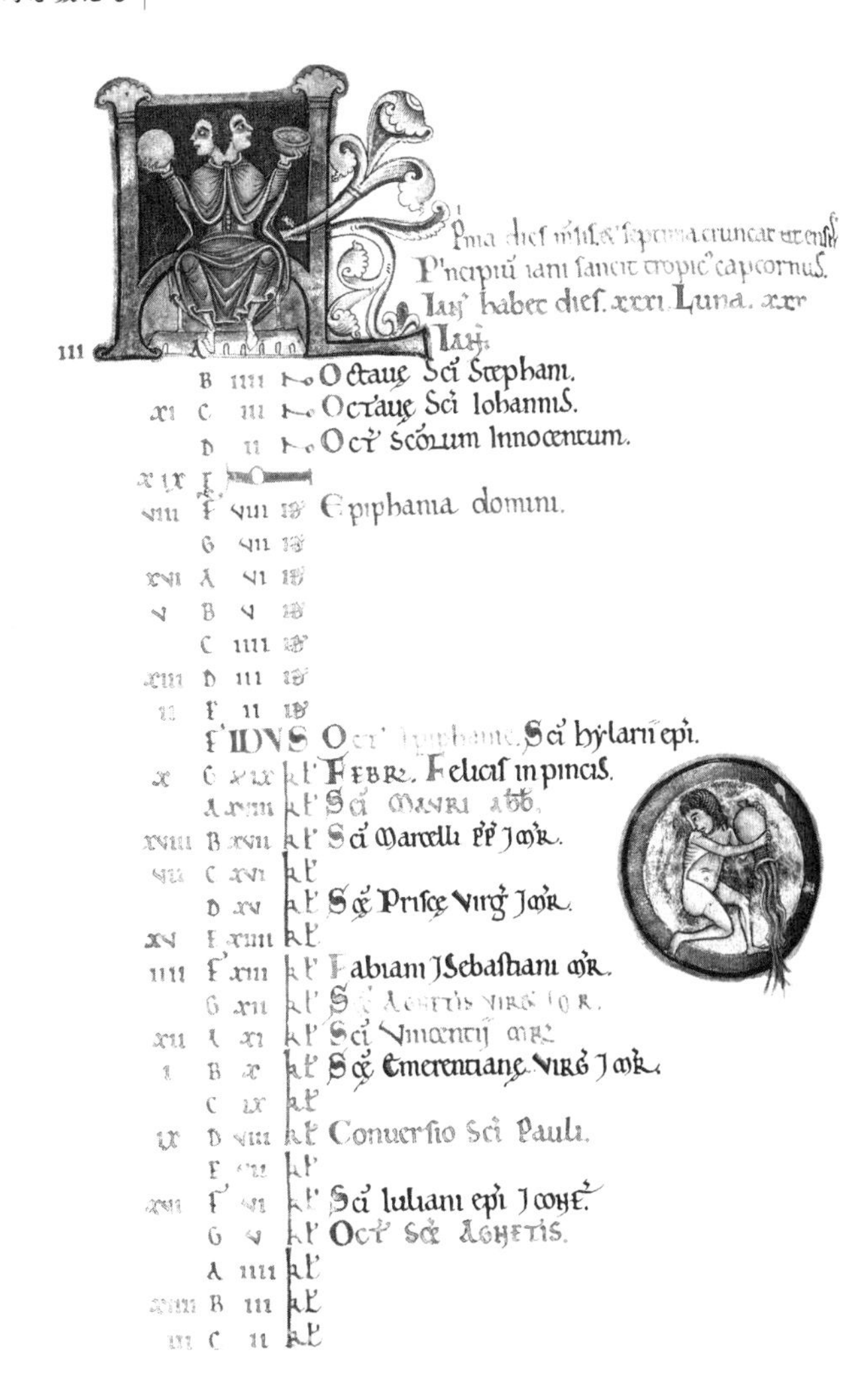

Iani' habet dies. xxxi. Luna. xxx
Octaue Sci Stephani.
Octaue Sci Iohannis.
Epiphania domini.
IDVS
FEBR.
Fabiani J Sebastiani
Conuersio Sci Pauli.
Sci Iuliani epi J conf.

図2.11　セント・オールバンズ暦の1月のページ。12世紀半ば。

ともと期限のついた金銭記録のことを指していたが、中世後半には、今の「カレンダー」のような、一年の配置の意味をとっていた。アイズ（Ides、ラテン語の暦では「IDUS」〔図の中段やや上〕）は月の中日のことで、太陰暦を図で表していた初期のローマ暦では満月で記されていた。これは月の第一三日か第一五日だった。その当日を含めた九日前（したがって第五日か第七日）がノウンズ（Nones）で、これはセント・オールバンズ暦では、二列にわたる装飾を施した太いNOに見られる〔KLの下方〕。ノウンズの後は、アイズのVIII日前（一月では顕現日〔エピファニー〕）からII IDまでカウントダウンして、アイズ当日となる。ノウンズの前にも同様のカウントダウンがあり、アイズの後には、翌月のカレンズまでのカウンドダウンがある。ここでは「[ante diem] XIX Kalendas Februarias」、つまりフェブリュアリーの朔の一九日前となっている。当日を含めて数えるので、月の最終日は必ずII Klとなる。このように古代ローマの伝統が、中世の一年の毎日に影響力を維持していた。

カウントダウンする列の左には、AからGまでの曜日を表す文字が繰り返しで並んでいる。一月一日のAに始まる七つの連続する文字は、汎用の曜日の暦となり、修道士がどの年でもすべての日曜日——他の曜日でも——を特定できるようにしている。一年の最初の日曜日が一月一日に当たることがわかっていれば、Aが振られている日はすべて日曜日ということになる。あるいは最初の日曜日が一月三日なら、日曜文字はCとなり、その年は、Dの日はすべて月曜、Eの日は火曜等々となる。ここまでくれば、中世の天文学者がこのことの暗記法を得ていたことを聞いても驚かないだろう。*Altitonans Dominus Divina Gerens Bonus Extat Gratuito Coeli Fert Aurea Dona Fideli*（「善なる主が治められ、高きところで轟く。主は信仰篤き者のために、自在に天の神聖な黄金の賜物をもたらす」）もその一つだ。一二の頭文字が各月の最初の日の日曜文字を教えてくれる。[50] この文句——とりわけ円筒形日時計があったマートン修道院の同じ稿本に残っている——を覚えると、修道士は、一月一日（*Altitonans* のA）が日曜なら、一〇月一日（*Aurea* のA）も日曜になり、二月一日と一一月一日（ともにD）は水曜になるなどのことを知った。[51]

この安心できる並びにも、一抹の不確定部分がある。一年は必ずしも三六五日ではないからだ。紀元前四六年、ユリウス・カエサルが、ローマ帝国は太陰暦に準じた一年三五五日制から、太陽の周期に近い暦に移行することを定めて以来、一年は三六五日と四年に一度の追加の一日だった。この閏日は、二月二四日を繰り返すことで加えられた。三月初日の六日前で、そのためヨーロッパ諸語では、閏年を指す言葉が「六が二回」といった意味になる例が多い。ポルトガル語では「*bissexto*」と言い、フランス語では「*bisextile*」というように。ローマ人はなぜ他でもないこの日を選んだのだろう。八世紀に『時の数え方について』（『暦法』）という、中世の大部分にわたり、暦学の必須の手引きとなる教科書を書いたノーサンブリアの修道士ベーダによれば、前日が祝日となっていたテルミヌス神への信仰によるという。[52] キリスト教の暦は、このように辛抱強く多神教の由来を維持した——そこで閏年には、日曜文字がもう一つ必要になった。

太陽暦の一年の正しい長さを得るのだけでも難しいが、それを太陰暦の周期にそろえるのは、さらに難しかった。しかしラテン語圏の天文学者にとっては、それは欠かせない作業だった。キリスト教は、その暦が元にしていたローマ暦の祝日を、キリスト教のルーツがあるユダヤ教の暦の祝日とそろえる必要があった。太陽と月の循環の正確な指針を得ようとし、またそれに基づいてキリスト教の暦を改善しようとする天文学者の試みは、暦にかかわる天文学、暦学（コンプトゥス）という一個の分野を生んだ。コンプトゥスは中世修道士の誰にとっても学ぶべき必須の科学だった。暦学の実践的応用が、祈りのパターンを通じて修道士の生活を支配した。

セント・オールバンズの暦は、太陽太陰天文学が細心に何層も重なり、何百年か分の周期によって調節されて、支えられている。表面に見えるのは、先の図の、ローマ数字が不均等の間隔で並ぶ、最左列のごく単純な結果だけだ。これは黄金数で、その年の新月になる日がすべてわかる。その年の黄金数を求めるには、年に一を足し、それから一九で割る。整数による商は捨て、余りが黄金数となる。たとえば、一三七七年なら、

1377＋1＝1378
1378÷19＝72, 余り 10
［つまり、72×19＝1368; 1378－1368＝10］

これによって、一三七七年の新月は、暦のローマ数字Xがついた日に割り当てられる。一月については、この文字はアイズ——すなわち二月のカレンズからさかのぼって一九日、つまり聖フェリクスの祝日、つまり一月一四日に当たる。

新月と新月の間はおおよそ二九日半であり、一月と二月は合わせて五九日なので、三月の黄金数は一月の黄金数と同じになる。したがって、一三七七年については三月一四日が新月となる。三月一四日の新月から、次の満月を求めるには、一三日を足す。そうなると、三月二一日の春分の日をまたぐことに

なる。その次の日曜日を求めるには、一三七七年の日曜日を表す文字——D——が必要で、この暦は次のDは三月二九日であることを教えてくれる。その日、つまり春分の日の後の最初の満月の次の日曜日は、復活祭の日曜日という、キリスト教の暦では最も重要な日となる。

これはどういう仕組みになっているのだろう。ジョン・ウェストウィックが知らなければならなかったのは、その年の黄金数と日曜文字で、そうすれば、四旬節の準備から五旬節まで、すべての祝日が決まる。今では黄金数の計算のしかたはわかっている（いずれにせよ、前年の黄金数に一を足すだけでよい）。それは、太陽年の三六五日と、ひと月二九日半が一二か月——三五四日——との差、一一日に基づいていた。図2・11で、黄金数IXはXの一一日後にくるのはそのためだ。日曜の文字は単純に並び、一週間七日に閏年の周期四年をかけた二八年で元に戻る。

もっと簡単にするために、表を参照するのがあたりまえだった。中世の修道院で参照された表がたくさん残っていて、教会の数十年分の暦の組み立てを一ぺんに見せてくれる。修道士は、それを作成し、写し、手直しするうちに、他の方法を試してみたり、ローマ数字からインド・アラビア数字に変えたりした。ジョン・ウェスト・ウィックが使った方式は、何世紀もの間に練り上げられた計算を簡素化していた——ただし黄金数はそれを使う人々に強い印象を残したので、その驚異の由来についていくつかの伝説が生まれた。一部の中世論者によれば、それが「黄金（ゴールデン）」と呼ばれるのは、ローマ人がその文字を金色に塗ったからだという。それに反対して、それにはは黄金よりも高い価値があったからだとする人々もいた。[53]

暦学は見事な天文学、歴史的妥協、実践的仮定の組み合わせの上に立っていた。支えとなる天文学は、

ベーダの『暦法』のような感嘆すべき明快さの解説書で説明され、写されて修道院の丹精した稿本になった。[54]アレクサンドリアとローマの司教の間で（アイルランドの重要な貢献とともに）大急ぎで妥協がなされ、だいたいは七世紀末までに完成したが、初期のキリスト教にあったイエス・キリストの磔刑と復活をいつ記念すべきかについての対立に片をつける答えとなった。この二つの事件は、ユダヤ教の過越という春祭りの期間に起きた。この期間はヘブライのニサンという太陰月の満月の日に始まる。妥協の第一の部分は、主の復活を主の日、つまり日曜日に祝うことだった。第二に、復活祭を決める満月は、春分の日以後（当日を含む）最初の満月とすることだった。第三に、復活祭はその満月と同じ日には祝えないとしたこと。つまり、復活祭の満月が日曜日に当たった場合、復活祭はその次の日曜でなければならない。第四に、五二五年、キリスト教世界全体に広まった激しい歴史的論争の後、イエス誕生からの年数が明確に標準化された。今も用いられる西暦（主の年（アンヌス・ドミニ）〔＝ＡＤ〕）あるいは共通紀元（コモン・イーラ）〔＝ＣＥ〕である。[55]

実践的な仮定とは、まず、春分は三月二一日に固定できるとすることで、次に、太陽と月の周期は、両方を包括する周期の中にぴったり収められるということだ。こうした仮定は天文学に基づいていて、最初から天文学者は自分たちが受け継いでいる限界をよく知っていたが、長い間、進んでそれに耐えていた。ひとめぐりを二三五太陰月、一九太陽年とする周期を古代ギリシアから採り入れ、ユリウス暦の三六五日と四分の一日という暦年を受け入れたが、春分から春分までの時間の長さとしては、それは間違っていることはわかっていた。実際、紀元前二世紀には、天文学者は春分から春分までの時間（回帰年）は太陽が同じ星の位置に戻ってくるまでの時間（恒星年）とは異なることを観察していた。両者の違いは歳差、つまり前章で見た星座のわずかなずれの元だ。太陽が恒星の間を一年でちょうど一周するのにかかる時間は三六五日と四分の一よりもわずかに長いが、春の北へ向かう移動の途中に赤道上に戻るのにかかる時間は、三六五日と四分の一よりも少し短い。

ますます精密になる計算の目標は、実際のところどれだけ短いかということだった。暦の観点からすれば、この回帰年とユリウス年との差が問題だった。その差は観測される春分点が、一年の中でだんだん早くなるということだったからだ。暦学者にとってさらに差し迫った問題は、ベーダが言うように、「月が計算された月齢よりも進んでいるように見えることがある」点だった。[56]一九年の周期は二三五太陰月よりも少し長かった。これは太陰暦を周期の最後で一日飛ばすことで解決された。しかしそれだけでは十分ではなかった。飛ばす前の年月で積み重なるずれと、ちょうどの新月は一日の中のいつでも起こりうるという事実からすると、ときとして天文表では新月〔一日（ついたち）〕であるべきときに、実際には二日めの月になることがあるのだ。どんな農民でも——ヘルマヌス・コントラクトゥスがばかにして記したように——月の満ち欠けは観察できるので、この点は、暦学者にとっては相当の悩みの種だった。[57]

暦学者はこれに、古い暦の仮定を棄却することで応対した。一一世紀には、これに関心を抱くヘルマヌスのような修道士は、蝕を丁寧に観察して新月と満月の時点を可能なかぎり正確にし、さらに正確な太陰暦を作り始め、純然たる概念上の周期を持つ簡易な実用的暦と、丁寧な計算と観察に基づく絶えず練り上げられる天文モデルの間の壁を崩した。この動きは以前と同様、国際的な事業だった。ベーダの手引きはカール大帝の宮廷で読まれていたり、アイルランドの暦法の文書がスイスの修道院に影響したりしていたりする。そして今度は、ヘルマヌスやその後継者が書いた稿本が、ヨーロッパ中で熱心に写

された。一二世紀には、ヨーロッパ大陸のキリスト教徒が競って暦法による解を生み出す一方で、数学的な手法も多様化した。男だけではなかった。一一八〇年頃にランドゥスベルクのヘラデという女修道院長がホーエンブルク修道院の尼僧たちのために工夫した、とりわけ圧縮された方式は、全部で五三二年ぶんの復活祭前後の行事を、暗号のような文字と点と線だらけの数枚の表に縮小した。[58]

一二世紀に伝播した様子の要となる例として、グレート・マルバーンの修道院長、ウォルチャーが登場する。イングランド西部、緑に包まれたマルバーン丘陵の麓に設置されたこの修道院は、ノルマン・コンクエスト後のイングランドの修道院改革の一端として、ウルフスタン司教（シシオヤヌス暗記法に載っていた人物）の下で創立され、ウォルチャーはその第二代院長だった。現代のフランスとドイツの間にあった、小さな領地からなる地域、ロタリンギアの出身で、当時その地に広まっていた観測による天文学と暦の計算への関心を、イングランドにもたらした。

科学とイノベーションは、もちろん、西洋の修道院に知られていなかったわけではなかった。八〇年ほど前、南に六〇キロ余りのマルムズベリ大修道院では、エイルマーという名の若い修道士が飛行を試みている。ダイダロスの神話に刺激され、手足に翼を縛りつけ、高い塔から跳んだ。修道院の記録によれば、エイルマーは二〇〇メートル以上飛んだが、そのとき一陣の風のせいで墜落し、足を骨折したという。その後はずっと足が不自由だったが、老齢になるまで生きた。少々食い違う記録史家――当時の信頼できる歴史家の一人――の話を信じるなら、エイルマーは試験的グライダーを操縦し、まったくの不成功だったわけではない。レオナルド・ダ・ヴィンチが同様の飛行装置の概略図を描くよりも五〇〇年近く前のことだった。[59]

ウォルチャー修道院長に戻ろう。医療が占星術に依存し、したがって不正確な暦では効果がなくなると懸念した院長は、一一〇〇年頃に何度か月蝕を観測し、アストロラーベを用いてその蝕の正確な中間点を求めた。[60] その観測結果は、月の動きが一定と仮定していた標準的なモデルと矛盾していたが、ウォルチャーはそれに代わる新たなモデルは持っていなかった——ペドロ・アルフォンソ〔ペトルス・アルフォンシ〕に会うまでは。

ペドロは生まれたときの名をモーゼスといい、生国のスペインでユダヤ教からキリスト教へ改宗していた。故郷のウエスカは、アラビア人によるサラゴサのフード朝からキリスト教徒に奪取されたばかりだった。当時は世情不安定だったとしても、重要な文化交流の時代でもあり、ペドロはイスラム世界の学識に触れられる立場をフルに利用した。天文学だけでなく、イスラム教やユダヤ教に対するキリスト教擁護論を書き、これは広く筆写された。また——やはり流布した——アラビア語やヘブライ語の典拠に基づく道徳的寓話集も書いた。この寓話集のある写本は、ペドロをイングランドのヘンリー一世王の侍医と呼んでいる。[61] それはありそうにないが、確かにイングランドにはいて、一一二〇年頃、ウォルチャーと会った。

ウォルチャーは後にペドロの月の平均運動と真の運動についての、月の交点——さらに後にウォリンフォードのリチャードがその画期的な時計に表示する竜頭と竜尾——の周期を含む、目をみはる教えを回想している。ペドロは理論を自分が望むようには正確に説明できなかった。ウォルチャーが嘆いたことに、「その本を海の向こうに置いてきていた」からだった。[62] そうだとしても、この出会いは——中世のウスターシャーで協働したロタリンギア出身の修道士とアラゴンのユダヤ人の個人的な人生にとって

だけではなく――転機となった。ウォルチャーとペドロの成果の写本は、この西イングランドにあった中心地から、ベネディクト会のネットワークを通じてすぐに広まったからだ。残っている修道院の写本――セント・オールバンズに連なるものもある――には、あの『アストロラーベの使い方』案内や、アル＝フワーリズミーのインドに影響を受けた天文表を、キリスト教の暦に合わせる最古の試みとともに書き取られたものがある。[63] 暦法の実践と必要は、明らかにギリシア・アラビア諸科学が広がり発達する余地を提供した。

そして実際、その諸科学は発達した。古代人の考え方を保存したものでしかない停滞した科学環境という固定観念とはまったく異なり、一一世紀から一二世紀の暦学者たちは、自分たちの天文モデルを練り上げ、太陽と月の周期についての計算を、前よりも正確にしつづけていた。学者はますます現実に合わなくなる教会の暦批判を強めるようになった。一二六〇年代には、フランシスコ会の修道士で経験科学を唱えるロジャー・ベーコンが、教皇の求めによって、教育改革に関する一連の広範な著作を書き、その第三の著述では、「暦の崩壊」を非難した。それは「賢明な人なら誰でも耐え難く、どんな天文学者にとっても恐ろしく、どんな暦学者にとってもばかげている」[64]。ベーコンは、中心となる暦を変えることができるのは教皇だけであることを認めたが、この件について行動を起こすよう迫っていた。ベーコンにとって、キリスト教世界を内外に現実に存在する脅威に対して守るうえで、諸学の改革は欠かせなかった。

後の代々の教皇は問題があることを認め、一流の天文学者に暦を改訂する方法を提起するよう委嘱さえした。二人のフランス人天文学者によって教皇のためにしつらえられた「新黄金数」方式というある案は、『ベリー侯のいとも豪華な時禱書』に残っている。この豪華な絵入り時禱書については、美術性については正当に称えられるものの、天文学的内容については無視されることが多いのだが。[65] ただ、そうした案は確かに暦の正確さを向上させていただろうが、実施はされなかった。科学は科学、政治はまた別で、新しい暦を実施することの実践的な問題点——ヨーロッパ中で苦労して作られた何千という本を改訂したり反故にしたりしなければならないというのは大きい——は、それを実施しようとする政治的意思を上回った。そのため、ユリウス暦の長すぎる一年の余分は蓄積され、一五三二年にもなると、フランスの風刺家フランソワ・ラブレーが、小説『パンタグリュエル』を、「四旬節〔復活祭の準備となる時期〕が三月ではなくなり、八月半ばが五月にある」年から始めてもおかしくはなかった。「不規則な閏日がいくつもあったからだ……そのときは、太陽はごろつきのようにふらついて左にずれ、月はその道から五ファゾムも外れて進んだ」。[66] 教皇グレゴリウス十三世が、四百年に三度（百で割り切れるが四百では割り切れない年）の閏日を取り消す改暦の決定的な一歩を踏み出すのは、さらに半世紀後のことだった。グレゴリウス十三世は、一五八二年十月初めの十日をとばし、次の春分が、キリスト教の暦が当初合意されたときと同じ、三月二一日に当たるようにした。その頃には宗教改革が、カトリック教会の影響力が及ばない多くの国で始まっていて、大半は——イングランドとその植民地を含め——一八世紀に至るまで、頑固に旧暦を維持した。

しかしその間、中世の天文学者は平均運動と真の運動についての新理論を組み込んで、キリスト教の一年の中核となる内容は維持しながら、自分たちの暦を補強し、蝕を正確に予測していた。ジョン・ウエストウィックの当時には、リンのニコラスによる *kalendarium* が最新の成果だった。後の伝説によれば、このオックスフォードの托鉢修道士は、生まれたノーフォークから、北極まで船で探検したという。また一三八六年には、七六年――一九年周期が四回分――使える占星術的暦も編纂した。[67] 各月は少なくとも四ページを占める。最初のページには、一二世紀のセント・オールバンズの暦に見られるのと同じ情報の大半が載っている。黄金数、曜日文字、その月の重要な祝日が並ぶ幅広の列。この暦を写した修道士は、祝日をそれぞれの好みの地元の聖人にカスタマイズ――ウルフスタンを除いたり、六月二二日にオルバンを加えたり――できた。この頃には、そのような暦はローマ数字からインド・アラビア数字に切り替わっていたので、ニコラスはこの列に、今の私たちと同じく、日付を1から31の数で番号を振っている。その最初のページの残りの部分と、そこから三ページないし四ページには、月々の天文学的データを豊富に提供した。ニコラスは、それを、オックスフォードにあった自身の居場所、つまり赤道から北へ五一度五〇分――先に見たように、天の北極が地平線から上にそれだけの高度にあることを観測して定められた――について、綿密な精度で計算した

修道士たちは苦労してニコラス修道士の暦の複製を作った。余白は装飾的な花模様で埋められ、キーワードは青や赤や金で浮かび上がった。そこには感嘆すべき表が並んだ。黄道をめぐる太陽の日々の位置、それぞれの日の、日昇から日没までの長さ、新月と満月の正確な日付――さらには時刻。ニコラスはその日の毎時の影の長さを示す表も載せた。これは第1章で見た、パラディウスの影の長さに似ていたが、パラディウスはひと月全体に対して一組の数字しか示さなかったが、ニコラスは一日ごとに新たな数字を計算した。そのデータは、当時あたりまえになっていた定時法で表された。その方が正確で、影の長さは一フィートの六〇分の一刻みで最も近い値で計算され、太陽高度は一分角（一度の六〇分の

一）単位で表された。そして、パラディウスの身長五フィートというローマ時代の農民とは違い、ニコラスはこの影を落とす人物は身長が六フィートであることを明らかにした。また暦にその後の七六年間の日蝕月蝕を予測する表もつけて、それぞれの蝕が見られる範囲を図解する絵も添えた。その先の表は占星術の機能を持っていた――七つの惑星による週の、次々と巡る二四時間それぞれに対応する惑星も。データ集の最後の方で、ほとんど後から思いついたかのように、ユリウス暦に蓄積された誤差を計算した太陽が、真の位置からどれほど離れているかを示す小さな補正表を加えていた。

＊＊＊

教会暦が中世天文学の進歩を反映するように変化しなかったとしても、暦法の数学的手法は修道院の学問の重要な部分であり続けた。一四世紀の若い修道士たちは、流布した教科書を利用した。その中には、暗記法として自分の手を用いる技が載っているものもあった。すでに見た指で数える方法と同じく、この手による計算（コンプトゥス）はベーダまでさかのぼる。[68] それは一三世紀に改訂され、指の関節はそれぞれ黄金数あるいは日曜文字を表すようになった（図2・12）。修道士は同じ手の方法を使って、掛け算や音楽理論の習得に至る数々の課題をこなした。中世の学習は、必ずしも読み、暗唱し、書くという、レベルの低い、手間のかかることというわけではなかった。見事に多様で、参加者が掛け算と算数の理論の習得を競う、数陣（ナンバーバトル）〔数字が書かれた駒を使ったチェス風のゲーム〕のようなボードゲームもあった。[69]

ジョン・ウェストウィックの頃には、セント・オールバンズの修道士は、かつてないほど、学問のための時間と優れた設備を得ていた。前の修道院長が、お勤めの時間割を再編成し、日々のミサを早め、学生の業務を免除したので、学生は午前中に切れ目なく読書に専念する時間が得られた[70]。また、研究のための特別な空間が、壁の近くの都合のよい位置に与えられた。後に、壁そのものが修道院の学問の幅を反映するよう装飾され、窓には学芸の世界の先導的な人物が描かれた。その窓にはもちろん、古典時代の哲学者や詩人もいたが、中世の思想家、数学者もいた。ピュタゴラスやボエティウス、音楽理論のための手による暗記法を考案したと考えられる修道

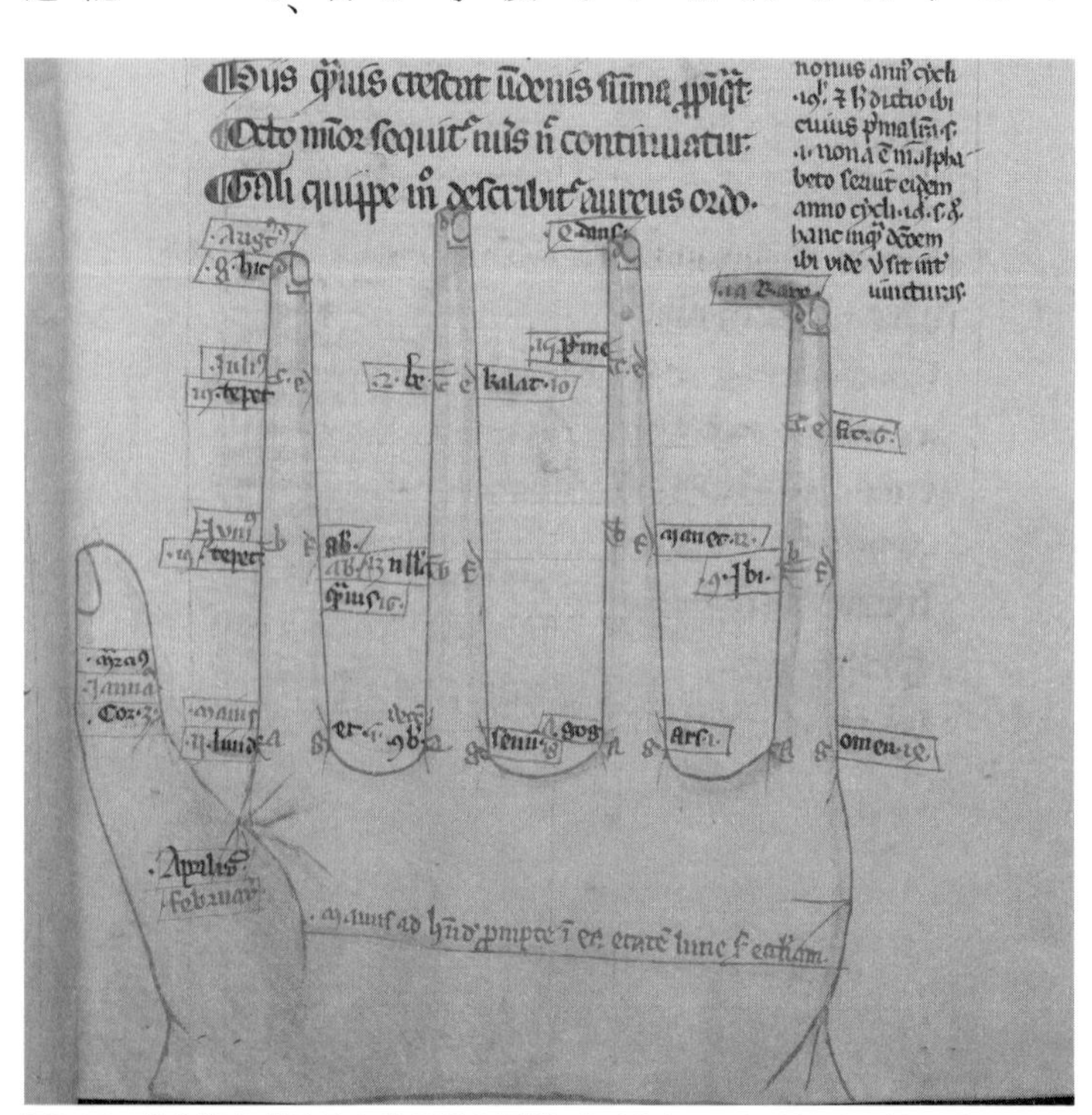

図2.12　黄金数を求めるための手の図解。Balduinus de Mardochio, *Comptus manualis*（1281年頃）による。

士、グイード・ダレッツォなどだ。幾何学と天文学はギリシア時代の大巨匠、エウクレイデスとプトレマイオスで表され、占星術の代表は、九世紀のペルシア人、アブー＝マーシャルだった。パラディウスもいて、修道院生活にはきわめて重要な農業のシンボルとなっていた。法律や神学――キリスト教だけでなくユダヤ教も含めた――分野での近年の重要な思想家にも窓が与えられ、修道士が新しい思想や非キリスト教徒による成果を理解できたことを示している。[71]

修道院の蔵書は、代々の院長が熱心に古典も新刊も写本を購入したので、一四世紀半ばに相当に増えた。写字室はすっかり改築され、本は効率的に写され、必要な場合には修復された。[72]そうした本のいくつかは、修道院長の個人的蔵書の印がついていたが、院長は先進的な修道士学者にその利用を認め、またさらに研究するために、共通の図書室からの借り出しも認めた。またセント・オールバンズには、大学に入学するというとてつもない特権を認められたブラザーによって、新しい本ももたらされた。

しかし大事なことを一つ。修道士が正式の司祭への叙任の前にオックスフォードにあったベネディクト会系のカレッジへ送られたのはごく例外的な場合だけだった。ジョン・ウェストウィックが科学の勉強を最先端のレベルにまで進めたかったら、まずは叙任への長い道のりを完成しなければならなかった。[73]戒律が繰り返し読み聞かされ、気が変わらないかどうかを試される一年の見習い期間の後、誓約の儀式で生涯の献身を誓った。ブラザー全員がいる前で、従順、修道院生活への忠節、「堅固」、すなわち修道院への生涯の献身という三つの誓いを立て、[74]それを自筆の文書にした。

誓約のときから、ジョンはさらに、司祭になるための訓練を受け始める。侍祭、副助祭、助祭という下の方の三段階を進み、最終的に司祭に叙任されるが、これにはたいてい三年ほどかかる。しかしもっと早めることもできた。たとえば、セント・オールバンズのジョン・ウェストウィックよりも少し若い五人の新人は、一三八二年三月の同じ日に、セント・ポール大聖堂の侍祭と副助祭の両方に任じられた。五人のうちの一人、トマス・ボヴィルは、わずか六か月後には三番めの助祭に昇任している。また一人は、聖バレンタインの日の翌日にロンドン司教によって、正式な司祭にされている。[75] セント・オールバンズの叙階は、この修道院出身の教皇ハドリアヌス四世が、同院に対して監督司教制を特別に免除してから、さまざまな友好的司教によって実施された。[76] ウェストウィックが生きていた時代には、それを執行するのは一般にロンドン司教だったが、後にはカンタベリー大司教となったロンドン司教サドベリのサイモンも、ロンドンを定期的に訪れるときに、セント・オールバンズの修道士も何人か叙任し続けた。司教は叙任については立派な記録を取っていて、丁寧に名前、日付、身分、儀式の場所を記しているが、その記録簿がすべて、何世紀後までも残ったわけではない。セント・オールバンズのブラザーについては、四段階の叙任すべての記録が残っている人はいない。たいていは――ジョン・ウェストウィックも含め――まったく何も残っていない。たとえば一三六八年から七九年にかけての叙任記録は、いっさいが失われている。言えるのは、その一〇年ほどの間に二〇歳代初めになったウェストウィックは、おそらく宣誓して叙任されたであろうということだけだ。ウェストウィックは、あれほど多くのジョンが載った修道士名簿が編まれた一三八〇年には、セント・オールバンズを離れていた。

司祭に任じられたからといって、学習が終わるということではない。丁寧な読み取りは修道院生活の必須部分で、修道士は、聖書と神学研究が主ではあっても、広く「文法(グラマー)」――言語学や哲学を含むごく広い意味での――と歴史を読んでいた。修道士の熟読の方法は固定された客観的な経験から、主観的な内面の省察へと進むことを重視していたので、世界についての科学的記述や、規則的な暦の慣れ親しんだ手がかりを、瞑想的な祈りの具体的出発点として用いることができた。セント・オールバンズの図書室には数多くの科学的な書物が——とくに、後の第4章で見るような、ウォリンフォードのリチャードの著作が——あった。しかし中世の学問にあって、最新の最も優れた著作の利用については、科学的な志のあるジョン・ウェストウィックのような修道士は、大学で勉強する機会を願っていたにちがいない。ウェストウィックがその機会を得たかどうかはわからない——こちらで記録は断片的だ——が、後に本人が示した専門知識からすると、得られたとしか思えない。いずれにせよ、中世科学の物語にとっての大学の圧倒的な重要性からすると、私たちはここで、チルターン丘陵を越えて、オックスフォードに向かわなければならない。

ミッセンデンのリチャードは、セント・オールバンズの修道士で、ジョン・ウェストウィックより何歳か年下だった。前章の終わりの方でちらりとお目にかかったトマス・ボヴィルのように、リチャードも一三八二年九月二〇日、セント・ポール大聖堂での叙任式で助祭に任じられた。[1]しかしトマスとは違い、現存の司教記録簿には他の任命記録は出てこない。しかしこの人物については、他の資料から、相当量のことが知られている。セント・オールバンズの記録によれば、一三九六年と一四〇一年にそれぞれ新院長が選ばれたとき、リチャードがこの修道院の食料保管係補佐（サブセラー）、つまり修道士への食料や飲料の提供を管理し、台所の設備を保守する仕事の補助をしていた。同じ記録から、リチャードはその頃、修道院の地所の一つに水車小屋を建てるための寄付にも加わっていることがわかる。一四二八年の秋、セント・オールバンズの北三〇キロ余りのところにあるビードローの修道分院で、貧困に苦しむ修道士がそこを放棄したときには、そこの分院長だったこともわかっている。その後、旧ローマ街道を歩いて一時間ほどの、レッドボーンという小さな修道院の管理を任された。何人かの修道士が定期的な瀉血休暇をもらって行くところだった。あくる五月、十分の一税の支払いをめぐる法的争いで、修道院を代表し

ている。この件でのリチャードの証言は施物分配担当者の記録文書に写されており、それぞれの証言は、まず自身の人生の物語の一端を述べている。その部分には、六七歳になったリチャード・ミッセンデンが、オックスフォード大学での五年間を回想したところがある。[2]

リチャードは、セント・オールバンズで四年すごした後、二五歳か二六歳の頃にそちらへ行ったと述べているだけだ。しかしそれでも、修道士大学生の大半について知られていることよりも多い。同大学は創立の頃から、学生に指導教師の名とともに登録することを求めていたが、中世の入学者名簿は残っていない。[3]そこで何をどのように勉強したかについては相当のことが言えるが、個々の修道士学生の身元ということになると、まばらな資料を探すだけになってしまう。たとえば、ウェストウィックの当時に助祭長だったジョン・ヘイワースがかつて大学生だったことだけはわかるが、それは後のある修道士が、ヘイワースの大理石の墓を見つめながら、この人が教会法の学士だということを回想しているからだ。[4]

したがって、ジョン・ウェストウィックが大学に行ったかどうか、確かなことは言えないのも意外ではない——ただウェストウィックが高度な文書を利用していることからすると、その可能性は高い。[5]セント・オールバンズの修道士には、大学へ行った人が多いということは言える。ベネディクト会は、大学教育が会員に何をもたらすかを認識するのが、他の会——有名なところではフランシスコ会やドミニコ会——よりも遅かった。しかしウェストウィックの時代にはその流れに収まっていて、熱心に奨励していた。一三三六年、教皇は修道院の学問の水準を高めようとして、修道院に修道士二〇人のうち一人をさらに上の教育機関に送り出すよう求めた。セント・オールバンズは中でも熱心な方で、修道士の一五〜二〇パーセントが大学へ行った。[6] その多くは学位を取る前に大学を去ったが、[7] 在学中には、西洋科学の歴史でも有数の重要な教育機関の一つでそれぞれの役割を演じていた。

大学（ユニバーシティ）は忽然と現れたのではなく、一二世紀にアラビア語やギリシア語の哲学・科学の著作が大量に翻訳されたのに触媒されて、修道院学校や聖堂学校（カテドラル・スクール）の時代に、何世紀もかけて徐々に発達してきた。修道院学校のことには、ベーダやヘルマヌスなどの著述を通じてすでに触れた。そうした学校の修道士は、七つの学芸科目（リベラルアーツ）を勉強した。

幅広い基礎教育という古代ギリシアの思想に基づいて、後のローマ帝国のカリキュラムとして七科目が定められた。[8] それが「リベラル」というのは、奴隷ではない自由な身分あるいは貴族にふさわしいとされたからであり、「アート」は今日のような美的活動という狭い意味を表すのではなく、学ぶに値する技能のことだった。五世紀の初め、カルタゴにあったローマの植民地にいたマルティアヌス・カペッラという人物が、このアーツを七人の学問の花嫁に擬人化した生き生きとした寓話を描いた。七人はきらびやかな衣装を着て、象徴的なものを手にしている。子どもの正しくない発音を切りそろえるナイフとか、地球を測定する測量道具とか。[9] ボエティウスは五二〇年代にこの思想を取り上げ、まもなく七科目は二種類に分けられた。言葉に関する三科（トリヴィウム）、文法、修辞、論理と、数学に関する四科（クワドリヴィウム）、算術、幾何、音楽、天文学となった。次の七世紀には、セビリアで長く在任した司教、イシドルスによって、この七科はさらに知られるようになった。イシドルスは当時には標準になったリベラルアーツの要諦を、自らが編んだ百科事典、『語源』の冒頭にまとめている。人間の持つ知識をすべてまとめようという壮大な試みだった『語源』は、おそらく中世全体で聖書以後最大の人気と影響力を得た本だろう。[10]

先の標準化した学芸科目は、シャルトルのような大聖堂やパリのサン・ヴィクトル大修道院などの周囲で成長する学校での勉学の基礎となった。前章で見た、修道女のために暦法ツールを工夫したというホーエンブルクの女性修道院長ヘラデは、*Hortus Delicarum*〔喜びの園芸〕（一一八〇年頃）という大著でこの学芸を紹介している。ヘラデはそこに輪に

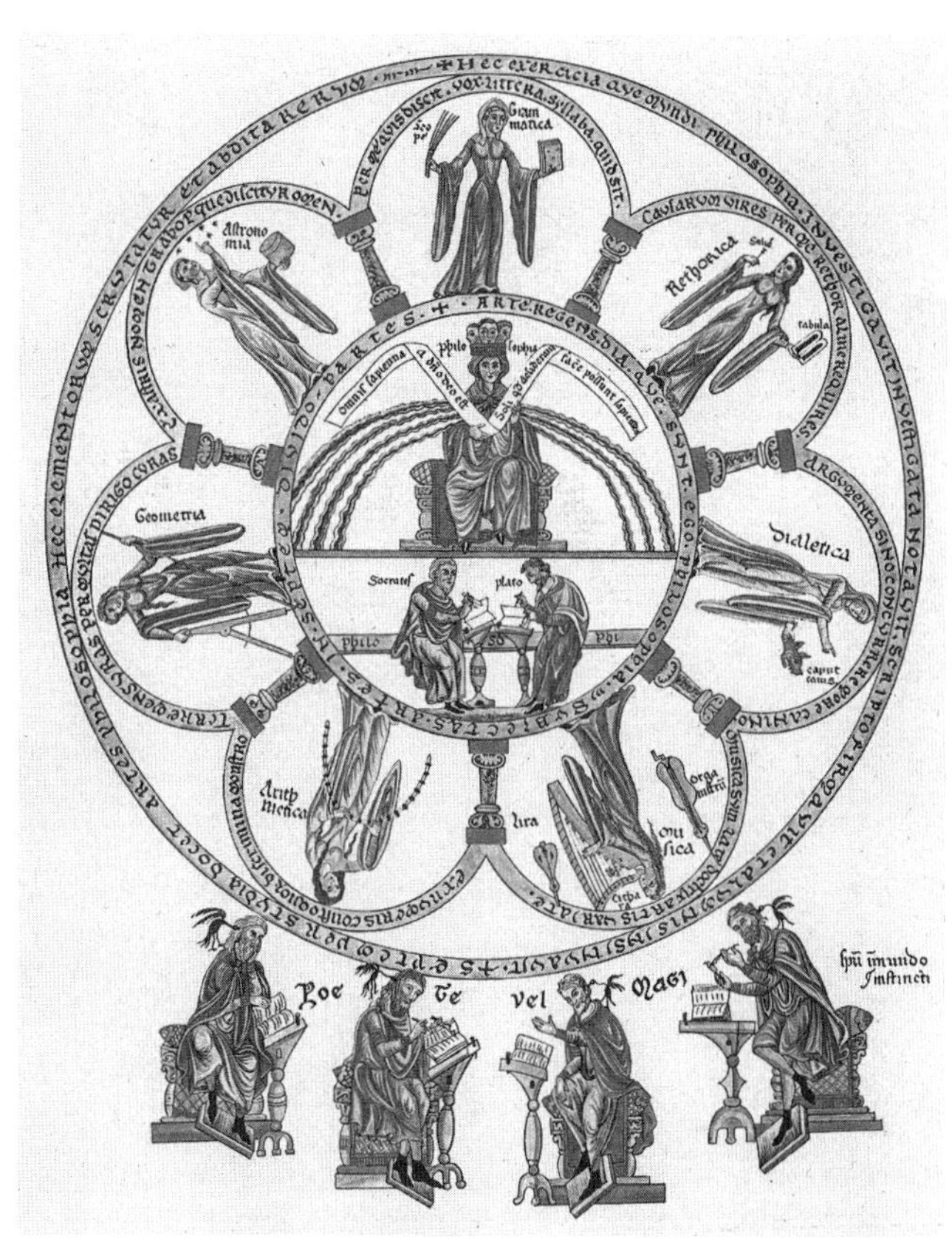

図3.1　ホーエンブルクの女修道院長、ランドゥスベルクのヘラデによる *Hortus Deliciarum* に描かれたリベラルアーツ（1180年頃、1870年に焼失）。

なった七人の娘を、修道院のアーチ門の下にいるように描いた（図3・1）*。中央には、足元に賢い教師であるソクラテスとプラトンを従えた哲学（フィロソフィー）という女主がいる。輪の外には、「詩人あるいは魔法使い」という、ヘラデがこの者たちの仕事は不純で無価値と警告する者たちがいる。

最善の教育体制とはそういうものだが、リベラルアーツは、役に立つよう十分明瞭に定められていたが、学生の変化する必要に合わせられるだけの柔軟性もあった。学者は熱心に組み直し、優先順位をつけ、さらに細かく分けた。たとえば先にも出てきたスペインの改宗者（コンベルソ）ペドロ・アルフォンソは、道徳的寓話の著書、『学問の手引き』で、論理、算術、幾何、物理、音楽、天文の六つだけは確実に入るとしたが、もう一つの位置を占める可能性がある候補の一つとしては、「自然の事物の科学」を唱えている[11]——ただし、降霊術か文法か、二つの対照的なライバルが立ちはだかることも認めている。後の一一二〇年頃に、パリの哲学者たちへ書き送った手紙の中では、何よりも天文学が重要——「他の学芸よりも役に立ち、楽しめ、重要」——と強調している[12]。そして相手の哲学者たちに、古い文書は捨てて、実践(*experimentum*)から——理想的にはペドロ自身を教師として——学ぶよううながしている。

ペドロの売り込みが新たな顧客を勝ち取ったかどうかは知られていない。しかしパリの教師たちは、ペドロが唱えるような教育の拡張を決して拒まず、神に創造された世界には、聖書では答えられない疑問がたくさんあることを重々承知していた。そのため、他の文書から学ぶだけでなく、自ら身のまわりを見ることによって学ぼうという意欲があった。一二世紀サンヴィクトール修道院の修道士教師の一人はこう書いている。「この見える世界全体は、書物のように、神の指で書かれている……神の謎のしわざにある知恵を明らかにするために」。この有力な古い比喩によれば、聖書のかたわらには自然という書物があった。この二つの「書物」の両方を学ぶことは正当であるだけでなく、神を称えることとの必須の一部だったのだ。[13]

一二世紀の終わりには、こうした「本」が、ユニバーシティという、何から何まで新しい環境で読まれていた。町や都市が拡大すると、そこの新しい富裕層の市民が教育の機会を求めるようになる。カテドラル・スクールや修道院学校は、そのような需要に応えることができず、独立した教師がそのギャップを埋めていた。優れた教師は多数の学生を集めることができた。学生は最新の哲学を研究したがっただけでなく、教会、役所どちらでも、有能な行政官、法律家、神学者に与えられる機会をつかもうとしていた。[14] 繁栄するヨーロッパ諸都市で増殖する商業的ギルドをお手本にして、教師と生徒からなる集団がいくつか集まって連合するようになった。そのようにして、教師と生徒は市当局の認知と保護を勝ち取った。ラテン語の *universitas*（ウニウェルシタス）は、単にこうした学生と教師の連合体を表す言葉で、校舎や整った教育課程のことではなかった。学生と教師が集まるとともに、それが徐々にヨーロッパの初期の大学を形成していった。

ボローニャには国際的な評判を得るような学校がいくつか成長していて、学生が自分たちの権利を認めさせ、一一六八年には神聖ローマ帝国の認可を得た。地元の当局による扱いに不満があれば、退会することができた——実際一二二二年、そうした学生が対抗する大学をパドヴァに設けるに至った。他方、

＊この一二世紀の特異な稿本は、一八七〇年の普仏戦争のとき、ストラスブール包囲戦で焼けたが、一九世紀のいくつかの写本から一部が復元された。

パリでは、教師がノートルダム大聖堂（最大のカテドラル・スクールを運営していた）の司教や司教区尚書による規制に抵抗してギルドを組んだ。一二世紀末のオックスフォード大学の設立は、それほどわかりやすくはない——一一八〇年代には近隣のノーサンプトンの方が学問の中心としては大きかった——が、教師は、この中程度の市場町に、地元の法曹界の中心としての役割があることに引き寄せられたのかもしれない。またその教師たちは、教育に対する権威をふりかざしそうな司教がいたのが一五〇キロ以上も離れたリンカンだったことも好感したかもしれない。[15] オックスフォード大学は一二〇九年にはしっかり根を下ろしていて、町民が、殺人を犯した人物と同居していた二人の学生を処刑したとき、教師と学生がそろって退去したことによる四年間の放棄があっても生き残った。退去者の一部は、やはり目立たない湿地帯のケンブリッジの町に落ち着いた。

教会や国からの支援が大きくなり、大学はヨーロッパ中に広まった。一五〇〇年までには、大学で教育を受けた人の数は一〇〇万人にもなっていた。[16] とはいえ大学は当初から、その有機的な由来を反映する独自のアイデンティティを持っていた。そこには専門科目があり、これは高度な学問とされる三つの分野の一つに傾いているものだった。先に見たボローニャは法学の中心だが、パドヴァやモンペリエは、とくにサレルノの先駆的な医学校の重みが低下するとともに、急速に医学教育で評判になった。[17] パリは、いくつかのカテドラル・スクールから育っただけあって、もう一つの、わけても最高の高等教育、神学が専門だった。オックスフォードも神学を専門にしていたが、他の大学と比べると、こちらでは下級の学芸（リベラルアーツ）部の力があった。そのおかげで、三科や、とりわけて数学的な四科の一流の教師を集めることにもなった。[18]

翻訳文献が到来して、すべてが変わった。すでにリポイやライヒェナウの修道院にいた学者が、西暦一〇〇〇年頃、熱心にアストロラーベや新しいインド・アラビア数字についてのアラビア語文献を読んでいたことは見た。細ぼそとした文書の流れが、その後の一一世紀の終わりには、翻訳の奔流となった。精力的な言語の専門家の一団が、ギリシア語、ヘブライ語、アラビア語の学術書のラテン語版を作っていた。その動きを助けたのは、ピサやヴェネツィアといったイタリア北部の都市と地中海東部との通商路の成長で、そこは、かつての巡礼の道が、十字軍によって、商品だけでなく、アンティオキア〔今のシリア北部、トルコとの国境の都市〕やビザンティウム〔東ローマ帝国の首都で今のイスタンブール〕の図書館に由来する知識も行き交う街道に変わっていた。イタリア南部でも重要な〔アラビア語文献との〕接触があった。こちらでは、コンスタンティヌス・アフリカヌスというチュニジアの翻訳家が、医学書群をひとそろい、まずサレルノへ、後にはモンテ・カッシーノの聖ベネディクトゥスが創建した修道院へもたらした。一二世紀には、キリスト教徒とイスラム教徒の紛争が文化的交流の新たな好機をもたらしていたスペインに、多くの翻訳家が移った。ペドロ・アルフォンソは、パリの教師たちに宛てた手紙でコンスタンティヌス・アフリカヌスを褒め、自身のアル＝フワーリズミーの翻訳を自慢しているが、ペドロの精力的な売り込みは、このイベリア半島にも向かったかもしれない。[19]

同世紀の半ばごろ、トレド（カスティーリャ王国が一〇八五年に奪取した）は翻訳の最も重要な拠点だった。後にカスティーリャ国王など強力な支援者が、組織的な翻訳体制を後援したが、一二世紀のトレドには、新しい科学の著作を求めることを動機とする個々の学者が集まっていた。そうした学者の中で最も業績をあげたのがジェラルド（ゲラルドゥス）で、一一四〇年頃、イタリアの都市クレモナから、プトレマイオスによる二世紀の天文学の大著作『アルマゲスト』を探し求めて旅に出た。翻訳家たちは、ただギリシア語の著作を手に入れていただけではない。イスラム教徒やユダヤ教徒の豊かな学問の鉱脈も採掘できたが、その相当部分は、九世紀のバグダッドでの最初の大翻訳運動以来、古代ギリシアの——またインドに由来する——科学の上に立っていた。翻訳家たちはいつも書かれた文書を元に作業していたわけではない。アラビア人の師から教わる科学をラテン語化し、数表を転写し、図を描き直し、科学用具の略図を描くこともした。クレモナのジェラルドも、弟子によって書かれた短い伝記によれば、「あらゆる分野についてのアラビア語の本を豊富に見て、そうした分野におけるラテン語文献の乏しさを嘆きながら、翻訳ができるようになるためにアラビア語を学んだ」という。[20]その後の四〇年にわたり、ジェラルドは七〇点以上の学術書を翻訳した。著者はエウクレイデスやプトレマイオス、アル＝フワーリズミー、また当時のアッバース朝にいた光学の先駆者、ヤアクーブ・イブン・イスハーク・アル＝キンディーなどだった。医学書も多く、その中でもギリシア時代の偉大な医師、ガレノスによる著作を何点かと、一一世紀のペルシアの碩学、イブン・スィーナー（ラテン語名ではアウィケンナ）の著作のいくつかを翻訳した。そして古代の思想家の中でも最大のアリストテレスによる論理学や自然哲学の本についても翻訳に当たった。

アリストテレスが中世の学者にとって示した啓示を捉え直すのは難しい。自分たちが問うていたことのすべてに——また自分たちでは問おうとも思わなかったことにも——アリストテレスは答えていたのだ。納得のいく答えに至ることになるのは、アリストテレスの研究の幅広さ——鰐の舌の位置から知識の根本的な構造に至る——だけではなかった。思考過程を明らかにする分析的明確さだった。[21]中世の学者はアリストテレスの成果に畏れ入るあまり、その名を呼ぶこともできないほどで、ただ「哲学者」と言えば、アリストテレスのことだった。

もちろん、アリストテレスを読むのはやさしいことではない。中世の自然哲学者は、アリストテレスの師、プラトンによる『ティマイオス』に慣れ親しんでいた。神により定められたコスモスを美しく描写して書かれたこの本の前半は、四世紀にラテン語に訳され、訳者は詳細な注釈を加えた。[22]『ティマイオス』はプラトンの他の著作にあるような楽しめる対話形式とは少々異なっているが、それでも夢中になる読み物で、アトランティスという失われた都市の伝説から、四元素（火、空気、水、土）や、人間の体と魂の関係や、視覚がどのように働くかといった主題の分析につながっている。アリストテレスの著作はそれよりも大部であり、わかりにくい。これはアリストテレスの著作が、プラトンの対話篇とは違って、刊行するために書かれ、練られたのではなく、むしろ講義用のあらましのノートだったからだという面もある。また、翻訳という処理の結果でもある。古代ギリシアの著作がアラビア語に、また時にはスペイン語に翻訳されるとき、変化をこうむった。クレモナのジェラルドを含め多くの翻訳家は、逐語訳するのを好み、その結果得られた文章は、原文に忠実ではあったが、流れるような古典的ラテン語では書かれていなかった。

学生——若ければ一四歳のときに基礎課程の学芸部に入ることが多い——が、アリストテレスの晦渋な散文が載った棚のどこから始めればよいかわからなくて苦労しているなら、手近に助けがあった。今日の学部学生と同じく、当時も解説書があったのだ。大哲学者たちの核心を衝いた要約がその思想をわかりやすくしており、そうした本の中でもとくに明瞭なものはよく売れた。学芸部のカリキュラムが完全にアリストテレスの著作をイメージして——昔からの三科と四科の他に、自然哲学〔『自然学』〕と道徳哲学〔『ニコマコス倫理学』〕と、もっと根本的な形而上学〔『形而上学』〕の、「哲学書三編」として——再編成されるようになっても、そうした要約は教師の講義にとって定番のテキストになった。[23]

アリストテレスの『自然学』、『天体論』、『生成消滅論』、『気象学』、『霊魂論』、『動物論』、またそれほど長くない、心理、呼吸、老化などに関する著作は、すべて自然哲学課程の一部として必修で、そうした本に学生が足を踏み込む前に、天文学と宇宙論についての二点の入門書、*De Sphera*〔天球論〕と*Computus*〔暦法〕で準備運動をすることができた。オックスフォードの時間割担当者は、この二点それぞれに、八日を割り当てている。『暦法』は前章で試みた暦に関する計算をすべて取り上げていた。それにはさまざまな形があり、それぞれの形は、日月や星の巡りについての科学が発達するにつれて、採用され、更新された。『天球』という名がつく文書も複数あるが、わかりやすさと人気の点では、一つが他よりも群を抜いていた。一二三〇年頃に、サクロボスコのジョンが書いた『天球論』である。

このジョンについて知られていることは多くはないが、サクロボスコがモンペリエ大学の学生用に書いた『天球論』について、四〇年ほど後のロベルトゥス・アングリクスという、先に見た、時計職人の発明を記録した人物が、徹底した注釈を書いている。冒頭近くで、ロベルトゥスはサクロボスコが自分と同じイングランド人だと断定しているが、その根拠は示されていない。遍歴の古物研究家、ジョン・リーランド（一五三〇年に研究旅行をして、セント・オールバンズの破壊される前の時計について述べた最後の人物となった）は、「サクロボスコ」——「聖なる木（ホーリーウッド）」——の名を、地名に結びつけようとした。リーランドは、ホーリーウッドの名がついた居住地をイングランドの地図に見つけることができず（北アイルランドやスコットランド南西部にはあったが）、サクロボスコはヨークシャーのハリファックスという町の名を表すとした――ハリファックスは実際には「聖なる毛」という意味なので、これはちょっとありそうにない。サクロボスコがどこの生まれかはわからないが、埋葬されたところはわかっている。パリ大学の事実上大学付属教会の、アストロラーベで飾られた墓だ。[24] サクロボスコは明らかに、亡くなる頃には立派な大学教師になっていた。ボエティウスの『算術』に依拠してアルゴリスムスの簡単な手ほどきを書いたし、『暦法』は、その主題では定番のテキストだった。しかしは頭抜けて知られた著作といえば『天球論』で、今でも中世の手書き写本が何百点と残っている。修道士学生は、大学入学時には、他の学部学生よりも年上で教育も受けていて、入学時の学芸課程は免除されることも多かった。[25] しかしこの『天球論』を含む修道院の写本――第2章で見たマートン修道院の稿本など――の数から明らかなように、ジョン・ウェストウィックのような修道会士や修道士は、この注意深く配列された入門書を、ともかく熱心に読み通していた。

サクロボスコは、四章を合わせても本書の一章分の長さという見事に単純な文章で、宇宙についての中世の知識の基礎を解説した。[26] 幅広い出典、とくにプトレマイオスやアル゠ファルガーニー（アルフラガヌス）――やはりアッバース朝の天文学者で、その著書はクレモナのジェラルドが翻訳していた――に依拠していたが、オウィディウスやウェルギリウスのような古典時代の詩人も引用していた。サクロボスコは、エウクレイデスの幾何学から始めて球が何かを定義し、それから天球と地球について述べた。熟練の教師だったサクロボスコは、段階を追って複雑さの度を上げて、星々や惑星の変化する動きや昼の長さと星の見え方が、見ている場所や季節によって決まることや蝕の仕組みを説明していた。

学生と教師は、サクロボスコの『天球論』をその後の数百年にわたり、貪欲に読んだ。オックスフォードのオーク材の壁に囲まれた講義室で、講師はこの本を体系的に読み進め、サクロボスコの簡潔な散文を、興味津々の学生のために解説していた（図3・2）。講義を書き取って本文に対する注釈を補足している学生もいて、それによって私たちは、その講義がどんな範囲を取り上げたかについてよくわかる。そこでしばらく時間を割き、そうした学生たちのように、解説書の一部を少し詳しく見て、サクロボスコによる、大地が丸いことの説明に注意を集中してみよう。

図3.2　1519年、オックスフォードで出版された基本的テキスト、チャールズ・カーフォスの*Computus manualis*〔手による暦計算〕の扉絵。教室には掛時計、砂時計、天球儀、アストロラーベが備えられている点に注目のこと。服装はジョン・ウェストウィックの時代とは異なっているが、カリキュラムは大体同じだった。

今日では、中世の学者は世界は平らだと信じていたと広く思われているが、それはおおむね一九世紀に作られた伝説だ。それはワシントン・アーヴィングの、ひいきめに言えば「想像力豊かな歴史」とでも呼べる一八二八年の作品、「クリストファー・コロンブスの生涯と航海」で広まった。アーヴィングはその主人公を、「天性の才能」に動かされて、スペイン宮廷の無知な教会人からの激しい反論にもめげず、西へ航海するとインドへ行けると論じたように描いた。[27] アーヴィングの物語は反宗教的な作家に取り上げられ、科学と宗教は対立するものという想像上の争いの象徴として、勇敢な少数の人々が、教会の抑圧的権力に抗して戦ったという話に用いられたが[28]、そのような単純な争いは存在しなかった。実際には、コロンブスの地理学的想定はジョン・ウェストウィックの時代の人物、パリの教師で後に枢機卿となったピエール・ダイイの成果に基づいており、そのダイイは、サクロボスコの『天球論』を大いに援用していた[29]。

　サクロボスコは、天が巨大な球で、惑星は、それよりも小さく、入れ子（マトリョーシカのような）になったそれぞれの球に乗っていると説明した。七つの惑星――先にも述べたとおり、太陽と月も惑星――の向こうには、二つの球がある。恒星天と、「最初に動かされる」球、つまり天の日々の回転の原動力となる球である。いちばん内側にある、周期が最短の球が月だった。サクロボスコは、アリストテレスの『気象論』を引いて、月の球の内側にさらに四つの球を置く。まず火、それから空気、それから水、最後に最も重い元素、土（アース）で、これがあるのは、あらゆるものの中心だった（図3・3）。

　サクロボスコは、地（アース）が丸いことの証拠として、星が昇る時刻や蝕が起きる時刻は、観測者が東や西へ移動すると異なることを挙げた。加えて、観測者が南北に移動すると、見える星がまったく異なることも挙げた。地が本当に平らなら、すべての観測者にとって、同じ星については昇る時刻も同じになるとサクロボスコは説明し、地が平らに見えるのは、ただ「あまりに大きいから」にすぎないと言った。それでも天球に比べれば、とてつもなく小さいはずだ。地平より上にある空や星々は、いつもちょうど半分だからである。地だけでなく海も丸くなければならない。船のマストのてっぺんにいる見張りは、甲板にいる船員よりも遠くが見えるからだ。また、サクロボスコは論理的に、水滴が葉の上でビーズ状

になるように、海も「自然に丸い形になろうとする」と説いた。アリストテレスには、サクロボスコが用いなかったもう一つの論拠があった。月蝕を見れば、地球の影が月に落ち、それがつねに丸いということだった。[30]

次の問題は、サクロボスコのような熟練の幾何学者にとっては自明だった。地が球なら、その大きさは簡単に求められるということだ。地球の大きさの最古の推定は、紀元前四世紀に書かれたアリストテレスの解説書、『天球論』にある。そこでアリストテレスは、「地球の周長を計算し

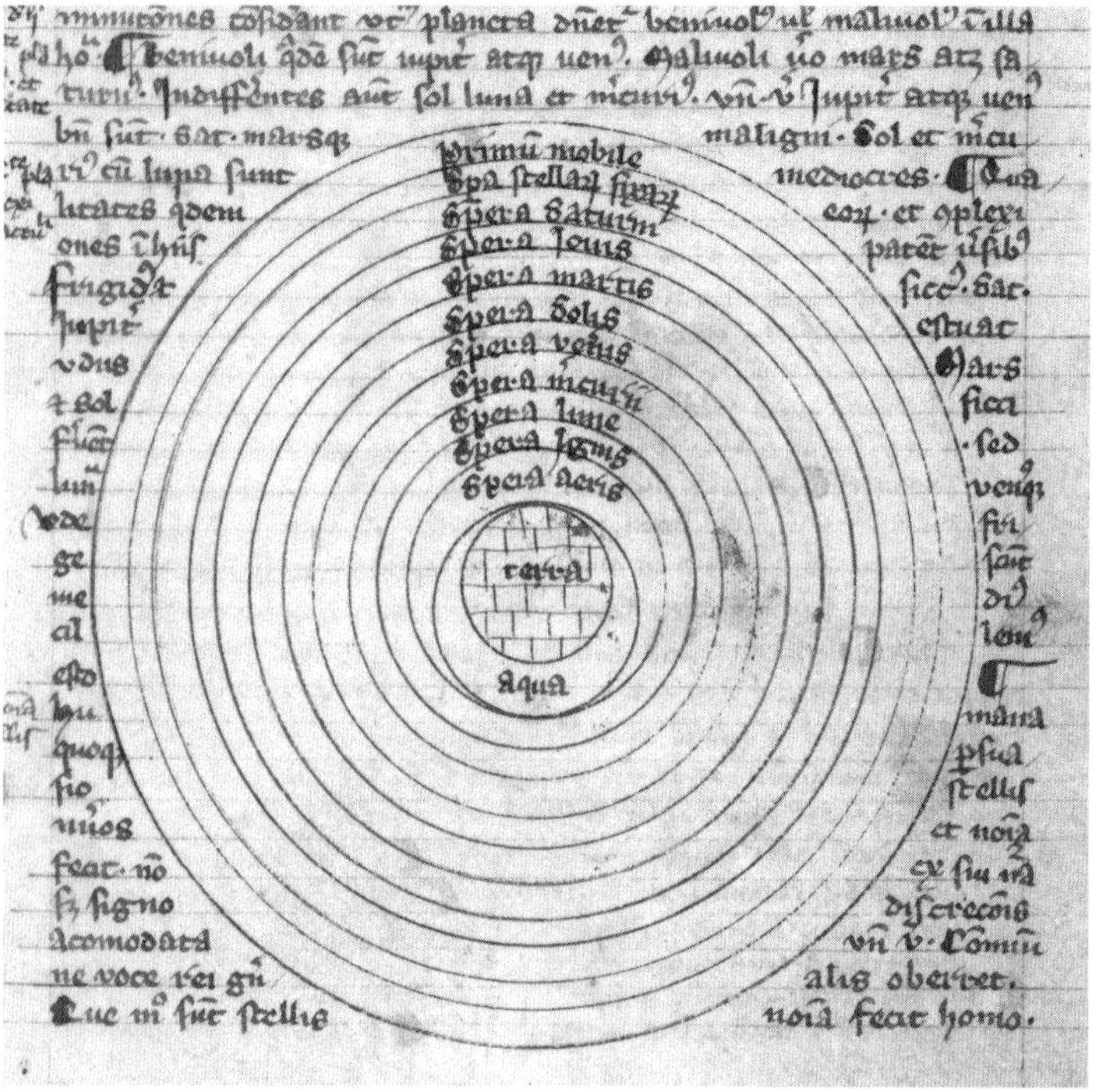

図3.3　天と地の球。「最初に動かされる」原動天（*primum mobile*）から、空気（*spera aeris*）、水（*aqua*）、土（*terra*）の球に至る。Sacrobosco, *Computus*（この稿本には、同著者の*De Sphera*が収録されている）。

ようとしている数学者たちは、四〇万スタディアという数字に達した」と記している。[31] アリストテレスは、地球が丸いにちがいない――でなければそもそも周などないだろう――し、その大きさは星々に比べると小さいという自論を補強するためにそのことを挙げているにすぎない。スタディオンという単位〔複数形はスタディア〕は、競技場（スタディアム）の長さのこと――報道などで面積が競技場何個分と表されるのに似ている――だが、その長さは一マイルの八分の一から一〇分の一の間でばらつきがあった。するとアリストテレスの推定は、現代の四万～五万マイルということになる。実際の周長は約二万五〇〇〇マイル〔四万キロ〕なので、アリストテレスの挙げた数字は、とくに近いわけではないものの、万の桁と見れば合っていた。

　アリストテレスが数に注目することはめったになかった――原因を説明し、「なぜ」、「いかに」に答えるのが専門だった。だから「数学者」が用いた方法を解説しなかったのも意外ではない。しかし次世紀の終わり頃、エラトステネスという別の哲学者が、地球の大きさの求め方を解説した。サクロボスコが、特徴的な的を射た明晰さで、星がよく見える夜に学生がこの計算を実行する方法を述べたとき、エラトステネスを権威として挙げつつ、自分の推定を述べた。それは二五万二〇〇〇スタディアだった。

　これは正しい値にきわめて近いが、それはどこから出ているのだろう。正確な測定をしたわけではない。学識に基づく推量を連ねてその値に達した――ギリシア時代の天文学者に望めることはそれだけだった。エラトステネスは、エジプト南部のナイル川沿いにあるシエネという古代都市では、夏至の日の正午に太陽が真上にくるのを見てとった。つまり、シエネは北回帰線上にあるということだ。それと同じ時、アレクサンドリアでは、太陽は真上にはない。空を見上げて、想像で、天頂から南の地平まで走る垂直な円〔四分円〕を、天の自分の足の真下の地点まで延長し〔半円〕、再び昇って反対側の北半球の上空に戻ってきて、あらためて天頂にまで達すると見れば、太陽は、天頂からその円一周分の五〇分の一だけ進んだところにあった。つまり、大地は球なので、シエネからアレクサンドリアまでの距離は、地球一周の五〇分の一でなければならないということだ。この時点でエラトステネスは、ナイル川が扇のように広がって地中海に注ぐアレクサンドリがシエネの真北にあると想定し、両都市間の距離として五〇〇〇スタディアを採用した。地球一周の五〇分の一が五〇〇〇スタディアに相当するなら、一周は二五万スタディアということになる[32]。後の天文学者が――もしかするとエラトステネス自身――それを二五万二〇〇〇スタディアに補正したのは、おそらくその数が六〇や三六〇で割り切れるからだろう。この便宜的な丸め方で、サクロボスコは、地球の周は一度あたり252000÷360＝700スタディアと言うことができた（コロンブスは、プトレマイオスやアルフラガヌスが伝える一度あたり五〇〇スタディアというもっと小さな――それほど正確ではない――推定に飛びついて、自分が唱える西回りでインドへ行く航海の実現可能性を高めた[33]）。

エラトステネスもサクロボスコも、こうした距離を測定する必要は感じなかった。エラトステネスのアレクサンドリアでの太陽の天頂までの距離、円周の五〇分の一とか、シエネまでの距離五〇〇〇スタディアといった数字は、明らかに単に丸めた数だ。後の想像による物語で言われることがあるような[34]、人を雇って歩数を測らせたということは、エラトステネスはきっとしなかった。その要点――サクロボスコも繰り返した――は、単純に、地球はそれが球であることの知識や基本的な幾何学の手法を用いれば、測定できるということだった。

しかし、球であるということは、そこから地球の大きさの優れた推定値が得られるとはいえ、学者には新たな問題をつきつけた。土〔地〕と水の両方が球をなすなら、そして土が最も重い元素で、地の球の本来の場所は水の球よりも内側にあるなら（図3・3）、なぜ陸地はすべて水に覆われてしまわないのだろう。海から一〇〇キロ近くも離れたオックスフォードの教室にいる学生の中には、なぜ人はみな溺れてしまわなかったのかと問う者もいた。実は、この問いはアリストテレスの宇宙論を誤解したことに基づいていて、アリストテレスはそれに対する答えをいくつか得ていた。最も簡単なのは、地の自然な場所が水の下だからといって、それだけではいつでも、どこでもそうなっているということにはならない。山から流れる川は石を押し流し、時間がたつにつれて峡谷ができるが、山全体を海に押し流すのにはそれよりもはるかに長い時間がかかる。いずれにせよ、山そのものに水が含まれている——それがなかったら、泥が乾いてしまうときに山は崩れ、塵になってしまうだろう。たとえ——アリストテレスが想定したように——宇宙が永遠だとしても、無限の時間をもってしても、四つの元素を別々の球に分けることはできない。元素どうし、つねに入れ替わっているからだ。[35]

サクロボスコの答えはもっと簡単で、それはどうでもよいと見ていた。ここで理解しておかなければならないのは、学問領域の根本的な区別である——それは奇妙に感じるかもしれないが、中世の学者からすれば、私たちが数学と音楽を区別するのは奇妙に見えただろう。当時の学者にとって、天文学と宇宙論は、ほとんどまったく別々のことだった。天文学は四科の一部として、定量的な数理科学だった。それは天体の運動と位置を測定する。宇宙論は自然哲学の一部であり、定性的なことを問う。「何」とか「いかに」であって、「いつ」、「どこで」ではない。つまり、天文学者にとっては、元素の球の問題はただ生じなかったのだ。天文学者の科学はおおむね器具によっていた。地が球形であることによって、北極星の位置は、トレドでは地平線から四〇度上、オックスフォードでは五二度であることが正しくわかりさえすれば、水について気にする必要はなかった。サクロボスコはこの問題を適切に扱っていないと批判するのは、生物学の教科書の挿絵家に対して、描いた体に帽子がないとか爪が磨かれていないと批判するようなものだ。

サクロボスコにとって、天文学は文字どおり器具によっていた。その『天球論』は、単に天を構成する球に関する本ではない。アーミラリ天球儀という、天のモデルとして一般に使われていた真鍮の球についての本でもあった——というより、ほとんどそれについての本だった[36]。サクロボスコが、アリストテレスの宇宙論の哲学的含みについてよりも、可動式の模型が宇宙の仕組みどう表せるかを学生に見せることについて考えていたとすれば、水の球について考えなかったとしても意外ではない。

サクロボスコはその問題をまったく無視したわけではないが、「乾いた土地は水の流れを阻止し、生き物の生命を守る」といういささか不十分な見解を述べるにとどめていた。後の読者の中には、これが水の球がもはや地を完全に囲まず、てっぺんが少しでも水の上に残るようにずれているということだととる人もいた。こうした読者は各球を描くとき、水を中心から外して描くので、地は空気の球と接することになる（図3・3では *terra* が *aeris* の球に接している）。水から地を一方向に押し出すとすると、地の他の部分、とくに南半球の居住可能性にとっては、明らかに困ったことになる。また別の可能性を認める読者もいた。先のロベルトゥス・アングリクスは、モンペリエの、話に聞き入る学生に向けた、『天球論』についての注意深く構成された一五回の詳細な講義でこの問題に触れた。そこでロベルトゥスは、神の意思、あるいはもしかすると何らかの星の占星術的な影響力が、地の一部を乾かしたのかもしれないと説いたが、地は水の一部を吸収できるとも述べている。後には複数の哲学者がこの考え方を発展させて、地球の重さの分布が均一ではないと説いている。つまり、その重心は依然宇宙の中心にありながら、幾何学的な中心は、いずれかの方向にずれることができた。[37]

それとはまったく異なる、元素は絶えず変形して他の元素になっているという、アリストテレスが『生成消滅論』で披露したような説もあった。その結果、地と水の球は完全に混じる。[38]アリストテレスは水の元素がどう地の元素に変わるかを説明しなかったが、後で見るように、何人かの中世の有力な思想家はその説明を試みた。そうであっても、この説明の利点は、地と水が別々の球として作られたとしても成り立つところである。恒常的な変化の過程が混じり合わせてくれるからだ。またそれは、神が第三日に、陸から水を集めて海にしたとする、聖書による天地創造の記述ともまったく矛盾しない。[39]

＊＊＊

しかしアリストテレスの論証には、聖書の天地創造とは確実に相容れないところが一つあった。宇宙が永遠だと信じていたところだ。キリスト教哲学者は、アリストテレスを発見する何世紀も前から、信仰に反する理論の取り扱い方には慣れていた。初期の教父たちは、多神教の哲学を、イスラエル人が奴隷からの脱出に際して持ち去ったエジプト人の黄金や銀という聖書にある話になぞらえた。ファラオたちの手にあってはくすんでいるかもしれないが、潜在的にはやはり貴重なものということだ。問題のある、あるいは不適切な学説にさえ、有効な教えの金塊が含まれているかもしれないと言われていた。聖アウグスティヌスは五世紀の初めに同じたとえを用いた。傲慢な精神で知識を求めることには注意喚起したが、自然に関する科学の方法や洞察は、神学の支えとなりうることを認めていた。それでも、キリスト教徒が聖書の扱いを間違えて、自然に関する無意味な信仰の支えにしたら、自分たちの聖なる信仰の不面目になるとも言っている。[40]

アウグスティヌスは、同じ時代の同じ北アフリカ人、マルティアヌス・カペッラによる、リベラルアーツを花嫁に付き添う娘に擬人化するようなたとえを用いて、多神教の諸学は、宗教に対する婢女（はしため）の位置にありうると説いた。下位の存在ではあるが欠かせない――相当の自律も信託されているということだ。ダンテは、『神曲』に書いた地獄から天国への旅の途上、非キリスト教の哲学者はまず天国には行けないことを認めたが、次善の場所――煉獄の青々とした牧場――に置いた。

Colà diritto, sovra'l verde smalto,
mi fuor mostrati li spiriti magni,
che del vedere in me stesso m'essalto.

ちょうど真向かいに、艶やかな緑の芝生の園に
偉人たちが次々と現れたが、
それを見ただけでも私は身の内が熱くなるのを覚えた。

……

Poi ch'innalzai un poco più le ciglia,
vidi'l maestro di color che sanno
seder tra filosofica famiglia.
Tutti lo miran, tutti onor li fanno:
quivi vid' ïo Socrate e Platone, che'nnanzi a
li altri più presso li
stanno;

……

Euclide geomètra e Tolomeo,
Ipocràte, Avicenna e Galïeno,
Averoìs, che'l gran comento feo.
Io non posso ritrar di tutti a pieno,
però che sì mi caccia il lungo tema,
che molte volte al fatto il dir vien meno.[41]

それから少し目を上げると
哲学の家系の中に座を占める
智恵者たちの師［アリストテレス］が見えた。
みなが彼を注視し、みなが彼に敬意を表して
いる。
ついでソクラテスとプラトンが見えた
二人は誰よりも彼の近くに立っていた。

幾何学者エウクレイデス、プトレマイオス、
ヒポクラテス、アヴィケンナ、ガレノス、
それから一大註釈書を編んだアヴェロエス。
こうした学者すべてについて存分に述べるこ
とはできない。
詩題が長く私はせかされているから、
どうしても事が余って舌足らずになってしま
うのだ。〔平川祐弘訳による〕

ダンテは「智恵者たちの師」を、天国に最も近い、最も高いところには置かなかった。そうする必要もなかった。『神曲』の中でアリストテレスに言及したところは、聖書を除けば他のすべてより多い。その多神教の科学は、神学にとってはきっと脅威ではなかったのだ。

それにもかかわらず、一三世紀には、教会当局は自分たちが慣れていないことに直面した。それは単に、アリストテレスの新訳の幅広さと影響力がそれまでの学問世界を圧倒した――それを取り入れるためにカリキュラム構造を全面的に再編しなければならなかったほどに――ということだけではない。それが到来した時期の折合いが悪かった。司教たちは、大学が独立しすぎていることに対する懸念を強めるようになった。心配されたのは、学生と教師が闘って勝ち取った自治によって、教室での信仰に関する解釈を制御する教会の権力が制限されるということだった。権威の側にいた人々は、それまでもずっと、教えられる内容について心配していたが、これまでにないような制度的変化の時代にあっては、教会指導者が不安に思うのも無理はなかった。大学は新しい、潜在的には危険な場所だったのだ。

加えて、広く教会全体にとっても厄介な時期だった。一〇五〇年代から八〇年代にかけての、教会が世俗の支配者からの独立を確保し、聖職者の道徳的な権威を高めた変革以来、教皇は一般の人々にもっと能動的な宗教生活を送ることをうながしていて、それには効果があった。巡礼が増え、堕落した司祭は強力なボイコットを受け、十字軍に際しては、何万というキリスト教徒が、信仰のために進んで命さえ投げ出した。しかし大衆運動は制御しにくかった。教皇は、とくに成長する都市の急激に変化する社会状況に対する人々の不満を感じ取ることもあっただろうし、簡素な生活を送りたいという欲求に承認を与えることもできた。しかし結果がつねに好ましいわけではない。一二世紀には、精神的な運動がヨーロッパのあちこちに芽生えた。その組織は緩やかなことが多く、聖者と扇動家との区別も難しかった。アッシジのフランチェスコが説教したような、世俗を排して使徒のような暮らしを取り入れるのは、挑発的だが受け入れ可能だった。教会の権威や聖書解釈の独占を否定するという、ワルドー派の運動が掲げた思想は危険だった。世界とキリスト教はどちらもサタンによって創造されたとするカタリ派が唱えたような思想は、まさしく異端だった。

そのような張り詰めた思想風土にあっては、世界について、なじみのない理解のしかたを提示する新しい書物に対して懐疑的になるのは無理もなかった。教皇は、一二〇九年、フランシスコ会の最初の小集団に自ら承認を与えたのと同じ年、南フランスの異端、カタリ派に対するアルビジョワ十字軍を興した。翌年、パリを管轄に含むサンス大司教は、教区の教師にアリストテレスの自然哲学の本を読むのを禁じた。[42] この禁令は、五年後、教皇特使によって追認された。

禁令にはほとんど効果がなかった。そもそも、一二一五年の禁令は、学芸部にだけ適用された。上級の神学部では、学生はアリストテレスの自然哲学を制限なくあさることができた――私的に学問する人々にもできた。多くの学芸部教師はこっそりと禁令を無視した。オックスフォードなどの他の大学では、禁令には何の重みもなかった。[43]

学者はよいものはよいということを知っていたし、アリストテレスの著作は有益で無視できなかった。それに、当初は教会内で疑念を呼んだフランシスコ会と同様、アリストテレスのテキストが異端ではないとすれば、実は異端に対する武器として用いることができるのだ。その一貫して説得力のある自然理解は、迷える信徒に対して勝利する助けになるかもしれない。一二一六年、第二の禁令の翌年、教皇は、異端と戦うことを明示的に任務とする新たな説教者修道会を認可した。スペイン人創始者の名をとってドミニコ会とも言われるこの修道会は、中世の大学の中でアリストテレスの科学理論を熱心に読み、展開する点で先頭にいた人々だった。

一二二八年、新たに選ばれた教皇グレゴリウス九世は、パリの教師に対する禁令を更新した。ところが、グレゴリウスが翌年ツールーズに創建した大学では、アリストテレス科学の研究は積極的に奨励された。この大学は、アルビジョワ十字軍を最終的に終わらせるパリ条約の一部として設立され、異端と闘うという任務のために、エジプト人の黄金を使えるだけ使うことになる。

とはいえ、グレゴリウスが一二二九年の洗足木曜日〔復活祭の前の一週間にある木曜日〕に条約に調印したパリの大学はスト中だった。学生と市当局との対立が燃え上がっていたのだ。酔っぱらった学生が居酒屋を破壊していた。学生は聖職者で、教会裁判所の管轄下にあったが、市民は摂政王太后、ブランシュ・ド・カスティーユが処罰することを望んでいた。強硬な市の警察部隊が何人かの学生を死なせ、教会はかかわりあいになるのを拒否し、教師は抗議のために退去した。これは国際的なニュースとなった。遠くセント・オールバンズにいたブラザー・マシュー・パリスは、この事件について詳細に記録して、ブランシュを、「女性の感情に駆られた行動と、動揺した心によるあせり」があると非難している。イングランドのヘンリー三世王は、教師と学生に自分の保護の下で学問を続けるようううながす公開書簡を出した。実際、多くの学生と教師がパリを離れ、オックスフォード、ケンブリッジ、新しくできたツールーズなど、別のところで学問を続けた[44]。イングランドでは、誰もが国際的な学生の流入を喜んだわけではなかった。元からいた学生たちは、オックスフォードの家主がパリからの流入に乗じて賃貸料を上げたことに抗議した。また、ヘンリー国王が、混乱の増大は新来の人々のせいだとして大学の規律を厳しくしたことも、学生たちは喜ばなかった。しかしオックスフォードは学生や教師と、両者が新たにもたらす書物と思想との恩恵を受けた。[45]

パリのストライキは二年間続き、教皇グレゴリウスはとうとう、教師たちの要求に根負けした。パリ大学を自身の保護下に置き、将来のストライキの権利を保証し、夏季休暇（一か月に制限された）中も講義を続けることを認めた。決めてになったのは、グレゴリウスが、自然哲学書は神学と照らした誤りを取り除くまではやはり禁止としたものの、その禁止は実施されないと約束したことだった。サクロボスコが『天球論』を書いたのは、この一二三一年だったかもしれない。同書では、はばかりなくアリストテレスを引用しているからだ。[46]

同じ世紀の半ばにもなると禁令はほとんど忘れられていた。一二五五年、学芸部はアリストテレスの既知の著作をすべて含む新たなカリキュラムを施行し、学生はそれを熱心に読んだ。また一二世紀末にムワッヒド朝のスペインにいたムハンマド・イブン・ルシュド（アヴェロエス）の明快な注釈も傍に置いていた。それでもまだ、こうした自然哲学の著作と神学者の中核となる信条の間には、困った不整合があった。パリの教師たちが自分たちのアリストテレスやイブン・ルシュドについての議論に自信を深め、また哲学の力を訴える声が大胆になるにつれて、やっかいな事態も醸成されていた。

すでに見たように、学芸部は基礎教育部門にすぎないと考えられていた。教師はそこで何年か教えると、神学などの上級の学部に昇進するものだった。しかし学芸部はアリストテレスのイメージでの哲学

部へと変貌し、ずっとそこですごしてもいいと思う教師もいた。そうした教師は、アリストテレスの著作に持ち上がるきわどい問題を取り上げる解説書を書いた。このいわゆる「問題集」は、ディベートの構造をとっていた。ディベートは、もともと神学部で行われていたのが、他の学部にも広まり、教室でのふつうの演習となっていた。そこに書かれていたのは、元は議論のレポートにすぎず、論証、反論、教師による最終判定という定まった形式に従っていた。しかしだんだん、教師はそのレポートを元に、公開用に手入れするようになる。それによって、これは指定されたテキストを解釈して、テキスト間の矛盾を解決するための対照法を探っているだけという名目で、過激な理論も紹介できるようになる。それはまた、スコラ的論理の慣習によって科学が形成されるということでもあった。

神学者はこうしたことに、憂慮しながら注目していた。野心のある学芸部教師が、教えるべきことの境界を超えて、神学上の問題に迷い込んでいるところも見た。たとえば、どうすれば私たちの限られた特定の経験に基づいて普遍的知識――事物一般の知識――を得られるかという問いがあった。それはどうでもよい哲学的な抽象化に思われるかもしれないが、それを知らなかったら、どうして自然の一般化された仕組みについての科学的理論に至れるのだろう。たとえば、限られた、もしかすると代表的でもない樹木の例を見ただけで、樹木一般について決定的なことを言えるだろうか。イブン・ルシュドは、アリストテレスの『霊魂論』に対する注釈で、人はすべて一個の統一的知性を共有していて、それによってそのような普遍的知識を持てるのにちがいないと論じていた。この知性の単一性が個々人の魂にとって持つ含みは、世界が永遠であるという思想と同様、問題をはらんでいた。

ドミニコ会修道士のトマス・アクィナスなど、パリの先進的神学者は、こうした「アヴェロエス派」

の考え方を攻撃する文書を書いた。一二七〇年、パリ司教のエティエンヌ・タンピエが介入し、誤りに満ちた教説一三種を非難し、それを教える者を破門した。[47] 以前の全面的な禁書とは違い、こちらは特定の思想の非難だった。司教の短い告知は、そのような誤った理論を支持したとして指弾される教師を名指ししていなかったが、誰のことが念頭にあったかは、みな知っていた。いわゆるアヴェロエス派で最も悪名を馳せていたのは、シゲルスという、ブラバン（現代のベルギー）の学芸部教師だった。シゲルスは、確かに、知性の統一と世界の永遠を著述で擁護していた。しかしその擁護は慎重に和らげられていた。シゲルスは自分の目標を、それまでの哲学者たちの意図を明らかにすることだけと明言し、信仰が理性と対立する場合は、信仰の方が信頼できると強調した。何と言っても、理性は人間の不完全な五感に依存するが、信仰は神が与えたものなのだ。[48] また、間違った思想を論じるのは犯罪ではない――少なくとも、それだけでは犯罪にはならない。アクィナスほどのスコラの権威が、エジプト人の黄金を、異端の石ころからより分けるために、何年もかけてアリストテレスやイブン・ルシュドの著作を読んでいた。

しかしアクィナスは資格を得た神学部教授だったが、シゲルスは学芸部の教授資格しかなく、神学者の領分へ入り込んでいた。上からの圧力で、一二七二年、学芸部の教師は新しい学部規則を設けて、神学的問題を論じる自らの自由を制限した。しかしそれでは十分ではなかった。一二七七年、タンピエ司教はそれまで以上に進んで、糾弾される命題を二一九箇条挙げた一覧を発した。糾弾された思想には、地が永遠であるというおなじみの異端思想も含まれていたが、それ以外にも、神の力を制限する恐れのある多くの自然学的理論があった。タンピエが言うには、神が一つの宇宙しか創造できないとか、天を

直線状に動かして真空は作るようなことはできないといったことは、誤りだった。タンピエは特定の信じ方――たとえば宇宙は実際に二つ三つあるといったこと――を押しつけようとしたわけではなかった。その意図は、神は望むならそのとおりに世界を造れたということだけだった。単純に学芸部教師の傲慢を叱責する意図で糾弾された命題もあった。タンピエの頭には、「哲学に没頭する以上にすばらしい状態はない」という衝撃的な説を立てたり、「神学者の説教は伝説に基づいている」と根本をあやうくするようなことを教えたり、といったことがあった。[49]

二一九箇条は一六人の神学教師による検討会で集められていた。どうやら少々急いでいたらしい。タンピエはおそらく教皇の指揮に従っていたか、そうでなくても、その頃、シゲルスがフランスの異端審問所に出頭するよう召喚されたのを受けてのことだった。しかし非難された命題は、シゲルスが書いていたようなことよりもずっと過激だった――そしてともあれ、シゲルスは異端の罪では無罪となったらしい。一方では、タンピエが非難したのは、悪名高い「二重真理」説のような、つまり二つの矛盾する言明――たとえば世界が創造されたものでありかつ永遠であるなど――がともに真でありうるというような、まっとうな哲学者なら誰も信じないような思想だった。他方、指弾された箇条には、他ならぬアクィナスなど、多くの文句なく尊敬できる神学者が支持した命題もあった。この時点では、一二七四年に亡くなっていたアクィナスは安全だったが、この非難がアクィナス没後三周年の日に発せられたという事実は、検討会にいた対立する何人かの神学者の、アクィナスの棺にもう一本釘を打ち込みたいという望みを反映しているのかもしれない。[50]

それまでの、誤った理論を教えることだけを禁じていた規制とは違い、一二七七年には、そのような問題を論じるだけでも徹底的に禁じられた。それでも、この教会による非難を、中世科学にとっては意外にもプラスとなるきっかけと見る歴史家もいる。その意図は、学芸部の教師はあまりにもアリストテレスにつながりすぎていたということだった。アリストテレスの原理にあまりに忠実ではいられなくなって、哲学者たちは世界について他の見方を検討するよう解放されたのかもしれない。神の力についてもっと開けた心でいられたことで、真空の存在のような、それまでありえないと思われていたことがらについて考えるようながされた。そうは言っても、サクロボスコを読んだり、山の材料について考えたりする若い天文学者にとっては、それはどうでもよい。求められていたのは自分たちが観察できることを説明あるいは予測することで、そのような仮説的なことは気にしなかった。[51]

タンピエによるパリの糾弾から一一日後、カンタベリー大司教は、オックスフォードの教師が教えていたと言われる三〇の学説を非難した。その根拠となったのはやはり、ギリシア・アラビア哲学と聖書の権威の不一致の折り合いが難しいということだったが、オックスフォードで非難されたのは、ほとんどが論理と文法にかかわる教説であり、また、肉体と魂の関係という、いつもながらの複雑な問いだった。[52]いずれにせよ、この禁止はおおむね無視された。パリの場合――一三二三年にアクィナスが聖人に列せられた後、一部の非難が撤回された――と同様、学生がただ四科の古典的テキストを理解しようとするだけで、資格を得るまでは神学の領分に迷い込まなければ、放置されていた。

＊＊＊

非難の衝撃波は、グラストンベリーやダラム、ウェストミンスターやセント・オールバンズの主だったベネディクト会修道院にどれほど強く及んだだろう。思弁的宇宙論の問題は、関心の範囲にはなかったかもしれないが、それでも修道士たちはもの足りなさを感じていた。こちらでは、大学教育の可能性を理解するのがドミニコ会よりも遅かった。今や支援者も失いつつあったし、聡明な新人も失いつつあったし、何とか迎え入れた修道士を教育する機会も失いつつあった。[53] 一二七七年九月、カンタベリー大司教がオックスフォードのカリキュラム論争に介入してから六か月後、イングランド南部のベネディクト会は、オックスフォードにカレッジを設けることに同意した。「再び学問を開花させよう」と一同は誓い、埋めるべき格差があるのを認識していることを明確にした。[54]

事態が進行するには少し時間がかかった。独自の考えを持つ何人かの修道院長が、これによって中央集権的なベネディクト修道会から課せられる新たな出費に激しく反対したからでもあった。オックスフォードの新カレッジが発足したのは一二八三年になってからで、当初はグロスター修道院の十五人の修道士による試験事業だった（図3・4）。しかしこの試行はうまくいったので、一二九一年にはベネディクト会の修道院長たちは、グロスター・カレッジをカンタベリー管区、つまりはイングランドの大部分を含む地区のすべての修道士に向けて開放することに同意した。同年、イングランド北部からやってくるブラザーを収容するためのカレッジが創立され、ダラム・カレッジと名づけられた。

オックスフォードに修道士を送るのは費用のかかる事業だった。一二七七年、修道院の間でこの新たな企てに、その年については収入一マークあたり二ペンス（二・七五パーセント）、その後は毎年その半分を支援することで合意ができていた。それでも十分ではなかった。とくに一三三六年の、修道士二〇

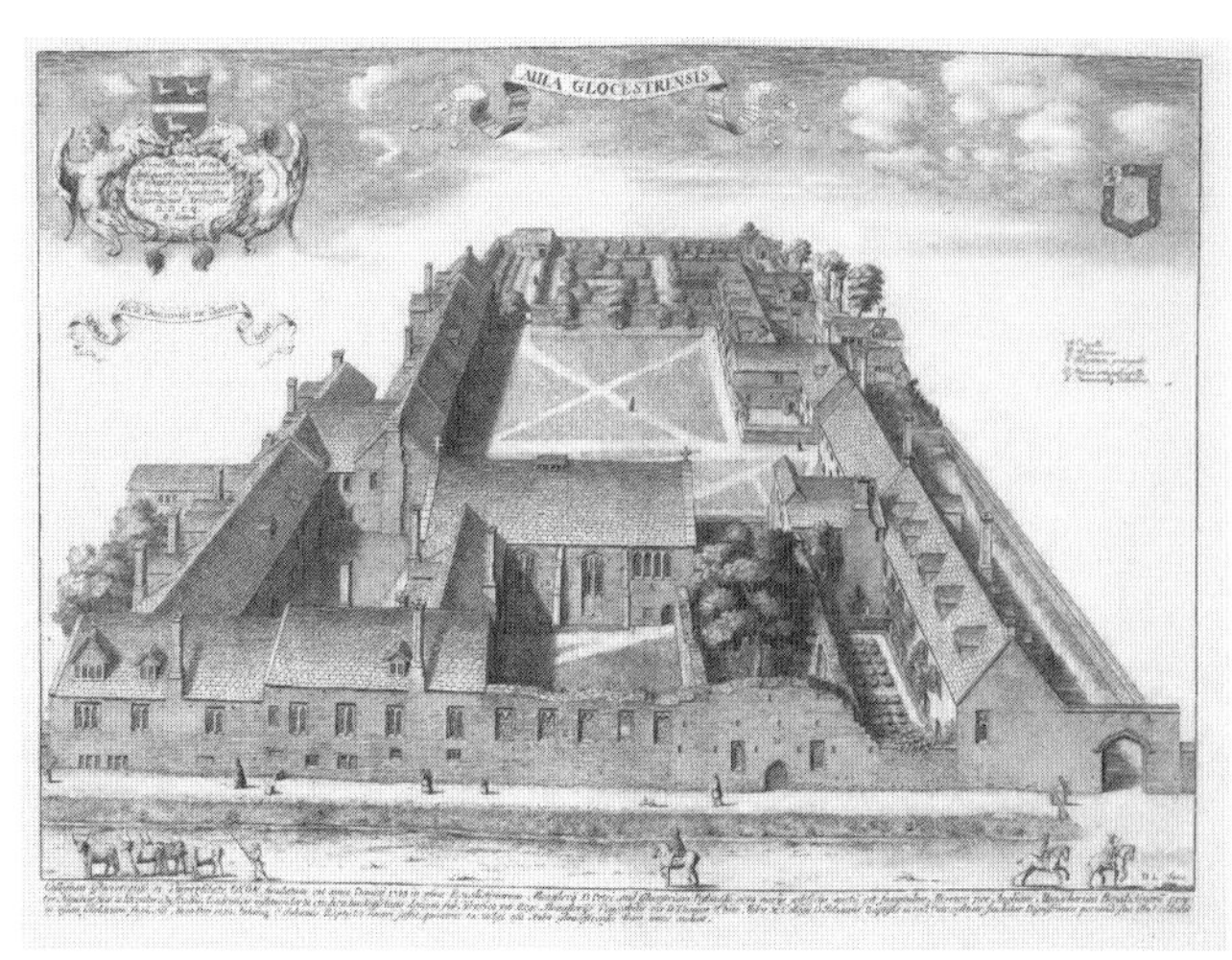

図3.4 オックスフォードのグロスター・ホール、1675年。グロスター・カレッジの頃から残っていた建物が多く含まれている(右手の、今のウォルトン・ストリートに面した門の上方にセント・オールヴァンズの盾形の紋が彫られている)。

人につき一人を大学へ送るという教皇令が出てからは足りなくなった。学生には、授業料以外にも、衣服、旅費、蠟燭や本、食費、もちろん飲み代も必要だった。卒業パーティと贈物の費用はとくに悩みの種だった。[55] 一三六〇年代、当時トマス・デ・ラ・マーレの監督下にあったこの地方支部は、学生一人当たりの最低出資額を一五ポンドプラス旅費と定めた。これは職人の親方や弁護士の年間の賃金に相当した。ごく豊かな修道院以外はどこも学生の費用をまかなうのに苦労していて、たいてい、こまごまとした資金源からやりくりして、費用をひねり出していた。年配の修道士に割り当てたり、蠟燭や本を現物支給したり、修道院の支援者からの寄付を求めたりといったことだ。セント・オールバンズは派遣する修道士に対して他の修道院よりも相当ふとっぱらに費用を出すことができたのは、従属する修道院に寄付を求めたことにもよっていて、卒業生はしばしば、そういう修道院を経営することになった。とはいえ、代々の修道院長はつねに学費の新たな資金源を求めていた。一四二八年にリチャード・ミッセンデンがビードロー修道院を閉鎖したときには、セント・オールバンズの修道院長が、その機会をとらえて、この修道分院の収入の相当部分をオックスフォードの学生にかかる費用に振り向けた。[56]

当時、グロスター・カレッジでは時間がきわめて貴重だった。あれほど多くの学生が修士号を取らずに学業を終えた理由は、単純に、学位を取れるほど大学にとどまっても、そのコストに見合う成果がないということだった。神学博士号を得る課程をすべてとろうと思えば、一七年はかかった。リチャード・ミッセンデンがグロスター・カレッジですごした五年の方がふつうの学業期間で、それよりはるかに少ない期間で満足した修道士も多かった。修道院で必要な人材だからとか、カレッジの部屋に余裕がないからといった理由で、オックスフォードに滞在できたのは、一年にも満たない短期間だけという場合も多かった。[57]

その限られた時間は、優れた修道士になるためのものと考えられていた。それはつまり、神学か、管理に有益な法学か、いずれかを勉強するということだった。たとえば、大時計を作った修道院長リチャード・ウォリンフォードは、グロスター・カレッジに九年間いて、古いカテドラル・スクールで最初に用いられた標準的な神学の教科書である『命題集』を講じる資格を得た。リチャードは通常の例とは異なり、すでに学芸部で六年勉強してから、二二歳のときに修道院で誓願を立てた。当初の学業は、地元ウォリンフォードにあったセント・オールバンズ管轄下の修道分院の後援によっていたが、このウォリンフォード分院長は、リチャード自身が将来を確約しないと、それ以上支援することはできなかったらしい[58]。セント・オールバンズで三年過ごして司祭に叙任され、そこで再びグロスター・カレッジへ向かうことが許されたのだった。

カレッジはグロスターシャー領主によって寄進された青々とした牧場にあった。オックスフォードの北門の外で、学生生活で最悪の誘惑や危険から安全に遠ざけられていたが、曲がりくねったテムズ川のきれいな水には近かった。日課と規則の点で、ここは大学のカレッジとベネディクト会の小修道院が混じっていた[59]。学生はほとんどカレッジ内での授業と資料だけに頼っていて、通常、非修道士と一緒に学ぶことは禁じられていた。講義と議論だけでなく、お勤めにも参加し、ラテン語と英語両方での説教も実践するものとされていた。それにもかかわらず、修道士は明らかに広く勉強し、社交にも積極的だった。ウォリンフォードのリチャードは、天文学の解説を五本書きながら、神学の学位に向けた勉学も続けた。リチャードはおそらく例外的だっただろうが、科学というエジプト人の黄金で説教を豊かにしようとする修道士は確かに他にもいた。たとえば、セント・オールバンズの学生が用いたアリストテレスの『生成消滅論』に関する注釈の余白に、万物の創造に関するアリストテレス見方の神学的な含みについてのメモが書きつけられていたりする[60]。

社交生活については、大学の門前町で提供される機会をフルに利用したブラザーがいたのは明らかだ。ジョン・ウェストウィックの時代の少し前、コーンワル出身のフランシスコ会修道士、リチャード・トレヴィトラムなる人物が、「オックスフォード大学讃」という詩を書いているが、これは実は讃えるというより不満を述べている。大学を好意的にアテネやパリになぞらえているが、水準が落ちていることを嘆いた。何より、修道士学生のふるまいを批判している。トレヴィトラムは、修道士学生が修道院の聖なる規則を守らず、宴会と狩猟におぼれ、禁書を読み、不和をもたらすような説教で清貧の修道士〔フランシスコ会修道士〕を怒らせると言った。とくに三人の張本人を取り上げている。一人はグラストンベリー修道院の修道士で、いつもろれつが回らず、立っていられなくなるまで飲んでいるが、一眠りして酔いを少しさますと、他人の欠点をあげつらう説教をする。

Nutant vestigia, caligant oculi,
Lingua collabitur, pes deest gressui …
Tamen in crastino cum sol caluerit,
Digesto paululum vino quo maduit,
Hic plebi predicat et fratres inficit.

その足取りは定まらず、目はうつろ、
舌はふるえ始め、足は動かなくなる……
それでも翌朝――日が昇り
溺れた酒もほとんど抜け去り――
その説教に托鉢僧たちは怒り狂って罵倒する。[61]

この詩はフランシスコ会の修道士がよその修道士と大学内で激しく争っていた時期に書かれた。しかし当のグラストンベリー大修道院には、それがただの修道士に対する誹謗中傷ではないことを示す証拠がある。トレヴィトラムが書いていたのと同じ一三六〇年代の頃、ある有能な修道院長が、グロスター・カレッジの修道士に対して一連の書簡を送った――そうして写しをとっていた。[62] まず、この院長は、一人の上級修道士に、ジョン・ルコンブとロバート・サンボーンという二人の新参者に注意するよううながしている。その後、この二人の狩猟、魚釣り、不法侵入が目撃され、二人は弁明のためにグランストンベリーへ呼び戻された（狩猟は、チョーサーの脂ぎった顔の聖職者もしていたことを思い出していただけるかもしれないが、とくに修道士は目がなかった)。[63] 四年後、修道院長は、金を使い果たしたサンボーンに、もっと質素な暮らしをし、暮らしを支えるために教える仕事をしてはどうかとうながす手紙を書いた。この助言はどうやら効いたらしく、サンボーンは翌年、新しい学生を一人預けられている。しかし同輩のジョン・ルコンブの方は、トラブルが絶えなかった。一三六六年、グラストンベリー修道院長は苦情の手紙を受け取った。グロスター・カレッジの学生を預かる院長代理からの報告を受けて、大修道院長にして管区長のトマス・デ・ラ・マーレがじきじきに動いて出した手紙だった。ルコンブの不品行の詳細は明らかにされなかった——トマスが用いた言葉、*incontinentia* は、性的性質のことをうかがわせる——が、細心の気を配る修道院長でさえ、離れたところの秩序を維持するのには往々にして苦労していた。[64]

よくある罪は、修道士が修道院から与えられた貴重な本をなくすことだった。あのセント・オールバンズの注釈がついた『生成消滅論』もなくされ、その本を、あるアウグスティノ会士が、ジョン・ウェストウィックの時代からそう間もない頃に安く買うことができた。[65] 特価品ではあっても、本は貴重品だった。それは丁寧に伸ばされなめされた羊あるいは仔牛の皮で作られ、スズメバチが卵を産みつけたオークの木の枝にある酸性の虫こぶを用いて調合されたインクで書かれており、どんなに平明な教科書でも、中世職人の見事な技だ。セント・オールバンズの修道士はたいてい、修道院の蔵書から本を一年間借り出して持ってきていた。同様に、サクロボスコの『天球論』を、円筒日時計や暦の暗記法とともに取り上げたマートン修道院の本も、オックスフォードの学生に貸し出された。学生は大学でそれ以外の本も入手できた。たいていは中古品だが、不可欠なテキストを修道士学生が自分で手書きで複写しなければならないこともあった。[66] オックスフォードの書籍商は学生が複写するために本を賃貸に出したが、この方式はパリほど有効ではなかった。パリでは本が節（*peciae* と呼ばれた）単位で、一定の賃貸料で貸し出されたので、同じ原書を同時に何人かの学生が写すことができた。[67] 写本は綴じられることもあっただろうが、それは絶対でもなく、すぐに綴じられたわけでもない。残っている多くの本の最初の方が汚れていることが、長期にわたって表紙がなかったことを物語っている。綴じていない冊子が綴じられるときは、硬い板ではなく、分厚い羊皮紙に縫い込まれるだけのこともあり、内容と無関係にもっと古い本のテキストが一緒に綴じられることもあった。

教皇からトップダウンで下りてくる出先機関はすべて、本の保管について厳密な規則を定めており、そのような規則が非常に頻繁に出された。セント・オールバンズの多くの本に、盗んだり毀損したりした者への呪いを約束する書き込みがあることからしても、本は必ずしも丁寧に扱われなかったらしい。[68] *Philobiblon*〔書物愛〕という名の流布した本には、ダラム司教、ベリーのリチャードが、かつてのオックスフォード在学時に見たことを述べている。

自分勝手な若者は、怠惰にだらだらと勉学をし、冬の霜が厳しいときには、冷たい鼻水を垂らし、ハンカチで拭おうともせず、目の前の本を、醜い水気で濡らしてしまう……この者は開いた本の上でも気にせずに果物やチーズを食べ、あるいは不用意にコップを口元に運び、手もとに袋もないので、残った食べかすを本に落とす。[69]

この種の怠慢と同じくらいあたりまえにあったのが、本を借金の質に入れることだった。本は信頼できる通貨だった。手元不如意に陥ったロバート・サンボーンのような学生は、大学のいくつかの貸金基金のどれかに本を質に入れて現金を手にした。借金を一年以内に支払わなければ、本は売られた。おそらく先のセント・オールバンズのアリストテレスが、好機をとらえたアウグスティノ会士の手に渡ったのはそういういきさつでのことだろう。

学生は自分の本に責任があり、初期のカレッジはゆるいコミュニティだったので、図書館は直ちに大学生活の中の格別の位置づけにはならなかった。しかし学生が仲間に本を寄付し、本が学生修道士間で自由にやりとりされるにつれて、コミュニティの蔵書が増えるようになった。[70] 最初は本――またいくつかの科学的器具――が、鍵のかかった収納箱に保管され、一年に一度だけ、そこから資料を借りた学生が本を返したり、新たに本を選んだりするために開けられた。後にカレッジは図書室を建て、そこの開架に参考書が置けるようになったが、本はその場に鎖で固定されていることが多かった。それは学生コミュニティの所有物であることのしるしであり、かつ盗難防止でもあった。一四二〇年代には、セント・オールバンズの修道院長が、グロスター・カレッジに新しい礼拝堂に加えて図書館新設の費用を出し、本棚に本を入れた。ジョン・ウェストウィックの時代から、その後の何十年かの同修道院による同カレッジ支配の程度は、セント・オールバンズの紋章がカレッジの絵の正門の上方に彫られていることからも示される。グロスター・カレッジは修道院解散令のときに解体され、その建物はのちに、今のウスター・カレッジに組み入れられたが、装飾が施された中世の門は今もオックスフォードのウォルトン・ストリートに残っている（図3・4）。

＊＊＊

それでも、セント・オールバンズの代々の院長が、コストや規律の乱れのせいで学生を大学に派遣するのをやめなかったのは明らかだ。自分たちで見てとったように、この投資は修道院に学問の権威をもたらすという間接的な利益を生んだだけでなく、直接的にも修道士の教育水準を高めることになった。チルターン丘陵を通る八〇キロの道路を恒常的にブラザーたちが移動することで、修道院は学問の世界の巨大なネットワークにつながり、戻ってくる学生は世界中の思想――と本――を持ち帰った。大学は実に国際的だったのだ。学問の世界の最初のヨーロッパ共通語――ラテン語――によって、教師たちはパリでもパドヴァでもケンブリッジでもケルンでも仕事ができた。また各宗派の国境を越えるネットワークや、共通のカリキュラムのおかげで、修道士は各地の神学部間で移動しやすくなった。今日、多国籍企業が社員をニューヨークから上海へ異動させるようなものだ。

イタリアのドミニコ会修道士、トマス・アクィナスや、そのドイツ人教師アルベルトゥス・マグヌスのような名高い学者は、何度か移籍している。そうした学者は移籍のときに新しい思想やテキストも荷物にまとめ、知識の活発な交易を仲介した。たとえばアルベルトゥスは、自ら鉱業、冶金、錬金術を観察し、多方面の本を読むことに基づいて、それまで答えられていなかった問題に新たな光を当てた。[71] 先に、アリストテレスが残したこんな問題を見た。土の球が水の球に覆われてしまっていないのは、絶えずこの二つの元素がお互いに変化しているからだとすれば、その元素転換はどのように起きるのだろう。アリストテレスは、固いものは乾いている――石は流れない――と論じていたが、また土の塊から湿気が除かれれば、それは崩れて埃になることも指摘した。するとどうして山は崩れてしまわないのだろう。イブン・スィーナーはこの問いに、粘土を焼き固めてレンガにした場合でも、その粘土をまとめている湿気は、水よりも油のようなものだと論じることで答えている。粘土が固まって岩石になると、すべての水の湿気は蒸発する――が、油の湿気は残るとイブン・スィーナーは唱えた。湿気を閉じ込められて新しく固まった岩が、地震で山地に押し上げられたり、風や洪水で周囲の土地が浸食される中で取り残されたりする。アルベルトゥスは、一二五〇年代の著述で、イブン・スィーナーの説明を支持し、自分で訪れたパリ周辺に見られる化石が豊富な地層もその証拠に加えた（そこで見た甲殻類は岩が固まる中で生まれたものだとにらんでいたとはいえ）[72]。

そんなアルベルトゥスは、とてつもなく広い範囲の関心によって、ドクトル・ウニウェルサリス――普遍博士――とも称されるようになった。幾何学、医学、論理、さらには鷹狩の理論に至るまで、何についてでも書いた。鉛中毒の症状や、無数の植物の形態を正確に記述している。一九三〇年代の何人かの教皇が、ファシズムの反知性的姿勢による重苦しい雰囲気に対抗したとき、まずアルベルトゥスを列聖し、そうして科学者の守護聖人としたのもよくわかる[73]。

とはいえ、アルベルトゥスは存命中から偉大（マグヌス）なと呼ばれたものの、当時の人々がすべて、その評価で一致していたわけでも、その広範な関心の向け方を認めていたわけでもなかった。最も激しく批判したのは、フランシスコ会のライバルでイングランド人のロジャー・ベーコンだった。二人はおそらく一二四〇年代のパリで出会っている。教皇のために学問の改革に関する徹底した論考を書いていたベーコンにとって、アルベルトゥスは、当時の学問の間違っていたところすべてを代表していた。ベーコンも、アルベルトゥスが研究にいそしみ、大量に観察したことは認めている。しかし、それはアルベルトゥスの不適切な哲学教育、学芸を教える経験不足、諸言語を知らないところを埋め合わせるものではなかった。何より、ベーコンが最も重要と考えた、視覚光学(パースペクティブ)と実験科学という二つの科学についての知識がないように見えた。「その著述は無益である」とベーコンは厳しい。「哲学の研究をだめにしている」とも。それでもパリ大学の学生は、ベーコンの困惑するような怒りをよそに、アルベルトゥスをアリストテレス、イブン・スィーナー、イブン・ルシュドに並ぶ権威と見た。[74]

ベーコンの強烈な個人攻撃の激しさはさておいても、その批判のいくつかを簡単に検討しておくべきだろう。まず、アルベルトゥスは諸言語について無知だという非難。それはある程度正しかった。アルベルトゥスが、たとえばイブン・スィーナーの地質学についての理解を得たのは、このペルシア人の碩学による『治癒の書』をアラビア語原文からではなく、イングランドの学者、サレシェルのアルフレッド(オックスフォードで働いていたかもしれない)によるラテン語部分訳からだった。[75] もっともそれは、一二世紀から一三世紀の翻訳運動がとてつもなく重要だったことを物語っているにすぎない。

ベーコンは徹底した言語学習を教育と研究の要と熱心に説いていた。同業の人々の著作物と、翻訳の利用に対する批判は激しく、執拗だった――し、根本的にフェアではなかった。翻訳に欠陥があると言うが、実際の証拠も、自身が豪語する言語への精通の証拠もいっさい示していない。アリストテレスのラテン語訳はわかりにくく間違っていて、誤りと無知の源になっているので、学者は翻訳を使わない方がずっとうまくいくとまで説き、「私がアリストテレスの[翻訳]本に対する権限を持っていたら、ぜんぶ焼いてしまうだろう」と怒った。[76] とはいえ、ベーコンは利用できる翻訳の質や量を過小評価していたものの、言われていたことは共有された懸念でもあった。聖ヒエロニムスが聖書を逐語訳ではなく文言の意味を翻訳するという選択について注意深く解説しながらラテン語訳して以来、翻訳は不確かな仕事だということを学者は意識していた。ヒエロニムスがしたように、またそれ以前にキケロがしたように、自由に翻訳することには、独自の手が入って原著者の意図を損なうおそれがあった。ボエティウスがしていたように逐語的に訳せば、原文は維持されるが、ラテン語としてはほとんど理解不可能になる。それでもたいていの翻訳者は――多産なクレモナのゲラルドゥスを含め――後者の選択肢を選んだ。写本の余白を欄外註と解釈で埋め、できるだけ意味を明らかにするという形で無理を通した。しかしベーコンはヒエロニムス流の方を選んだ。本当の問題は、翻訳者が言語的に無能であることだけではなく、学術的訓練に欠けていることでもあると、ベーコンは鼻で笑った[77]。

ベーコンは、自分の十把一からげの批判にも例外が一つあることを認めた。崇拝するロバート・グロステストで、この人は、神学や宇宙論の新たな作品を読み翻訳できるようにと、自らギリシア語を教えていた[78]。グロステストは一二三〇年代のオックスフォードで、フランシスコ会士相手の講師をしており、一二三五年にはリンカン司教に選ばれた。それはベーコンがフランシスコ会に入る前だったが、二人がオックスフォードにいた時期は重なっていて、きっとこの年下の学者はグロステストに感銘を受けただろう。グロステストは自身で『天球論』の教科書を書いていて、そこでは地と水の球は一つであるという思想を支持していた。また、自然哲学のもっと思弁的な領域について、いくつかの短い、難解な解説も書いた[79]。これはアウグスティヌスの著述を通したプラトンの宇宙論思想を、新来のアリストテレスやイブン・スィーナーの哲学的方法と融合させていた。

プラトンの『ティマイオス』は光と視覚の数学的な理論を紹介しており、グロステストは光を自身の科学の中心に据え、光の作用を用いて人間の理解力、体と魂の関係、さらには宇宙の構造を説明した。以前には、宇宙は永遠ではありえないという論証をしており、アリストテレスの『自然学』の論旨を否定していたが、このときは、は宇宙が創造される経過を光を用いて示した。その説明が依拠したのは、やはりアッバース朝の碩学、アル゠キンディーの幾何光学で、クレモナのジェラルドが、これはすごいとばかりに翻訳していた。光はそもそも動かないとしたアリストテレスとは違い、アル゠キンディーは光を直線状に外に向かって放射するように描いていた。グロステストの短くも洞察力のある『光について』は、今言われるビッグバンを思わせるような、時間の始まりに起きた光の爆発について述べている。光はあらゆる方向に外へと向かい、それとともに物質を引っぱる。グロステストは、光は無限に増殖しなければならないが、物質は有限だけでよいことを数学的に論じた。どこかに真空を生まなければ、無限に広がることはできない。つまり物質が伸びきってしまうとき、空のいちばん外側の天球ができる。そこから光が内側に拡散して、他の天球と地球が創造されるという[80]。

そうであれば、ベーコンがパースペクティブ——光と視覚の学——がそれほど重要な分野だと考えた理由も容易にわかる。それを研究するとき、ベーコンは、年長のグロステストには利用できなかったある画期的な人物の著作に大きく影響を受けた。それはバスラ生まれの学者、イブン・アル゠ハイサムで、ラテン語世界ではアルハーゼンと呼ばれた。西暦一〇〇〇年頃、主にエジプトで活躍し、光について他の理論家たちがとっていた因果的医学的手法に、数学的な分析を融合させた。決定的なところでは、プラトンやエウクレイデスやアル゠キンディーの外送説を崩した。外送説では、目が視覚線を出し、それがぶつかる対象から情報を取ってくる。その逆の内送説の問題点は、光が対象のあらゆる点からあらゆる方向に放射されてくるなら、その光線が眼球に当たったとき、その光線群は絶望的に入り乱れてしまうだろう——目はどうやってそれを読み取れるのか。イブン・アル＝ハイサムはこの問題をある巧妙な幾何学で解決した。つまり、眼に対して直角に当たる光線だけが妨げられずに眼に入れて、視神経に拾われるのだろうと説いたのだ。他の光線は屈折して弱くなり無視される。

光学を理解することには現実の実用的な可能性もあった。グロステストもベーコンも、拡大することがどれほど有益かについて熱心に書いた。それがあれば小さな文字も読めるし、砂粒も数えられると二人は謳（うた）った。ベーコンは戦争で戦略的に配置した鏡を用いるというアイデアにも大いに刺激を受けていた。一三世紀の末、ガラス産業が栄えていた北イタリアの先進的な学者は、意図して成形し磨いたレンズを用いて読み書きの補助にしていた。修道士は説教壇から、この巧みな新技術を使えば老齢になっても仕事が続けられると高らかに宣言した。眼鏡の誕生だった。[81]

当時の科学的な関心から判断すると、これはまさしく「光の時代」だった。フランシスコ会士はとくに光に関心を向けた。それを神が物質世界で仕事をする手段と見ていたのだ。[82] しかし修道士は、当然、この分野での科学的な展開も追っていた。透視図法は「ヨハネによる福音書」の謎めいた始まりを読む鍵に使えるかもしれない。神は命であり、「命は人間を照らす光であった。光は暗闇の中で輝いている。暗闇は光を理解しなかった」〔新共同訳、引用文では、「光を理解しなかった」に相当する部分は「has not overcome it＝光に勝ったことがない」となっている〕。修道士がそこに洗礼者ヨハネ自身が光輝（ラテン語では *lux*）なのではなく、光線（*lumen*）の目撃者として登場するのを読み取るとき、*lux* と *lumen* という二種類の光の違いについて疑問に思っていてもおかしくない。ほとんどの哲学者はイブン・スィーナーに従い、*lux* を光やその明るい特性全般を表すものとして使い、*lumen* の方は、広がる光の一本一本でありその作用として用いた。ベーコンは両者を区別せずに使う傾向があったが、グロステストの理論では、二種類の光は創造の異なる様相に結びついていた。最初のビッグバンのときの無限に外へ向かって増殖する非物質的な神の光は *lux* の方だったが、天と地の内側の球をなす物理的な光は *lumen* だった。両者の由来や特徴は異なっていて、現代の物理学者が光には波と粒子の両方の特性があると考えることがあるのと似ていなくもない。[83]

しかしもっと根本的なことに、「ヨハネの福音書」の読者はたいてい、*lux hominum*、つまり「人の光」を、人間の理解力のことを指すと取っていた。聖書全体で、見ることと考えること、光と理解はからみあっている。聖パウロは「わたしたちは、今は、鏡におぼろに映ったものを見ている」と書き〔コリントの信徒への手紙1、13-12〔新共同訳〕〕、「詩篇」には、神の言葉が開かれると照らし出す、つまり光を与えるとある。[84] 哲学者によっては、その視覚と光の関係は、見えない事物——神も含めて——の知識を人間の心が獲得する様子を理解する鍵をもたらしてくれる。すると、修道士が視覚光学に関する人気の教科書を写したのも意外ではない——それが、一二八〇年代のカンタベリー大司教のように、ベネディクト会の修道院長たちと激しく対立するようになっていた、フランシスコ会士によって書かれていようとも。[85] その本、ジョン・ペッカムの『視覚光学要諦』は、光と視覚の数学の手ほどきで、それ以上の哲学的な問いについてはほとんど言っていないが、その主たる魅力は、それがイブン・アル＝ハイサムの『視覚光学〔光学の書〕』を原書の一〇分の一の長さで要約しているところだった。これこそ、修道士が大学生活に参加して初めて得られる類の知識だった。
修道士たちはそれほど関心を抱かなかったようだが、ベーコンが高く評価したもう一つの科学を無視すべきではない。これをベーコンは *scientia experimentalis* ——試行と経験による知（サイエンス）と呼んだ。ここでもベーコンはロバート・グロステストの影響を受けている。アリストテレスは、知識の究極の源は人間の五感だと言っていた（しかしグロステストは感覚は誤りやすいことをよく知っていた——神の照明によってもたらされる知識にはとうていかなわない）。高い方の次元にある算術や幾何学のような純粋な学においては論理的な方法が原因の論証的証明をもたらしうる。しかし光学や天文学のような、応用される低い方の次元の学は、相関関係があることを示せるだけで、因果関係は証明できない。つまり天文学者は月が満ち欠けすることを観察できるとしても、なぜそうなるか——月が球形だから——を説明するのは幾何学者なのだ。そうだとしても、高次の学は低次の学の証拠を示せるにすぎない——幾何学者は月がなぜ球形なのかを説明することはできない。結局のところ、哲学者はその五感に依拠しなければならない。学の第一原理を確立するためにも、学問的論証の結論を確かめるためにも。[86]
ここまではアリストテレスに忠実なところだが、グロステストは先へ進んで、哲学者は普遍的原理を確立するために個別の事象を繰り返し観察して、その結果を用いることができることを述べた。[87] 同様に、イブン・アル＝ハイサムは、科学的推理を、厳密に対照をとった（コントロールド）検証（本人が用いたアラビア語は *i'tibar* で、「注意深い検討」の意味）の経験によって確かめることを望んだ。ベーコンはこれを取り入れた——そして拡張した。その宣言は、錬金術や自然魔術のようなオカルト術ではあたりまえだった実験的な営みを用いて、「偽物」や「錯覚」をふるいにかけ、確立しているアリストテレス的な科学の中で実験を用いるということだった。哲学者は光線を集めて集中的な熱を生み出す燃焼用の鏡などの道具をもっと利用すべきだとベーコンは言い、*experimenta*――日常経験から仕立てられた実験や思考実験まで、何でも意味する――は、既存の学の埒外にある新たな真理を明らかにできると論じた。アリストテレスの哲学は、磁石の引力、つまり一部の石や植物の自然魔術的な力を説明できなかったが、推理と実験による科学は、そのような現象を整理できた。それはまた、キリスト教を差し迫った反キリストから守るという、ベーコンが必須の課題と見たことのための、新たな技術も明らかにすることができた。そのような技術には、「人が乗り込んで何らかの機関を回転させ、人工の翼をはばたかせる」ような飛行機さえ含まれるかもしれない。「まだ見たことはない」とベーコンは認めるが、「それを設計した賢い人は知っている」という。二五〇〇年前のマルムズベリのエイルマーの大胆な企てのことを言っていたのかもしれない。[88]

実験による科学がやはり重要な視覚光学の科学に貢献する力の一例として、ベーコンは一二六〇年代に虹を研究した。アイルランドやインドのきらめくクリスタルや、露のしずくや、水車の羽から滴る水でその色を調べる実験をうながし、当の虹を観察して、その最大の高度が地平線上四二度であることを初めて指摘した。虹は雲の層を通る際に三回屈折して生じるというグロステストの説を否定し、新たな反射の理論を唱えた。ベーコンの新しい説にもそれなりの問題があったが、個々の水滴に着目したことが、理解へと一歩進むことになった。五〇年後には、パリで学んだ別の修道士で、ドイツ人ドミニコ会士のフライブルクのテオドリク（ディートリヒ）という人物が、虹は個々の水滴内部での屈折と反射の組み合わせでうまく説明できることを見ることになる。[89]

＊＊＊

修道士が修道院に持ち帰った本を読んでも、そのような思弁的な科学に対する関心の兆候はほとんど見当たらない。修道士は大学にいられる時間は限られていることをよく知っていた。もっと差し迫って答えるべき実践的な問いが、とくに天文学と暦の分野にあった。それでも中には、当時の流行の問題に足跡を残す修道士もいた。そんな修道士の一人がロジャー・スウィンズヘッドという、グラストンベリー大修道院出身の学生で、先の怒れるフランシスコ会修道士のリチャード・トレヴィトラムは、この人物を、大学での修道士のふるまい方の希有なモデルとして名指している。スウィンズヘッドが一三三〇年代のオックスフォードにいたとき、自然哲学の最先端は、熱さや速さのような、たいていは定性的と考えられていることをどう定量するかという問いにあった。それは錬金術に関心を払えというロジャー・ベーコンの勧告がよいアドバイスとなる領域だった。

錬金術は鉱物、とりわけ金属と、それが変化したり精製されたりする過程についての研究だった。それに携わる人々は溶かし、蒸留し、加熱し、混合し、結晶にし、濾過して、薬品の隠れた特性を明らかにし、人の寿命を延ばしたり、貴重な物質を生産したりできるようになることを期待した。その過程で、錬金術師はあらゆる物質を構成する元素について多くのことを学んだ。アリストテレスは四つの元素それぞれを、温／冷と乾／湿二組の性質の組み合わせとして定義した。たとえば地〔土〕は冷たく乾いているということであり、息〔空気〕は温かくて湿っている（火と水についても性質の組み合わせは推測がつくだろう）。しかしアリストテレスは、そのような元素の性質は多少の差がありうるので、それを測定することはそう簡単ではないことを認めていた。「アウィケンナの土」を大きさの異なる二つの塊にしてそれを同じ火にかけると、同じ温度に達する時間が異なるのはなぜか。土がまだレンガに固まっていないとして、同じ二つの塊を組み合わせても温度が上昇しないのはなぜか。オーディントンのウォルターという修道士がこれに答えて、物体内の熱の度合いの強さ（温度）とその大きさ（今ならカロリーなどで表す熱の総量）とは違うことを説明した。ウォルターはこれに基づいて、金属はすべて元素の混合物だからということで、熱、湿気などを定量できた。対照的な性質の程度が異なるそれぞれの物質をどんな量でも組み合わせた場合、得られる混合物の性質も予想できる。[90]

そのような質に数値を割り当てるという考え方は、医療の実践に根ざしている。第6章で見るように、薬剤を調合する医師は薬剤の温めたり冷やしたりする効果を予測する必要があったからだ。[91]しかしそれはオックスフォード、とくに当時最も豊かで最も独立していたカレッジ、マートンにいた論理学の学生にも訴えるところがあった。ここの学生たちは、物をどこまで他の物にすることなく変化させたり動かしたりできるかといった、根本的な哲学上の問いに答えるための、新たな方法を求めていた。飼っている大型の黒いハウンド犬が小さな茶色のテリアになっても、その犬はやはり自分が飼っている犬なのだろうか。そのような問いは高度な神学上の含みを持っていた。それによって、聖体の秘蹟はパンの外見を残しつつ、その物質をキリストの体に変えられることを説明するのに使えるかもしれないからだ。

もっと限られたレベルでは、オックスフォードの学者集団が、錬金術師による対照的な性質の組み合わせ方にならって、競合する力が運動を可能にしたり抑止したりすることを数学的に説明しようとした。庭の木戸の蝶番が緩んでいて、下面が通路をこする場合、開けようとすると、どれだけの速さで動くか。

アリストテレスからすれば、門扉のような物体の速さは押す力を抵抗で割った値に比例するということになる。この式の問題点は、マートン・カレッジのフェロー、トマス・ブラッドワーディンの指摘では、抵抗の量がどれほど大きかろうと、それが門扉を止めてしまうことはないということだった（有限の数で割ると、その分母がいくら大きくても、結果はゼロにはならない。門扉は少なくとも少しずつでも動き続けることになる）[92]。ブラッドワーディンは、力の抵抗に対する比率は、速さがこの比率に幾何学的に比例するなら、保存されると説いた。言い換えれば、速さが二倍になれば、力の抵抗に対する比を二乗しなければならない。これは明瞭な改善だったが、それでは抵抗がまったくない場合にどうなるかは説明できなかった。そこで賞賛すべきグラストンベリーの修道士、ロジャー・スウィンズヘッドは、速さが力から抵抗の大きさを引いた量に比例するようなモデルを唱えた[93]。

それはまさに、スウィンズヘッドによる『自然の運動について』という解説をごく単純にした部分だった。そこでスウィンズヘッドは新たな問いを立てた——が、答えることはできなかった。一定のままの量を、一定の変化をする量とどう比べるのか、あるいはそれと足し算できるのか。ブラッドワーディンの直後、一三四〇年頃のマートンの学者集団は、この難問に取り組み、多大な成果をあげたため、歴史家はこの集団を「オックスフォードの計算家たち」と呼んだこともある。第一の答えを出したのは、ウィリアム・ヘイツベリーで、一年次の論理学の学生向けに書いた教科書の中でのことだった[94]。

ある人が一定の率で変化する速さで運動するなら、一定の速さで運動する人と同じ距離を進むことになるのは、一定の速さが、初速と終速の平均となる場合だと、ヘイツベリーは説いた。この「平均速定理」は大きな前進だった。今の私たちは、瞬間速度を一定時間に進む仮想的な距離と何も考えずに言う

――速度計をちらりと見れば時速何キロと出ていて、それは当然のように思われる。しかし平均速定理の式や瞬間速度の概念は、あたりまえどころではない。

マートンでヘイツベリーと一緒だった一人、リチャード・スウィンズヘッド――ロジャー・スウィンズヘッドと同じリンカンシャーの出身だったのかもしれない――は、まもなく平均速定理を証明した。リチャードの一六部からなる『計算の書』はヨーロッパ中で写された。これは先進的だったので、後の人々はリチャードのことを「計算家（ザ・カルキュレーター）」と呼ぶほどだった。しかしその手法はたどりにくく、一六部からなる論文をすべて読み通した人はほとんどいなかった。実際、一五〇〇年頃のイタリアの学者たちは、リチャードの名を、イングランド哲学と言えばそういうものと思われていた、漠然とした抽象を表す辛辣な喩えとして用いたほどだ。それでもリチャードは、ドイツの数学者ゴットフリート・ライプニッツなど、後世にファンを獲得し続けた。[95]

オックスフォードでは、誰も計算家たちの後に続くことができなかった。その一因は黒死病〔ペスト〕大流行だった。[96] マートンの数学者でこの大災害となった疫病で亡くなったのはブラッドワーディン一人だけで、一三四九年にカンタベリー大司教になってからわずか一か月後のことだった。しかしその後の何十年か、おそらく次世代では学芸部に残る人が減ったため、オックスフォードで書かれた科学的成果が大幅に減少したことは注目に値する。バトンはオックスフォードからパリへ渡った。こちらでは、学生がイングランドより広い国際的な範囲から集まっていたため、ペストの被害はそれほどひどくなかった。そこでは、一三五〇年をはさむ前後いずれの何十年かで、二人の哲学者が数理物理学で見事な前進を果たした。ジャン・ビュリダンは、ボールが投げられて手から離れた後も動き続けること（アリストテレスが解決できなかった問題）の説明に勢い（インペトゥス）理論を考え、他方その学生だったニコル・オレームはヘイツベリーの平均速定理を美しくも明瞭なグラフ――加速度が一定でなくても距離と平均速度を計算できる方法――を用いて証明した。インペトゥスの概念も、平均速定理の概念も、三〇〇年近く後のガリレオに無視できない影響を与えた。

＊＊＊

そのような抽象的自然哲学に夢中になったのはロジャー・スウィンズヘッドやオーディントンのウォルターのようなわずかな修道士しかいなかったとしても、オックスフォードで出会った天文学に熱中した人はもっと多く、[97]修道士が修道院に持ち帰った本を埋めるのは天文学だ。暦計算や『天球論』のような、本書でもすでにお目にかかった確立した主題に関する教科書で勉強するだけでなく、スペインやパリで開発されつつあり、オックスフォードにもまもなくやってきた天文学の新しい道具を取り入れもした。このことは、アダム・イーストンという、グロスター・カレッジの学生団長として、グラストンベリーの修道士の不品行を支部長に報告した人物の天文学文集に見ることができる。アダムは学界の野心家で、オックスフォードからそのまま教皇庁の枢機卿となったが、晩年は蔵書を二つにまとめて、自分がいたノリッジ大聖堂の古い修道分院に寄贈した。後にケンブリッジ大学図書館に渡った方は、安価でも丁寧に写された広い範囲の解説集（と、走り書きされた「誤りだらけの托鉢修道士」を罵倒する韻文）だった。[98]そこには天文学や数学で用いる道具についての手引きがあり、測量技術や三角法についての案内が

あり、惑星の位置を計算したりイングランド各地の町の緯度や経度を求めたりするための、最新の数表があった。ロバート・グロステストの『天球論』の後に、月が位置する星座ごとの占星術的影響や、胎児の性別――あるいは双子かどうか――を予測する方法を解説する文章があったり、今もマートン・カレッジの中世資料に残る天文学的な計算器を用いるための指示があったりする。歴史家ではない人々には、雰囲気のある怪奇小説の作家と見られているが、稿本写本のカタログも作成したM・R・ジェームズは、イーストンの文集を「迷宮のような本」と述べている。[99] ジェームズはその文章を少なからず見ていたが、イーストンの稿本は、学者修道士の雑多な天文学的関心を反映しているにすぎない。

そうした修道士は、短いオックスフォード留学が終わるとき、どこまで自分たちの関心を追うことができていただろう。もちろんそれは場合による――個々人がどれだけ自分の専門知識を維持する気があるかだけでなく、そのような学問についての修道院長の許容度や、次の学生集団が必要としそうな本が手に入るかどうかにもよる。修道院の図書室に丁寧に保存されてはいても、誰かが読んだ形跡がない本も確かにある。[100] とはいえ少なくとも何人かの修道士は、先輩や身につけた技能との接触を保っていた。一三七〇年代、マートン・カレッジのフェローでウィリアム・リードという人物は、天文学の著作集を編纂し、その一部はペストにかかった論理学者トマス・ブラッドワーディンの遺言執行者から買い取っていた。そこには論考と数表にはさまれて、レジナルド・ランボーンなる人物からの二通の手紙があった。ランボーンは「アインシャムの一介の修道士」と自称した。最初の手紙は「親愛なる尊敬される先生」に宛てられ、一三六三年の二度の月食のときの木星と金星の位置が持つ占星術的な――それとともに気象学的な――意味を論じていた。第二の手紙は、ランボーンから他ならぬリード宛に書かれていて、天文学データを用いて、さらに広く一三六八年から七四年にかけての長期の天気予報を出していた。これもまた丁寧に「最も尊敬する卿」宛となっていた。ランボーンは、アインシャム修道院の仕事につく前の一三五〇年代には、マートン・カレッジのフェローだった。しかしこの有益な天文学で学んだことを無駄に終わらせる気はなく、修道院がオックスフォードから上流へわずか十数キロという地の利を生かして、かつての研究仲間との連絡を維持した。[101]

そのような対人的な行動をする必要がなかった修道士もいた。セント・オールバンズでは、代々の学者的な修道院長が広い範囲の科学研究の雰囲気を醸成し、修道士は大量の科学書を集めて熱心に何度も読んだ。オックスフォードで勉強した人々は、院長の個人的蔵書の利用など、特権を与えられた。ジョン・ウェストウィックはおそらくそういう修道士の一人だったのだろう。次章で見るように、ウェストウィックはオックスフォードから持ち帰られた著作二点を読み、注釈を加えている。すると、ウェストウィックはグロスター・カレッジで学んだことを維持し、その上に築き上げる特権を利用していたのかもしれない。ウェストウィック自身がオックスフォードに通ったかどうか、確かなことはわからないが、ウェストウィックや当時の人々が大学の発達に根本的に影響されていたことは確かに言える。そこには、イングランドの修道院の誇り高い地位からすると、ユダヤ教徒もイスラム教徒も、イタリア人もドイツ人もいた国際的な科学界の友愛会の協働があった。いずれにせよ、ウェストウィックは、次章でその注釈を細かく見ることによってわかるように、なおも学問をしていた。そこでウェストウィックとともにセント・オールバンズに戻り、修道士が天文学の器具の魅力をどう追いかけたかを見ることにしよう。

第4章　アストロラーベとアルビオン

博士号をとって戻る者もいれば、短い一夏で戻る者もいたが、修道士学生はみな、いずれは修道院に戻らなければならなかった。それは相当の苦痛だったにちがいない。ウォリンフォードのリチャードは、一三三〇年代のセント・オールバンズの修道院長となった頃、自分があれほど若くして大学に入り、神学から外れて数学的なことに気を取られたことについての後悔を口にすることになる。しかしそのリチャードも、そんな学問こそが、神の恩寵によって、鍛冶屋の息子という低い身分から抜け出せるようにしてくれたことを認めている。「ごみ溜めから諸公に交じる位置へと引き上げられた[1]」。

多くの修道士が同じ両方の思いを感じていたことに疑いはない。大学町の快楽から離れて、謙虚と聖ベネディクトゥスの厳しい掟に再び合わせなければならなかった。学生は、かつて修道院に入る宣誓をした日に定められた入門年次による序列の同じ位置に戻ってきた。それでもセント・オールバンズでは、卒業生は六時課のミサ免除、研究を続ける機会、前よりもよい家具調度が使えるなど、特別な権利を与えられた。そうした配慮は修道院で恨みを買う危険もあったし、院長の権威を損なう危険さえあった。そのため卒業生は、遠方の従属する修道院の一つに送られて、そこの管理を任されることも多かった。

元の修道院にとどまった卒業生は、説教をしたり、次世代の修道士の教育に携わったりする、前よりも大きな責務を負うことを期待された。[2] 学術的な技能を新しい本づくりに役立てることも期待された。

修道院は、何より大事な奉献録や記録の本のために専門の写字士を雇っていたが、修道士自らも大量の本を書写していた。修道院長のトマス・デ・ラ・マーレはこれを、学者修道士が罪深い怠惰を避ける方法と見ていて、「この者たちを定まった仕事で忙しくさせておけ、それぞれの能力によって、本を調べ、読み、書いたり、また注釈をつけ、訂正し、挿絵を入れ、綴じたりして」と言って、推奨していた。[3] そのような活動の中で、一三七九年頃、ジョン・ウェストウィックは史料に初めて明瞭な足跡を残した。徐々に新しい写字室が生まれつつあったが、ジョンは旧式の狭い書斎にとどまっていた。ジョンは、一年の大半で手がかじかむようなところで、貴重な蜜蠟製蠟燭の灯の下、書くのにもひと苦労しながら、二つの本を書き写した。[4] ジョンが選んだ本は、ジョンの関心だけでなく、当時の科学にかかわるイノベーションについても多くのことを教えてくれる。どちらも科学で用いる器具についての本だった。

どちらの本にも、ウォリンフォードのリチャードによる、同じ二つの器具についての解説が収められていた。リチャードがその二つの解説書を書いたのは、一三二六年から七年にかけての、オックスフォードで過ごした最後の一年間のことだった。この二つの科学的著述の写本のうち、何点かはセント・オールバンズ修道院で作られた――それも当然だろう。リチャードの著作の書写という苦労が伴う作業によって、そこに収められた知識が、セント・オールバンズの傘下の修道院によるネットワークの中で共有できたのだ。リチャードという、令名高い元院長の事績を讃える重要な手段でもあった。それに、書写という行為そのものが、はかりしれない学習の機会だった。[5]

すでに調べた写本からは、どの二つの本も同じではないことが明らかになる。科学の論文集は、しばしば独自の選集——写す側の個人的な趣味による——となるが、それだけではない。わずか二ページということもある一本の解説の中でさえ、写本ごとに異なるところがある。羊皮紙の仕立てやページのレイアウト、手書き文字の大きさや形式、装飾——あるいはその有無——の様式、図の頻度や正確さ、文章が全部そろっているかどうか、さらには題目さえ、すべて大きく異なっている。それに加えて、本はずっと同じままというものではなかった。後の利用者が着色したり、余白に注釈を加えたり、誤りを正したり、欠けていた図を補ったり、新しい題をつけたり、著者(と思われる)名を加えたり、ただいたずら書きのような略図を描いたりすることもあった。つまり稿本を再生するというのはつねに連続的な過程であり、読むのと、写すのと、編集との境はぼやけてくる。ジョン・ウェストウィックに遭遇するのは、ウォリンフォードのリチャードによる *Rectangulus*〔長方形〕という解説にいくつかの図を加えるという、そんな能動的な読者という役割でのことだ。

レクタングルスというのは完璧に無駄を省いた天体用計算器だった。第3章では、サクロボスコが天の模型を球形のケージ——アーミラリ天球儀という真鍮の輪でできた球体——として作ったのを見た。一六世紀のオックスフォード大学の講義室にはまだ吊り下げられていたそのような球には(図3・2)、二つの実用的機能があった。それで空をあちこち見ては、その目盛で、ギリシアの偉大なプトレマイオスが教えたとおりに星々の動きを測定した。[6] あるいはそれを教育に使うこともできた。とくに天文学で用いる主要な三つの平面、地平面、赤道面、黄道面(図4・1a)を実地に説明することだった。各平面は、天球の中央部分に広がる、縁がクリケット用ボールの縫い目のような平らな円であり、それぞれにそれぞれの極がある――円の中心からまっすぐ上下に、円を直角に通り抜けるように引かれた直線を想像しよう。その直線が天に触れるところが極となる。この三つの平面にはすでにお目にかかっている。天の赤道の上昇・下降によって星は北極星を中心に周回し、それで日時計が機能するのを見た。また、北極星の高度――北極星と地平線がなす平面の間の角度――が観測者の緯度を教えてくれることも見た。地平面にも「極」がある――頭の真上にある天頂のことだ。そして第三の平面、黄道面には太陽が乗り、赤道に対して約二三度半の角度をなす経路をたどって星々の間を年周運動する。惑星も似たような経路で星々の間を進むが、黄道のどちらかの側に少しずつずれていて、ときどき進む向きを変えるように見える。

各平面には位置を表す二つ一組の座標があ

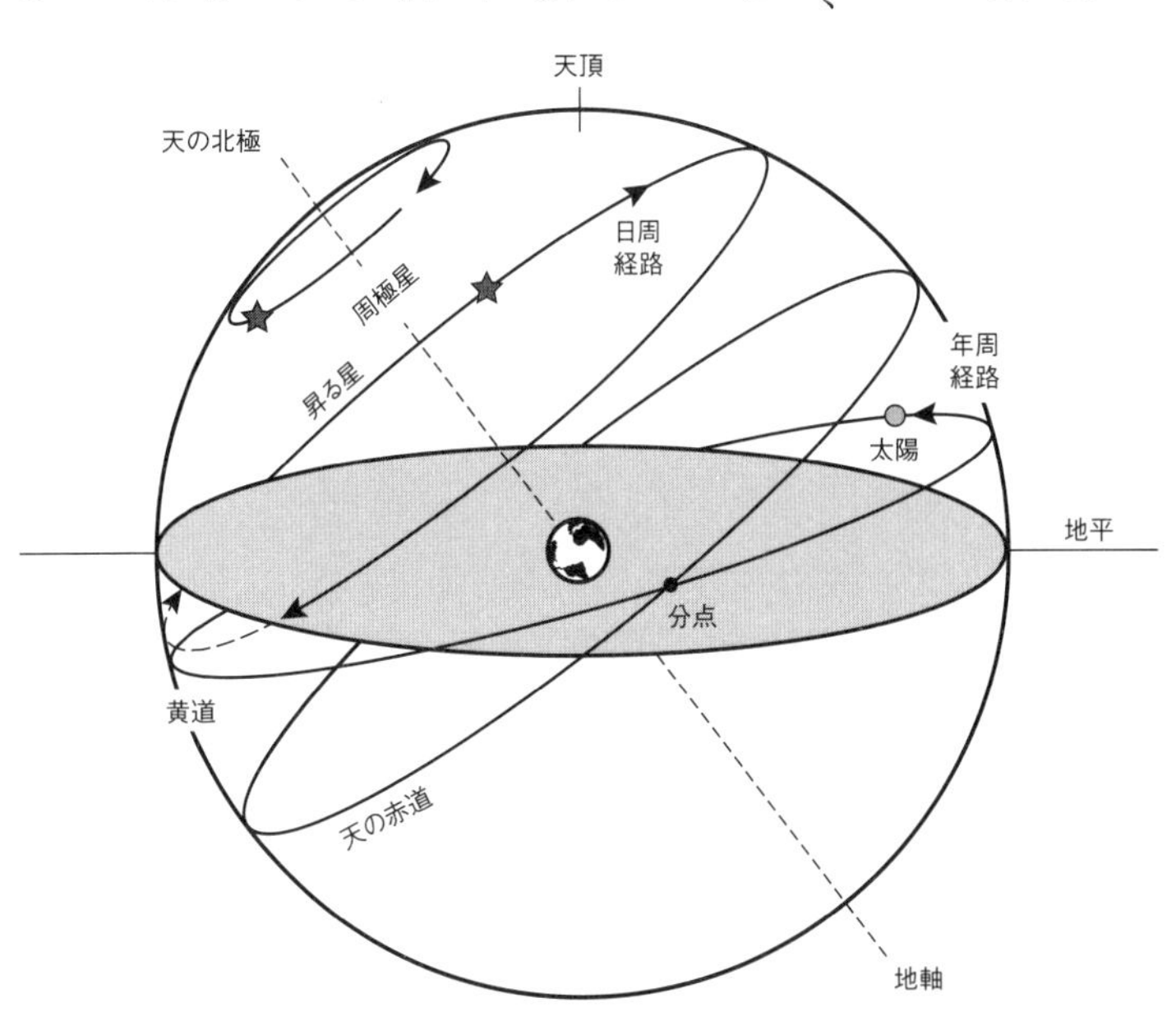

図4.1a　3つの天の平面――地平面、赤道面、黄道面

る（図4・1b）。まず、地平の上――あるいは下――の星の高度と方位角（方位磁石のように北から始めて地平を回って得られる角度）という組み合わせがある。黄道面を基準にして、星の位置を、黄道の北あるいは南何度として表す黄緯と、黄道が赤道と交わる「分点」から始まって黄道を回るようにして表す黄経という測り方もある。さらには天の赤道から、その赤道の北あるいは南にどれだけ寄っているかを示す赤緯と、やはり分点を起点にして赤道に沿って測る赤経（right ascension）で表すこともできた。どの方式もそれぞれの目的にとって有効だった。本書ではすでに高度はたっぷり用いているし、太陽が獣帯の各宮を通って黄道を巡りながら経度を増すことも見たし、太陽

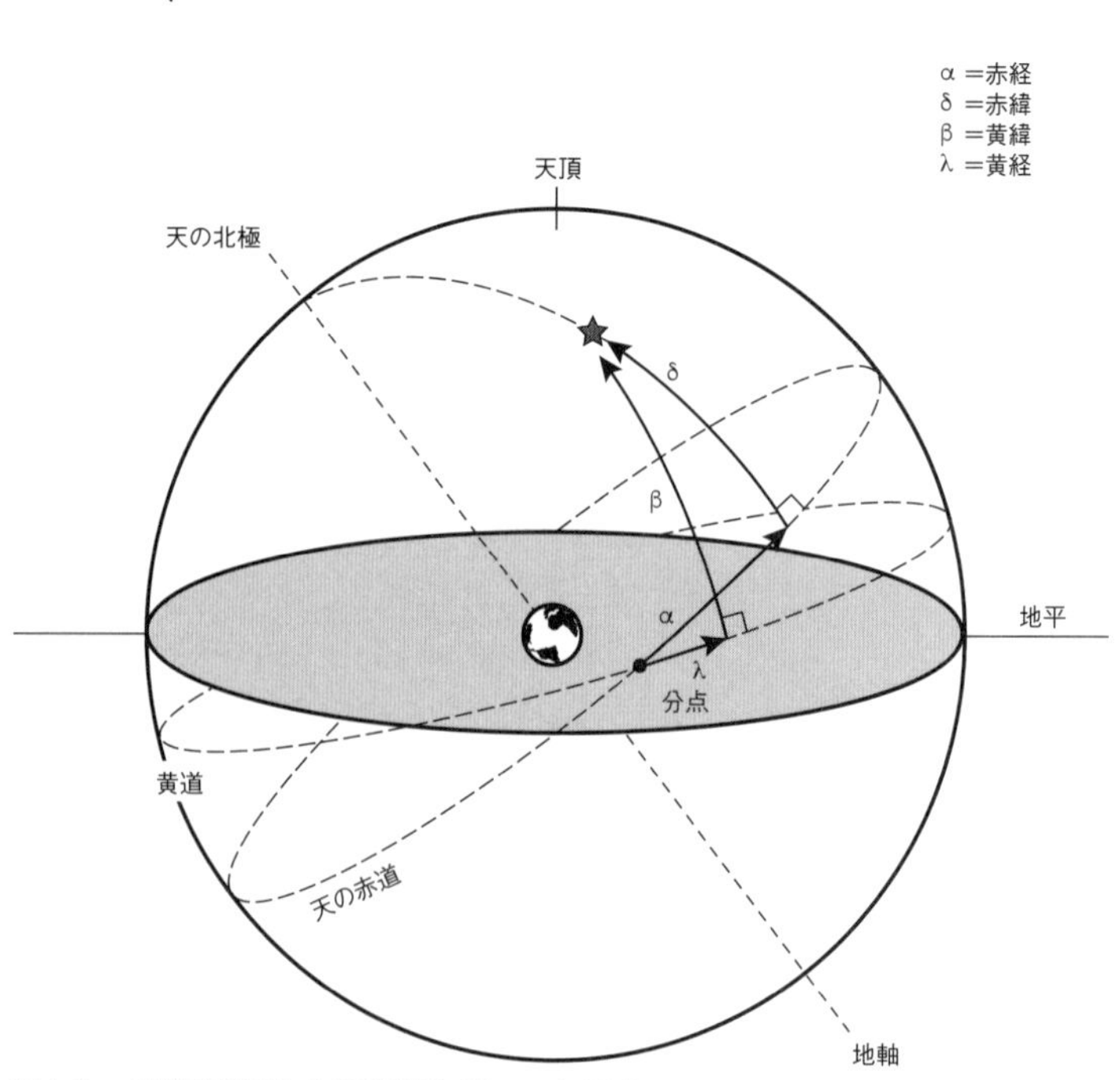

図4.1b　黄道座標系と赤道座標系（図2.10も参照）。

の赤緯が季節とともに赤道をまたいで上下することも取り上げた。

ここまでの二段落はややこしいと思われたかもしれないが、それは誰しものこと。三次元で考えるのは容易ではない。だからこそ、アーミラリ天球儀はあれほど役に立ったのだ。問題は、そのアーミラリを作るのがきわめて難しく、高価でもある点だった。アーミラリの輪を鍛造し、質の高い測定と、異なる天球座標系との正確な換算のために、十分な精度で目盛を刻めるのは、並外れた腕のある職人だけだった。そのような現場での座標変換のための一法は、球をやめて、三枚の面をそれぞれ円盤で表すことだった（図4・2）。ほとんど無限の彼方にある目標について角度を測るのだから、この円盤が少しずつ離れて設置されるのは問題にはならない。必ず守らなければならない原理は、円盤が互いに対して正しい角度をなすことだけだった。一つ一つ積み重ねるように組み立てると、トルクエタム（あるいはトゥルケトゥム）と呼ばれる装置となる。このアイデアは、一一〇〇年代のイスラム教徒のセビリアではすでに知られていて、次の世紀の末に二人の天文学者——一人はフランス北東部の人、もう一人はポーランド人——が同様の原理に基づいて、ラテン語のマニュア

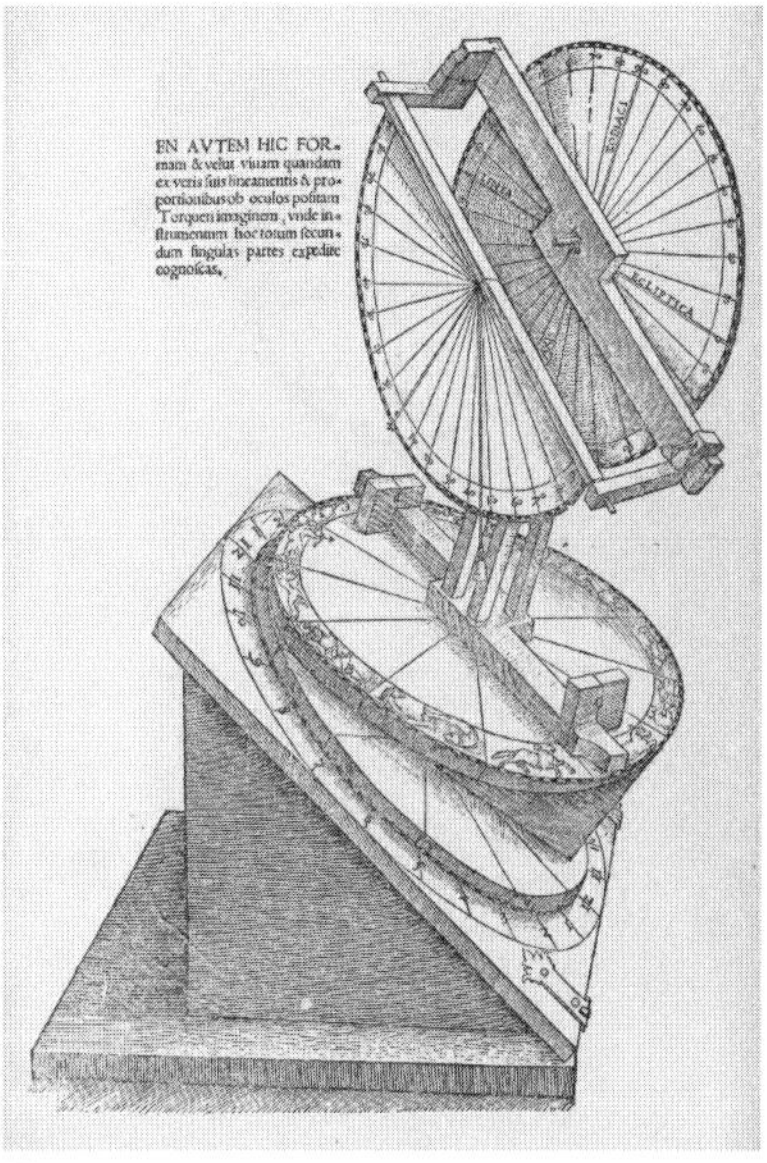

図4.2　トルクエタム、Petrus Apianus, *Introductio geographica*にある図。

ルを作成した。その一つが、マートン修道院の会士がオックスフォードから持ち帰ったテキストに写されていた。[7]

三次元の球を一組の二次元の円盤に単純化できるのなら、さらに一歩進んで、この円盤も省略して、蝶番でつないだ二本一組のアームごとにまとめることもできる。修道院長ウォリンフォードのリチャードが実際に作ったのがこれだ。「私はレクタングルスを設計した。アーミラリ天球儀を作る面倒で難しい作業を避ける手段として……惑星と恒星の経路と位置を決定し……アーミラリやアストロラーベやトルクエタムによって解決できるすべての問題を片づける手段として」。[8]そのアームは三次元で回転し、てっぺんには観測用の照門がある。上側のアームから鉛直線が垂れ下がり、下側のアーム上の目盛で角度を測れるようになっている。ある意味で、これは単純な装置だ。比較的作りやすく安価でもあるし(とくに真鍮製のアームのいくつかを木製にすればなおのこと)、どの座標系でも星の位置を求めるために簡単に使える。しかしもう球のようには見えないので、考え方は難しい。それぞれのアームの対が、天の動きのシミュレーションにどう貢献しているかを理解するには図解が不可欠だった。しかし写本家たちは、必ずしも手間をかけてそれを収録したわけではなかった。つまり、ジョン・ウェストウィックが、一三七〇年代の終わりにセント・オールバンズで見つけた『レクタングルス』を写すときにいくつかの図を加えたのは、仲間の天文学徒に対する思いやりがあったということだ。

リチャードの文章を書き写していた写字士は、図を描くための空白を残していた。まず紙面の右側余白を大きく取り、八行写した後、文章の左側でも、字下げを始める(図4・3)。これで図の両側に余白が生じる。写字士はそうすることが多かった。要するに、後で——自身でも他の製図の専門家でも——

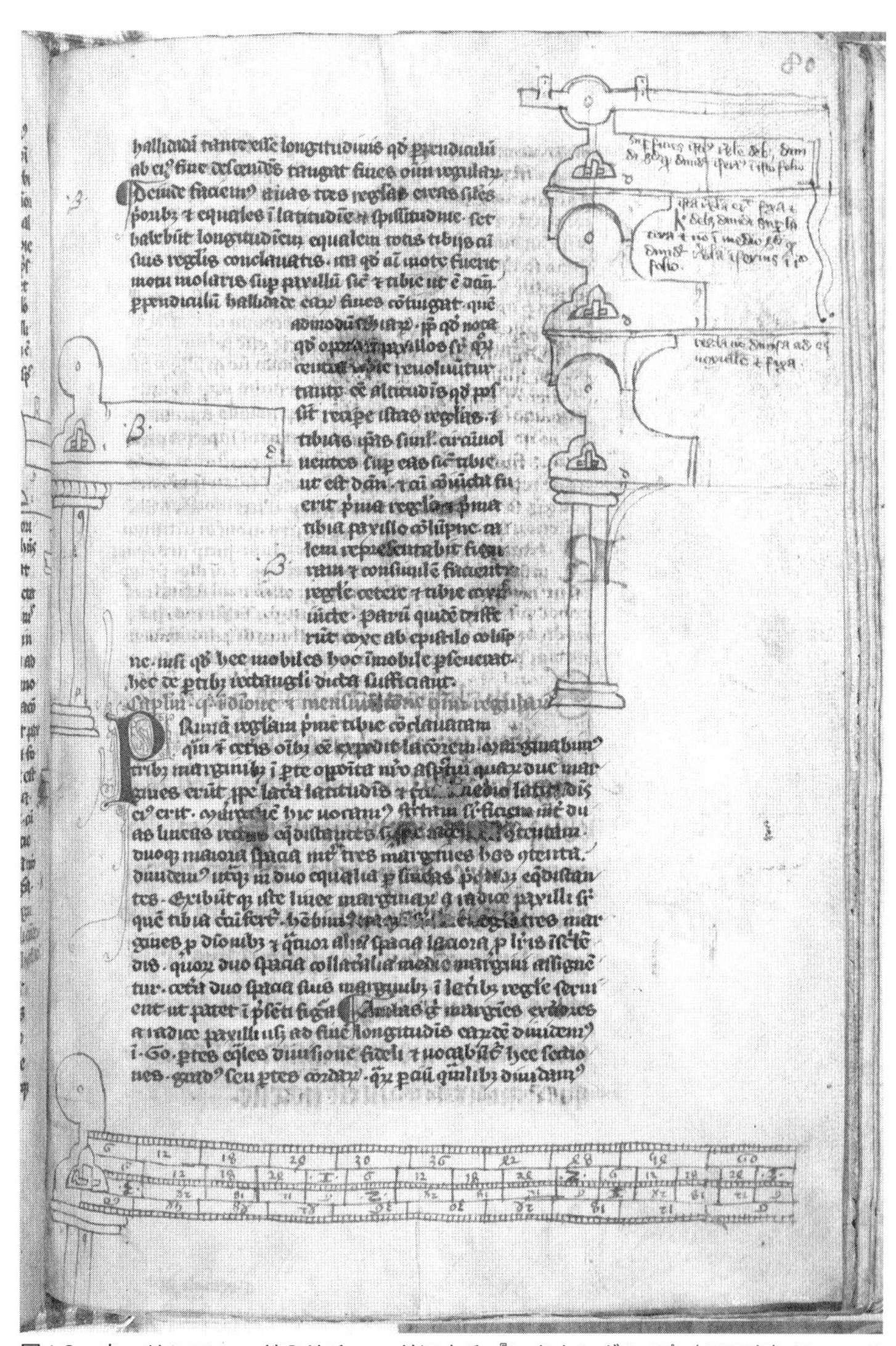

図4.3　ウォリンフォードのリチャードによる『レクタングルス』（1326年）についての、ジョン・ウェストウィックによる注記入りの図。

製図用のペンとインクを持ってきて、作業を完成することができる。必ずそれがなされるというわけではなかったが、ジョン・ウェストウィックはこの写本の空白を埋めた――何十年か遅れたが、ないよりはよい。これはウェストウィックの現存する最初の自筆の作であり、その名を署名した稿本と完全に一致する。その信頼性は際立っている。その図は、おそらく別の写本のものを描き直したのだろうが、きちんと描かれ、器具の形だけでなく、物理的な存在感さえ見せている。ぶらさがる鉛直線の糸が波打つところ、頑丈な真鍮のアームをつなぐ接合部の詳細、さらには支柱の上下にある簡単な装飾に至るまで図に入れている。また自分の言葉で図に説明書きも加えた。誌面の右上隅では、どのアームがしかるべく固定されるかを注記し、その目盛を、下の余白に自分が略図を入れた物差しに沿って刻むところを解説している。

ウェストウィックが初めて天文学の注釈に足を踏み込んだのが器具に関するところだというのは、いかにもふさわしい。器具は中世科学の核心にあった。あるフランスの発明家は、アダム・イーストンの天文学選集に残されていたプロローグに、「天文学という高貴な学(サイエンス)は、適切な器具なしではきちんと理解できない」と書いた。中世の図書室にはそんな器具がたくさんあり、本と並べて保管され、一緒に貸し出された。[9] その意義は、観測したり計算を簡単にしたりという狭い実用的な機能をはるかに超えていた。サクロボスコの『天球論』が、器具の形で理解する宇宙を学生に提示したのはすでに見た。ジェフリー・チョーサーはさらに進んで、どうやら一〇歳になる息子のためらしい、五部構成の徹底した天文学入門書を書き始め、それをアストロラーベという一個の器具の案内を中心にして構成した。

ジョン・ウェストウィックは後に、このチョーサーの案内書を読み、学ぶことになる。しかしチョーサーが一三九〇年頃にそれを書く以前から、ウェストウィックはすでにアストロラーベを勉強しており、セント・オールバンズで書いた二点の本のうちの第二で、新たに『レクタングルス』と『アルビオン』二本の論文の写本を作ったときも、アストロラーベの知識に依拠していた。『アルビオン』は、ウォリンフォードのリチャードによる当時最先端の発明だった。それと比べると、レクタングルスが子どものおもちゃに見えるほどで、複雑さの点ではセント・オールバンズの偉大な時計に匹敵していた。この惑星再現スーパーコンピュータについて少し見ておくが、まずは、ジョン・ウェストウィックがそうだったように、アストロラーベのことを把握しておかなければならない。

＊＊＊

持ち運べて、多機能で優美な、技術的にも進んでいてステータスシンボルにもなるアストロラーベは、典型的な中世科学の器具だった。それは科学的知識の最先端を代表しており、そこには考えられるあらゆる刺激的な――そして困惑する――含みが伴っていた。中世の文筆家や画家は、魔法使いや学生や、さらには賢者ソロモンの手に、アストロラーベを乗せて描いた。その機能は複雑な天文学から、単に時刻を知ることまで、多岐にわたった。そこでまず、チョーサーの子息のように、アストロラーベでの時刻の知り方から学んでみよう。[10]

おぼえておくべき重要事項の第一は、これが持ち運べる装置だということである。今見れば、部品は一定の位置に留められたまま、ガラスケースの中に固定されているのがあたりまえなので、この点は忘れられがちだ（図4・4）。しかしそんな展示品も、かつては頻繁にあちこちへ持ち運ばれ、各部分も動かされていた。天球が一定の動きをする様子に対応して、アストロラーベを構成する各部分も動いていて、日夜の日周運動と、黄道上の太陽の年周運動という、天の動きの双璧となるところを模していた。

図に掲げたアストロラーベは、作られてからの七〇〇年の間、あまり遠くまでは運ばれなかった。これは今、ケンブリッジ

図4.4　イングランドのアストロラーベ（1340年頃）。アクリル製の台に固定されている（直径295ミリ）。

のウィップル科学史博物館にあるが、イースト・アングリアの湿地と森を抜けて北東へ一〇〇キロほどのところで栄えた交易都市、ノリッジの空に合わせて作られたらしい。中空でない基盤の上に、空を分割する網目が彫られている（図4・5、4・6）。方位と高度の線が空を縦横に走り、地図の座標や等高線のように参照基準となるところを示している。その仮想の網目上を星々が移動するが、星どうしの関係は一定に保たれる（図4・7）。星は地平の下に隠れることも多く、アストロラーべは地平より下の空も見せている。その見えないところでは、高度

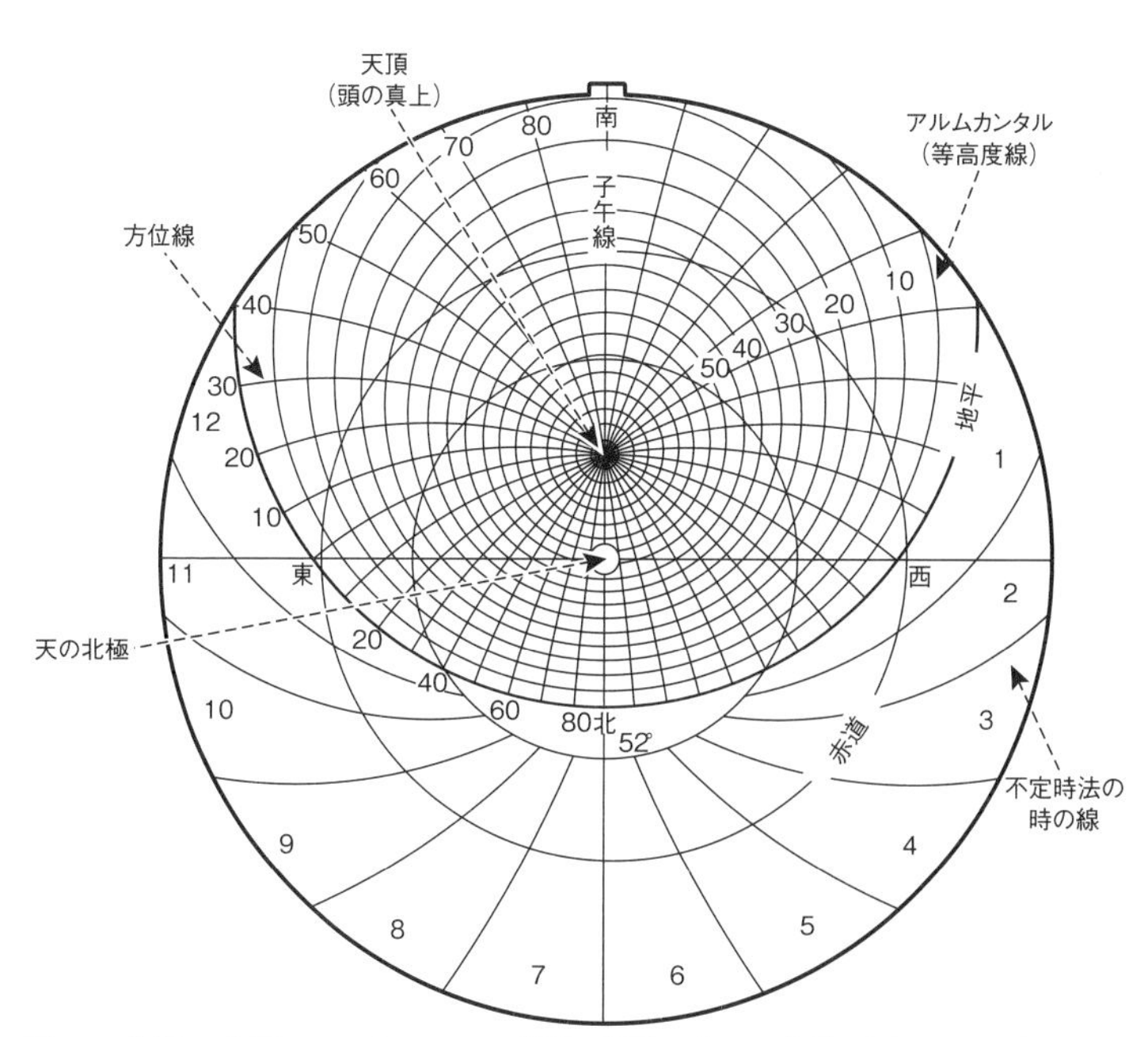

図4.5　北緯52度用のアストロラーべ盤面。現代の人には意外に思われるかもしれないが、南が上で、東は左になる。多くのアストロラーべは必要に応じて差し込める別々の盤が何枚かついていた（いちばん上にある突起によって、アストロラーべにぴったりはまるようになっている）。ウィップル博物館のアストロラーべにはそのような別個の盤はなく、線は器具の本体に直接彫り込まれている。

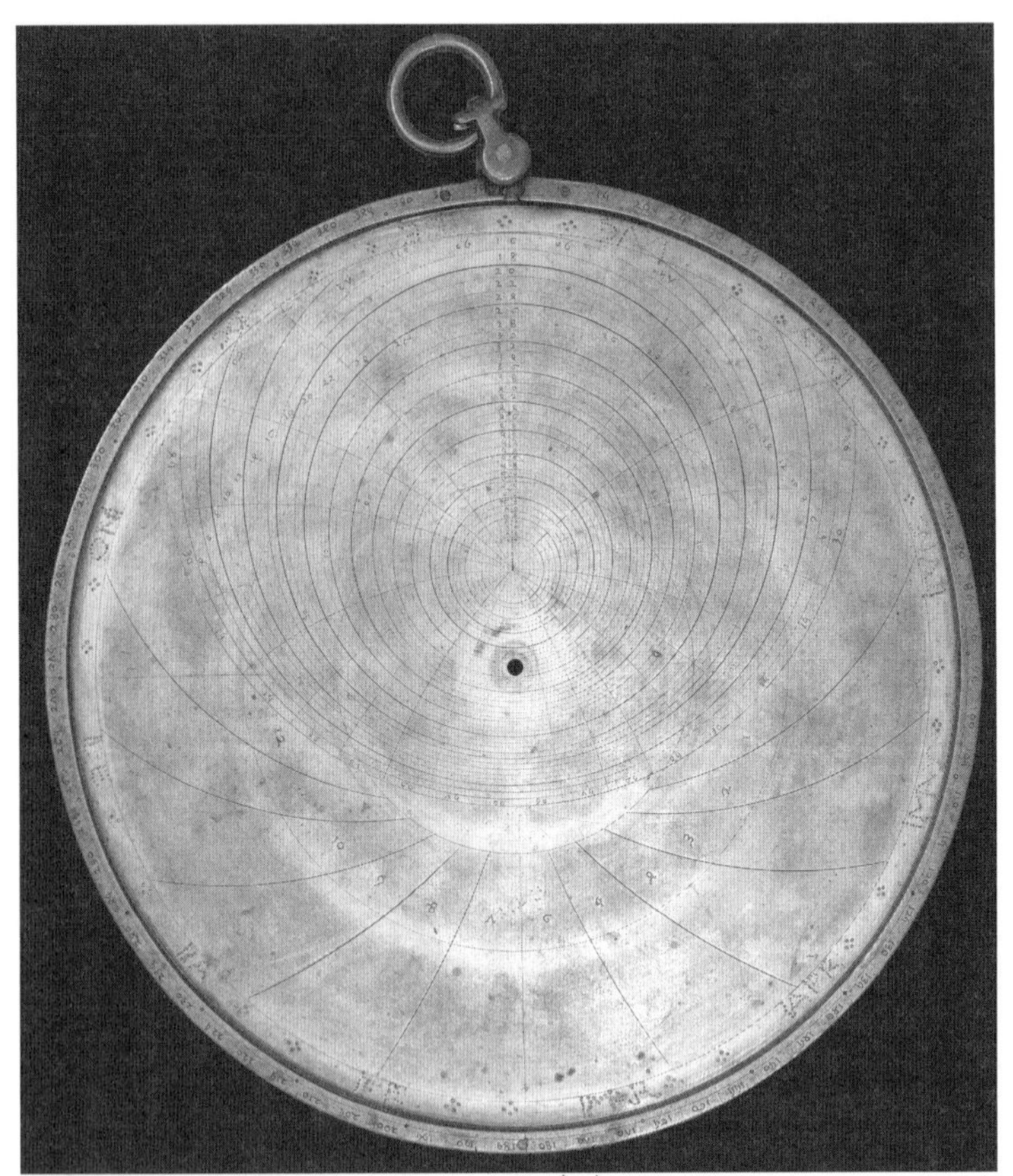

図4.6　ウィップル博物館のアストロラーベ。「基盤（ウーム）」に北緯52度用の（ノリッジに合わせた）方位と高度が直接彫り込まれた盤。中央の穴が天の北極。その少し上で、方位角を表す線が、天頂、つまり観測者の頭の真上で集まっている。天頂から外側に波のように広がる（同心円ではない）のが、等高度を表す円（アルムカンタル）。このアストロラーベでは、2度間隔で刻まれ、6度ごとに線が太くなっている。いちばん外側の弧が零度、すなわち地平を表す。地平の下にある空きが多いスペースには、不定時法での時刻を読むための曲線がある。これは北回帰線から外側へ伸び、天の赤道を横切る。

を表す円——等高度線（アルムカンタル）と呼ばれ、この器具がアラビア由来だということを明らかにしている〔「日時計」を表すアラビア語に由来する〕——も、方位を表す曲線も必要ない。それで、地平線の下では盤は空いたところが多くなる。この器具を含め、空いたところには、定時法と不定時法の換算のための曲線を彫ることが多かった。

図4・7の円形の格子は、網に似ていることから、ラテン語で網を意味するレーテ〔網盤〕と呼

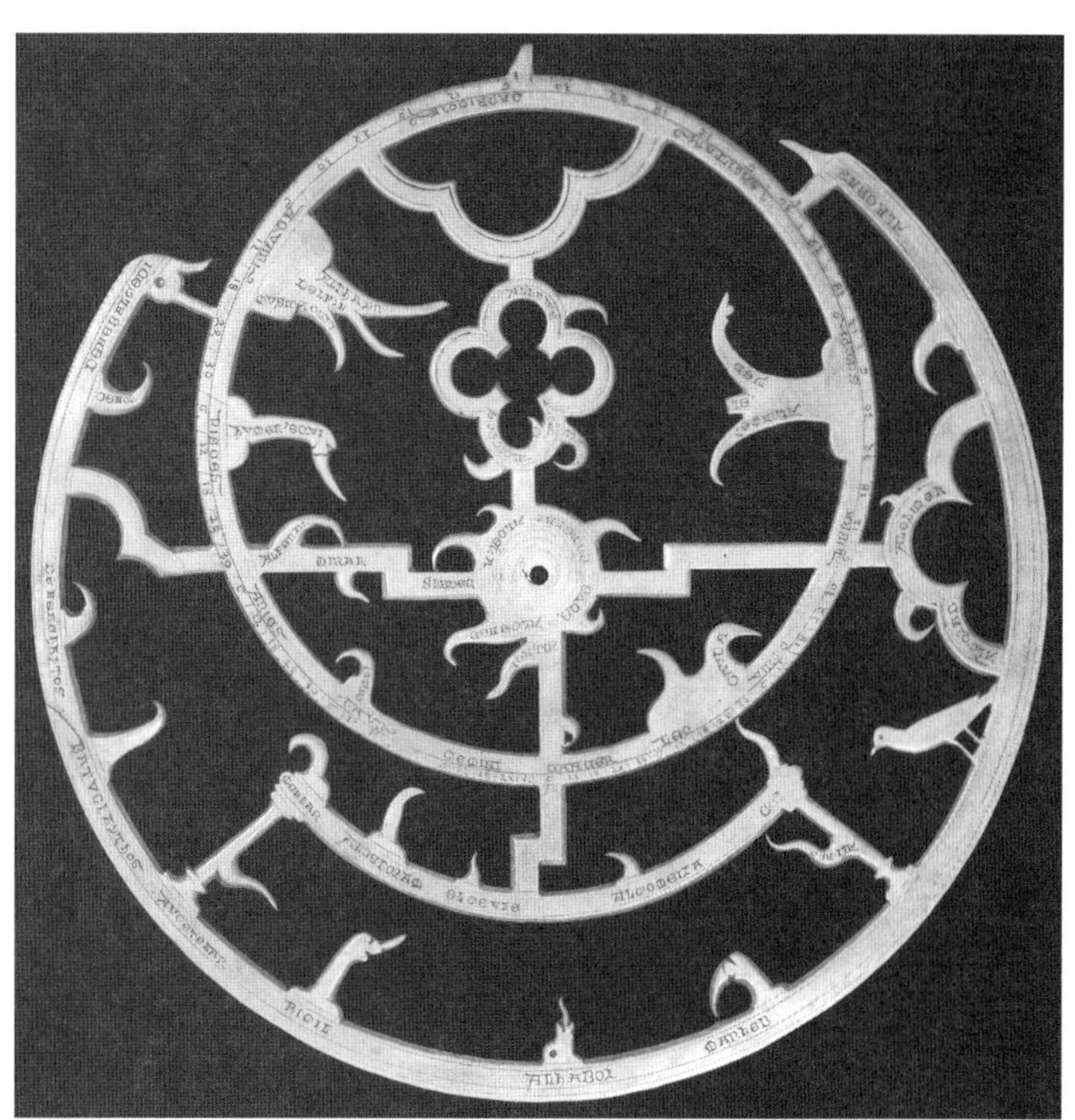

図4.7　ウィップル博物館アストロラーベのレーテ。曲線状の棘（とげ）はそれぞれが目立つ星を表す。中央の穴が天の北極。上にある中心からずれた輪は黄道を表し、下側の4分の1の円弧は天の赤道の一部。この700年で壊れた星の目印は、黄道環（リング）の右側から突き出る3つのうちの中央の目印のみ。

ばれる（英語では、キリンやニシキヘビといった動物にある色違いによる模様を表す「網目模様の(レティキュレイティッド)」という言葉にレーテの跡が残っている）。波打つような曲線の先端が目立つ星を表している。そこでこの華奢で精巧なこしらえのレーテを網目ではない円盤の上に置いてみよう。中央の穴が完全にそろうよう注意すること。そのそろった穴にピンをきちんと通すと、レーテはなめらかに回転して、星々が北極を中心に回転し、下の裏側には鉛がはめ込まれていて、重さのつりあいをとっている。レーテを時計回りに回転させてみよう。怖がらなくてよい。もともとこうした器具は操作するために作られている――チョーサーは「［これを］好きなように上下に回してよい」と書いている。[11] このアストロラーベはジョン・ウェストウィックよりも何十年か前の生まれで、それが一四世紀の始めからわずかな修理だけで今まで残っているとすれば、相当に頑丈でなければならない。星を選ぼう――右側の油断なさそうな鳥のすぐ後ろに見える、ほとんど一周するほど湾曲して尖った先にしておこうか（図４・８）。ロンバルディック体の文字できちんと書かれたその名はアルゴラブである。アラビア語で「アル・グラブ」は「カラス」を意味する。ここに見えるのはからす座という星座ということだ。もっとも当のカラスのような鳥はそっぽを向いている。図４・４でもアルゴラブは地平のすぐ下、密集したアルムカンタルが下のすかすかのスペースに変わるあたりにいて、レーテを回すとさらに降りてくる。しかし時計まわりに回し続けると、これが昇り始め、器具の左手側の地平に達する。左側は東にあたり、太陽も含めたすべての星が東から昇る。器具のてっぺんは南ということになり、そのため、今日において初めてアストロラーベを操作するときにまごつく人もいる。しかし中世の利用者は、らくらくと視点を変えていたらしい。

このレーテを今したように回転させるということは、最初にアルゴラブが見えるまでに一二時間以上が経過していることになる。レーテをまるまる一回転させれば二四時間となり、現代の時計の二倍になる。天球が一回転、あるいは――現代的に言えば――地球の自転一回分だ。実用的には、どちらと見ても違いはない。アストロラーベで測定するのは角度だけなので、太陽が地球を回っていようと地球が太陽を回っていようと、同じように機能する。

　いずれにせよ、夜明け前の冷気の中で修道院の上空に目印になる星座が昇るのを待つのがあたりまえだった修道士たちとは違い、私たちはそんなに長い間星を見つめるのには慣れていな

図4.8　鋭くカーブした「アルゴラブ」〔からす座〕を指す目印で、その前方には、からす座とは少々そっぽを向いた目を引く鳥がいる。画像のいちばん上には、黄道の弧が一部見えていて、VIRGO〔おとめ座〕とLIBRA〔てんびん座〕の文字が見える。

い。アルゴラブを回すときに使った時間で、いくつもの星の出と星の入りを見ている。たとえば外側の円の右端にある棘(とげ)には、「アラクラブ」という名がついている。ジョン・ウェストウィックの当時、それは *Cor Scorpionis*、つまり「蠍(さそり)の心臓」とも呼ばれた。しかしウィップルのアストロラーベを作った人物は、アラビア語形の *Qalb al-'Aqrab* を短縮する方を選んだ。今はアンタレスと呼ばれるこの星は、空で一五番めに明るい星だ。それが西に沈むのを見た。少し後には、すべての星の中で最も明るい星が昇るのが見える。それはおおいぬ座の口にあるシリウスだ。その目印は展示されたレーテの最も下で、犬の頭の形に彫り込まれている（口絵4・9）。長く伸びた舌が、シリウスの正確な位置を指し示す。こちらでも、ウィップル・アストロラーベを作った人は、アラビア語のアルハボルという名を用いている。

このアストロラーベ上にある四一の星は、どの天文学者にもなじみだっただろう。ジョン・ウェストウィック自身、ウィップル・アストロラーベができてから五〇年後に、ほぼ同じ星の一覧を書き出している。そこでは *algorab* と *corvus*、*calbalacrab* と *cor scorionis* のようにアラビア語とラテン語の両方が書かれている。プトレマイオスが著書の『アルマゲスト』に挙げたのは一〇〇〇を超えていたが、簡略版の一覧や器具に繰り返し現れるのは、わずかな変動はあれ、ほぼ同じ数十個だった。[12]

レーテを高度と方位の格子に重ねて回すと、地平のどこに星が現れるか、その星が達する最高点はどこかが予測できる。頂点に達する瞬間、その星はアストロラーベの上半分を垂直に走る子午線と交差し、それから右――西――側の等高度線を通って降りていく。

東から昇って南に向かい、右側を下っていく……これはすべてすでにお目にかかったアイデアに基づいている。球が平面に投影できる、あるいは押しつぶせるということだ。実際、あるシリア人学者が一二七〇年ごろの著述で、そのような押しつぶす操作がこの器具の発明につながったことを語っている。プトレマイオスは、二世紀半ばのある日、ロバに乗って外出し、持っていたアーミラリを落としてしまった。ロバがそれを踏んでアーミラリはぺちゃんこになった。そうして生まれたのがアストロラーベだった。[13]

この架空の物語にも、真理の金の粒が含まれている。プトレマイオスは確かに投影という新たな手法を開発したということだ。『地理学』という著書では、球形の世界――あるいは少なくとも人が住むと考えられていた部分――を平らな地図に表すための、それまでの方法が評価され拡張されている。『平面球形図』という著書では、天についても同じことをして、ヒッパルコスなどの天文学の先人が考案した、球面を平面へ投影するステレオ投影の原理を解説している。[14] ステレオ投影には器具製作と天文学にとって二つの大きな利点があった。まず、器具製作については、球をアストロラーベの平面に押しつぶすとき、球面上の円はやはり円になるので、アストロラーベにたやすく彫れる。天文学の側からすれば、天に観測される角度はアストロラーベ上でも同じになる。

ステレオ投影はどんな仕組みなのだろう。仮に、観測者が天の南極にいて、天の北極にある北極星の方を「見上げて」いるとしてみよう（図4・10）。この観測者には、天にあるものがすべて見える。それぞれの天体がどれだけ近いか遠いかは気にせず、ただ角度――その視点から見て、北極へ向かって昇る垂直な線に対してどれだけ近いか――だけを見る。見上げながら、自分の視野全体にわたる水平なガラスの板の上の重要な線をそれぞれたどる。この平面のガラスの天井が投影面となる。この方法では、それは天の赤道面である。観測者に対してこの赤道よりも近い天の円はすべて、赤道よりも大きく見える

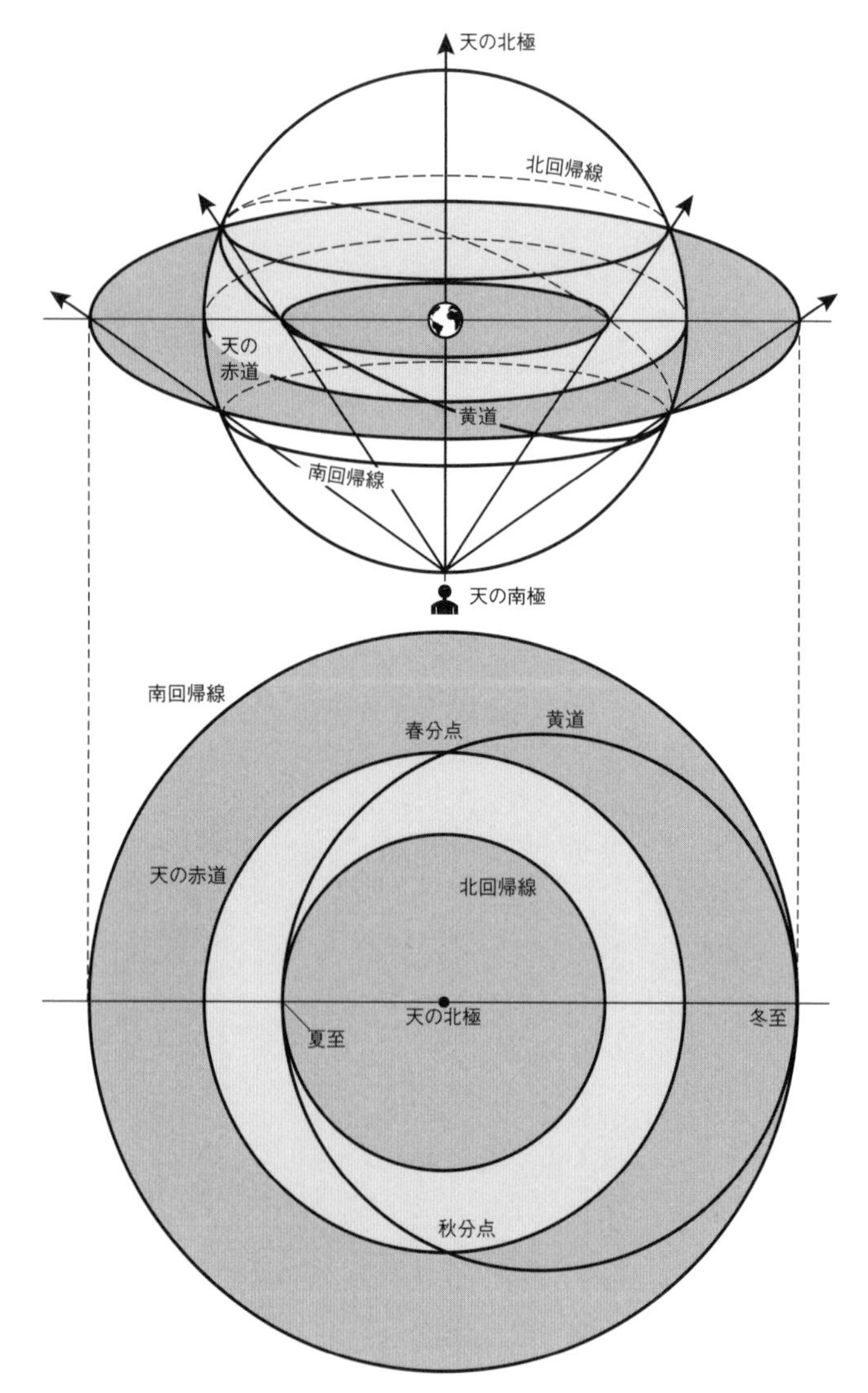

図4.10　ステレオ投影。球上の円はアストロラーベでも円になる。黄道は冬至夏至の点と春秋の分点を通る円となる。

ので、その縁の外でたどることになる。天の赤道よりも北にあるものはすべて小さく見えて、内側で追えるように見える。この観測者は、図の端として、南回帰線を選ぶ。それが最大の、いちばん外側の円となる。二つの回帰線と赤道は、すべて視野では平らになっていて、北極を中心にしている。黄道は赤道に対してある角度をなし、この図では中心がずれている。この黄道は観測者にとっては二つの回帰線に接するように描かれる。黄道の線が天の赤道と交わる二か所は春と秋の二つの分点となる。黄道の場合と同様、天頂から地平へ波のように広がる等高度線をそれぞれ円として描くことができる（図4・5）。また黄道と同じく、地平と等高度線の中心も、両者が赤道に対して角度をなすため、ずれることになる。太陽が黄道の夏側にあるときには空の高いところに上がるが、冬側にあるときには地平に近くなるのは、このずれによる。

レーテを彫ったアストロラーベの盤上での動きは、私たちの地平に投影した星々の動きとなる。星々はあくまで互いに対して不動で互いに歩調をそろえて進むが、太陽はそうした星々の間を動き回って獣帯を進む。そこでレーテには太陽の一年を通じた星々の間の通り道を記すことが不可欠だった。実は、ウィップル・アストロラーベの（また他のたいていのアストロラーベの）レーテ上で円全体が見えているのは、その黄道だけである――チョーサーは「その線の下に絶えず太陽の道がある」と念を押す（図4・7）[15]。時刻を知りたければ、不可欠な手順は、太陽が円周上のどこにあるかを求めることである。今日の星々の間のどこにあるか。そのためにはアストロラーベを裏返さなければならない。

そこで二重の暦が見つかる（図4・11）。外側には黄道十二宮があり、下には人馬宮〔いて座〕と磨羯宮〔やぎ座〕が見える。内側にはユリウス歴による、ヤヌアリウス〔一月〕からデセンベル〔十二月〕に

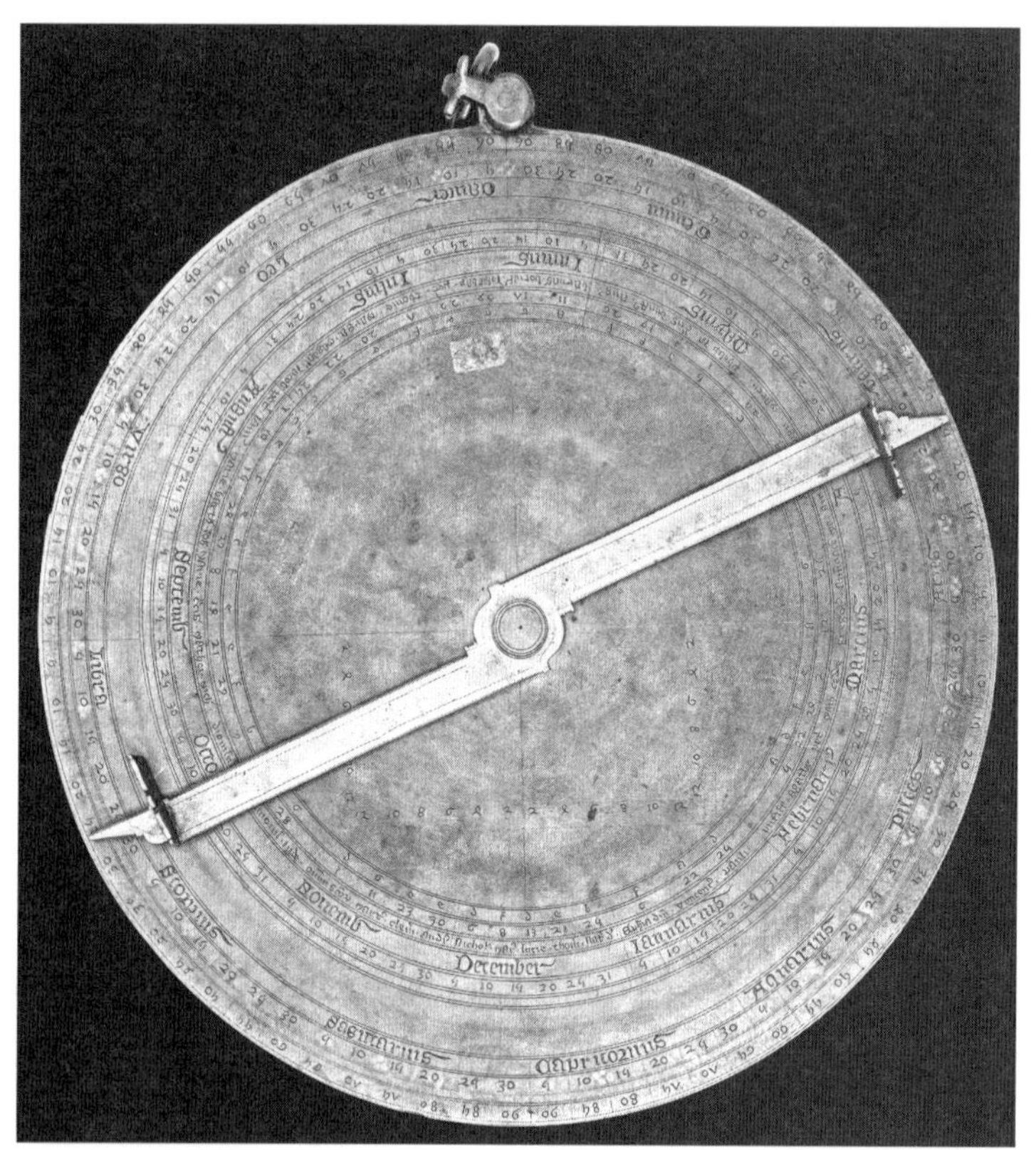

図4.11　アストロラーベの裏面。外側には黄道十二宮がある。内側には各月があり、中心は太陽の動きが離心円になっているぶん、Gemini〔双児宮〕の端の方にずれている（最上部）。2つの暦の間隔が、下の方で広くなっていることに注目のこと。内側の円の内側には、薄く彫られたシャドウ・スクェア〔中心の右下にうっすらと見える正方形。高度用計算尺〕があり、観測に用いられる。この画像では、アリダードは地平の上22度の高度まで回されている。

至るおなじみの月が並ぶ。二つの間のずれは、このアストロラーベの製作者が、星々の間での太陽の進み方が変動するというやっかいな事実とどう取り組んだかを明らかにする。第2章で見たように、このことはおおむね地球の軌道が楕円であることによって説明される。しかし天文学者は、プトレマイオス以前から太陽の年周運動を離心円——中心が地球の中心と一致しない円——と考えることによって、優れた成果を得ていた。ウィップル・アストロラーベを作った人は、地球と太陽が最も遠く離れる六月には、太陽が星座を通過するのが遅くなるのを見てとることができた。そこで離心円上の、中心が双児宮の第二五日の方へずれたところに月の名を彫った。すると、アストロラーベのてっぺんで、二つの円は近づき、太陽の遠地点となる。反対側の磨羯宮の上の近地点では、広い間隙を残す。こうして、アリダード——もうわざわざこれがアラビア語由来だと言うこともないだろう——と呼ばれる示針(ポインター)を回すと、巨蟹宮(きょかいきゅう)を通過するのに一か月以上かかるが、磨羯宮を通過するのには一か月かからないことがわかる。そのため北半球の夏——あるいは少なくとも春分と秋分の間の長さ——は冬よりも長いことになる。

ユリウス・カエサルによる月の名は私たちにはおなじみだが、ジョン・ウェストウィックにはそれほど大事ではなかった。観測者への指示の小型本で見たように、修道士は祝祭の日を記す方を好んだ。すると、アストロラーベの各月の中に、祝日が三つないし五つ刻まれているのも不思議ではない(図4・12)。そこが職人の自作のアストロラーベに対する腕の見せどころだった。先に見たように、レーテ上の星々は、標準的な一覧に載っていた。同様に、カレンダーにある、顕現日、受胎告知の祝日、それから——ちょうど九か月後の——クリスマスといった何日かは、彫り師の彫刻刀にとっては必須の課題だった。それでも、器具製作を依頼した顧客のためであれ、製作者自身のためであれ、個人的な選択を入れる余地は残っていた。たとえば、アンティオキアのマルガリタや、ローマのクレメンス〔教皇クレメンス一世〕といった名は、決して誰にもなじみのある名ではない。ところがこのアストロラーベが作られたイースト・アングリア地方では、そうした聖人には熱心な信者がいた。地元のいくつかの教会がこの二人に帰依したため、この科学器具でも二人にスペースが与えられた。この頃エドワード三世

図4.12　アストロラーベの暦部分細部。月の名（Marcius〔3月〕）の上に、3つの祝日がある。3月2日には、MarciusのMのすぐ上に曜日文字Eを伴って*cedde*（チャド）があり、12日の上には*Gregor[y the Great]*（A）、中世標準形の5〔むしろ4のように見える文字〕を用いた3月25日のところには*Annunciation of Mary*〔受胎告知〕（G）と記されている。下にはAries〔白羊宮〕の起点が見える。これは3月12日の終わりと並んでいる。このアストロラーベが作られた頃の春分の日だ。

によってイングランドの守護聖人にまつられた聖ゲオルギオスを含めたのは、製作者の愛国心のしるしかもしれない。また殉教したカンタベリー大主教トマス・ベケットも入っているし、三月二日には七世紀のメルシア司教、チャドがいるように、他のイングランドの聖人もちりばめられている。それぞれの祝日の名の上には日付があり、AからGの曜日文字があって、その祝日が何曜日かがわかるようになっている。

この二重の暦を使うと、黄道上をゆっくり進む太陽の位置を簡単に求めることができる。アリダードを回して、その指針が今日の日付にそろうようにして、外側の黄道十二宮による暦から太陽の黄経を読み取るだけだ。たとえば、受胎告知の祝日（三月二五日）には、太陽は白羊宮の第十二日の位置に達するところだった。

これでレーテの黄道を表す環のどこに太陽があるかがわかる。ジョン・ウェストウィックは、何らかの形で――小さなインクの線かもしれない――その印をつけただろう。あるいは書斎に灯っていた蠟燭の一本から溶けた蜜蠟の滴を取り、こわばった指で丸めて小さな柔らかい球を作り、それを黄道環の太陽の位置に貼り付けることもできただろう。太陽は一日に一度ずつしか進まないので、印は一日に一つあればよい。それをこすり取って翌日新しい印にすることもできる。[16]

アストロラーベの表側に転じる前に、もう一つしておかなければならないことがある。時刻を知るには、アストロラーベとそのときの空が一致するようにする。それは、特定できるなら何でもいいが、それの高度を求めればできる。レーテ上の星なら何でもいいのだが、ここでは太陽を使うことにしよう。さて、これでやっとあのアストロラーベを手にとって持ち上げることになる。アストロラーベは、簡単に持ち運べることも意図されていたが、このアストロラーベは平均よりも少々大きい——直径約三〇センチで、ハードカバーの本を広げたほどの幅がある——そのため両手を使いたくなるかもしれない（あるいは一部の中世天文学者のように、三脚から吊り下げてもよかった）。てっぺんの吊り下げ用リングでアストロラーベをしっかり保持しつつ、力が強い方の手に垂直にぶら下げる。もう一方の手で安定させる。しっかりとした堅さを感じ、特徴的な金属の匂いを吸い込もう。端が太陽を向くように回転させ、アリダードをゆっくり上方に回して太陽を指すようにする。アリダードには一組の照門がついている。このアリダードを一ミリずつ調節していく。チョーサーは、それを「上下に」動かし、「日光が両方の穴から差し込む」ようにすると言う。あるいは、見方を変えると、上側の照門の凹みの影が下側の照門に正確に落ちるようにする[17]（星を観測しているなら、アストロラーベを高く保持して、照準から上を見ることができるが、太陽を見つめながら細かい測定をするのは、難しいし、眼にも悪い）。アリダードの方向が完璧に決まったと納得できたら、そのときの縁の目盛から、その角度が読み取れる。図4・11では、アリダードが地平から二二度上を向いていることがわかる。

あとは、表側にひっくり返して、太陽の位置を現時点に合わせるだけでよい。今日が受胎告知の祝日なら、レーテを回転させて、二二度のアルムカンタル（等高度円）上にある、蠟で印をつけた、白羊宮の一二日まで進めるということだ。それは二か所でできる。一つは東に相当する左側、つまり太陽が子午線に向かって昇る側であり、もう一つは右側の太陽が西に沈み始める方だ。どちらか適切な方を選ぶには、今が午前か午後かがわかればよい。そのために、チョーサーの指示は今もジョン・ウェストウィックがそれを読んだ当時と同様、明瞭だ。「太陽の目盛を、今が真昼の前の場合、このアストロラーベの東側のアルムカンタルの間に定めよ。真昼より後なら、太陽の目盛を西側で定めよ」[18]。

するとそれがその時点での空での位置関係となる。すべての星がしかるべき位置にあり、処女宮は占星術的に重要な上昇点(アセンダント)〔黄道と地平の東側の交点〕の位置にある。ちょうどデネボラ〔しし座ベータ星〕が昇ったところだとか、ベテルギウス〔オリオン座アルファ星〕(このアストロラーベには「Elgeuze」と記されている)が子午線を横切ろうとするところだとかのことも言えるだろう。時刻を知るにはどんな星でも使える——ただその高度を測定してレーテの位置をそれに沿って合わせるだけだでよい。どの星を用いようと、最終的には、表側の時針(ルール)を黄道にある太陽の位置に合わせることになる。時針がアストロラーベの立てた縁の方を時計の針のように指しているところに時刻が読み取れる。この縁はリム〔目盛縁〕と呼ばれる。多くのアストロラーベ製作者が、このリム上に、今日の時計の文字盤を囲む数字のような何時を表す数字を彫り込むことで、時間がわかりやすくなるようにした。今見ているアストロラーベのリムは三六〇に分けられている。ありがたいことに、製造者は、太陽が一時間に一五度進むことをふまえて、一五度ごとに小さな円形の穴をあけてくれている。それで、目盛が六〇度、つまり上から回って四番めの時刻表示を指しているときは、午後四時ということがわかる。

この時刻はどれほど正確だろう。アストロラーベの正確さは三つの因子で制約される。まず、基礎設計での簡略化がある。閏年が考慮に入れられることはまれだし、春分点の歳差によって星々はずれるので徐々に正確さが下がってくる。第二に、精度による制約があった。精度は目盛を彫る職人の腕によって限定されるだけではなく、アストロラーベが対象にする緯度で用いられないことでも精度は損なわれる。第三の因子は、もちろん、使い手による誤差だ。第一の点ではあまり差は出ない——そのためアス

トロラーベ製作者がそれを気にすることはめったにない。器具そのものの精度については、今見ているもののようなよくできたアストロラーベの目盛なら、直近の度数が簡単に読み取れる。製作者が妥当に均一の間隔で目盛を刻んでいたら、それでわかる時刻は五分刻みの目盛のうち、直近のものとなる。アストロラーベを少し不正確な緯度で使ったら、結果はさらに五分か一〇分、ずれることもある。しかし使い手による誤差はさらに大きな違いをもたらすことだろう。太陽や星の高度を数度読み間違えれば、時刻は一五分もずれうる――星が子午線近くの、高度変化がごくゆっくりしているときだと、もっとかもしれない。チョーサーは忠告する。「きっと申しておくが、〔測定している〕どんな天体でも、南の線近くにあるときにアストロラーベで正当なアセンダントを得たり時計を合わせたりするような大胆なまねはしないように。必ずや誤るからである[19]」

このアストロラーベで時刻を確かめる過程で、この器具の中核となる部品すべてに出会うことになる――また膨大な数の機能が潜在していることにも思い当たる。太陽の黄道円がついた恒星のレーテ、背景となる地平のグリッド、時刻を知るための時針、吊り下げ用リング、十二の月と黄道十二宮による二重の暦、高度測定用の照門のついたアリダード――それらが相まって、何十もの用途を提供する。チョーサーが言っていたように、時計を合わせる――この時代にはアストロラーベほど正確なものはなかった――こともできれば、占星術のアセンダントを求めることもできる。北の方角、建物の高さ、昼の長さなど、多くのことがわかる。そうした部品や用途のすべてのことを、ジョン・ウェストウィックはよく知っていただろう。そのすべてを、黒衣のベルトに快適に吊り下げることができた（残念なことに修道士がまとう上着にはポケットがなかった――アストロラーベは革のケースあるいは布製の袋にしまわれることが多かったが)。モバイルのデータが今に始まったことではないのは明らかだ。

＊＊＊

アストロラーベは、平面天球図の基本概念——天球を扱いやすい平面にする——にとどまらない、多様な造りがありえた。この器具の柔軟性は、確かに魅力の一部だった。職人が加えた変化が、それぞれに違う目標や、世界各地の天文学や時間測定の領域でこの器具の役割が千年以上にわたって経てきた変遷について教えてくれる。

二世紀のアレクサンドリアでは、プトレマイオスが平面天球図について述べていたが、そのときのアストロラーベは動く天の模型にすぎず、測定装置ではなかった。用途はまずもって教育であり象徴としてであって、観測ではなかった。しかしその後二百年もしないうちに、職人は高度測定用のアリダードを加え、アストロラーベの完成形になった。それは四世紀末の、これまたアレクサンドリアの天文学者、テオンによって述べられている。あいにく目次しか残っていないが、まもなく、この器具の組立てと使用法についての取扱説明書が増え始めた。それがギリシア語からシリア語やアラビア語へ、後にはラテン語やサンスクリット語にも翻訳され、改訂され、アストロラーベは各地に広まった。

一四二〇年代には、ラマカンドラ・ヴァジャペイインが、アストロラーベを他の科学的器具すべての上に置いて讃える文章をサンスクリット語で書き、「アストロラーベをよく知れば、宇宙を掌の上の果実のように知るだろう」と絶賛した。[20]その四〇年前には世界の反対側で、ジェフリー・チョーサーが、

同様の感想を英語で表明していた。その『アストロラーベ解説』は、サクロボスコの『天球論』のような、天の数学への包括的な入門となっているが、チョーサー自身は、このガジェットを手に取りたい――そして理解したい――と憧れる十歳の子どものために書かれたと言っている。「わが息子ルイスちゃん（リトル・ルイス）、おまえがアストロラーベの理論を学びたいと本気で願っていることは知っている」とチョーサーは書き始める。[21] しかしその「ルイスちゃん」は、商売用の仕掛けだった可能性もある。『アストロラーベ解説』というのは、あっさりした現代風の表題だ。この著述の最初のタイトルは、チョーサー本人によるのか、初期に写した人によるのか、「子どもにもわかりやすい」だった――よくある、「猿でもわかる」と表紙に特筆大書しているようなことだ。アストロラーベの多機能性は、科学の出発点としては理想的だったし、チョーサーの解説は修道院をはじめとして、広く写された。[22]

この器具には、実用的な便利さと同じくらい象徴的な価値もあった。一三世紀ペルシアの詩人ルーミーは、「愛は神の謎のアストロラーベなり」と書いた。アストロラーベが、理解――神と自分自身の両方の理解――に向かう鍵だったのだ。自然が聖書のような神の設計についての手がかりを載せた書物であるなら、また、サクロボスコが言ったように球形の宇宙が機械であるなら、人工の天球機械の入り組んだ動きに、天地創造を手がけた匠の腕をうかがう手がかり――神の心を覗く窓――が見つかるかもしれない。さらに、アストロラーベで調べると、自分が世界の中のどこにいるかが、ただ地理的だけでなく、この世の存在としてもわかる。チョーサーは『アストロラーベ解説』の前書きを結ぶときに、社会的秩序の中でも自分の正しい位置を知ることが道徳的に必要ではないかと示唆して、「神は王と王に従うおのおの身分（ディグリー）の者すべてを救う」と書いた。この政治的な発言は、決してとおりいっぺんの喩えではない。中世科学は道徳についての問いを扱う分野とことさらに分離されてはいなかったことを思い出しておかなければならない。高度を表す角度（ディグリー）と社会的地位とは、絶妙に重なり合っていた。つまりチョーサーの解説は、単なる特定の器具のマニュアルどころではなかった。天文学一般の教科書だけでさえない。教育全般にかかわるものだった。[23]

理想的な教育を構成するものが時代ごと、場所ごとに異なるように、アストロラーベを構成する部品にも差があった。たとえば占星術指向の職人には、占星術の計算がしやすいように占星術専用の刻みを入れれば便利だと思う人もいた。[24]他方、時刻を知ろうという気がなく、器具から時針を外す人もいた。時針がなくても、時間測定は少々手間はかかるが問題なく可能で、レーテが隠されないので星々の表示が向上する。イスラム文化圏では、曲線を何組か加えて、イスラム教徒がクルアーンに定められた時刻にお祈りしやすくなるようにする職人もいたし、いくつかの都市から、メッカの方向がわかるような印を入れる人もいた。他方、西洋のラテン世界の器具製造者は、一般に暦の内側のスペースの一部をシャドウ・スクエアで埋めていた。これは測量士が距離のわかっている建物の高さ、あるいは逆に高さがわかっている建物までの距離を計算するために用いた（図4・11）。

しかし最もありふれた加工は、緯度の違いによって空の表示を変えるための追加の地平グリッドを入れることだった。第1章で見たように、北極星の地平からの高度は観測者の緯度に等しい。極――すべての星がそれを中心にして回る――は、つねにアストロラーベの中心になければならないので、アストロラーベを新たな緯度の土地に持っていきたいなら、それに新たな地平をつけてやらなければならない。ここで見ているウィップルのアストロラーベは、アストロラーベに直接彫られている等高度線のグリッドが一つだけである点で珍しい。このアストロラーベが平均より大きいことからすると、最初の持ち主には、それを持って旅行する予定はなかったのかもしれない。しかし残っているアストロラーベの圧倒的多数は、持ち上げたリムの中に、少なくとも二つ――三つ、四つの場合が多い――の真鍮盤で埋められる隙間がある。それでアストロラーベの基板は、母親にたとえてマーテル、つまりマザーと呼ばれるようになった。チョーサーが「ルイスちゃん」に言うところでは、「おまえの板を子宮に受け入れる」容器だ。[25] 各盤には両側に異なる緯度用のグリッドが彫り込まれている。こうして、移動する中世の学者はその携帯計算器をどこへでも持って行って使うことができた。中央のピンを抜いて、時針をはずし、盤を入れ替えてまた装置を組み立て直すだけだ。

このようにさまざまな形があるのは、単純に便利なだけでなく、職人にとってはその腕の見せどころだった。ジョン・ウェストウィックの一世代後に器具を作った、ジャン・フソリス〔フュゾリ〕というパリの修道会士は、自分は四年ごとの閏年の分を計算に入れるだけでなく、ユリウス暦では一年が長すぎる分を調整する方法も知っていると豪語した。商売の才能もあって、イングランドのヘンリー五世相手の仕事も手に入れたが、百年戦争のさなかでのフランスの敵との取引によって、第6章で見るような深刻な事態にもなった。ただ、作り手――みながフソリスほど野心的で生産的だったわけではない――がそんなやっかいなことに巻き込まれなかったとしても、満足のいく精度で器具を製造しようとすると重大な困難に遭遇した。一例としてごく基本的な問題点だけを挙げよう。暦部分が正確に三六〇度、三六五日に区分されるのをどう保証できるだろう。それは産業革命期に至るまでずっと、この器具を作るときに悩まされる問題だった。[26] 中世に最も流布していた手引きは、作る際に十二月の始めと冬至の間で十五日を刻むよう指示していた。残りは三五〇日で、これを五〇日ずつ七つの弧に分け、それぞれを十日ずつの五区画に分け、それぞれの区画を半分に分ける。それは簡単なことではなかった。職人が近道をとることがあっても不思議ではない。たとえば、暦部分を十二の均等な月に分け、必要に応じて三一日か三〇日を押し込み、同じ幅に二月の分は引き延ばして埋めるというのも聞かない話ではなかった。いずれにせよ、チョーサーが「ルイスちゃん」に鋭く指摘したように、アストロラーベは注意深く計算された数表がもたらすほど正確な予想を出すことはできず、天文学者はその数表の使い方を学ばなければならなかった。[27] この道具は新しい学術的発見や理論の検証のための道具を意図したものではなく、むしろ模型とし、単純化するための装置であり、手間を省いて便利にするためのものだった。

それはデザインの型でもあった。アストロラーベはゴシックの飾り格子やチューリップなど、建築や装飾の最新のトレンドを取り入れていた。たとえば、ここで見ているアストロラーベの中央にある四つ葉の模様はどこにでも見られる象徴的モチーフだった。それはキリスト教の十字架や幸運を表しており、稿本を飾ったり、教会の窓枠に組み込まれたりしていた。ジョン・ウェストウィックのアストロラーベはそれほど美しくなかったかもしれない。中世の品がすべて、今日の博物館に誇らしく展示されている品ほど見事な職人芸を見せていると思い込まないよう気をつけなければならない。展示品が今日まで残ったのは、それが貴重で、大切にしまっておかれていて、日常的には用いられなかったからだけなのかもしれない。現存するものは何百とあるが（それを網羅した一覧作成を最初に試みたのはデレク・プライスで、一九五五年のことだった）、羊皮紙や木材でできた使える装置はきっとそれよりずっと多かっただろう。[28]

とはいえ、残っている華麗な真鍮製アストロラーベの多さは、そうした装置の多くが丹念に装飾されていたことを示している。それは持ち主の教育、趣味、高い地位の印だった。

もっとも、どんなに高級なガジェットでも、限界はある。たとえば、アストロラーベは月や惑星の高度は測定できるが、信頼できる黄緯、黄経は求められないし、蝕を予測することはできなかった。レーテは恒星を表していることを思い出そう。太陽の黄道をはさんでさまよう惑星の経路を示すには扱いにくい。しかしそれができる器具もあった。それを手にしたジョン・ウェストウィックも、セント・オールバンズの書斎に座って、その重みを感じ、その幅を測って、それを発明した人の頭脳に感嘆していただろう。

＊＊＊

ジョン・ウェストウィックから一世代後、セント・オールバンズの修道院長が、短い発明史を書いた。このジョン・ウィートハムステッドは、誇り高く学問を後援し、グロスター・カレッジに図書室を寄贈し、修道院には名高い学者の肖像を入れたステンドグラスの窓を注文した。四巻からなる、あらゆる分野の偉人の成果を取り上げた、完全にアルファベット順の百科事典を書き、当の発明史もその一部だった。小麦（ウィート）ハムステッドは、その事典を『穀物庫（グラナリー）』と呼んだが、明らかに自分の名にひっかけた〔辞書（ディクショナリー）に重ねた〕語呂合わせだった。[29]
中世には新奇さが嫌われたと言われることがあるが、『穀物庫』にはそんな感じはない。ウィートハムステッドは、「発明」という見出しの下で、火でもズボンでも、何でも記事にして語った。ズボンは伝説のアッシリア女王セミラミスが、男女の区別ができないように発明したのだという。[30] その説明は、セビリアのイシドルスなど、当時の学者の誰もが読んだ標準的な百科事典的典拠に基づいていたが、独自の研究も加えた項もあった。これは科学的器具の節にとくに明らかだ。そこでウィートハムステッドは、アストロラーベがエジプトの王、プトレマイオスによって発明されたという俗説を一笑に付し、『アルマゲスト』を書いたあの天文学者〔クラウディオス・プトレマイオス〕はまったくの別人だと言っている。また、イスラム教徒の天文学者アル＝バッターニーとアル＝ザルカーリー――ヨーロッパではアルバテーニとアルザケルと呼ばれる――やプロヴァンスのユダヤ人、プロファティウス（ヤコブ・ベン・マキル・イブン・ティボン）、他にもフランスやイタリアの学者たちによるもっと新しい発明についても記している。自国に近いところでは、船形日時計を考案したグラストンベリーの修道士の成果を取り上げた。そして、定時法の時刻がわかる壁掛け式日時計が、セント・オールバンズのロバート・スティックフォードという修道士（ジョン・ウェストウィックと同じ時期の人）によって考案されたことも述べている。ウィートハムステッドはスティックフォードの功績を、同じ修道院にいた自身の叔父から聞いたのかもしれない。[31]

こうした輝かしい名の中でも一人が抜きん出ていた。「天文の術に立派な見識のある人物で、その当時から今に至るまで、イングランド人にこれほどの人物はいない」とウィートハムステッドは評した。それがウォリンフォードのリチャードだった。そしてこのリチャードの成果の最たるものはと言えば、あの天文学時計だろうか。確かにウィートハムステッドはレクタングルスとともに、ひととおり評価しているが、それではない。最大の成果はアルビオンだとウィートハムステッドは言った。「その中に他のすべての器具の機能が収まっていると書かれている」惑星用超高性能計算器（スーパーコンピュータ）である。ウィートハムステッドがほとんど逐語的に引用していた典拠は、一世紀前に当のウォリンフォードのリチャードによって書かれた記述だった。[32]

Albion（アルビオン）という名称は、ブランド化の名人芸だった。修道士は、ウォリンフォードの道具について他の何も理解していなくても——そしてあの複雑な解説を読んでさえいなくても——名前を見るだけでその多機能の威力を納得できた。セント・オールバンズの記録史家は文字どおりに書いている。「これ一つですべて（all-by-one（アル・ビ・オン））[33]」。それはもちろん、初期の殉教者オルバンの名とも重なっている。それにあからさまに愛国心も見せている。当時の教育を受けたイングランド人であれば誰もが知っていた、この国の古い神話があった。トロイから亡命した人々の一群が、預言者のお告げに従って、アルビオンと呼ばれる美しく肥沃な島へやってきた。亡命者たちは、そこを支配していた巨人たちを打ち負かすと、その島の名を自分たちの首領の名ブルートゥスにちなんでブリテンと改めた。セント・オールバンズ修道院の図書室には、モンマスのジェフリーが絶妙に語ったこの物語の、手垢で汚れた写本があった。[34]ジェフリーはこの島がもともとアルビオンと呼ばれた理由は説明しなかった——が、ちょうどウォリンフォードのリチャードが活動していた頃に新たにできて広まった前日譚は、まさしくその理由を説明していた。その前日譚では、アルビナという名のギリシア人の——もしかしたらシリア人の——王女が、二九人の妹たちと、無理やり結婚させられた夫たちを殺そうと謀った。いちばん下の妹は——姉たちとは違って夫を本気で愛していて——陰謀を暴露し、姉たちはみな捕らえられ、舵のない舟に乗せられて流された。波の慈悲のおかげで船はその後、無人島らしき島に流れ着き、そこを長女の名にちなんでアルビオンと名づけた。姉妹は男がいなくても幸せに暮らしているが、眠っているときに精霊と交わり、ブルートゥスがやってくるまでアルビオンを支配する巨人族を産んだ。[35]

セント・オールバンズの修道士は、聖書の引用や喩えが混じったこうした物語を熱心に読んだ。たとえば、創世記にある、堕天使が人間の女と交わり、巨人族を産ませたが、神はそれをノアの洪水のときに滅ぼしたという話はよく知っていて、図書室の何かの写本の余白からは、青い肌の巨人が浮かび上がるのが見えただろう。また、ジェフリー版にある、アルビオンの最後の巨人がゴグマゴグと呼ばれるという細部もぴんときたにちがいない。黙示録でサタンの軍勢を構成する民族は、ゴグとマゴグと名指されていたからだ。[36]

ウォリンフォードのリチャードの頭にも、アルビオンの解説を書いていたときには、巨人のことがあったことだろう。その主要な典拠は、やはりギリシアとシリアからイングランドに渡ってきていた。エウクレイデス、プトレマイオス、アル＝バッターニーである。リチャードが一三二七年に著述を完成させてからまもなく、セント・オールバンズのヒュー修道院長が亡くなった。リチャードは当時セント・オールバンズを訪れていて、修道士の中には、リチャードが占星術を用いて院長の死を予言していたと囁く者もいた。一〇月二九日、後継の修道院長を選ぶ日、聖オルバンを称えるミサが催された。リチャードは説教するよう請われた。その説教の主題として、巨人ゴリアテによってイスラエル人に向けられた挑戦を取り上げた。「〔自分との一騎討ちのために、お前たちの中から〕一人を選んで、わたしの方へ下りてこさせよ」。リチャードは明らかに自分を、聖書のヒーロー、巨人の挑戦（チャレンジ）を受けたダヴィデに見立てていた。何せ、仰ぎ見るような先人たちによる道具を改良するという学問上の巨人のような難題（チャレンジ）をすでに引き受けていたのだ。今や借金を抱え戦争に巻き込まれている修道院に繁栄を取り戻すという、さらに大きな仕事に取り組む覚悟をしていた。[37]

通常どおり、上級の修道士代表団が新修道院長を選んだ。選ばれた候補者は、少しの間固辞するのが――本気でも嘘でも――慣例だった。それからベネディクト会の戒律によって定められる膨大な責任を受け入れる。リチャードは、しかるべく選出されると、あっさりと同意した。選挙結果に困惑しているとは言ったが、何人かの修道士は、その短い遠慮も「心からではなく、ふり」なのではないかと懐疑的に言った。同院の記録史家は、リチャードが抜け目なく、すぐに受け入れたことの弁明を述べたことを回想する。

ウォリンフォードのブラザー・リチャード自身、その日、聖オルバンと聖アンフィバルス〔聖オルバンをキリスト教に改宗させた祭司〕を称えたミサを、涙も浮かべて執り行なったとき、神と教会の栄誉のために、このような平和的な選挙を信じる気持ちになったと何度も言った。リチャードはそれを心にしっかりととどめ、その日誰が――神と教会に――選ばれようと、いかなる議論もはさまず受け入れる（自分の力の及ぶ限り）と決意した。そしてこの信頼を感じていればこそ、後で自身が選ばれたとき、精霊に失礼にならないよう、従来よりも早くに同意した。[38]

リチャードの最初の義務は、就任を裁可してもらうために、アヴィニョンにいる教皇の宮廷へ出向くことだった。しかしその難儀な――費用もかかる――手続きを終えると、修道院のモラルと財政状況を改革するという課題にとりかかった。前任者は、亡くなるまでの一八年間、賃貸料の徴収を怠り、修道院の建物を荒廃させ、修道士たちのあきれた行状を見て見ぬふりをしていた。あるとき、スペインのイザベラ女王が来訪し、セント・オールバンズの町の女たちが、赤子を胸に抱いて、自分たちは修道士にレイプされたと女王に訴え、抗議した。女王は英語がわからなかったため、修道士たちはかろうじてスキャンダルを隠匿できた。リチャードは「肉体の罪」で有罪とされた者に贖罪行為を課した。しかし、修道院の財務に対して負う割り前を払っていない年長の修道士に対する判断は、さらにずっと厳しかった。修道院内の上級の役目から外され、教会や食堂での特権的な場所から移動させられ、沈黙の行を課され、文書でのやりとりも禁じられ、週に二回の体罰にかけられた。実際には、リチャードはおそらくそうした厳しい処分を実行するつもりはなかっただろうし、先輩修道士の一団はすぐに、リチャードに対してそれを修正するよう説得しただろう。そこでリチャードは違反した部下に秘密の贖罪行為をするよう命じた。しかしコミュニティ内の人間関係は損なわれた。この記録史家は「その日から、一部の誤ったブラザーたちが反院長で結託し始めた――実際には、陰謀をめぐらせたと言った方が正確だろう」と、固唾を飲んで記している。陰謀派は、院長には健康に懸念があると主張して院長職を解任することを企てた。というのも、院長がハンセン病にかかっていることはすでに明らかだったのだ。[39]

ハンセン病と診断されてもリチャードのキャリアが終わりにならなかったのは意外に見えるかもしれない。中世社会の患者は感染を恐れて隔離されるのがあたりまえだったが、まさしく思いやりをもって遇されていた。何と言っても、ほかならぬキリストがハンセン病患者とつきあっていたのだ。セント・オールバンズ修道院は、そのひそみにならい、この病気に（あるいは他の似たような症状の病気に）かかった人々の収容施設を、男性用女性用に二つ――主として地元の修道士と修道女用――運営していた。また、ハンセン病は神の罪人に対する罰とみなされることが多かったとしても、逆の、最も信仰篤い人々をまっすぐに天国へ通してやれる世俗の煉獄とする見方もできた。いずれにしても、リチャード自身を何かの施設に閉じ込めようという話にはならなかった。記録史家のトマス・ウォルシンガムは、「その高潔さと学知（サイエンス）はそれほどのものだったので、そこに住む者も訪れる者も、誰一人としてその卓や同行の者を避けることはなかった」と断言した。[40] ウォルシンガムはラテン語で「*scientia*」と書き、これは幅広い知識のことだが、ウォリンフォードのリチャードに対する最大の敬意は、数学的な学芸における熟練の知識に向けられていたことに疑問の余地はない。

ジョン・ウェストウィックは、半世紀前から修道士の間に渦巻いているこうした話を耳にしていただろう。ウォルシンガムが記録を書き上げたのは、ウェストウィックがセント・オールバンズを去った後に新築された写字室でのことだったが、狭い旧書斎で身近にウェストウィックも座っていた頃には、すでに資料をまとめつつあっただろう。ウェストウィックは、ウォリンフォードが貴重な秘蔵の書物を、たぶん宮廷での影響力を見返りにして、本好きの司教、ベリーのリチャードに売ったことを聞いていただろう。また、訪れたエドワード三世王が、修道院の壁がまだ仕上がってもいないのに、ウォリンフォードが時計づくりに贅沢に出費するのを批判したことも聞いていただろう――そしてウォリンフォードが直ちに、私の後の院長は修道院の建物を修繕することはできますが、自分が始めたこの事業を完成できる者はいないでしょうと、王に反論したことも（記録には、「あらゆる敬意を払いつつ」とあるからちょっとは安心だが）。何より、ウェストウィックはリチャードの学術的な成果のことも聞いていただろう。聖ベネディクト会の戒律に関する注釈、管区ベネディクト会規約の集成、その他に「書き、編纂し、教え、考案した」学芸・科学についての多くの新しい本や道具のことだ。ウェストウィックはリチャードが、自分の学術的追求は神学から気をそらすことだったと、信仰深い後悔をしばしば表明したことも聞いていただろう――それでもウェストウィックは、リチャードがあっというまに修道院長にまでなったことや後の評判が、その学知(サイエンス)に基づいていたことにも気づいていたにちがいない。修道院の記録にあるリチャードの姿では、ハンセン病の傷のある鍛冶屋の息子リチャードは、修道院長の帽子を机の下にしまいこみ、アルビオンらしき器具を彫って活動していたらしい。ジョン・ウェストウィックが当のアルビオン解説のページをめくれば、「その設計は多くの人々の心をもっと高尚なことに向けられる」というリチャードの熱烈な希望を読み取ったことだろう。[41]

この記録史家は、リチャードの発明が「前代未聞」と豪語しているが、ウェストウィックはよく知っていたように、アルビオンの重要な機能は、それ以前からある器具の属性をひとまとめにし、精巧にすることだった。要するにそれこそが「これ一つですべて(アル・ビ・オン)」ということだった。器具を改良し、その機能を練り上げて、天文計算をもっと簡単にするというのが、リチャードのような科学的な考えの人々の第一の目標だった。そうした人々は、自分たちの発明品の計算力を強化したいと思っていたが、また神の創造物のありうるかぎり最高の模型を作りたいとも思っていた。世界が予測可能で理解できるものにできるのなら、その動き方を再現する器具を改良するのは、神を真似るということだった。大きな違いはもちろん、神はこの世界という機械を無から創造したが、リチャードのような発明家は、巨人の肩に立ち（一二世紀のカテドラル・スクールで生まれた喩え）、しかるべき先人の功績を認めていた。[42]

ジョンは、アルビオン解説書の新たな写本を作るようになったとき、リチャードの要を得た発明と、それが組み込んだいくつかの従来の器具との関係についての、二ページの独自の注釈を加えた。その第一は、アルザケルのサフィーア――どちらもフルネームで言えば、「アブー・イスハク・イブラヒム・アル＝ザルカーリー」の「サフィーハ・アル＝シャッカジッヤ」〔汎用アストロラーベ〕だった。アル＝ザルカーリー（「青い目の人」の意）は、一一世紀、イスラム教圏のアル＝アンダルースで活動した。最初はトレド、後にこの都市がキリスト教圏のカスティリヤの軍勢に脅かされたときにはコルドバだった。多くの業績を上げた天文学者で、使いやすい数表を編纂し、太陽や恒星の動きに見られる長期的変動を計算する新理論を考え出した。ジョン・ウィートハムステッド修道院長の『穀物庫』が円筒日時計をこのアル＝ザカルリーの功績としたのは間違いだったが、アル＝ザカルリーがいくつかの新しい器具を発明したのは確かだ。そのサフィーアには二種類あり、どちらも汎用アストロラーベ盤を元にしている。二種類のうち単純な方がshakkaziyya（シャッカジッヤ）と呼ばれたのがなぜかは謎だが、おそらくトレドの薬剤師がその汎用投影機能を考案したことから、「本草学者」を表す言葉が転化したのだろう[43]。

サフィーアが汎用だったというのは、通常のアストロラーベとは違い、どの緯度でも使えたからだ。盤には赤道座標と黄道座標の両方が刻まれていて、両者の間で星の位置を換算するのに使えた。すぐれものだったにもかかわらず、標準的な平面球形図のアストロラーベほどには広まらなかった。要するに、たいていの作り手や利用者には複雑すぎたからだ。しかしウォリンフォードのリチャードにとってはあまり複雑ではなかった。アルビオンにアル＝ザルカーリーの設計を加えるにあたっては、それがどれほどありがたいかをよく知っていたのだ。しかしリチャードは読者が高い水準にあることを期待していて、自身の多機能器具の当の部分を説明する必要を感じなかった。「サフィーアを組み立てる術を学ぼうとする者は容易にそれができるので、これ以上長い時間を費やしてそうしたことどもを述べることはない」と、リチャードはあっさり述べる。使い方については、ぶっきらぼうに「サフィーアにはそれ用の解説を書いたものがある」と付言した。[44]

ジョン・ウェストウィックは、その機能が見ればわかるというようなものだとは思わず、『レクタングルス』の図を補完するに至ったのと同じ思いやりの精神を示して、リチャードが残した隔たりを埋めようとした。『アルビオン』解説の末尾にあった空白のページに、簡単だが明瞭なラテン語で説明を書いた。その冒頭には、「'*Quantum ad saphEam*'(サフィーアについて)」とあり、頭の文字Qは、赤いインクによる極大の文字で、尻尾が余白の六行分にも延びている。『アルビオン』のサフィーア盤の主要な印について述べ、外側の円が子午線であること——通常のアストロラーベでは子午線は中央を走る直線であるのと違い——を注記し、白羊宮と天秤宮の二つの分点が、アルザケルによる投影の中心という最高位を共有していることを指摘する。それから、また尻尾が延びた赤いQで、アストロラーベについて同じことをして、『アルビオン』のアストロラーベ盤と自分が慣れている作りとの違いについて述べる。獣帯を盤そのものに含めるといった明白な違いもあった——もちろんそれは通常のアストロラーベではレーテにあるものだ。それほどわかりやすくない改良点もあった。ウェストウィックは「[黄道の]十二宮の名は、各宮がその名の末尾から始まるように書かれていることや、それによって読みやすくなっていることに注目のこと」を感嘆して述べている。[45]

しかしアルビオンは、アストロラーベやサフィーアの改良版の域をはるかに超えていた。それは、一

種の幾何学的な暦、惑星計算器が意図されていると、ウォリンフォードのリチャードは述べた。その可動部分はあらかじめプログラムされていて、正しい位置に動かせば、天文学の問題を何百と解くことができるアルゴリズムが刻み込まれていた。それはアストロラーベと同じような形になっており、ウェストウィックが見たように、何枚かある真鍮の盤の一枚としてアストロラーベの盤さえ入れることができた一方で、その他についてはまったく違っていた。天体の動きを平面的な円盤上で、目で見てわかりやすい形でまねるアストロラーベとは違い、アルビオンはきわめて精巧な機械式計算機だった。リチャードはそれぞれの惑星の天での経路を表すために何枚もの円盤を切ることはしなかった。プトレマイオスやその後継者たちが計算を重ねて精密になった惑星の動きの理論的構成要素で目盛を刻んだ。盤を回して位置を定め、その間に糸を引くのは、暦の数表にあるデータを参照し、それで即座に計算を実行するようなものだった。その七〇余りの目盛を習得してしまえば、惑星運動と速さ、合となるとき、蝕を――実際のところ、天文学者なら必要となるようなことは何でも――計算できる。

円形ではなく、一様でもなく、さらには目盛が螺旋(らせん)形でもあって、アルビオンは理解しにくい器具だった。リチャードの記述をたどるのも容易ではなかった。ジョン・ウェストウィックがリチャードの解説について作成した写本のどのページを見ても、それを理解するのに苦労したことがわかる。それは単純な写本ではなく、リチャード自身による解説本文と、サイモン・タンステッドというオックスフォードにいたフランシスコ会修道士による日付のない文章とを合わせて編まれていた。ウェストウィックは読解に奮闘した。そこでは二つの写本が絶えず相互参照されており、その両者を、手元にあった真鍮製のアルビオンの器具そのものと比較していた。ウェストウィックの写本の冒頭には、自身の学術上のねらいが明かされている。

セント・オールバンズ修道院長であるリチャード師が最初にこの書物を書いた。またそれをとおして、あの「アルビオン」という驚異の器具を考案し、作った。しかしその後、神学教授、サイモン・タンステッドなる人物が、書物だけでなく、器具の方でもいくつか変更しており、本書では、そのことを学者に対して明らかにする。また、タンステッドはいくつかのことを書き加えた。[46]

「学者に対して明らか」にするとは、ウェストウィックの丹精込めた世界では、二つの写本の間の違いをすべて浮かび上がらせるということだった。重要なくだりにアンダーラインを引くだけですむ場合もあった。たとえば、リチャードが一年の計算を三月一日から始めると記したところではそうしている——閏年の二月二九日が一年の終わりにあれば好都合だと思った天文学者に共通の習慣だった。タンステッドはそれに同意せず、基点となるデータは一月について計算すべきだと説いていた。それはおそらく、タンステッドが使っていたのが当時最新の「アルフォンソ」天文表だったからだろう。カスティーリャのアルフォンソ国王に仕えた天文学者によって計算された表で、『アルビオン』が書かれた直後にパリを経由して到来した。

その箇所では、ウェストウィックは赤インクを用いて、タンステッドの挿入にきちんとした赤線を引くだけですましている。しかしまたあるときは、もっと手間をかけなければならなかった。最悪の場合、解説についている一七種類もの天文表を苦労して——かつ、ほぼ完璧に——写し終えたと思ったら、そのうちの一つがタンステッドの変更の結果としては妥当ではないことがわかって呆然とするということもあった。その数字は、分点から測った月の位置という枢要な成分を提供していた。しかしタンステッドは、このパラメータを他ならぬ太陽の位置から測った方が計算が簡単にできると判断していた。そのため、ウェストウィックに残った選択の余地は、新たに表全体を写すこと以外にはなかった。点とダイヤ形の特殊な記号を描いて、この表を挿入すべき一一ページ前の箇所を示した。その隣に、当然の怒りを匂わせながら、こう記している。

院長先生は、ご自身の螺旋目盛には月の平均黄経を記しているが、サイモン師の螺旋では、月の太陽からの離角を載せている……そこで私はこの天文表を、誰でも望むならそうできるように書いた。[47]

ジョンは二重に不運だった。自分が書き加えた表は書写のミスだらけだったからだ。無作為とも見える数だらけの数表を写すのは、重要ではあるが、骨の折れる仕事だった。それは——写すべきお手本があるなら——新たに最初から計算しなおすよりはやさしいが、集中力と正確さという、修道院では重要な技能にあふれていなければならない。どんなに書き写すのがうまくても、数を読み間違えたり、うっかり行を飛ばしたり、だぶったりすることはあるだろう。しかしウェストウィックは並外れてそれが上手だった。元の『アルビオン』の天文表を、『レクタングルス』の失われた図を埋めていたところから取り（ウェストウィックがその写本をお手本にしたことがわかるのは、ある珍しい綴りをそのまま写しているからだ）、ほとんど誤りなく書き写している。しかしタンステッドの改訂が必要とした余分の表は、その写本には出ていなかった。そこで別の天文表集に求めなければならず、間違いの数から判断すると、手許にあったのは元になった写本からの写し方が下手だった写本だったらしい[48]。

出典がなかったら、誰が間違ったのかを確定することはできない。もちろん、ウェストウィックは、以前はほぼ完璧な書写力があったが、集中力の水準が下がっていたということもありうる。この解説の第八八ページにもなると、確かに怒っていた。折り目正しい態度を少しだけ外し、写したこととは関係のないコメントを加えている。リチャードは均時差を計算するための特別の尺度――真の太陽時と時計による平均時との差――を使っていることを指摘し、うんざりしたように述べている。「サイモン「もう「師」もつかない」は、Use 18 の下で示したように、計算のしかたが違っている――また別のところでは、その多くが一貫しないようである[49]」。ウェストウィックのきちんとしたラテン語同様、あからさまではないが、編集作業がますます重くのしかかるようになってきたときの、息抜きのような率直さだ。

ウェストウィックは、その機会をとらえて、何箇所か手抜きした。アルビオンの目盛の絵は、ところどころ、明らかに、自分が写した写本よりもぞんざいだった。リチャードは、その配置のしかたを、コンパスと定規――コンパスは二四等分の区切り、定規は交差する直径の一つ――を用いて一段階ずつ指示していたが、ウェストウィックの図は少々雑なように見える。あるところでは、図をまったく省いていた。そこでは、読者に向かって、「第一の面の第一のリムの目盛の図をここに入れるべきだが、器具に非常に明瞭に刻まれているので、ここでは省略していることに留意」するよう求めている[50]。幸運にも手元にこの器具があるなら、その絵を描く必要はないだろう。

その器具はリチャード自身のものだった可能性が高い――もしかすると、鍛冶屋の息子だったリチャード本人の自作という可能性さえある。ウェストウィックはあるところで、器具の直径についての記述を修正し、アストロラーベ盤面についての注釈の中で、方位線は地平線のところで特定されているといった、非常に細かいところいくつかについて述べている。ウェストウィックの関心が、器具とリチャードの理論的解説の両方にあったのは明らかであり、注釈の最後の方では、関連はあっても整理されていない思考の流れで、あちらへこちらへと彷徨(さまよ)っている。リチャードによる設計が、蝕のマーカーと器具の主たる目盛とをきちんと分離していて、使用するときに混乱しないようにしていることを指摘しつつ、今度はアル＝バッターニーの蝕の理論を論じる方へ脱線する。つけたメモの最後では、螺旋形目盛の配置についての記述を突然にやめている。どうやら、サイモン・タンステッドがそれを変更していたのを思い出したらしい。ページの中段の三分の一が空白のまま残っている。もしかすると、注釈を完成させる前に時間がきて、約束した受取人に本を届けなければならなくなったのかもしれない[51]。しかしその約束した受取人とは誰だろう。そしてウェストウィックはなぜ、そんなに手間をかけてまでこの念入りな編著を作ることになったのだろう。

＊＊＊

一三二〇年代から三〇年代にかけて、ウォリンフォードのリチャードによる修道院長としての統治に対する反感は、修道院内部から出ていただけではなかった。町の中でも深刻なトラブルを抱えていた。修道院の事情は、もちろん、世俗の生活から切り離されていたわけではない。修道士には食物を手に入れたり、巡礼者を受け入れたりというふうに、日常的に世俗の人々との交流があった。科学器具用の真鍮にしても、ふだんは銅製高級台所用品を作っている職人から入手するものだった。とくに重要なことに、修道院は収入の大半を、小作料や独自の税や所有する水車の使用料で得ていた。リチャードの先人たちは、修道院の財政的利益を保護しきれず、何十年も前からの法的な争いを引きずったままだった。リチャードの最初の関心は修道士のモラルを改革することだったが、まもなく、修道院の拡大する負債を何とかするには、修道院の町に対する権威を確立しなければならないと認識するようになった。

　セント・オールバンズの町民は、リチャードが選出される数週間前、新たに即位したエドワード三世に請願して、いくつかの特権の裁可を得ていた。これによって、穀物を粉にしたり衣服の皺（しわ）を伸ばすために、自前の手回し式ミルを操作する権利を与えられると、町民は信じていた。しかしリチャードは、修道院にはこの利益の上がる処理に対する独占権があると主張した。争いは急速にエスカレートし、勧告、反対勧告が出された。院長側の保安担当者が町民の幹部を逮捕しにきたとき、町民は抵抗し、その後の騒乱で両者が死亡した。司法手続きは最初、リチャードに不利だったが、地元の領主への働きかけ、陪審員に町民が含まれていた場合には陪審の構成に対する異議、裁判官に対する大盤ぶるまいを繰り出すことを通じて、リチャード有利の判断に傾き始めた。裁定に達したとき、町民は直ちにそれを破棄したが、リチャードはまもなく完全な従属を町民に強いた。町民は新たな権利の認可を断念して、自前の手回しミルは引き渡した。[52]

　リチャードは自らの勝利を確立するために、その石臼の石を、自分の応接間の外の床に張った。修道院内部にあるものなので、町民はそれをあまり目にすることはなかったかもしれないが、修道士に対し

ては無言の圧力になった。院長は、何人かの修道士が、家族的な絆や恒常的な連絡を通じて町民との密接なつながりを形成していて、背信行為に至る危険があるのを承知していたのだ。最も背信的な修道士に対しては、セント・オールバンズの院長が何世紀も前からしてきたことをするしか策はなかった。この修道院配下のネットワークの中で最も辺鄙な分院へ追放することだ。[53]

セント・オールバンズの最も辺鄙な分院は、イングランド北東端の地、タインマスにあった。そこは代々の大修道院長が最も反抗的な修道士を送るところで、記録史家のマシュー・パリスによれば、この崖っぷちの分院へ送ると脅すだけで、頑なな修道士も泣き出し、慈悲を乞うようになるという。他方、頭抜けて野心的な修道士にとっては、ものすごくやりがいのある課題を提供する地位でもあった。イングランド・ベネディクト会総裁の大修道院長トマス・デ・ラ・マーレは、かの地ですごした九年の間に頭角を表し、ペスト流行のさなかにセント・オールバンズの院長職を得た。そしてウォリンフォードのリチャードが院長だった時代から五〇年後、再び修道院と町民の関係が悪化したとき、ときのトマス院長は、その厳しい可能性を思い起こしたにちがいない。[54]

一三七〇年代には、イングランドとフランスの戦争で費用が増える中、増税が続いた。一三七七年の人頭税は、一四歳を過ぎたすべての成人に一人当たり一律四ペンスという税を課しており、とくに不人気だった。少年王リチャード二世の財政と戦況は好転せず、宰相たちは一三七九年、さらに人頭税を課した。次の一三八一年の徴税の試みは、農民一揆の火をつけた。反乱の炎はセント・オールバンズでも激しく、怒った町民の一団が修道院を襲撃した。楼門にある牢獄を開放し、院長に新たな権利の認可を強要しただけでなく、ウォリンフォードのリチャードに奪われた古い石臼を粉砕した。記録史家のトマス・ウォルシンガムは、町民が勝利のシンボルとして、陶器のかけらを秘蹟のパンのようにして配った、と恐れ慄きながら伝えた。何人かの修道士は、反乱者がやってくるという警告を受けて、すでに比較的安全なタインマスに避難していた。しかしその中にジョン・ウェストウィックがいたのではなかった。自身はもう、そのはるか北の地にいたからだ。[55]

タインマスの修道士は人頭税を払った。そこは国の標準からすれば豊かな分院で、一三七九年の課税算定では、他のもっと小さい修道院の修道士たちよりも高い税率をかけられていた。一七人の修道士が一人四〇ペンスずつ納めたことを記した帳簿が、タインマスの修道分院の歴史全体の中で現存する唯一の修道士名簿となっている。中世史家にとってはとくにそうなのだが、財務記録は金銭の出入りだけでなく、それ以外の多くのことについても最高の情報源である。しかしウェストウィックの名はその納税者リストには入ってない。先の修道士の名が帳簿に載った一三七九年の夏には、まだタインマスにはいなかったのだ。しかし、トマス・ウォルシンガムが修道院支援者の豪華な本のために修道士名簿を編んだ一三八〇年のある時点で、ウェストウィックは確かにセント・オールバンズを出ていた。そして一三八三年の段階では、タインマスにきてからだいぶ経っていて、この修道分院を去りたいと思っていた。すぐ後で見るように、実に派手な形で。[56]

私たちには、一三七九年あるいは一三八〇年のノーサンブリアへ向かう道筋に残されたウェストウィックの影を、もどかしいほど垣間みることしかできない。この移動の時期は、修道院と町の関係がますます熱をおびるようになった頃で、ウェストウィックも亡命修道士の長い歴史に加わる一人ということを示しているのかもしれない。しかしそこへ送られたのが、罰としてなのか、教師として仕事をするためなのか、自分に院長たりうる資質があることを示すためなのかは――この修道士の波乱に満ちた人生の大半と同様――定かではない。

それでも、ウェストウィックがそこにもたらしたものの一つはわかっている。それがあの本だった。『アルビオン』と『レクタングルス』という二つの解説書を、クリーム色の上質の羊皮紙に写しとったのだ。羊皮紙一六〇枚は均一なサイズで、五〇枚は空白のまま残された。その二冊はきっと、セント・オールバンズの豊富な蔵書の中にあったのにちがいない。最初のページでは、二系統の『アルビオン』を比べるという自分の目標を述べた後、自己紹介をし、救済の希望を表明している。これは、歴史家のカリー・アン・ランドが、デレク・プライスの一九五一年の発見になる手書き本に相当する稿本を何百と探しまわった果てに、「チョーサー」の惑星計算器稿本という六〇年来の謎を解決することを可能にした、送り状のようなものだった。

ウェストウィックのジョン師は、タインマスで、この本を神［の修道分院］に与え、福者マリアと、王にして殉教者である聖オスウィンに捧げ、またそこで神に仕える修道士たちにも与えた。このジョンの魂と、信仰を有するすべての人々の魂が、神の慈悲を通じて、安らかならんことを。アーメン。[57]

すると、この本は、ジョン・ウェストウィックがタインマスの修道院に贈ったものだったことになる。その中に、ウェストウィックは、この修道分院の高い緯度に合わせた新たな天文表を加えた。それを持って出発することについては、いやというほどの警告があったかもしれない――あるいはあの崖っぷちの分院にやってきてから作ったのかもしれない。ウェストウィックが、北の空の下、『アルビオン』解説全体を写し、持ってきた羊皮紙の空白の一部を埋めたという可能性もある。お手本にした、『レクタングルス』の失われた図を提供した写本も、一四五〇年より前のある時点で、タインマスにたどりついた。

ウェストウィックとそのペンの移動を正確に辿り直すことはできない。ただ、ウェストウィックが器具の重要性を学んだのがセント・オールバンズでのことだったということはわかる。そこでウェストウィックは器具を学び、使い、どのように改良できるかを理解したのだ。そのような学習が、修道院の先人と神に対する敬意を表す行為だったのは明らかである。

第5章 土星一室

一〇九五年の秋には、ノーサンブリア伯が最後の抵抗に立ち上がった。ロバート・ド・モーブレーという、ノルマン人の有力家系の後裔が、その伯父が征服王ウィリアムの信頼篤い顧問だからという理由で、伯爵領を手にしていた。ノルマン人のある記録史家によれば、ロバートは「巨大な体躯の男」だったという。「力が強く、浅黒く、毛むくじゃらで、大胆かつ狡猾、容赦のないふるまいであり、どちらかといえば口数は少なく、話すときもめったに笑顔を見せなかった」[1]。一〇八七年にウィリアム王が亡くなった後、ロバートは、新たに王位に就いた赤顔王ウィリアム二世に対して繰り返し反乱を起こしていた。かつての地元の盟友、ダラム司教と手を切り、騒乱を起こし、おとなしい商人を襲い、国王を殺すことさえ企てた。赤顔王ウィリアムは伯爵を宮廷に召し出したが、ロバートはにべもなく断った。そこでウィリアムは兵を集め、ノーサンバーランドを制圧し、伯爵をバンボローの最果ての地まで追いやった。ある暗い夜、ロバートは包囲をかいくぐって逃れた。一艘の船に三〇人の兵とともに乗って南へ向かい、ニューカッスルの守備隊を奇襲できればと期待していた。しかしその動きは察知され、タイン川を一〇マイルほど下った河口(マウス)に高くそそり立つ崖に立つ最後の砦へと逃げた。そこで六日間、激しく戦ったが、部下はすべて殺されるか捕縛され、自身も脚を負傷して、崖の上の教会に閉じ込められた。[2]
タインマスの、風が吹きつける北海を見渡す岩壁は、多くの紛争を見てきた。ローマ帝国最北端だったハドリアヌスの長城は、ほんの数マイル内陸に入ったセゲドゥナムの要塞まで達していた。中世の支配者も、ノーサンバーランドと呼ばれるようになったこの地域の南東隅にあって、幅の狭い岩の地頚のみで本土につながり、残りは崖や急斜面で囲まれる岬の価値を認識していた。一二九〇年代、エドワード一世王は、対スコットランド戦争でここを枢要な砦として、その後継者たちも防壁を拡張した。その防御上の価値はジョン・ウェストウィックが生きていた頃に頂点に達した。リチャード二世はここを「戦時にあっては、国全体にとっての城であり避難所」と呼んだ。一三九〇年には防御を固めるために五〇〇ポンドを出し、ニューカッスルやハルなどの裕福な羊毛出荷港の関税徴収役にも拠出するよう命じた。[3]その資金で、狭い陸頸部を横断する要塞のような楼門が建てられた。この楼門は、四半世紀前にセント・オールバンズに建てられたものよりもずっと軍事的な様式であり、この地を難攻不落にしていた（図5・1）。ヘンリー八世が、敵であるスコットランドをフランスが支援してイングランドに侵入する脅威に直面した一六世紀になると、防御力は大砲で増強された。一九世紀になって、タインサイド造船所の重みが増すにつれて、沿岸の防御設備はあらためて改修され、さらに沿岸部の脅威が増す中で、対空砲が装備されるようになる。児童作家のロバート・ウェストールは、第二次大戦中、「ペンバル岩場［タインマス修道院があった突端部のこと］の高い崖」の陰で大きくなったことを回想している。「なおも軍隊が守備に立っている城、修道分院の廃墟、新しい沿岸警備隊の基地の平坦な灰色のコンクリートの姿、高い電波塔、それから入江を守る巨大な大砲」があったという。[4]

しかしタインマスは、要塞としてよりも、神聖な土地としての意義の方が長い。八世紀の歴史家（にして天文学者、指で数える者（フィンガー・カウンター））のベーダは、自分より何十年か前の聖カスバートが見せた、この崖のたもとでの奇跡を記録した。タイン川対岸、サウス・シールズに新設された修道院の修道士たちが、川をさかのぼる探検に出て、増築中の建物に使う木材を集めようと、いかだを漕いだ。引き潮で海に押し流され、強い西風で岸に戻ることもできず、みな溺れてしまいそうだった。波に翻弄される修道士を救ったのは、若

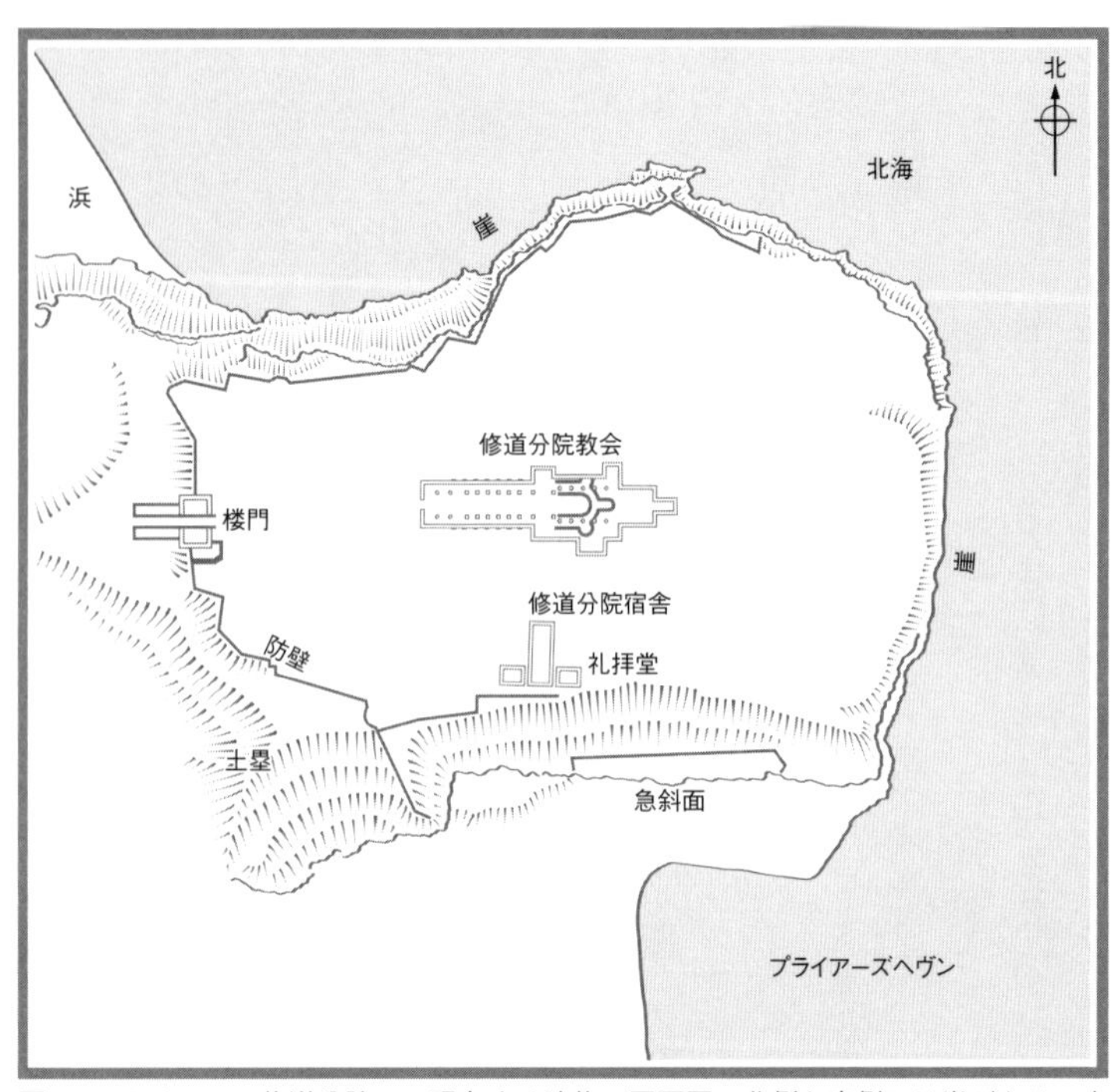

図5.1　タインマス修道分院の、現存する建物の平面図。北側と東側には崖があり、南には急斜面があって、進入路は西側の楼門しかないことがわかる。教会と修道院宿舎の間の空間は、回廊で囲まれた庭、参事会会議場、休憩室、宿舎などの建物が占め、岬の北側部分は農場の建物が占めていた。

い頃の聖人の祈りだけだった。崖の上から嘲る多神教徒の人々が驚いたことに、奇跡的に風が弱まり、いかだは修道院近くの岸に安全に上陸できた。[5]

ベーダの短い話は、タインマスの歴史の中核にある二つの主題を明らかにする。一つは、初期のイングランドでのキリスト教の中心として、この地域が重要だったということ。ほんの何キロか先には、ベーダ自身がいたジャローの修道院があったし、この地の開拓者となった女子修道院長ヒルダが、近くに自身の最初の女子修道院を建てた。ベーダの回想では、改宗が風潮となっていた七世紀の頃、地元の信仰篤い王、オスウィンが、裏切られ、殺害された。[6]それから四〇〇年ほどたってやっと、タインマスの教会床下からオスウィンの遺体が発見され、この分院はオスウィンを祀る廟となった。無数の隠者が、北はリンディスファーンの聖なる島（ホーリー・アイランド）に及ぶ五〇マイルほど延びる海岸線の辺鄙な岩場のあちこちに住みついた。

第二の主題は、修道士仲間の海との危うい関係だ。それはベーダにまつわる記録などを通じて強く感じられる。水は単に飲料や輸送手段というのではなかった。それは力――場合によっては慈悲――の源泉、つまり神を思わせるものだった。北海は宣教師、漁師、貿易商を運んだが、海賊・盗賊も群れていた。八七五年には、バイキングの軍勢がタインマスを占領し、そこの小さな教会を中にいた修道士もろとも焼いて、この岬をノーサンブリア全体を征服するための基地とした。崖の上の修道院の暮らしが再建されて安定したのは一〇七〇年代になってからで、そうなったのはオスウィンの遺体発見が大きなきっかけになった。反乱を起こしたロバート・ド・モーブレー伯が、対抗するダラム司教から分院を奪って以来、そこにはセント・オールバンズからきた修道士が住んだ。伯爵はダラム派の修道士を追放し、南の有力な修道院に従属する支院としたのだ。セント・オールバンズのある鑑識眼のある記録史家は、ロバート自身が長い獄中生活の後、本部修道院で敬虔な修道士として一生を終えたことを記録している。[7]

セント・オールバンズ大修道院から北のタインマス修道分院までの長い旅路の先でウェストウィックを待ち受けていたのは、そんな出先機関だった。徒歩で四〇〇キロ以上ということは、道半ばのところにあるビーヴァーの、セント・オールバンズ付属施設にいた七人の修道士のところに立ち寄ったりしながら、二週間くらいかかっただろう。[8]修道士はけっこう頻繁に旅をしていたとはいえ、いざ出かけるとなれば、ひと仕事だった。徒歩で北へ進むにつれて、自分がなじんでいた穏やかな起伏のあるハートフォードシャーの農地とは異質な風景になっていくと感じられたにちがいない。ノーサンブリア地方の田舎は無法地帯でも知られていて、シャヴァルダーと呼ばれる辺境の山賊が危険度を高めていた。当の崖の上の土地には守備隊が常駐し、捕虜となったスコットランド兵もいることもあった。タインマスの分院長といえば、自分たちがセント・オールバンズの本部からは独立していると言い張ることと、また分院の壁がぼろぼろなのを嘆くことの両方で知られていた。もちろん、その不満が当てはまらない時期もあった。何代かのイングランド王は、この地を快適と思っていて、一三〇〇年代初頭には、何度か国王が長期滞在しているし、ウォリンフォードのリチャードの時代には、現地の院長がもともと立派だった教会に、新たな聖母礼拝堂を増築していた。それでもウェストウィックがやってくるよりほんの何か月か前には、当時の院長がリチャード二世王に、こんな不満を書き送っている。

海からの浸水と浸食で壁が大きく崩れております。当分院に入る地代では、それを修繕するには到底足りません……当該の貸地の大部分はスコットランドとの国境近くにあり、敵に破壊されています。そこで当院と当修道会は、国王陛下と補佐の方々に、妥当な援助をいただくよう請願します。[9]

ウェストウィックは、タインマスでそれまでの科学の研究を続ける機会があるとはあまり楽観できなかった。それでもウェストウィックも驚くことになるが、この北の修道院には、国境の防御に穴はあっても、科学のためのスペースは確かにあった。

北極へ向かって進む一歩一歩とともに、自分が丁寧に写した天文表の一つが少しずつ正確でなくなっていくことを、ジョンは認識していた。その表は黄道の一度一度について、地平上に昇る時刻（アセンション・タイム）を示していた。私たちが知るところでは、時刻は赤道が昇り、沈むことによって測定される。天の赤道（あるいはそう言った方がいいなら地球）は、一定の速さで回転し、赤道の見える部分が一五度進むたびに一時間が経過している。しかし黄道はは赤道に対して傾いており、そのため、黄道の一定の弧が、赤道の同じ大きさの弧と同じ時間で昇ることは、ふつうはない。赤道が東の地平で一定の位置を保つぶん、黄道は移動する（図5・2）。一時間で赤道の一五度——つまり二四分の一——が地平の上に昇るが、黄道の一五度の区画が昇りきるのには、一時間以上かかることもあり、一時間かからないこともある。忘れないようにしよう。太陽と黄道十二宮が乗っているのは黄道であり、他の惑星は、黄道の経路近くを通っている。つまり、アセンションの表は、第4章で見た、今日の太陽を、蠟の滴とともにアストロラーベの黄道上に置いたのと、だいたい同じように機能する。日の出から日没までの昼間の長さは、必ず黄道の宮六つぶん——半回転——に相当する。今日太陽がどの宮にあるかがわかり、その宮の度がどれだけ速

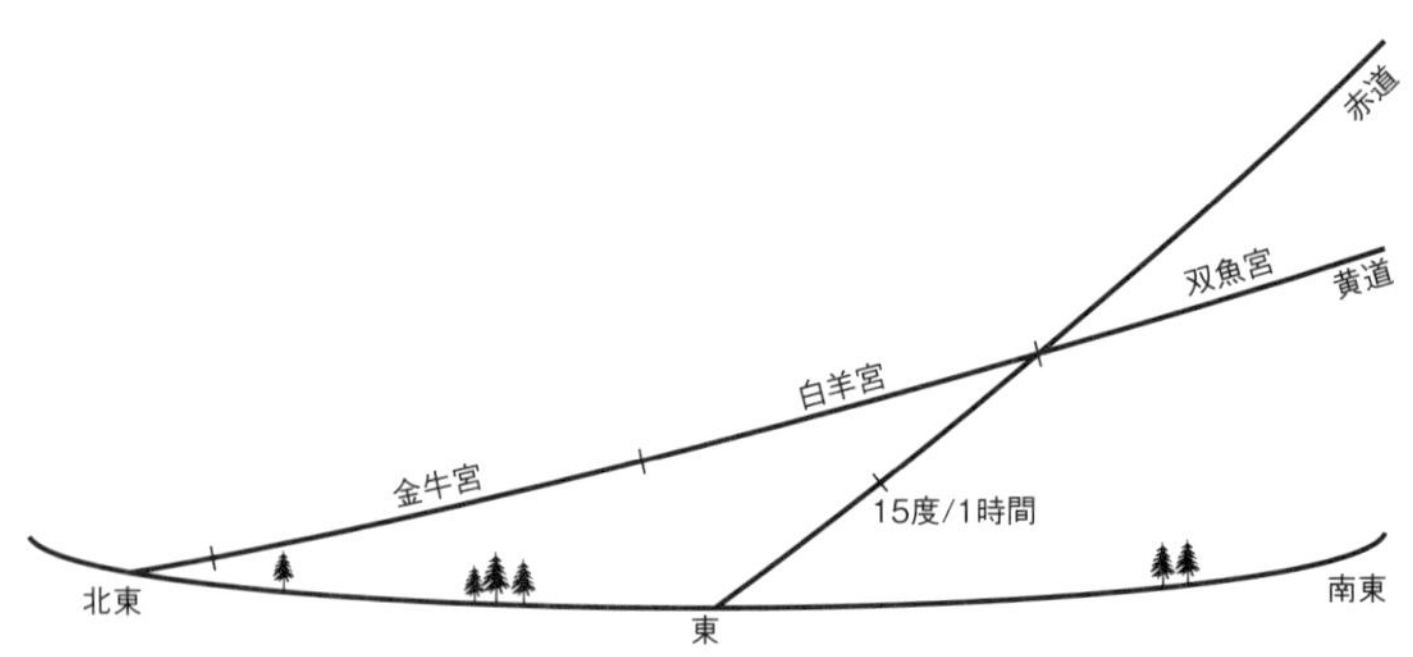

図5.2　タインマスから見た地平。天が回るとともに、黄道と赤道のそれぞれの弧が、一定の時間で昇ってくる。ここでは、赤道が30度ぶん昇るのにかかる2時間で、黄道の60度（宮2つ分）が昇っている。

く昇るかがわかれば、昼間の時間の長さをすばやく計算できる。

宮のアセンションは、中世天文学者にとってはとてつもなく重要だった。とくに、すぐ後で見るように、宮のアセンションは占星術という科学には必須の構成要素だった。しかしジョン・ウェストウィックにとって、問題はもっと差し迫っていたし、もっと個人的なことだった。ウォリンフォードのリチャードにとっては義務の一つだった。

ウォリンフォードのリチャードは、「これ一つですべて」のアルビオンという名の「すべて」の部分をまともに受け取っていて、できるかぎりのことをこの器具でまかなえるように設計していた。利用するときに天文表の参照データを求めるところから始めなければならない他の惑星計算器とは違い、参照データの大半はすでに器具上に刻み込まれていた。これは、まず特定の天文表を大部な暦の中に位置づけてから、本当に適切なデータを引き出し、最後に器具のダイヤルや糸を天の正確な配置に合わせようと苦労していたどの人にとっても、とてつもない救いだっただろう。リチャード式にすれば、頼りない天文表――前章で見たように、天文表はたいてい、少なくともいくつかの写し間違いを含んでいるものだ——を、もう参照しない、目をとおさないということだった。アストロラーベの裏側に、暦上の月と黄道十二宮とが丸い表になって組み込まれていたように、リチャードのアルビオンには、天にある観測可能な運動すべての規則正しく反復する成分が刻まれた。利用者は、年初のような一定の時点に対する始点（基準値（ラディクス）と呼ばれる）を求め、その間の時間用に器具をセットするだけで、蝕を予測したり、任意の惑星の位置を求めたりすることができた。

それでもリチャードは、アルビオン解説の第四部にして最終部としていくつかの天文表を入れた。それが使われるのは一度だけ——器具が最初に作られるときだけ——ということになっていた。何と言っても、リチャードはウォリンフォードの鍛冶場のうだるような熱の中で育っていたのだ。職人は自分が考案したものでも、とくに真鍮の板を完璧に平らに打ち延ばせないと、きちんと作れなかったりすることをよく知っていた。リチャードは解説の最終部のために天文表を作成したのは、作る人が器具に用いる七〇余の円に目盛を刻むのを助け、あるいは利用者が目盛が髪の毛の太さ程度まで正確かどうかを調べるのを助けるためだった。[10]

そうしたアルビオンの目盛の一つによって、利用者は、黄道が地平線から昇るにつれて出てくる各宮をたどれた。もちろん、天文学者が南北に移動すると、当の地平が変化する。北極の高度が上下し、昼の時間が長くなったり短くなったりする——そして黄道十二宮が昇る時刻も変動する。アストロラーベを別の緯度で使いたければ、新しい地平用に作られた適切な盤に切り替えるだけでよかった。しかしアルビオン上のアサンション・アプリには、その機能がなかった。その代わりにリチャードは、そこに、「長期的にとどまり、何度も観測するつもりの町あるいは緯度」で使うように刻むよう[11]、作り手に指図し、この目盛の不規則な間隔の区切りを、望む緯度用のアセンション表を用いて配置する方法を解説した。そうして自分がいる緯度、すなわちオックスフォードの五一度五〇分用の表を示した（五〇分角とは、一時間を六〇等分して分にするのと同様に、一度を六〇等分して分とし、それが五〇個ぶんあるということ）。リチャードはきっと、自分が修道院長としてどこまで旅をすることになるか、つまり南は就任について教皇の祝福を受けにアヴィニョンまで行き、北はセント・オールバンズに従属する分院の修道士を監督しに行くことになるのを、予想していなかったのだろう。そうであっても、その天文表はセント・オールバンズでは立派に機能した。そこはオックスフォードとほぼ同じ緯度だったからだ。

しかしタインマスは北緯五五度で、三度以上も北にある。ジョン・ウェストウィックが本当にウォリンフォードのリチャードからの遺産を北の修道分院で確かめたいと思っていたら、リチャードの天文表を、新しい観測地で使えるようにしなければならなかった。そしてこのときは、ただ転写するだけではすまなかった。北海に平和的な海賊がめったにいないのと同じく、天文学者もめったに行かない、北緯五五度の地で使う天文表は、どんな古い暦からも引き出すことはできず、黄道十二宮が昇るのを記録して新たな表を計算する以外の手はなかった。

ジョンにとって幸運なことに、リチャードはどこから始めればいいかについて、明瞭な――間違いやすいとはいえ――指針を与えていた。それは表の先頭部分にあった。「この表は、『アルマゲスト』第二巻にある教えに従って計算され、作成された[12]」。

「アルマゲスト」というのは、実は通称であり、元のギリシア語の題は、そっけない、「数学的集成」という意味だが、中世アラビアの学者はこの著作に感服して、「最大のもの」、つまり「アル・メギステ」と呼んだ。かの地の学者の意見は、次の千年紀の天文学者たちにも共有され、コペルニクスにまで至っており、時代を画する代表作『天球の回転について』（一五四三）は、『アルマゲスト』の方法と構造にぴたりと基づいている。著者のプトレマイオスは、この本を西暦一五〇年頃、アレクサンドリアで書いた。古代ギリシア末のこの時期、アレクサンドリアはローマ帝国の支配下で、そのため、Claudius Ptolemaeus（クラウディオス・プトレマイオス）のファーストネームはいかにもローマ風になっている。書いたのはギリシア語だったが、先祖がギリシア人だったのか、エジプト人だったのかはわからない。しかし苗字のプトレマイオスは、アレクサンドリア近郊の名であり、一族は少なくとも何世代か前からアレクサンドリアにいたらしい。

プトレマイオスは、『アルマゲスト』第二巻で、赤道からロシアの大河ドン川に至る範囲について、アセンションの表を作成している。[13] 一方の端（赤道）では、昼はいちばん長いときで——要するに毎日だが——一二時間であり、逆の端では一七時間となる。しかし、一七時間というのは北緯五四度一分に相当する値で、これでもタインマスについては十分な長さではなかった。そういうわけで、ジョンは、プトレマイオスによるその複雑な計算の説明を参照して、それを試し、まねしなければならなかった。

プトレマイオスは、読者がこれを難しいと思うかも、と思っていて、その数理を、球面三角形の幾何学についての先人の理論に依拠して、段階的に構築した。さて、今は学校で三角法をいくらかでも習うかもしれないが、一九五〇年代の、球面三角法がまだ世界中の黒板にあふれていた頃に在学したのでもなければ、鉛筆や分度器で丁寧に描いた三角形は平面上にあったはずだ。プトレマイオスの幾何学も、平らな三角形から組み立てられていた——が、本当に意味のあるのは、天球の曲面上に描かれる角度や長さだった。そこでは三角形の角の合計は一八〇度にはならないし、それはほんの序の口にすぎない。

『アルマゲスト』の幾何学の土台は、プトレマイオスによる弦の表だった。この弦は音楽で言われる弦ではない――もっともこの語は、中世の数学系四科には、幾何学の比と協和音の話が入っていたことを思い出させてくれる。弦は弧の両端を結ぶ直線である（図5・3）。プトレマイオスはその大著の第一巻で、弦の長さをその元になる円弧の長さや、円弧に相当する円の中心角に対応させた。この関係は、学校で教わるかもしれない正弦（サイン）とてもよく似ているが、もちろんプトレマイオスは電卓のボタンを押して答えを求めることはできなかったので、表にした一つ一つの弦の値を、エウクレイデスが解説した幾何学の原理から導いた。[14]

プトレマイオスの弦の表は現存する最古の三角比の表だ。このものすごく便利な道具は、弦を二分の一度から一八〇度まで、二分の一度刻みですべて教えてくれる。プトレマイオスは『アルマゲスト』の他のところでも、ずっとこの表を参照した。何らかの巧妙な操作をすれば、数理天文学のほぼどんな問題にでも答えが出せた。行くことがあるとはまず思えない異国の土地での最大の昼の長さを予測するのは、ほんの手始めにすぎない。今日私たちが用いている正弦（サイン）、余弦（コサイン）、正接（タンジェント）各関数を展開する必要もなかった（もっとも、アストロラーベの裏に見たシャドウ・スクエアは、要は便利なタンジェント計算器だったが）。

プトレマイオスのアイデアは、インドやイスラム世界の幾何学者によって取り上げられ、大いに発達した。ジョン・ウェストウィックの時代には、イングランドの天文学者は、まだこのインド・イスラムの成果を把握しようとしている最中だった。たとえばウォリンフォードのリチャードは、早い時期に三角比に関する四部構成の解説を編纂し、弦、正弦などの関数について読み取ったくだりをまとめていた。

後に、ハンセン病で亡くなる少し前、その解説を改訂して、一二世紀のセビリアで活動していたイスラム教徒、ジャービル・イブン・アフラフの成果を組み込んだ。[15] しかしリチャードは、自身の天文学上の目的のほとんどについては、プトレマイオスのそれほど効率化されていないアイデアを使ってやりくりできた。

その中でもちばん使えたのが、とほうもなく強力な、二部構成になっている、ある定理だった。この定理はふつう、プトレマイオスより少し前の人、アレクサンドリアのメネラウスによるとされ、メネラ

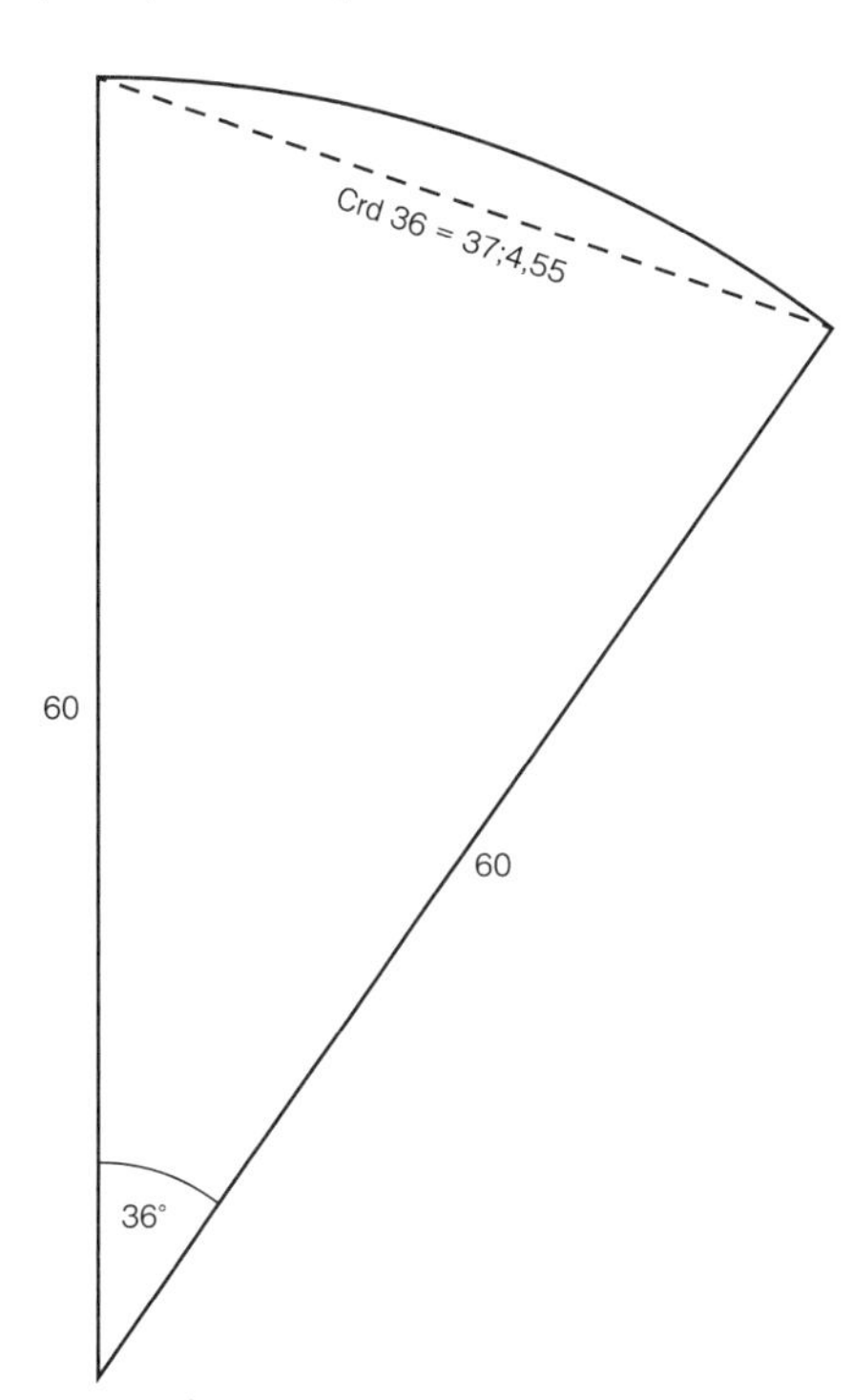

図5.3　プトレマイオスが計算した最初の弦の1つ。この弧は半径60の円の一部。弦は円弧の両端を結ぶ破線。その長さは第1章のジョン・ウェストウィックとともにお目にかかった標準的な60進表記で与えられている。度はセミコロンで表され、その後の60進分数の位はカンマで区切られている（この特定の円弧を見込む角は36度なので、弧の方の長さは円周の10分の1、つまり12π＝37.699＝37;41,57〔37 41/60 57/3600〕となる）。

ウスの定理と呼ばれるものの、おそらくメネラウスによる考案ではない。この定理によって、曲がった球面上で交わる円弧の長さを計算することができた。プトレマイオスは、それを解説するときにはメネラウスの名に触れていない――『アルマゲスト』の他のところでは、ローマで月と星々を正確に観測した功績をメネラウスに認めているのに――ので、この定理の古い形に拠っていたらしい。しかしそれを考えたのが誰であれ、確かなことはおそらくわからないだろうが、天の動きを予想し測定したいと思う天文学者にとって、これは必須のツールだった。[16]

プトレマイオスはまず、メネラウスのこの定理を証明し、それを用いて天体の最も単純な上昇、つまり地球の赤道上で見た上昇を測定した。この特異な緯度では、北極が地平上にあり、星はすべて垂直に上昇する（図1・3）。この地平に対して直角（ライト・アングル）に上昇することが、天の赤道に沿って測った距離を「直上昇（ライト・アセンション）」〔赤経のこと〕と呼ぶ理由だ。またこの特異な緯度では、天の赤道は地平に対して直角をなし、黄道の一定の区画と同じ時間で上昇する赤道の区画を簡単に計算できる。しかじかの星座が昇る時刻、あるいは昼の正確な長さを求めるには、二つのことがわかっていればよい。まず、望む時点でまさに上昇している黄道上の点と、赤道との距離。これは「傾き（デクリネーション）」〔赤緯のこと〕と呼ばれる。太陽の赤緯は季節の巡りとともに変化して、黄道上を行き来しながら赤道を北へ南へと横切る。もう一つは赤道と黄道のなす角度で、黄道傾斜角という。

プトレマイオスはそのすべてをアルマゲストの第一巻で取り上げた。赤緯の表を示し、二つの大型器具を用いて黄道傾斜角を観測する方法を示した。そして第二巻では、一段階先へ進んだ。もう一度メネラウスの強力な定理を使って、地球の赤道での宮の上昇時間――直上昇〔赤経〕――から、世界中の他のどこの上昇時間にでも移行する方法を示した。今度は宮が地平と垂直に上昇しないので、それは直上昇〔赤経〕ではなく、斜めの上昇〔斜行赤経〕となる（図5・4）。これはさらに計算して、異なる緯度での傾いた地平に調整する必要がある。

ジョン・ウェストウィックはセント・オールバンズの書斎に座り、プトレマイオスの手順を丁寧にたどりながら、北極星がノーサンブリアの空高くあるのを思い浮かべたにちがいない。赤経の表はあたりまえにあったので、いくらか近道の余地もあった。実際、ウォリンフォードのリチャードは、考え深く、『アルビオン』に、異なる出発点から積算して同じ値になる二つの赤経の表を提供していた。ジョンもきっと、その表を棚から取り出せただろう。すでに丁寧に写していた表を使い、お手本にあった唯一の誤りを見つけて正すこともできていた。[17] しかしタインマスの北緯五五度の表のための計算――赤経を調節して特定の斜行赤経を求める――をするために、ジョンは『アルマゲスト』に戻らなければならなかった。

この大著の写本も、一四世紀のイングランドに広まったもののすべてということではなかった。本の内容が多くの天文学者には掌握できなかったこともあって、評判は高かったが、賛否両論あった。それに、一三巻すべてを写すには、高価な羊皮紙が少なくとも一二〇枚必要で、当然、インクや手間もかかる。そう考えると、多くの天文学者――あのウォリンフォードのリチャードの時代の人々を含めて――は、たとえば、一二〇〇年代半ばから流通した、著者不詳の『小アルマゲスト』のような、プトレマイオスの著書の抜粋や要約に頼っていたというのもむべなるかな、ということかもしれない。[18] ジョンも、おそらくそのような要約本にある指示で何とかやりくりしていたのだろう。

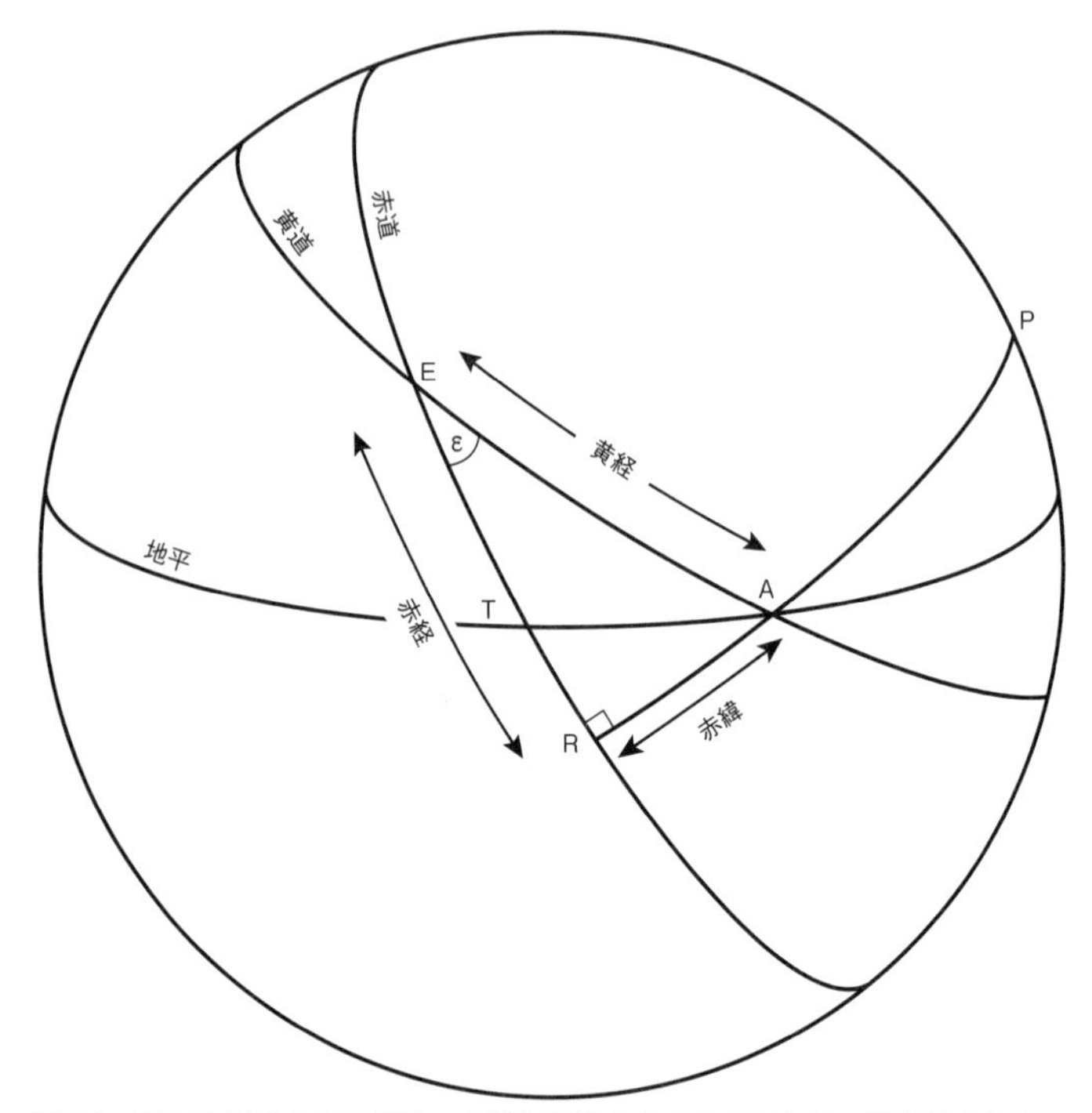

図5.4　球面上での上昇の概論。赤道と黄道は分点Eで交わり、両者間の角度は黄道傾斜角（ε）、約23 1/2度である。黄道傾斜角は、世界中どこでも同じだが、地平と天の赤道との角度は、南北に移動するとともに変化する。（地球の）赤道に立っているとすると、天の北極（P）は地平にある。三角形の辺RAは、ちょうど地平上にあり、天の赤道は垂直に昇ってくる（頭の中で、地平以外のすべてをAを中心にして、RAPが水平、ETRが垂直になるまで、時計回りにぐるりと回してみよう）。するとRは地平上にくるから、ERとETは同じになる。その場合、上昇（アセンション）ET＝ER（黄道のEAの区画が昇るのにかかる時間）を、εと赤緯ARを用いて球面直角三角形EARから計算できる。しかし赤道にいなかったら、つまりRがTになかったら、斜行赤経ETは、TR（上昇差〔直上昇＝赤経と斜めの上昇＝斜行赤経との差〕）を赤経ERから引くことによって求めなければならない。上昇差は、観測者の緯度（ϕ）の関数である。角ATRは90度—ϕだからだ（北極星の高さは観測者の緯度を表すことが肝要）。

ジョンにとって幸運なことに、セント・オールバンズの図書室は天文学の著作を十分にそなえており、必要な参考資料があった。その資料で斜行赤経の三六〇個の値を一つ一つ調べ、弦と赤緯の表に載っている必要なデータを慎重に参照した。ジョンの骨折りの結果は整然とした数表となり、黄経の一度ごとについて、北海の地平の上空での赤道の弧の長さ〔その黄経にある星の赤経〕を分角単位に丸めて示した(図5・5)。それは役に立つツールだった。たとえば、任意の日の昼の長さを、黄道上の太陽の位置に基づいて簡単に求めることができた。つまり、最も昼が長い日、つまり太陽が巨蟹宮(きょかいきゅう)の先頭にあるときには、ジョンは表にある値〔太陽の赤経に相当〕を一八〇度先の空の反対側にある値から引くだけだった。この赤道の弧長を一時間あたり一五度で時間に換算すると、いちばん長い昼は一七時間と一三分と出た。そこから、一年のどの日についても、等しくない季節ごとの時間と均等な時計の時間との換算も一瞬でできるだろう。もっとも、それは便利ではあったが、写本のこの種のページは、現代の読者ならたいてい、考えもせずに読み飛ばすだろう。そこにかかわった作業をうかがわせるものは、たぶん、標題の下に補足として挿入された「タインマス」の語以外には何もない。

しかし、この表を分解すれば、そこにどれほどの作業がかかったかがわかる。すでに見たように、これは赤経の表を、タインマスの緯度での地平用に調節することによって作られた。幸いなことに、元になる表の方は対称的に配列されている。赤道と同様、黄道と地平も天を横切り、一周して出発点に戻り、赤経のグラフは対称的になって、一度のときの値は一七九度と一八一度と三五九度の値と一致する。加えて、緯度調整のグラフ、すなわち上昇差のグラフも対称的になる。しかし肝心な点は、まったく同じように対称的なわけではないということだ。ほんの少し基礎的な計算をすれば、ジョンの数表にある数

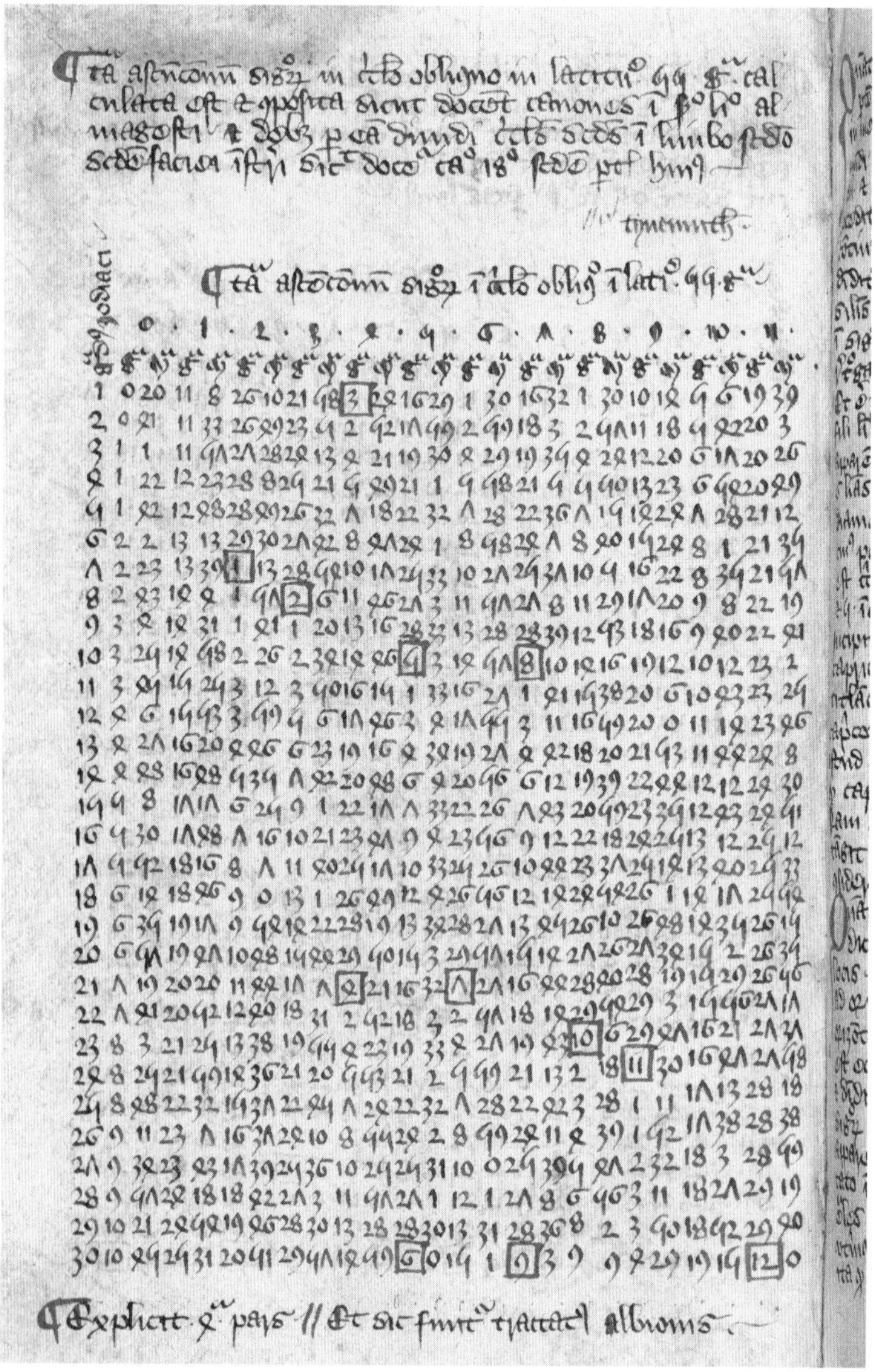

図5.5　*Tabula ascensionum signorum in circulo obliquo in latitudine 55 graduum*、「北緯55度（すなわち『タインマス』）での斜行円〔黄道〕上にある宮の上昇の表」。

の二つの成分を分離できる。[19]

この解体工程によって、二つの重要な詳細が明らかになる。まず、ジョン・ウェストウィックは確かに、にらんだとおり、ウォリンフォードのリチャードによる赤経の表を、自身の表の出来合の材料として用いた。数字はほぼ完璧に合致する。しかし第二に、またそれ以上に事情を明かすことに、黄道の傾斜のぶんの値を分離すると詳細が見えてくる。この赤道と黄道のなす角度は、二三度半ほどだったことを思い出そう。プトレマイオスはそれを秒角単位で計算していた。その値は二四度の方に近い――正確には23; 51,20°で、今おなじみの十進表記では二三・八六度ということになる。後の天文学者は独自の改善値を競って計算し、それが何世紀もたつ間にゆっくり変化することに気づいた。さて、ジョンの表の各成分――赤経と上昇差――は傾斜角についての値を組み込んでいる。しかし二つの成分は同じ値を用いる必要はなかった。ウォリンフォードのリチャード自身のオックスフォードの緯度に対する表を調べると、リチャードが二つの異なる値を用いたことがわかる。どちらの値もプトレマイオスの値とは一致しなかった。そしてジョン・ウェストウィックの表を解析すれば、そちらの一つの成分、すなわち赤経が、リチャードの表に依存していて、リチャードと同じ傾斜角（23;35°）を組み込んでいることが確認できる。リチャードはその値を、他の値と同様にシリアの天文学者、アル＝バッターニーから得た。しかしジョンが調節した、タインマスの緯度についての上昇差についてはどうだろう。ジョンはプトレマイオスにさかのぼり、それを当然のことながらプトレマイオスによる傾斜角の値を用いて計算した。言い換えると、リチャードがその数表の標題に、斜行赤経は『アルマゲスト』序文の指示に従って計算したと書いたのは、半分は嘘だった。しかしウェストウィックはウォリンフォードを言葉どおりにとった。リチャードはかのアレクサンドリアの大天文学者に何から何まで忠実だったわけではないが、ジョン・ウェストウィックは両方の顔を立てることができた。[20]

＊＊＊

ジョン・ウェストウィックはその計算すべてが手間に値するかと問うたにちがいない。ジョンは、旅の最終段階でタイン川の渡し舟を待ちながら、新たな修道士仲間が、自分がその分院図書室にもたらすものをちゃんと利用してくれるだろうかと思ったかもしれない。セント・オールバンズの記録には、楽観的に考える根拠はほとんどなかった。マシュー・パリスは具体的に、セント・オールバンズからタインマスへ追放された、ある高位の修道士から没収された本のことを書いている。[21] この分院へ追いやられた不埒な修道士は大勢いる。パリスによると、その一人は「天使で言えばルシフェル、使徒で言えばユダ、修道士の中の度し難い偽善者」、ウィリアム・ピガンだった。ピガンは、修道院との法的な争いに関与した地元の領主のために認可状を偽造して、その後はセント・オールバンズで二重スパイであることが暴露されていた。タインマスに送られても、院長を呪い続けた。正義は月のない夜になされるとパリスは伝える。大食いで酔っぱらったピガンは宿舎のトイレに向かった。

うなだれて、眠り始め、眠りながらひどいいびきをかき始めた。そこで酩酊から眠りに入り、眠りから突然の死へと滑り落ちた。ひょっとすると寒さのせいだったかもしれない。しかしそれより可能性が高いのは、神からの報いにやられたのだと私は思う。というのも、いびきが止まったとき、師が座ったまま亡くなった厠には、まごうことのなくこんな言葉が聞こえたからだ。「サタンよ、これを連れて行け[22]」。

マシュー・パリスが記録を書いてからの一世紀で改善があったのは疑いない。ジョン・ウェストウィックがやってくる一世代前、トマス・デ・ラ・マーレが院長を務めた七年は、新たな醸造所や修道士用宿舎など、多くの建物が建てられた。宿舎には新しいトイレが登場した。水で流して下の海へ流すのだ。この修繕の資金は、小作料、石炭鉱山、近くのノース・シールズに分院が設立した魚市場からあがる収入が増えたことでまかなわれた。

もっとも、いくら改装しても天気は改善できない。ある修道士が、セント・オールバンズにいるかつての修道士仲間に苦情をしたためたのは、おそらくデ・ラ・マーレ院長の時代だっただろう。その記述は冗長で、大仰で、古典や近時の詩だけでなく教父や聖書の引用が詰め込まれていたが、それにもかかわらず真情にあふれていた。

先生はこの地と習慣についてお知りになりたいとのこと、この海辺の地とその住民についてよいことも悪いこともすべて教えるようお望みなので、喜んで従います……

私どもの住まいは、むき出しの崖の上にあり、崖から切り出され、荷車も通れないほど狭い楼門以外は四方を波に囲まれて……昼も夜も波が荒れ、硬い岩も絶えず波が当たって、崖は今やのしか

かるようにせり出しており……きわめて濃く暗い霧が海から、ヴルカンの洞穴からの黒い煙のようにわき出てきます。この霧は目を曇らせ、声をしわがれさせ、喉を締めつけ、かすかな空気は胸に閉じ込められ、自由にできるはずの出入りができず……

花の咲く春はここでは禁じられ、夏も暖かくならず、常に北風とその仲間がとどまり、［風の］アイオロス王が私どもの土地をその首都にと求め、死ぬほど寒い雪の枷（かせ）で国を悩ませます。この何とも言えない北風が波を支配し、波はうなり、荒れ……厳しい泡を生み、泡は風の力で巻き上げられて、家屋に押し入り、城にある軽石のように固まって落ちるのです。

この修道士は、地元の住民について、憐みと不快の入り混じった感情を抱いている。

最大の悲しみは、難破船の船乗りの災難を目撃することで、筏が壊れ、マストは揺れ、船首は岩礁に挟まれ、船体の木材を留める釘も残っていません。船乗りは手足が寒さでしびれ、荒海に鉛のように沈み、人力ではその死は防げません。どこかの詩人が言ったように「私の船が岩にたたきつけられれば、言えることは『されど汝［主よ、われらをあわれんでください］』しかない」。涙もろい目に、しばしばそのような不幸が映ります。

この土地にはキジバトの声も聞こえず、ナイチンゲールも訪れず、裸の枝には鳴けそうなところがなく、風は調和して気管をくぐるほど穏やかではなく……しかし灰色の鳥が岩に巣を作り、溺死者の遺体をむさぼるのです。その激しく恐ろしい鳴き声は将来の嵐の不吉な予告であり……

海辺に生きる男たちはムーア人のようで、女たちはエチオピア人のよう、娘たちは汚れたなりで、少年はヘブライ人のようにまっくろ……みな墨よりも黒い海藻を食べます。この草は岩に生え、甘みも芳香もなく、腹は満たせず、むかつくばかりです……この土地の女たちはそれをまるで香草であるかのように用いるので、その肌もその草の色を帯びます。

果樹は灌木のようで、枝を伸ばそうともしません。海が花や葉をはぎ取ってだめにするからです。そのため果実はほとんど見当たりません。小さな赤いリンゴは、詩人なら「黒いスワンのように」とでも言いそうです。もちろん、あらゆる予想に反してリンゴの実がなるとしても、それは乾いてしなび、果汁も香りもありません。あまりに苦く、歯が浮くほどまずい。

ですから先生、あらゆる安楽を奪われ、あらゆる慰めと喜びを奪われたこんなところにこなくていいように、気をつけてくださいますよう。[23]

この落胆した修道士が称えてもよいと思えたのは二つだけ。新しく増築された教会と、食べられる魚が豊富なことだった。修道士たちは毎日同じものばかり食べて飽きるので、その魚さえ苦情の元になる。この修道士はそう述べる（だから、一四世紀の初頭、二代の王妃がタインマス修道分院に滞在したとき、二人の夫、エドワード一世と二世がともに思いやりで魚を贈ったが、それにはがっかりしたかもしれない。カジキ、ブリーム、ウナギ、チョウザメといった豪勢な魚も、贈り主が期待したほどには喜ばれなかったのではないか[24]）。

もちろん、まさにそんな試練のためにタインマスに行った修道士もいた。崖っぷちに吹く風では厳しさが足りないというなら、沖合にも付属の隠棲所があり、そこで修道士は自らをさらに試すことができた。コケット島という三〇キロ以上沖の島は、一部の修道士にとっては、使徒の暮らしをまねるのには理想的な場所だった。逆に、タインマスの方がセント・オールバンズよりも柔軟で規則も厳しくないところを喜ぶ修道士もいたらしい。たとえば、ジョン・ウェストウィックがそこにいた時期から一世代後には、本部の修道院長が、タインマスの修道士が教会の建物を劇場に使っていることを知って仰天している。院長は、タインマスの修道士が地元の信徒に向けて聖カスバートの偉業を称えるために芝居を上演するのを禁じた。[25]

ウェストウィックのタインマス時代についての断片をつなぎ合わせると、ウェストウィックもそのような自由を享受したことが推測できる。セント・オールバンズの蔵書が数百に及んだのに対し、分院の蔵書は十数冊しかなかったが、ウェストウィックはきっとそれを使った。その一冊、ベーダの『イングランド教会史』をそれほど長くないいくつかの教会史と合わせて綴じた写本に、ウェストウィックは自分の名を書いた。写本の最初のページは一二世紀の手書き文字で記された、リンディスファーンの代々の司教の名で始まっている（図5・6）。すぐ下の、最初の頁を半分くらい進んだところで、ジョンは活力ある青いインクでその筆跡をまねて遊んでいる。太字で幅広の頭文字Tで文章（ラテン語）が始まる。「三位一体の神よ、恩寵によって私が誤って語られませんように」。二五〇年前の手書き文字の模倣として、最初それらしくなっているが、行末の方では、ジョンは通常の書き方に戻しており、自身の名「Johannes de Westwyk」は非常にわかりやすい。ジョンは信仰心も遊び心もあって、ここでは自分が何らかの不正義の犠牲者となった――あるいはそうなると予想される――ことを示唆している。[26]

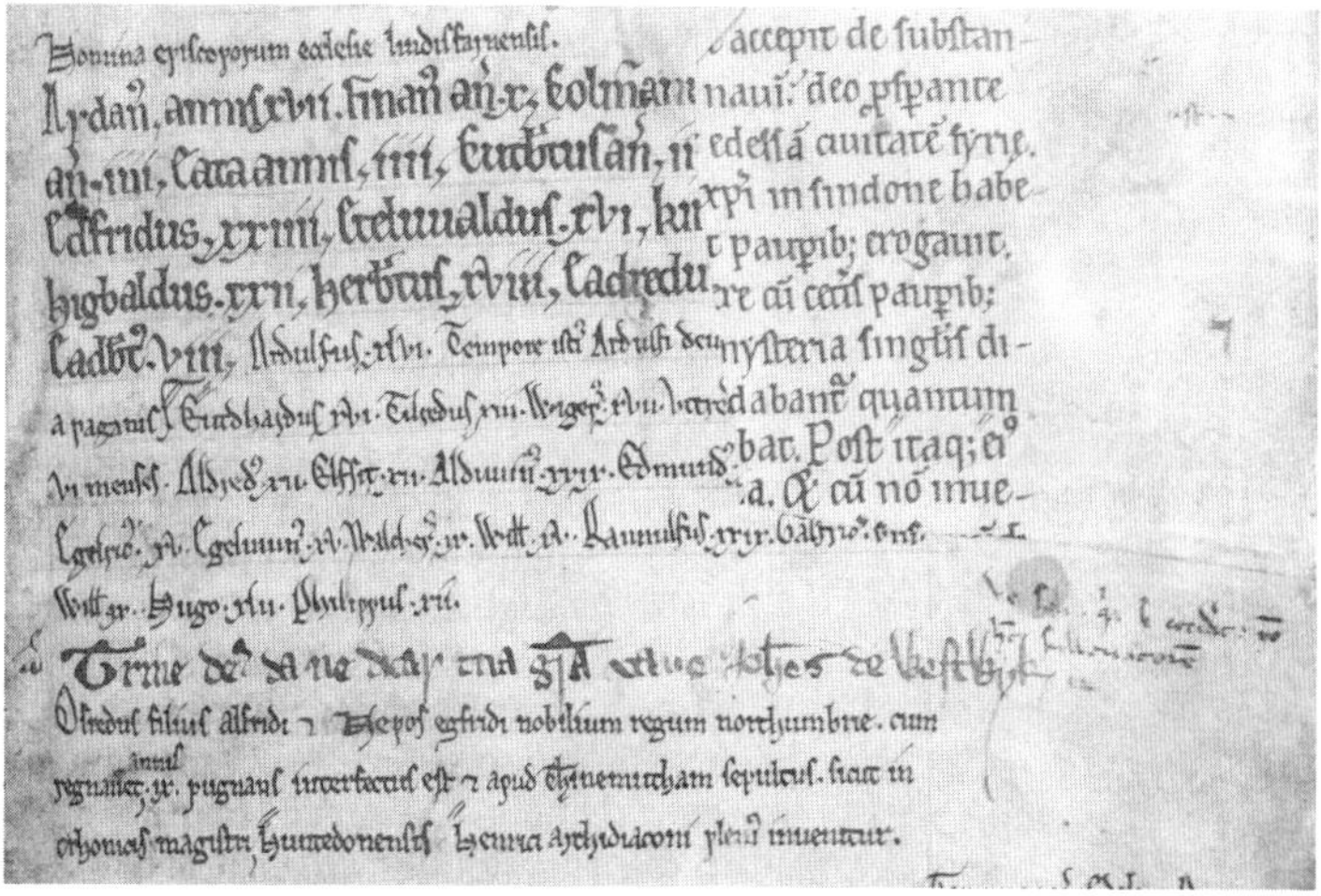

図5.6　タインマスにあったある写本の最初のページ。大きな大文字Tで*Trine de[s] da ne dicar tua gr[ati]a vane Joh[ann]es de Westwyk*という一節が始まり（「三位一体の神よ、恩寵によって私が誤って語られませんように。ジョン・ウェストウィック」）、その上にある12世紀風の書き方をまねたところを見せている。羊皮紙の欠けた部分（右上）は、見開き反対側の部分にある、文頭の装飾された頭文字の部分に対応する。

＊＊＊

冬の北海の気候は、修道士たちの雄弁な苦情はあったものの、学問には乗り越えがたい障害ではなかった。ともあれ天文学の計算は、いつも星を見ていなければならないというものではなかった。それでも、タインマスの修道士たちが晴れた夜を予報することに関心があっても、カモメの鳴き声では前兆として十分に信頼できないと思う場合、あるいは再び激しい風が海の泡をかき立てるのがいつか知りたい場合には、そんな修道士たちを天の学問が助けてくれた。他ならぬ天文学、またその姉妹となる学問の占星術は、天気を予測できた。そのような予測にとって、ジョン・ウェストウィックが苦労して写し、再計算した表は、非常に役に立つことだろう。

天気予報は古くからの科学だ。第1章で見たように、ジョン・ウェストウィックは、子どもの頃の田舎のリズムの中で初歩的な気象学に出会っていただろう。農民は自分たちの農業を気候の循環に合わせて組み立て、耕すとか収穫するといった季節ごとの活動の時機を、昼の長さの変化、見える星の様子によって測る。農民は日々、天気についての伝承を利用した。たとえば、「夜の空が赤い」と翌日晴れるという法則を取り上げてみよう。セント・オールバンズの修道士たちは、「マタイによる福音書」にあることわざ〔「夕焼けだから、晴れだ」〕を知っていたにちがいない。イエスはそれを常識的な知識の例として挙げている。それと同じ時代、紀元後一世紀の終わり頃に書かれたプリニウスの『博物誌』にもそれを見たことだろう。この修道院の蔵書には、全部で三七部からなる、このローマ時代の博物誌の金字塔の最初の一九巻があった。プリニウスは第一八巻で、生物学とさまざまな穀物の栽培について述べた後、太陽、月、星々、雲、動物、植物の観察に基づくありとあらゆる気候の兆しを集めている。[27]

しかし中世天文学者はそのような兆しよりも優れたことができた。東の空の黒い雲は、プリニウスが説いたように、雨が近いことかもしれないが、天気の状況が変化する本当の原因はさらにずっと遠いところにあった。アリストテレスは、地上に起きる絶えざる変化を説明しようとして、それを天のせいにしていた。一定なのは天の円運動だけだったからだ。『気象論』の冒頭では、自然の変化の力はすべて天に由来することを当然のこととして、太陽の運動は、議論の余地なく地球に生命をもたらしたと言っている。女性の月経は、信頼できるほど規則正しくはないものの、月の満ち欠けに従う傾向があることを説いたところもある。プトレマイオスの方は、月が潮の満ち引きを支配することを記していた。[28]そのような基本的な事実から、地上の出来事は、天に起きること、すなわち恒星と惑星の動きに対応するミクロコスモスだと一般に思われていた。しかし、星が地球にどんな作用を及ぼすかを計算しなければならず、それは人間の精神がその影響をどれほど察知し、予測するかという頻発する論争の対象だった。

これは占星術の問題だった。天の影響の直観的な理解をもとに、複雑な予測科学が発達した。今の私たちは、占星術と言えば偽科学だと考えるが、中世の間ずっと、さらに近代初期に至るまで、知力を備えた学者たちが、論理的に、また勤勉にそれを研究していた。理論やパラメータには絶えず異論がはさまれ、修正されはしたものの、基本的な原理はプトレマイオスが、中世天文学者にはラテン語のタイトル *Quadripartitum*〔四部からなる〕という名で知られた、天文学的予測についての『テトラビブロス』――「四巻本」――という本で解説したとおりだった。プトレマイオスはこの著作を『アルマゲスト』の姉妹編として、占星術がまさしく天文学の妹であるようにして発表した。プトレマイオスは最初から「第二の、それほど自足していない」学をめぐる不確定部分を認めていて、学者は「そちらによる認識を、第一の不変の学」すなわち天文学「の確かさと決して比べる」べきではないと論じた。この第二の学を無益と思った人々もいたが、その理由は、一部の傲慢な実践家が、その力を誇張して主張したからにすぎない。注意深い天文学者であれば、「自然の事象一般がその原因をすべてを覆う天から引き出していることはかくも明らかであるのだから、可能性の範囲内にあるかぎりでそのような探求を」試みるのをためらうべきではないと、プトレマイオスは論じた。[29]

占星術の基本原理はシンプルだった。各惑星には(もちろん、太陽や月も含む)それぞれ固有の力があった。たとえば土星は冷たく、乾いた惑星で、とくに老齢と農業を支配すると言われた。対照的に、熱くて湿った木星は高貴と宥和の惑星で、判事や宗教的指導者を支配する。変化とは、アリストテレスの定めたように運動であり、地球上での変化は、惑星の運動によって引き起こされるが、そのような変化をたどり、予測する方法は、しかじかの時点での惑星の位置を観測することだった。[30] 惑星は一定の位置で特定の力を得る。太陽は正午に最も高く強くなるので、明らかに子午線はその特定の位置だし、惑星が最初に顔を出す地平もそうだ。恒星にもその力があるが、こちらはつねに一定の進み方で回るので、その作用は、星座を惑星が通るときに注目に値することになる。恒星は惑星の作用を強めるか弱めるかすることができる。惑星どうしでは、互いに近くを通るときか、空の正反対のところで向かい合うかで、影響を強め合ったり相殺することもできる。

そのような複雑な影響を正確に図示できれば、未来について多くのことが予想できるだろう。今度の旅行が最も安全にできるのはいつか。失せ物はどこにあるか。自分はどのように死ぬか。そのような問題に取り組むために、占星術師たちは念入りな理論を考えた。紛れもなく最も影響があったのは、九世紀のイスラム教徒、アブー・マーシャル、ラテン語圏の学者にはアルブマサルと呼ばれた人物だった。アブー・マーシャルは、プトレマイオスの原理とアリストテレス自然学をインドやペルシアの考え方——膨大な何千年分ものサイクルを調べて、惑星の位置の反復する配置を求めるなど——と融合して、完備した説得力のある総合的な体系を築いた。ますます精密になる一二世紀ラテン語圏の天文学と組み合わさったこの体系は圧倒的だった。実は、アブー・マーシャルの占星術こそが、ラテン語圏の読者にアリストテレスの自然哲学を初めて紹介したのだ。[31] そしてジョン・ウェストウィックが出会った占星術のおおかたの部分に影響を与えていたのは、アブー・マーシャルによるきわめて長い文章の簡単な抄訳で、ラテン語圏の人々には『占星術の華』と呼ばれた本だった。

ジョンが確かに調べたテキストの一つが、ウォリンフォードのリチャードによる *Exafrenon*〔六部による著作〕*on Weather Forecasting*〔天気予報に関するエクサフレノン〕だ。この本は、タイトルとは違い、天気予報の域を超えている（中世の多くの解説書がそうなのだが、表題は後の書写人あるいは目録編纂者の追加ということもおおいにありうる）。最後の第六部で取り上げられた例は、もちろんもっぱら気象学的なものであり、リチャードは、ギリシアのタレスの昔からある、オリーブの豊作を予測して一帯のレンタル用オリーブ搾り器をすべて押さえてひと財産をなし、それによって、哲学の価値を実証したという話で締めくくっている。しかし他の部分は、占星術による予測を立てるのに必要な技術についての、理論面の方での手ほどきとなっていた。そちらでは、占星術について書いた他のおおかたの人々とは違い、精密な計算に対する個人的な熱情にひたり、明瞭な数学的取り扱いを指示している。そしてとくに、アブー・マーシャルの「年の主」の理論を強調していた。この理論は、太陽が双魚宮から白羊宮へ移る、春分のときに惑星が占める位置によって、一年全体にわたってとくに影響を及ぼすことを述べている。しかしどの惑星が主になるのだろう。それは空を室（ハウス）に分けるという重要な分割によって決まる。第一室にある惑星が年の主となる可能性が最も高い。そこのところで、ジョン・ウェストウィックが勤勉に取り組んだのを見た、あの上昇の表が実に有効になる。[32]

室は占星術のある重要な問題に関係していた。すなわち、惑星の影響がとくに強くなるのはいつで、その影響はどう変動するか。この問いに対してプトレマイオスが唱えた一つの答えは、単純に、黄道十二宮が関与する理論を立てることだった。たとえば、夏のいちばん暑い頃に太陽がある、獅子宮という黄道上の三〇度幅を占める区画は、太陽の自然な家、あるいは「本拠（ドミシル）」と考えていいだろう。そこで獅子宮は、すでに太陽に結びつけられている基礎的な性質である、熱・乾を割り当てられる。隣の巨蟹宮は、太陽の次に大きい天体、つまり月に属し、月と同じく冷・湿と見られる（何と言っても月は潮の干満を支配しているのだ）[33]。各惑星は、それが本拠の宮――太陽なら獅子宮、火星なら白羊宮――にあるとき優勢になり、正反対の宮にあるときには力が弱まる。加えて、一つの宮を三分の一ずつに分けたり、五分の一ずつに分けたり、一度ずつ分けることさえあって、その区画でも惑星は影響力を増したり失ったりする。そうして占星術師は、各惑星の影響力の総和、つまり品位（ディグニティ）を求めることができる。

ただ、それでも十分ではない。それでは地上から見た惑星の位置が計算に入らないからだ。惑星は空の中央である子午線上の高いところにあったか。あるいはちょうど上昇してその存在が感じられるようになるところだったか。そこで、空を二つの鍵になる位置、中天と上昇点（アセンダント）に従って、室という別の区分に分けることにした。一二室のうち三室は、アセンダントと中天の間の角度――まさに昇るときの黄道と、それと同じ時点で子午線を横切る先端の間の角度――にある。中天とちょうど沈むときの黄道の角度の間にさらに三室があり、残りの六室は黄道の反対側で同様に配置される。

この方式の利点の一つは、地平が変わると室も変わるところにある。北や南へ有意に移動すると、地平が変わり、そうして室の境界も変わりうる。それによって惑星の室が変わるとすれば、占星術での予測に違いが生じるかもしれない。ウォリンフォードのリチャードが解説したように、第一室にある惑星は、年の主の筆頭候補だった。それはある地方についての一年全体の天気予報に影響を与える。リチャードは、年の主が土星であれば、「それは、北国の冬を寒くして、土地のほとんどの獣を殺し、蕾を乾・冷で固く閉じる」と書いた。しかし室が少しずれれば、火星が主となることもあり、そうなると

「北の冬を和らげる」だろう。タインマスで凍傷になりそうな修道士にとってはありがたい。[34]

室には、少なくとも幾何学的な心得のある天文学者にとっては、他にも宮よりもよい点がある。室のサイズが、昇る速さによって変動しうるところだ。つまり各室は、影響力を持つ期間を公平に割り当てられた。それを計算するために、先のような上昇の表が貴重となった。アセンダントと中天の間の三室の起点と終点を定める方法として最も普及していたのは、室が地平から出るのにかかる時間の量はそれぞれ同じとすることだった（図5・7）。それは、その三室では各室が赤道の相等しい区画を占めるが、黄道では等しくないことを意味した。天文学者は上昇の表を用いて両者を換算した。基本的な幾何学は、ケーキを中心を通る切れ目でカットするように、黄道の各切れ端を正反対にある切れ端、たとえば第一室と第七室と同じ大きさにした。それから残りの六室も、等しい上昇時間を占め、それぞれに正反対の室がある。

実務的に言えば、この手順は単純だった。最も難しいのは、一年が三六五日と四分の一よりも一一分ほど短いので、太陽が白羊宮に入る正確な時刻を確定するところだった。中世の天文学者はそのことを重々承知で、暦年と、春分から春分までの回帰年との差が移動するのを追跡するために、早見表を編纂した。[35]室が分かれる時刻がわかれば、後は簡単だった——ジョン・ウェストウィックが写し、計算したような表があればのことだが。ジョンは九段階の手順に従って（図5・8）室の境界を求め、ホロスコープを描いただろう。それにはちょっと表を参照し、算数をするだけでよかった。

占星術師は室を線図として描き、正方形と三角形による幾何学的に快いパターンにするのを好むことが多く、ジョンも例外ではなく、少々みすぼらしい手描きのホロスコープ図が一枚残っている。そこに

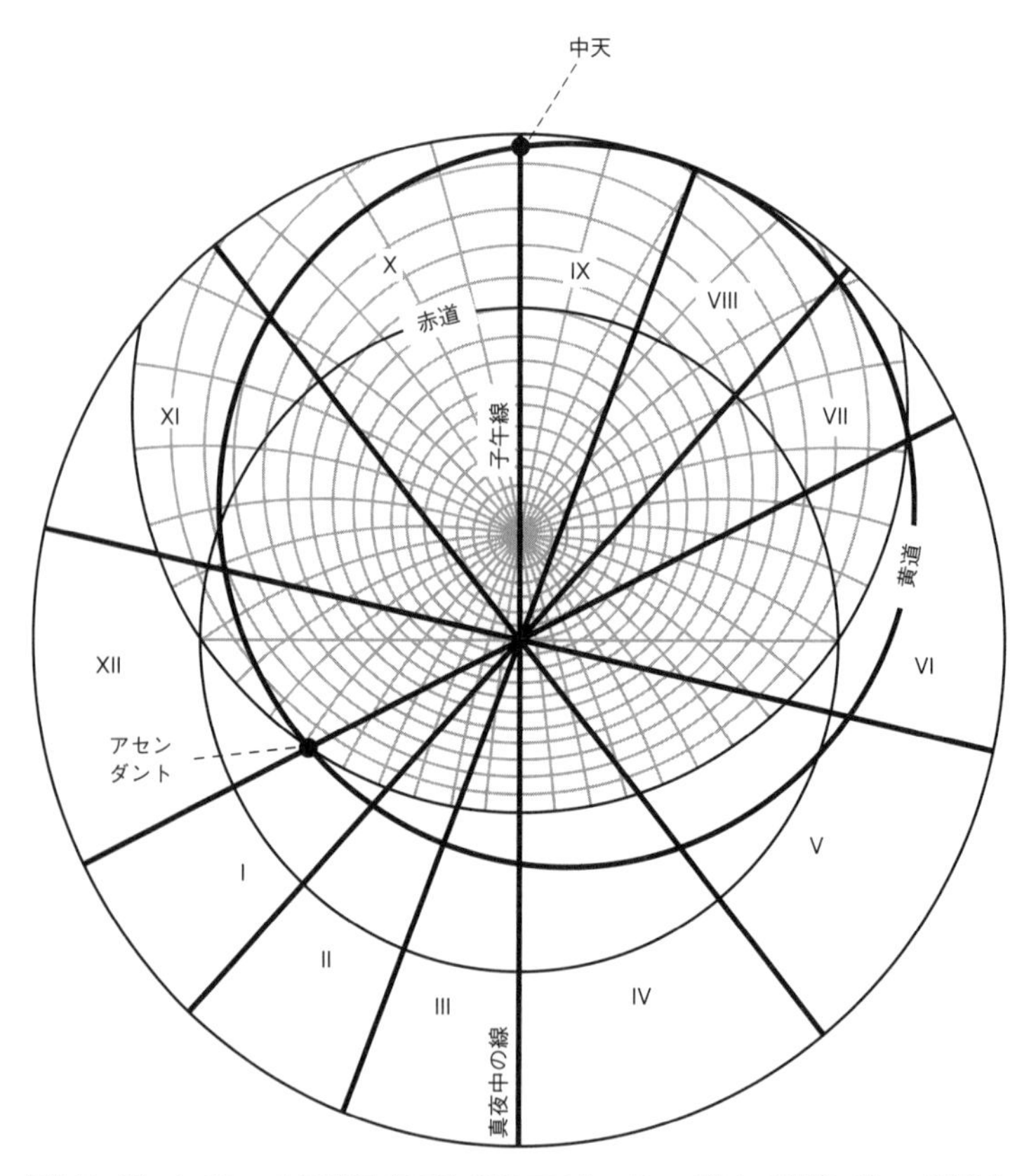

図5.7　室。タインマスの緯度（55度）用のアストロラーベ盤上で黄道に沿って配列されている。1室から3室と7室から9室は、いずれも赤経（赤道の弧）が等しい。他の6室についても同様。相対する室どうし（たとえば1室と7室）は、黄経（黄道の弧）も等しい。

は各室の境界と、その中での惑星の位置が示されている（図5・9）。ジョンはそれを、占星術の練習問題として描いたにちがいない。というのも、ジョンは緯度が五一度付近での室の境界を計算しているが、サンプルのホロスコープから、惑星のデータと、それに付随するテキストを丁寧に写しているからだ。元のサンプルは八世紀の占星術師、マーシャーアッラー・イブン・アタリーという、アッバース朝のバグダードで活動していたユダヤ人によって計算されていた。[36]

この種の天文学の練習問題は少々手間がかかりすぎるように見えるだろうか。そうなら他にも方法はあった。ジョン・ウェストウ

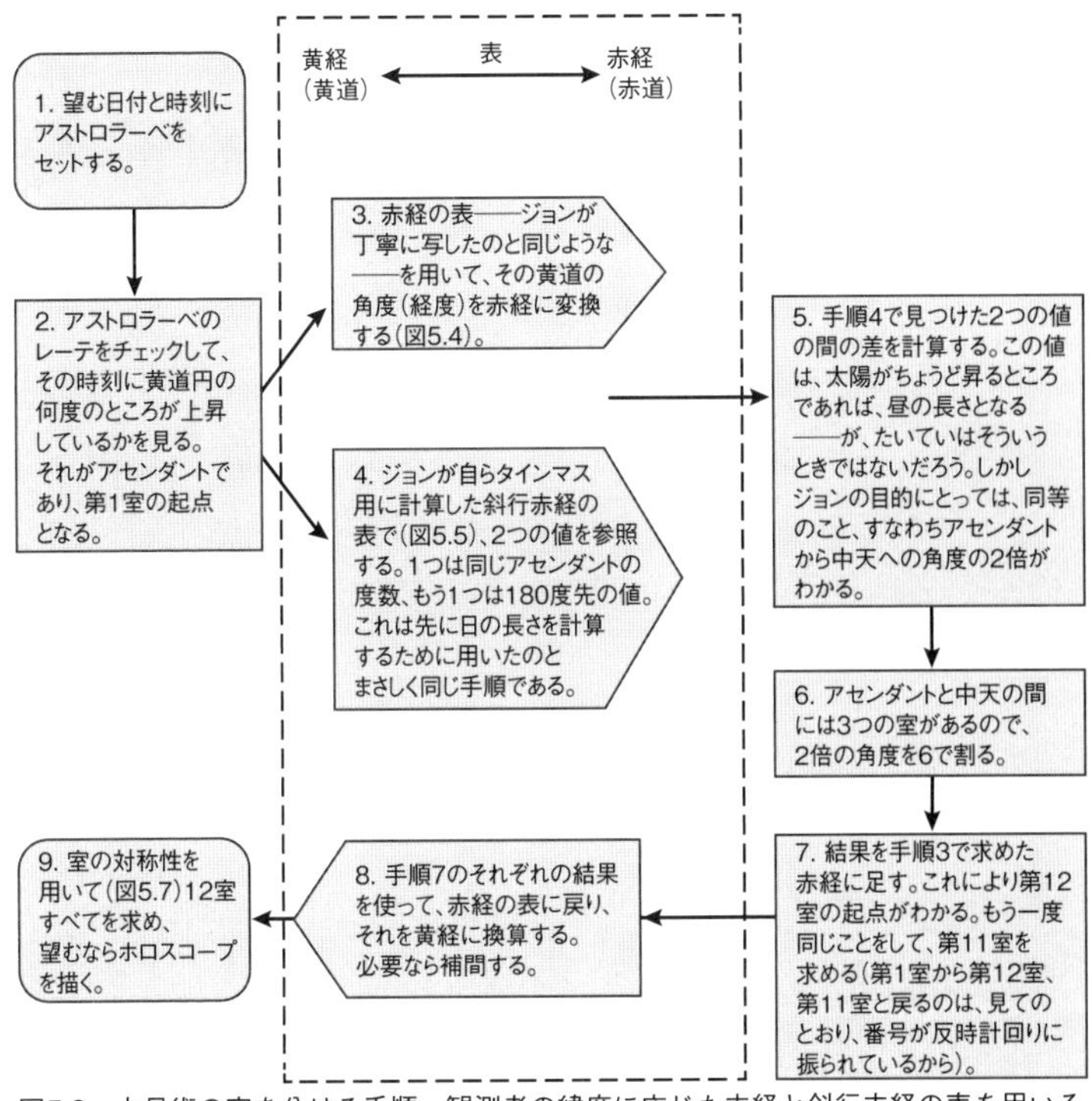

図5.8　占星術の室を分ける手順。観測者の緯度に応じた赤経と斜行赤経の表を用いる。

ィックも複数知っていた。アルビオンの解説書でも最も占星術的な章は、アルビオンを使って一二室の境界を計算する方法を説明している。ジョンは、それを写す段になったとき、新しい段落を加えないではいられず、アストロラーベを使っても同じく室が見つかると述べた。[37]
ジョンほどガジェットに執着のない修道士にとっては、さらに別の手法がいくつかあった。天文表があれば作業を単純化してくれるだろう。ジョンがいた時期からすぐ後

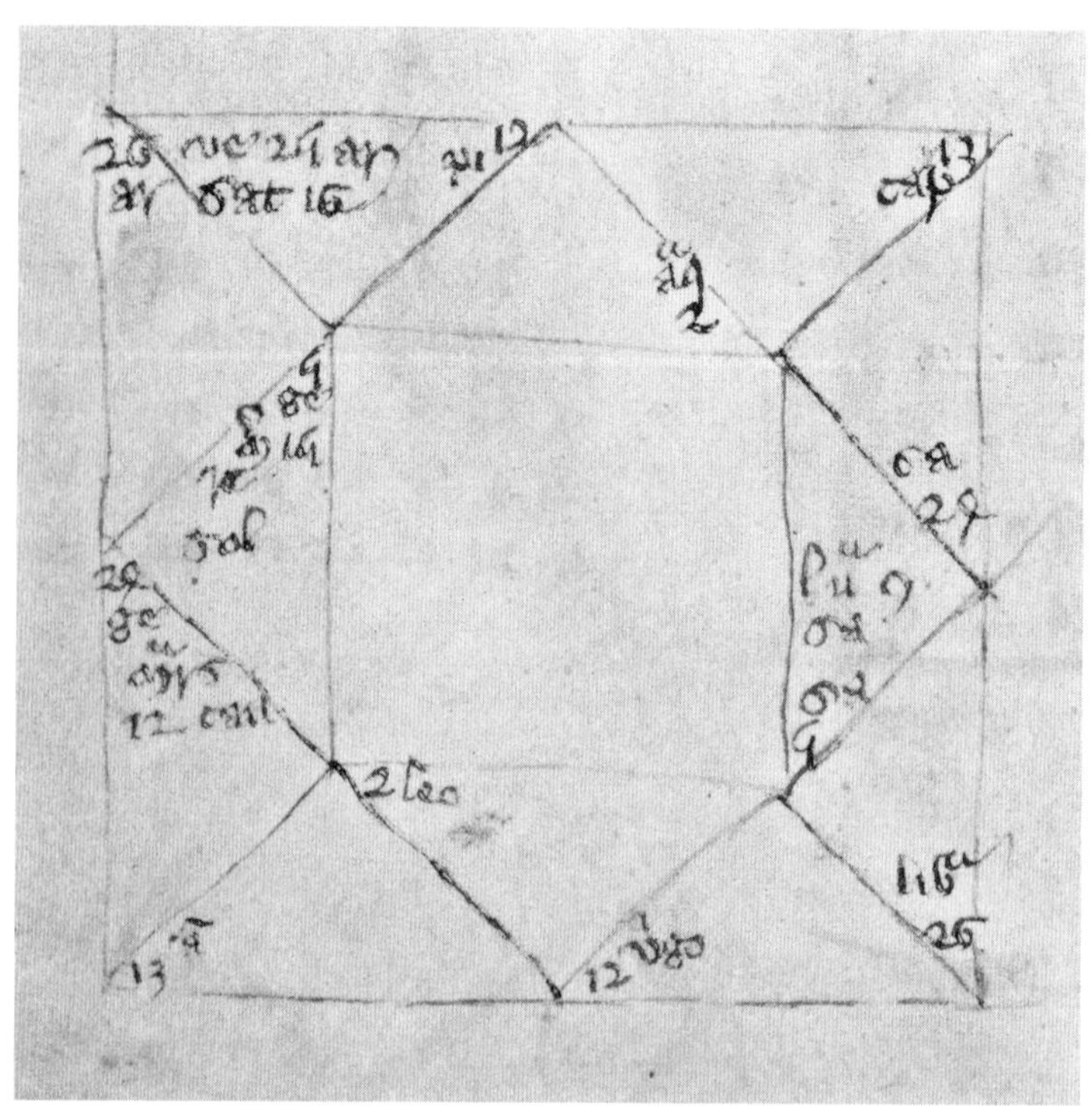

図5.9　ジョン・ウェストウィックがマーシャーアッラーのお手本に基づいて描いたホロスコープ。第1室は内側の正方形の左上にある。第1室の尖点は双子宮5度のところにあり、反時計回りに他の室の三角形が続く（それで第4室は、内側の正方形の左下に2 Leo〔獅子座2度〕と読めて、次の室は図のいちばん下の12 Virgo〔乙女座12度〕から始まる）。

のタインマスのある修道士は、確かに単純化する必要があると思っていて、ジョンがこの北の修道分院に持ってきた本を見て、貴重な余白ページのうちの何ページかを、既成の室の表で埋めた。室の表を使うには、計算と言えるようなことはほとんど必要としなかった。ただある室の位置、一般にはアセンダントを求める――ジョンの手順の最初の二段階のように――だけでよかった。他の室の境界は、簡単に表から出てくる。[38]

しかし、室の表は使いやすかったかもしれないが、それを作るのは難しかった。そんな計算を、じめじめした、隙間風の吹く修道院にいたタインマスの修道士たちがしなかったことは確信できる。たとえば、その表の写し方がお粗末だ。タインマスで写した人物は、最初のページの途中でやめて、また最初からやり直さなければならなかった。またあるところでは、誤って一行重複させ、同じページのある列では、集中力を失ったらしく、どこまで写したかわからなくなり、追いつくべきところに追いつくために、でたらめの数を埋めている。この表が崖っぷちの修道分院で作成されたのではないことをうかがわせる第二の手がかりは、室が北緯51;50度、つまりオックスフォードの緯度用に計算されているということだ。表にはそのことを明らかにする題目はついていない――このことに気づくには根底にある数字にまで分け入らなければならない――ので、修道士たちはおそらくそのことを知らなかったのだろう。それが重要だという認識さえなかったかもしれない。皆がみな、ジョンのように熟達していたわけではなかったのだ。

そうだとしても、ジョンがウォリンフォードのリチャードによる『レクタングルス』と『アルビオン』の解説とともに、おしげもなく残しておいてくれた羊皮紙の余白五〇ページのうち、七ページを割

いて、そのような室の表を入れるのはふさわしい余白の使途だと、少なくとも一人のタインマスの修道士が思ったというのは注目すべきことだ。室の表は、さまざまな使いやすいデザインで広まっていた――たとえばオックスフォードの托鉢修道士、リンのニコラスは、自身が編んだ天文暦にその表を入れている。その種の表が広まったのは、ただただ室が占星術の予想のほとんどすべての基礎だったからだ。アブー・マーシャルなど、たいていの占星術師にとって、各室は特定のことを指し示していた。地平線のすぐ下に控えている第二室は富を支配し、第五室は子の場所だった。鷹揚な木星が第二室にあれば、詐欺や盗みと結びつけられる火星があるのとはまったく異なる金銭的な意味を持つことになるだろう。[39]

つまり、占星術は天気を予想するよりはるかに多くのことができた。ウォリンフォードのリチャードは、前任のセント・オールバンズ大修道院長が亡くなるのを予言したと噂されたではないか。誰もが認めるように、惑星が元素に影響するなら、元素でできているあらゆるものが、惑星に左右される。この地上にあるものはすべて、少なくともある程度は天に動かされていることになる。

人間は元素による物質でできていて、宇宙のミクロコスモスであるという思想は、とくに医学の理論に顕著だった。人体の各部分は、頭から足先まで、白羊宮から双魚宮に至る黄道十二宮によって支配されていた。ロベルトゥス・アングリクスは、サクロボスコの『天球論』についての注釈で、こんなことを言った。「医者は病気の原因を知らなければ治すことはできない。その原因は天体の位置と動きを理解しなければ知りえない。天体の位置と動きは、下の地上にある事物のあらゆる状況の原因である」。この理論は、病気の元を説明するのに役立つだけではない。賢い医者であれば、それを使ってどんな医療的処置でも計画し、適切な時期に体の適切な部分の処置ができるだろう。[40]

なかにはその先へ行く占星術師もいた。人間の命が天に支配されているとするなら、誕生した時刻、あるいは受胎した時刻はもちろん大きくものを言う。出生時チャートはその時点での空の配置を示し、その人個人について多くのことを明らかにできた。そうした判断占星術師とも呼ばれる人々は、空の状態に従って、患者の選択を導くのを手伝ったり、問いに答えたりした。

人の運命が星々の世界にあらかじめ語られているのではないかという思想には根深い問題があった。天の影響力がいかにして神に与えられた自由意志を制約できるのだろう。ジョン・ウェストウィックと同じ時代のジョン・ガワーは、このジレンマを、中英語による自作の詩にふさわしい主題と考えた。

Benethe upon this Erthe hiere
Of alle thinges the matiere,
As tellen ous thei that ben lerned,
Of thing above it stant governed,
That is to sein of the Planetes.
The cheles bothe and ek the hetes,
The chances of the world also,
That we fortune clepen so,
Among the mennes nacion
Al is thurgh constellacion,

下のこの地球では、
すべての物質の材料は
（と学識ある人は教えるが）
上のもの――すなわち
惑星に支配されている。
寒冷も猛暑も、
われらが浮沈と呼ぶ
この世の国々の
間での出来事も、
すべて星座によって引き起こされる。

Wherof that som man hath the wele,
And som man hath deseses fele
In love als wel as othre thinges.
The stat of realmes and of kinges
In time of pes, in time of werre
It is conceived of the Sterre:
And thus seith the naturien
Which is an astronomien.
Bot the divin seith otherwise,
That if men weren goode and wise
And plesant unto the Godhede,
Thei scholden noght the sterres drede.

それで富める者もいれば
苦難に満ちた人、
恋に落ちた人などもいる。
平時でも、戦時でも、
王国や国王の状態は
星から生まれる、
と天文学者という
自然哲学者は言う。
しかし神学者の言い方は違う。
人が善にして賢明で
神の意に適うなら、
星々に恐れるべきことは何もないと[41]。

もちろん、ガワーよりも細かいことを考える人々は、このことを大いに考えていた。聖アウグスティヌスからして、星々が季節から、ウニのようなものまで、地上の多くのことに影響することを認めていた。しかしそのアウグスティヌスも、人間の精神やその自由意志に作用しうることは否定し、何と言っても、男女の双子は同じ場所、同じ時刻の、同じ天の配置の下でに受胎したと考えられるではないかと言って、星が双子の性別のような基本的な質を定めるほどに強力ではないのなら、その子の人生の選択を制約するなどということがどうしてありえようかと、懐疑的に問いかけた。他方、アウグスティヌスの当時の人々は、キリスト教の説教に喜んで占星術的象徴表現を用いていた。神の子羊たる白羊宮から始まり、二匹の魚が洗礼の海で新たな命を与えられる、ユダヤ教徒とキリスト教徒の二種族を表す双魚宮に至る神聖なサイクルを特定する。[42] 占星術は、未来を予測しなくても、神につながる宇宙を理解する手助けになったのだ。

後の神学の巨人、トマス・アクィナスは、少し違う見方をしていた。アウグスティヌスのように、日照りや雨は星を観察すれば予測できることは認めていたが、逆に、未来の人間の行動について確たることを得ようとするのは迷信であり、さらには悪魔の技だということも受け入れていた。しかしグレーゾーンもある。アクィナスの指摘では、天体が人体に影響を及ぼせて、人間の意思が身体的な必要や欲求に影響されるなら、天が人の心や行動に影響を与えているのかもしれない。空腹のときにいらいらするなら、星に影響される元素は、私の自由意志より上ということかもしれない。[43]

パリの大司教エティエンヌ・タンピエは、そうした推論をよく思わなかった。一二七七年のタンピエによる譴責の対象になった二一九の哲学上の命題の中には、占星術の思想もいくつかあった。そこには、健康と病気、生と死が星に従って割り当てられる、あるいは人間の自由意志が天体の力に従属するという説があった。占星術にとって最も痛手になったのは、天の配置とその作用が――タンピエの非難対象リストによれば三万六〇〇〇年たつと――反復されるという考え方が非難されたことだった。譴責されようとされまいと、三万六〇〇〇年は、明らかに人間が持っている記録で示せる範囲をはるかに超える長さなので、次の周期で何が起きるかは知りえない。一三六〇年代のパリで、この指摘を破壊的な作用

をするまでに展開したニコル・オレームは、「自分が賢者であると思っているが、自分が騙されている」占星術師に向けられたある論文で、自身の数学的な腕を揮(ふる)って、天の動きは通約不能〔一方の数を有理数倍しても他方の数にはならないということで、周期的な回帰はありえないことを意味する〕であることを示した。惑星との相対的位置がぴったり同じに繰り返されることはないことを、オレームは明らかにして見せた。占星術師には、正確な先行例もなく、自分たちの予測の信頼できる基礎もなかったのだ。[44]

オレームは、一三五〇年から後の何十年か、占星術師に向けられた一連の論争の書の中で、別の論証もした。たとえば、天の動きが予測できたと言えるくらいには近いところで繰り返されるとしても、占星術師の現行の計算はひどく不正確であるとオレームは考えた。他にもその攻撃に参加するパリの学者がいた。たとえば、ハインリヒ・ゼルダーという、ドイツ出身の同じ聖職者で少し年下の熟練天文学者は、占星術師がデータとして用いていた天文表に攻撃の矛先を向けた。とくに「年の主」という教説に嘲笑を浴びせた。太陽が新たな宮に移ると他の惑星の力をすっかり変えてしまうという考え方そのものが不条理以外の何ものでもない、とゼルダーはまくしたて、アウグスティヌスによる双子の人生は異なるという指摘を手直しした結合双生児の話をする。この双子は受胎の時期が同じであるだけなく、生まれた時刻も同じだが、性格は違うし、どちらかが相手よりも長生きすることになる。ゼルダーは、天が本当に影響を与えるのは天気だけとしめくくった。[45]

そのような激しい論争は、中世がスコラによる画一的な時代という固定観念を裏切っている。それでもオレームやゼルダーといった占星術懐疑派でさえ、天の影響力を何から何まで否定するところにまでは至っていない。そこに問題が残る。天の影響力は実際のところどのように作用しているのだろう。説明されない遠隔作用の事例はこれだけではなかった。たとえば、中には磁石の謎の力と似た仕組みではないかと推測する学者もいた。他方、天が気候に影響するという異論の余地のないところは、熱と光に関係することを示唆しているようにも見えた。するともしかすると、惑星はその影響力を、それが見える仕組みと同じく光で伝えているのではないか？

ものがそれ自体の極微の像を眼に送ると説く視覚の理論があった。光線が直線的に進むとする理論もあった。オックスフォードの教科書にある整った図に無理なく合う、幾何学的には魅力的な考え方だ。オックスフォードの修士でリンカン大司教のロバート・グロステストは、九世紀に光学の理論を述べたアル＝キンディーの光線説を採用した。アル＝キンディーは、占星術による天気予報についての解説も書いており、それはヨーロッパの大学にいた数学者の間に広く流通していた。しかしグロステストにとって、直近の時期の天気を示す指標以上の答えを星に求めるのは、まったくの「無用で誤り」だった。「判断占星術師は騙されているし人を騙している。占星術師の教えは……悪魔に命じられており、その本は焼かれるべきである」と、グロステストは一喝した。それでもグロステストは光線説に依拠して、潮の満ち引きが一日に二回あることを説明することができた。それは、月からの光線が天で跳ね返されて地球の反対側へ戻り、それで地球の水が同時に二つの方向に引かれるのだと論じていた[46]。

グロステストの弟子、ロジャー・ベーコンもそれにならったが、もう少し細かくたどって、まったく別の結論に達した。第3章で見たように、幾何学はいろいろな角度をなす光線の束がなぜ眼に一個の像を生み出すのかを説明できた——垂直に最も近い光がいちばん強く作用するからだ。同じ理論でさまざまな占星術的影響も説明できるとベーコンは信じ、光線を先端の尖った円錐形で一点に集中するように描いた。「地上の一つ一つの点に、一つ一つの円錐の頂点が達し、各点が、それぞれの地平の中心となる」とベーコンは述べる。そしてさらに「だから母の胎内にある双子に割り当てられる性質は異なり、後には異なる性格となったり、異なる修行をしてまったく違う職についたりする」という説明を加えた。ベーコンの、精密な光線の円錐による光と天の影響の類比は、結合双生児の問題にさえ使える簡明な説明だった。しかし答えられていない問題は他にもあった。懐疑的な哲学者は、なぜ、ある惑星には温める作用があり、またある惑星には冷やす作用があるのかと問うたりした。[47]

惑星の地球に対する影響は、こちらからの距離によってどう変動するかという、さらに悩ましい問いもあった。プトレマイオスは、惑星は主に太陽と月の影響を変える作用をすると説いた。トマス・アクィナスは対照的に、完全なる天の高みに近い惑星ほど強力になると論じた。恒星天を巡る時間が太陽よりも長い惑星——一年以上の軌道を持つ惑星——の球は、太陽よりも上にある。この「上位の」、今日の太陽系で言えば地球より外側にある惑星——火星、木星、土星——は、長期にわたる、もしかすると影響範囲の広い変化に関与していた。もちろんそちらの惑星も天気に作用した。ジェフリー・チョーサーは、判断占星術を「ルイスちゃん」に少し詳しく解説した直後、それを裏切るように否定した。しかしそのチョーサーも、『トロイルスとクリセイデ』の悲話では、惑星による豪雨を利用してロマンティックな出会いを可能ならしめている。

The bente moone with hire hornes pale,
Saturne, and Jove, in Cancro joyned were,

青白い角を持つ曲がった月に、
土星と木星が巨蟹宮に集まり、

That swych a reyn from heven gan avale
That every maner womman that was there
Hadde of that smoky reyn a verray feere.

天から大量の雨が降り始めると、
そこにいたどんな女も恐れた
その煙るような雨を。[48]

ただ、上位の惑星が二つあるいは三つとも近いところに集まると、天気に対する直接の作用を超えて、非常に重大な出来事が結果する場合もある。そのような三重の合が、一三四五年の春にあった。イングランドでもフランスでも、天文学者はそうなるのを予想していて、火星と木星、火星と土星、さらに木星と土星のいわゆる「合の中の合（グレート・コンジャンクション）」というふうに、次々と接近し、それが次の一年の性格が決まる春分の直前に起きることに注目した。同じ時期には月蝕も予想されていた。その影響には、飢餓や大きな政変が長く厳しくなることも含まれるかもしれない。[49]

三年後には黒死病〔ペスト〕がヨーロッパを襲う。占星術師は当然、株価大暴落後に自己批判するエコノミストのように、以前の予知を振り返り、自分たちがどれほどそれを予測できていたか、もっとできたことがあったかどうかと問うた。あるオックスフォードの専門家は、このパンデミックは星によって引き起こされたのか、それとも人類の罪についての処罰としてなのかと論じ、こう結論した。「おびただしい死はまずもって神によってもたらされた。すなわち、自然の道具として月蝕と合の中の合が用いられた」。そうして「それによる死などの諸々の影響は、前もって予想されていて、その予測は天文学者の書物の上で十分に立てられていた」と説いた。[50]

＊＊＊

セント・オールバンズの修道士たちが修道院の窓に描いて称えたのは、グレート・コンジャンクションの第一の権威――ペルシアの占星術師アブー・マーシャル――だった。この修道院には確かに占星術に対する幅広い関心があった。記録史家だった修道士、マシュー・パリスは、占いのための手引きを書き、同修道院でパリスの後を引き継いだ人々はそれを用い、写した。その本にはボルベルという、数字がついた回転板が付属していた。これがルーレットのように回転して何かの数が得られる。その数を本文にあてはめると、金銭、旅行、結婚など、日常の大量の問題への答えが得られる。マシューは、そのような内容は神学的には疑わしいことを認識していたが、過度に心配することはなかった。キリスト教徒はもちろん、まったきカトリックの信仰に注意を払わなければならないが、占いは、自由意志を危うくはしない。「人間の配慮で防げるのであれば、不可避のことはまったくない」からだと、マシューは力説し、こう念を押した。神の怒りは避けることができるし、自分と神の間をつつましい祈りを通じてとりなすのは修道士の仕事だと。[51]

他の修道院では、修道士がさらに進んで、学問的な魔術を実践することで神の怒りを引き起こすようなこともした。占星術と魔術の境はぼやけていてもおかしくはない。魔術といっても単純なカテゴリーではない。中世にはすでに、「魔術（マジック）」も「降霊術（ネクロマンシー）」も、広く雑多な営みを指す包括的な語になっていた。一方には、自然魔術という、自然の不思議な性質を利用するものがある。ある手引きによれば、ライオンの脂を使えば狼を撃退でき、ロバの乳に浸かれば、肌がつやつやになるという。反対側の極には、宇宙のパワーを利用するために何かのもの——呪物あるいは図像——を使うというのもある。これは類像魔術（イメージ・マジック）と呼ばれた。匿名だが、ドミニコ会の碩学、アルベルトゥス・マグヌスかもしれないある著者による、流布した占星術の案内書は、類像魔術を三種類に分けている。第一種——著者は「言語道断」と言う——は、精霊を呼び出したり煙を使ったりして像にパワーを吹き込む。第二種——「少しはましだがやはり好ましくない」——は、同じ効果をパワーをもった言葉を書くことによって得る。匿名の著者は、そのような降霊術は、主流に近い占星術のそれらしい装飾で覆われていることが多いので気をつけるようにと、読者に注意している。[52]

しかし、第三種の類像魔術は、同じ手引きによれば、他の二つの「汚点を排除」するという。それを実践する人々は、天のパワーに直接つながることによって図像を生み出す。何と言っても、星々の影響を予測できれば、自分のふるまいを変えて、事象を強めたり回避したりすることもできるだろう。そして、しかじかの星の影響が強い元素もそうでないものもあることは広く認められていた。地上のそれぞれのものがミクロコスモスであり、上の天のいずれかの部分に合致する質が染み込んでいるのだ。だから魔術師が地上の素材を用いて天のパワーを引き寄せる、あるいは流れをつける方法を探すのは意外なことではない。詩人のジョン・ガワーは、『恋する男の告解』で、アレクサンドロス大王は、邪悪な魔術師の教えの一部を受けていて、まさしくそれを実行できる宝石と植物十五種のリストを伝授されたと語る。

Nectanabus in special,　　とりわけネクタナブスは

Which was an astronomien
And ek a gret magicien,
And undertake hath thilke emprise
To Alisandre in his apprise
As of magique naturel
To know, enformeth him somdel
Of certein sterres what thei mene;
Of whiche, he seith, ther ben fiftene,
And sondrily to everich on
A gras belongeth and a Ston,
Wherof men worchen many a wonder
To sette thing bothe up and under.
To telle riht as he began,
The ferste sterre Aldeboran,
The cliereste and the moste of alle,
Be rihte name men it calle;
Which lich is of condicion
To Mars, and of complexion

天文学者にして
優れた魔術師であり、
この仕事を引き受けた。
アレクサンドロスに対して、
自然魔術を
知るための教育を与えた。
ある星について、
その星は何を意味するか。それは十五あり、
個々にはそれぞれに
草と石が所属し、
それを通じて人は多くの驚異をしくみ
ものを築き、それを解体する。
始めたときのように正しく伝えるために。
最初の星アルデバランは、
すべての星の中で最も明るく大きい
(人はそれを真の名で呼ぶ)。
それは自然にあっては
火星に似ていて、肌の色では

To Venus, and hath thereupon
Carbunculum his propre Ston:
His herbe is Anabulla named,
Which is of gret vertu proclamed.

金星に似て、
石としてはルビーを持つ。
その草はタカトウダイと呼ばれ、
これに大きな力を認められている。[53]

ガワーがこれを、類像魔術ではなく「自然魔術」と呼んだという事実は、ガワーはオカルト学をちょっとかじったにすぎないことの証拠と考えられるかもしれない。しかし本当は、天と地を研究する、あるいは利用することを目指す実践は、簡単に類別できないということなのだ。要するに、それを実践する人々は、商売上の理由から、謎めいたものにしておきたかったのかもしれない。ガワーがこの魔術に関する伝承の典拠にしたのは、あるときはヘルメス・トリスメギストス（ヘルメスの三倍偉大）という神話上の人物によるとされ、またあるときは聖書に出てくる族長エノクによるとされる文書だった――魔術の学徒の何人かは、二人は同一人物と考えていた。とはいえ、この文書は、ウォリンフォードのリチャードやロバート・グロステストによる正統派占星術のテキストとともに写されていた。ガワーはそれを、後半生をすごしたサザークのアウグスティノ会の小修道院で見たのかもしれない。聖アウグスティノ会のカンタベリー大修道院にいたベネディクト会修道士の一団は、学術的魔術を幅広く取り上げた文書を三〇点以上集めていて、なかにはキリスト教の儀式を混ぜたものもあった。魔術の研究が、自分たちの修道士共同体の必要をまかないうると考えていたのだ。それで神や上長ともめることになったという証拠も確かにはない。[54]

そのような営みが他のベネディクト会修道院にどれほど広まっていたとしても、タインマスの修道士が占星術から道を外して魔術に進んだという証拠もない。ジョン・ウェストウィックからして、関心は明らかにもっと数学的なところにあった。ジョンが数理天文学に通じているという噂は、実際、タインマス分院の恐ろしい壁を超えて広がったかもしれない。一二〇キロほど上流のスコットランドとの国境地帯には、コールディンガムの修道分院があった。この分院の現存する名残は、美しい聖務日課表――詩篇、この分院用に仕立てられた礼拝のための暦など、宗教上の参考資料――だ。そこには、聖母子に祈るベネディクト会修道士を描いた、まるごと一ページの挿絵がある（口絵5・10）。その目も鮮やかな絵から一瞬目をそらすことができれば、すぐその下に、恐ろしいほどジョン・ウェストウィックの手によく似た文字を発見して仰天することになる。そこにジョンは――実際にジョン・ウェストウィックだったら――短い指示の一節、もっと長い案内からの断片を挿入するスペースを見たのだ。この断片は、聖務日課表にある暦の何列かの新しい数字を用いて新月を求める方法の概略を解説している。「数の後がドットなら、その数字が表す午後何時は合（コンジャンクション）である。第二周期にあるなら、左下に書かれている数字を用いること。その他の周期の新月についても同様……」。ここで言われるドットや列は、第2章で見た黄金数に基づいていて、一九年周期の四回分について、すべての新月の時刻を教えてくれる。その指示はフランス語だった。[55]

こうした短い指示は、いくつかの興味深い問題を提起する。ジョンはきっと北のコールディンガムまで行くことができ、そうして現地にいる間に自身の天文学的知識をいくらかでも分け与えただろう。遭難の危険があっても、沿岸沿いの航海は何とかなっただろう――コケット島の人里離れた修道院も途中にある。しかしジョンがやってきたときには必ずしも聖務日課表はそこにはなかった。ジョン用にもたらされたのかもしれない。コールディンガムは、ダラム大聖堂付属修道院の管轄下にある修道院で、ここでこの稿本が作られた可能性が高い。ボーダーズ修道分院はイングランドの大聖堂とスコットランドの王の間にしばしばあった争いの争点だった。一三七八年、ジョンがタインマスにくる二年前、ロバート二世国王がダラムの修道士をコールディンガムから追放し、代わりにダンファームリンのスコットランド系修道院のブラザーたちを入れた。[56] 南の母体となる修道院に逃げた者もいたが、きっとこれほど貴重な本を残しては行きたくなかっただろう。聖務日課表の記録は一五〇年後のダラムにあるので、その頃に移送されたものかもしれない。そうだとしたら、移住する修道士がタインマスに持って行ったのかもしれないし、ロバート・デ・モーブレー伯が両修道院を去ったときよりも良好な関係にあった頃、ジョンがダラムで注釈を入れたのかもしれない。

この念入りな聖務日課表は、修道士とその本が、しばしば認識されるよりも移動しやすく、また多言語だったことを思わせる。稿本は修道院間を頻繁に移動した――この稿本はおそらくオックスフォードにも行っただろう――し、何代にもわたる人の手でめくられ、注釈がつけられた。修道士が有益な文書を見つければ、宗教書であれ学術書であれ、それが何語であろうと、余白に書き写していてもおかしくない。

ジョン・ウェストウィックにとって、こうしたノルマン語風に変化したフランス語の指示が有益だったこともあるだろう。もしかすると、一世代後にノーフォークの神秘家マージェリー・ケンプがしたように、ジョンも長い旅にそなえてフランス語を練習していたかもしれない。[57] 私たちはジョンをウェストウィックの荘園からセントオールバンズを経てタインマスへと追ってきた。ここでしばらく、ジョンの学問が、国境を越えてスコットランドへ向かったか、それとも実はダラム大聖堂の写字室の方へ向かったのか、定かではなくなる。それでもわかっていることが一つある。その移動は続き、海をも越えることになる。一三八三年の蒸し暑い夏、ジョン・ウェストウィックは十字軍にいたのだ。

一三八三年、ジョン・ウェストウィックは十字軍の旗を追って進んでいた。その頃は、十字軍はもう古い制度になっていた。一〇九五年、教皇がキリスト教徒を召集し、大領主、信仰深い巡礼者、野心的な冒険家を糾合し、あちこちにある信仰上の聖地を制圧し、近東でイスラム教徒の支配が広まることに抵抗する、功徳を積むための行軍に送り出した。大衆運動としては、とてつもない成功だった。当時の第一線の説教師たちが、何万もの熱意あるキリスト教徒を、新たな聖戦に参加させた。しかしジョン・ウェストウィックにとって一〇九五年は三〇〇年前で、今の私たちから見ればフランス革命やアメリカ独立戦争の時代よりも前の時代に相当するような、遠い過去のことだった〔今の日本で言えば、三〇〇年前は、おおよそ徳川吉宗の時代に相当する〕。十字軍は初期の勝利による勢いの大部分を失っていた。一〇九九年に無差別の殺戮の中で攻略されたエルサレムは、一一八七年には、サラディンによって再び奪われた。パレスチナにあった最後の十字軍の砦は一二九一年に陥落していた。そうではあっても、戦争と宗教的献身という尋常ではない融合から生まれた財産は残った。それは騎士道やそれに関連する騎士団という中世の制度に残っただけではなく、何次にもわたる武装巡礼集団を支えていた教会の認可と財政

の構造にも残っている。聖地回復はその緊急性が失われたとしても、教皇はなおも、スペインのイスラム教徒や、バルト海地方にいる多神教徒やヨーロッパの中心にいる異端と戦う十字軍を送った。こうした運動をまとめていたのは、十字軍の根本原理、贖宥（しょくゆう）だった。公式に認可された遠征に参加した――とくにそこで亡くなった――人々は、あらゆる罪を赦してもらえた。

十字軍の思想は、それが進展し断片化するにつれて、そこに他の大義名分や感情を接木することができた。中世後期のイングランドは、高まる国家的アイデンティティを支持していた。王はそれぞれに軍を指揮して、赤と白のゲオルギオス十字の旗の下、スコットランドやフランスと争った。ジョン・ウェストウィックが生きていたのは百年戦争のただ中で、代々のイングランド君主は、フランスの広い領域の領有権を求め、それを獲得しようとして戦った。同じ時期の一三七八年から、西側の教会は、ローマのウルバヌス六世と、南仏アヴィニョンに拠るクレメンス七世という、対立する二人の教皇が分立していた。ヨーロッパの諸王公は、ウルバヌスかクレメンスか、どちらかと組み、政治的・宗教的な争いが入り混じって、紛争を正当化し、長引かせた。

一三七八年の分裂から何週間もしないうちに、ウルバヌスはイングランドの支持者に対して布告を送り、自分と対立するクレメンスと、あるいはこの対立教皇の支持者と一年間戦った者は、誰でも十字軍なみの贖宥を与えると約束した。[1]なりゆきで、現代のベルギーの半分とフランスとオランダの一部を占める伯爵領、フランドルが戦場となった。領主のルイ・ド・マールはフランスの支援を受けた。ルイとフランスは、ともにアヴィニョンの対立教皇、クレメンスの側についていた。しかしヘントやブルッヘなど、フランドルのいくつかの都市には、イングランドから輸入される毛糸で毛織物を作ることで財をなす人々が集まっていた。その市民はイングランドと手を結んでウルバヌス支持に回り、ルイ伯の権威に盾ついた。ヘントの指導者フィリップ・ヴァン・アルテヴェルデは、イングランド育ちで、前々からロンドンの息がかかっていて、フランスの支援を受けた伯爵を追い出すための艦隊と軍勢をイングランドが派遣するなら、イングランド王リチャード二世を、フランドル伯とフランス王の両方として認めるという提案をした。

一三八二年、まだ十代のリチャード王とその枢密院が態度を決めかねている間、フランスはヘントの反乱勢力を鎮圧し、羊毛貿易に対する厳しい禁輸措置をとった。これにはウェストミンスターの議会で、多くの人々が必死に介入しようとしたが、それは少なからず、毛糸の禁輸はイングランドの輸出を減らすことになるからだった。しかし政府の財政は、前年の農民反乱以後、混乱していた。国王の宝石をいくつか売り、イタリアの銀行家から借金をしたものの、一三八二年四月から九月の政府の収入総額は、わずか二万二〇〇〇ポンドしかなかった。議会は軍勢を興すことができなかった。[2]

ここでノリッジ司教が登場する。大貴族一家の末の息子、ヘンリー・ル・ディスペンサーは、教会で出世するために、怠りなく準備していた。オックスフォードで法律を学ぶと、教皇の宮廷に出仕した。そこで教皇の支配に抵抗していたミラノ相手の十字軍に参加して戦うことで軍事的資質を示した。感謝した教皇はまもなくディスペンサーをノリッジの司教に任じた。司教になってしまえば、穏やかにふるまう必要もないとディスペンサーは見た。セント・オールバンズの記録史家は、ディスペンサーが一三八一年の農民反乱の際、農民に対する騎馬突撃を指揮したことを述べている。鎧兜（よろいかぶと）、両刃の剣の完全武装で反乱軍の中に馬で乗り入れ、四方八方をなぎ倒し、突き刺して、「猪のように歯をむき出していた」

という。[3]ディスペンサーは、明らかに精力的だったが、政治家ではなかった。フランドルの状況への関与は、おそらく付き従っていた野心的な司祭（後にヨーク大司教となった）によって動かされていたのだろう。しかし王の枢密院は舵取りがなく、議会も麻痺していて、ディスペンサーはウルバヌスが認めていた十字軍を興す権限を利用するチャンスと見た。

一三八二年一二月二一日、ディスペンサーはロンドンのセント・ポール大聖堂の中央に大きな十字架を掲げた。そこの内陣の段に立ち、ロンドン司教の前で十字軍の宣誓をした。ある記録史家によれば、十字架を掲げるこの儀式は、当時の人々には記憶にないことだった。司教はあちこちを探し回ったあげく、やっとウェストミンスター修道院にある典礼に関する指示書を見つけた。[4]

新年になると十字軍の宣伝が強化された。説教師が国中を回り、この遠征に参加したり資金を援助したりするなら誰にでも霊的恩恵を与えられると、大盤ぶるまいで約束した。もう少し寄付すれば、送り主の友人や、すでに亡くなった人々の魂まで救えると説く者もいた。ある修道士は、説教師が空から天使を呼び寄せ、その天使は煉獄にある魂を救い出して天国まで運ぶと約束している様子を、疑いの目で回想している。その修道士はとくに女性が寄付をしたと書き、「自分や親しい人々のための赦免を得るために、多くの人々が自分に出せる以上の額を出した。こうして王国に埋れていた――女性の手の内に蓄えられていた――財産が危機に瀕した」と嘆いている。[5]

ウェストミンスターの議会は、いささかの疑念を抱きながらも、この企てを承認した。ディスペンサーは、この十字軍がだいたい自費でまかなえると説いて売り込んだが、議員たちが交付することに同意した額は、最後に入ったなけなしの税収のうちの三万ポンド以上に及んだ。議会は確かに、二五〇〇の装甲兵士、二五〇〇の弓兵を集め、一年間フランスで戦わせるという約束に目を奪われたのだが、この司教の将軍としての資質についてはそれほど納得はしていなかった。ディスペンサーは、明らかにしぶしぶながら、王家の副官を任用して重要な軍事的判断はすべてそちらに委ねることを約束したが、実際にそうすることはなかった。[6]

徴兵作戦は大成功だった。あらゆる階層の男たちが参加した。武具師、鞍師から、魚屋、仕立屋、商人、神学生もいた。ディスペンサーは、新兵の質を保証すべく最善をつくし、本人が戦士として有能ではない場合には、自分の代わりになる戦士の分の給料を出すべしと命じた。議会からの資金と私的な寄付で、五人の経験を積んだ部将を含め、相当の職業軍人勢力をまかなった。しかし兵員は多数の教会人でも膨れ上がった。兵員名簿には、司教座聖堂、小教区を問わず、司祭や参事会員がずらりと並んでいる。[7]また、壁の内にとどまるという誓いを立てている修道士さえ、多くが軍勢に加わった。

その熱意が周囲の修道士の皆から喜ばれたわけではない。マルムズベリーの記録史家は、沈黙の信心による修道院が、十字の印をつけた人々によって混乱に陥った、と嘆き、「対立教皇と戦っていると言って神への崇拝をおろそかにしているが、実際には純潔に反対して戦っているだけだった」と抗議している。セント・オールバンズの歴史家、トマス・ウォルシンガムもそれに賛成した。

その者たちは修道院の静けさを喜ばず、そこで院長の許可を求めた……戦争のような行ないと剣戟の激突に向かうことを。私はその者たちの名を言わずにはいられない。本院からは、ボークデンのジョンが出ていった。タインマスの房からはジョン・ウェストウィック、ワイモンダムの房からはウィリアム・ヨーク、ビナムの房からはロジャー・ブーヴァーとジョン・ベル、ハットフィールドの房からは他ならぬ院長ウィリアム・エヴァースドン……およびウィリアム・シェピー。

稿本の余白には、さらにロジャー・ラウスという名が非難の名簿に加えられている。[8]

＊＊＊

十字軍は、公式には一三八三年四月一七日、ウェストミンスターで結成された。ディスペンサーは大修道院付属教会に十字架の幟を掲げた（ディスペンサーは、その国粋的な原則を明らかにする声明で、近くのウェストミンスター議事堂にいる議員たちに、クレメンス派が改心して「真の教皇」についたとしても、自分はなお、王のために戦うと言って安心させた）。ディスペンサーは大群衆を従え、テムズ川沿いをセント・ポール大聖堂まで三キロ余り行進して厳かなミサを挙行し、そこから南岸へ向かい、十字軍に集まった軍勢をまとめた。部隊が集結するのを待つ間、カンタベリーの、ディールの港に隣接する聖アウグスティノ修道院の荘園の一つで、同院のもてなしを受けた。[9]

武装したジョン・ウェストウィックと仲間の修道士には、多難な前途が待ち受けていた。北海がどれほど荒れるかは（戦争の危険は言うに及ばず）知っていたので、ジョンはその前途を軽くは考えていなかったはずだ。ジョンは必死にタインマスから脱出しようとしていたのだと推測したくなるところだが、そんな安易な説明は退けるべきだろう。理由の一つとして、それではハットフィールド・ペヴァレルにあった分院長が参加したことは説明できない。小さくても院長ともなれば、もともと相当の自由があっただろう。また、ボークデンのジョンという、石工としての腕がセント・オールバンズの修道院で腕を買われていた堅実な市民が、この修道院の庇護を離れることにした理由も説明がつかない。[10] どんな宗教的熱意が、あるいは国粋的な誇りが、あるいは単純な冒険心があって、ウェストウィックが十字軍に参加することにしたかは想像するしかない。できることといえば、ともにカレー行きの船に乗り込むことだけだ。

そのような陸路と海路の旅は何千年も前から行なわれていて、航海についての学問も技術もほとんどいらない。しかし学問の発達によって、旅は安全になり、貿易も儲かるようになり、侵略もしやすくなったかもしれない。中世には地図作成、航海技術、潮汐や海流などの海洋現象の理解が進んでいて、いずれもジョンの旅路に活躍した。

中世の地図は、ちょっと見ただけではおそろしく不正確に見えるだろう。海岸線はほとんどわからず、中身も馴染みがない。しかし「正確さ」についてあれこれ言うのは、せいぜい地図の評価の一部にすぎない。地図はつねに何らかの問いに対する回答であり、一連の優先順位に対する応答だ。明瞭であることの方が大事か、それとも完全であることか。三次元の地球を二次元の紙面に描くという不可能な作業を試みるとき、優先される整合性は、縮尺か、形か、方位か。必ずしも細かければよいわけではない。ハイキング用の地図にならば、遭遇する地形的な特徴すべてが散りばめられているだろうが、道路地図にそれが望まれるわけではない。歪めることで得られることもある。通勤する人々は、地面の形を歪めても簡潔になっている地下鉄の路線図を難なく利用している。中世の地図は規模や野心、正確さと内容の点でとんでもなくばらついていて、豊かな視覚文化とさまざまな用途を反映している。極端な例として、サクロボスコの『天球論』のような教科書によくある、東西に延びる線が地球を気候帯に分ける簡潔な線図がある。反対側の極には、イングランド西部、ヘレフォード大聖堂にある世界地図（マッパムンディ）のような、かさばるものの、引き込まれるような視覚的大要がある。

一三〇〇年頃に、子牛の皮をまるごと使って作られた、ダブルサイズのシーツほどの大きさがあるヘレフォード図は、大聖堂の壁に重々しい姿で掛かっていたことだろう。それでも、高さわずか三ミリほどの文字でびっしりと詰め込まれた書き込みは、近寄って目を凝らす必要があった。それは中世初期の図式的な「T・O」図にも拠っていた。人間が住む世界をT字形の水路を用いてアジア、アフリカ、ヨーロッパに分け、東を上にした円形の枠に収めている（図6・1）。しかしそれはあれこれの古典的典拠、とくに聖書に拠っていて、やたらと詳しかった。マッパムンディでは、たとえばアフリカの長さやオークニー群島にある島の数といった具体的細部を求めることができるいっぽう、目はバベルの塔やエデンの園、十字架にかけられたキリストに引き寄せられる。地図の中央にはエルサレムがある――第一回十字軍が召集されるときにときの教皇がそう呼んだとされる「世界のへそ」だ。[11] このような目で見る百科事典では、地理は主として歴史をまとめ、展示するための枠組みだった。各地の野生生物がランドマークの建物や郷土料理と一緒に登場する今日の教育用の地図帳のように、中世の世界地図はしばしば様式化され、想像を刺激した。著者はそれをどんな形にでもすることができた。ベネディクト会修道士、ヒグデンのラヌルフが一三三〇年頃に考案した普及版は、地球をアーモンド形の枠の中に描いていた。神の造りたまいし世界の、神の摂理を示すそんな描写を、修道士たちが大事にしたのも意外ではない。

それでも修道士たちが抱いた地理学的関心は、それよりずっと広がることが多かった。ヘンリー・ディスペンサーが十字軍の儀式を求めてウェストミンスター修道院の資料の森深く分け入ったとき、修道院長を退任したばかりのブラザー・リチャード・エクセターの助けを得たことに疑いはない。エクセター自身の個人蔵書には、ラヌルフ・ヒグデンの地理・歴史百科事典もあり、これはマルコ・ポーロの『東方見聞録』といっしょに綴じられていた。エクセターが一三九六年から七年にかけての冬に亡くなった後、その財産は修道院が相続した。チェスの駒

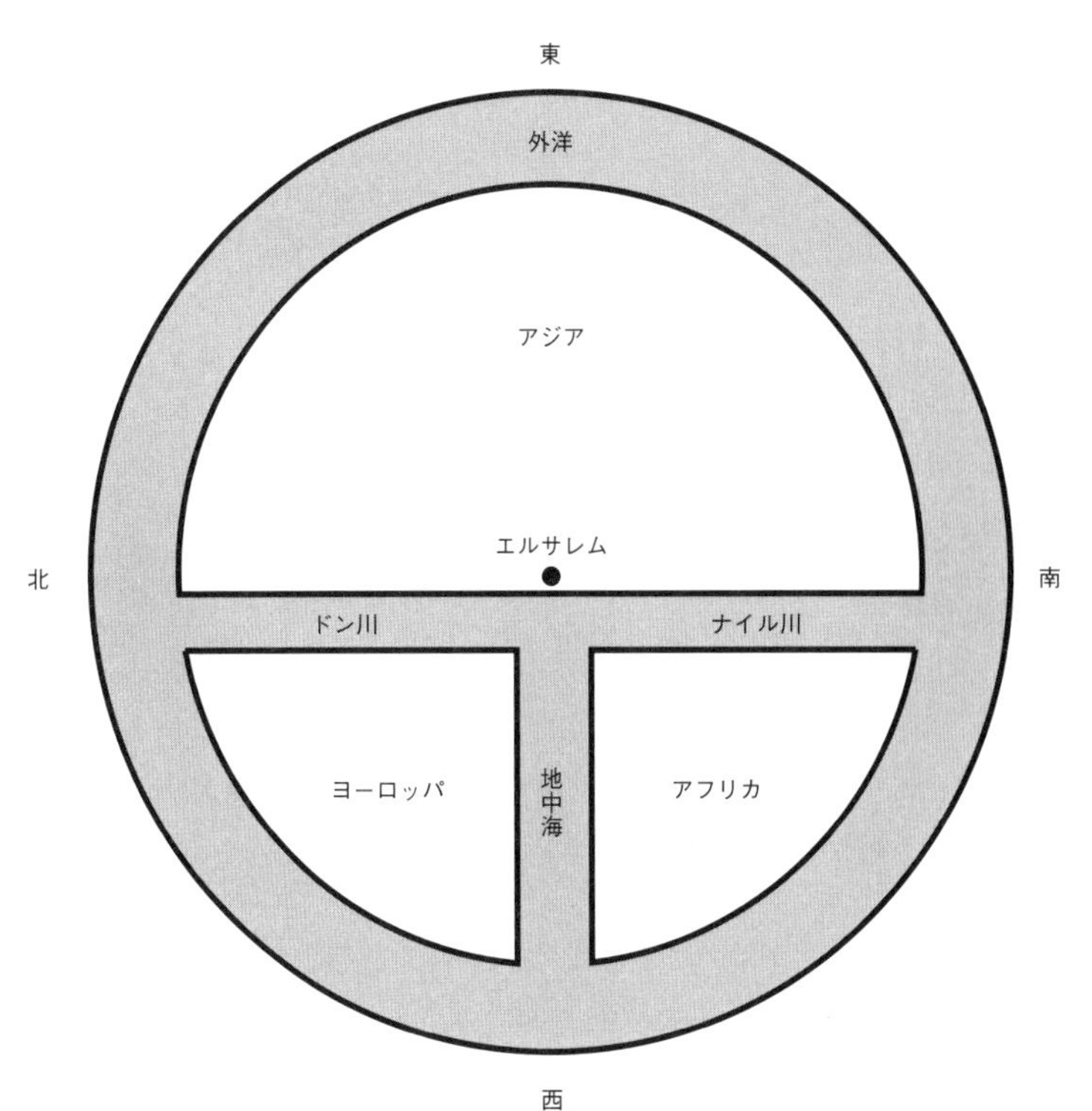

図6.1　T・O式の世界図。とくにセビリアのイシドルスによって広められた。

が一組と、何点かの見事な食器とともに、イングランドとスコットランドの地図何枚かと、海図が一枚残された[12]。

その間、セント・オールバンズでは、記録史家のマシュー・パリスが独自に一二五〇年代のイングランド、パレスティナ、世界の各地図を作成した。イングランド概略図は、東のフランドルなどの周囲の国々の名で区切られた枠の中に、非写実的に描かれている（口絵6・2）。しかしもっと細かく見てみると、この地図が主として旅程図であることがわかる。アントニンの壁、ハドリアヌスの長城の南にニューカッスルからドーバーにかけての諸都市をまっすぐな背骨にして、マシューのイングランドが垂れ下がっている。主たる街道はもちろんセント・オールバンズ大修道院を通過し、管轄下のビーバー修道院も通った。ビナム、ワイモンダム、タインマスの分院も、街道からの迂回路として登場する。マシューはこの国の主要河川を描き、都市、聖堂、山については、ある程度規格化されたシンボルを用いた。しかしマシューが記入した場所のほとんどは、修道院のあるところだった。これはジョン・ウェストウィックのような旅行者にとっては、長い旅に出る前に参照する理想的な手引きだった。それはウェストウィックがタインマスから南岸まで行く途上で世話になる計画にしていそうな休憩地点をすべて示していた。

マシューの地図に明らかに欠けていたことの一つは、緯度と経度の線だ。これは地球をそのように分割することを知らなかったからではない。これまでの章で見たように、ジョン・ウェストウィックやその当時の人々は、計算することも、数理地理学の道具を使うことも完璧にできた。主要都市の緯度と経度の表は、セント・オールバンズにあった稿本も含め、中世の稿本には豊富にあった。しかし地図を作る際にはそのようなデータを入れる必要はないと見られていた。その地図は旅行案内――その旅が実際の道筋のものだろうと頭の中でのことであろうと――だったので、相対的な位置がわかれば十分だったのだ。マシュー・パリスによる旅程図の一つでは、ブリテン島の大きさを示す物差しを示しているが、他の地図では、周囲の国々の名が同じ役割をしていた。[13]

しかしその後の百年の間に、地図にはやたらと線が引かれるようになった。地中海の船乗りは船が進む方向や港の案内を何代にもわたり書き込み、一三世紀末にはさらに大規模な海図にまとめるようになった。陸が見えないところにいるときの進路をとりやすくするために、放射状の方向を示す線――航程線――を加え、航海案内書(ポルトラーノ)と呼ばれる海図帳を作った。こうした海図の海岸線には、海岸から内陸へと向かう方向に書かれた港の名がびっしりと並んでいるが、内陸はほとんど何も書かれずに残されていた。

地中海西部で貿易がさかんになったことで、地図作りの中心地はヴェネツィアやジェノヴァといったイタリアの都市だけでなく、マヨルカ島にもできた。カタロニアのユダヤ教徒エリシャ・ベン・アブラハム・クレスケスのような地図づくりの名人は、バレアス諸島の貿易商が使う実用的なポルトラーノと、旧式の世界地図の古典的伝承やアジアを訪れたヨーロッパ人による最新の報告とを織り交ぜた、ぜいたくな総覧を作った(口絵6・3)。一四世紀には、探検家が大西洋の島々の図を作り始め、一五世紀には西アフリカの海岸をさらに南下すると、そうした土地も海図に加えられた。

エリシャ・クレスケスやその息子のジェフダは、ジョン・ウェストウィックがいた時代のアラゴン王家に仕えていた。一三七五年のカタルーニャ図はおそらく二人の工房でできたものだろう。[14] この地図はもともと、八枚の木の板を全体で幅二メートルの長方形にした台に載せられていて、それで大西洋から中国に至るまでの諸地域を示し、占星術の図や潮汐計算器がついていた。それが何世紀も後の今まで残っているのは、それが海で使われたのではなく、展示用の複製だったからだ。しかしきっとこれほど精密ではない形のものが船に載せられ、使われただろう。こうしたポルトラーノ図は、沿岸航海には必要なかった。経験を積んだ案内人は、自分がなじんでいる航路の隅々まで承知していたからだ。しかし競争心旺盛な貿易商が、陸が見えないところでの長い航海にあえて乗り出すようになると、海図はますます役立つようになった。そのような航海はとくに地中海では実行可能だった。そこなら潮の流れは小さくて、航路を上手にとれば妨げにはならなかった。

航程線が放射状に走るこのような海図が、突如一四世紀に増えたのはなぜだろう。おもな理由は、航海での羅針盤の使用がますます広まり、また使い方も一貫してきたということだ。カタルーニャ図は羅針図を登場させており、航程線がその海図中の装飾的な羅針盤で交わる。これはこの装置の初期の試みで、実際にはほとんどの線は羅針図の中心を通らない。しかし羅針図はまもなく航程線の網目と完全に統合されるようになり、それによって船乗りが出発地から目的地までの基本的な航路を描けるようになった。

ポルトラーノ図の人気は急速に高まったが、羅針盤はそれよりも漸進的な展開の結果だった。鉄を引き寄せる天然磁石〔磁鉄鉱〕の力は、ギリシア・ローマの古典期の記述にもあった。聖アウグスティヌスは、同じ北アフリカ出身の司教が、夕食の席で披露された磁石の驚異の性質を見たときの話を伝えている。ローマの地方の知事だった主人が、銀の皿に鉄のかけらを置いていて、皿の下で天然磁石を動かした。客は鉄が動くが皿の方は影響を受けないのを見て驚いた。しかし古代ヨーロッパの哲学者はさまざまな磁石の作用を実験していたが、それを実用的に使うことはなかった。一方、中国では、「湿式（ウェット）」磁石、つまり水を張った器に磁化した針を浮かべたものが、八世紀には（おそらくさらに何世紀か前から）使われていた。一〇八八年、政府の役人で碩学の沈括が、磁気の変動で磁針が真の北よりもやや西を指すことを解説した。細いピンに載せた針が回転する「乾式（ドライ）」の磁石〔いわゆる方位磁石〕は、何十年か後に記録されているが、中国ではとくに広まっていたわけではなかった。[15]

その頃のヨーロッパに何らかの方位磁石があったことを示す証拠はないが、ある根拠薄弱な伝説では、一〇世紀のサレルノで教皇あるいは船乗りに知られていたとされている。[16] それでも、いずれ方位磁石がヨーロッパに登場するが、それは独自の発明だったらしい。アラビア語の典拠ではかなり後になるまで言及されていないからだ。方位磁石にラテン語で初めて明瞭に言及した例は、一二世紀末のことで、セント・オールバンズの教師による二つの著述に出てくる。

アレクサンダー・ネッカムは、一一五七年、将来のリチャード一世王と同じ夜に生まれた。母は乳母で、右の胸で王子に乳を与え、自分の息子には左から与えたと言われた。[17] リチャードがサラディンの復活した軍勢に対する第三回十字軍を率いていたとき、ネッカムはオックスフォードで教えていた。後にネッカムはアウグスティノ会士となり、その後、イングランド西部サイレンセスターの大修道院長になった。そこで一二〇〇年頃、最も重要な科学的著作『*De naturis rerum*』〔事物の性質について〕を書いた。

ネッカムはラテン語の文法教科書に、初めて例として方位磁石を収録した。その本を書いたのはパリ留学中のこと、まだ二十代の始めの頃で、それから帰国し、最初はダンスタブルやセント・オールバンズのグラマー・スクールで教えたが、後にオックスフォードに移った。先の著書の理念は、ラテン語を日常生活の実用的な語彙を通じて提示する教科書ということだった。そこには航海用具の節があった。もしかすると、自身が英仏海峡を渡った船旅の記憶に基づくのかもしれない。ネッカムは、船に必要なのがコールタールや食料、オールや錨などだけでなく、マストを支えるためのステイや索も必要だということにも気づいていた――さらには斧もあり、これは船が嵐にもまれたとき、マストを切り倒すために用いられるのではないかとネッカムは述べた。また、悪天候で星が見えにくくなるといけないので、船にはふつう、「軸の上に載せた針」があり、「それは回転して向きを変える……そうして船乗りはこぐま座〔北極星がある〕が見えなくてもどちらへ舵を切るかを知る」と書いている。[18]

となると明らかに、ドライ式の方位磁石は一一八〇年代にはあたりまえに使われていたということだ。ネッカムは二〇年後、あらためてその話に戻ってきてさらに詳細に語る。その頃には、アリストテレスの翻訳されたばかりの著作のいくつかを研究する機会を得ていて、この哲学者とその科学的方法を大いに称えていた。それでも『事物の性質について』の意図は、何よりも道徳的な論考だった。ネッカムの明言された目標は、聖アウグスティヌスに従い、自然からとった宗教的啓発のための例を用いることだった。そこで海の節では、すべての川が海岸に向かうことを述べ、潮汐の理論の概略を簡単に述べたが、波の力や、それを支配できると思っている船乗りの愚かさについての話に最も長く紙幅を割いている。この節のしめくくりにネッカムは、信頼できる目撃者の話であると請け合いつつ、英仏海峡を恒常的に自分と飼い犬だけで往復した船乗りの話した。犬は飼い主の命令があれば歯でロープをひっぱるよう訓練されていたが、ネッカムは、これは嘆かわしい無分別な企てだと考えた。[19]

それと同様に、ネッカムの詳細な航海用羅針盤の解説からは、宗教的指導者に向けた教訓が導かれる。

「高位聖職者は「人生の」海にいる人々を導き」、自らの理性によって人々に方向を示さなければならない。しかしネッカムは、この道徳的結論に達する前に、磁石の奇妙なふるまいを説明するための理論を提示する。磁石は鉄をあらゆる方向から引き寄せるが、他の磁石を退けることもあるという点だ。天然磁石の引き寄せる力は、それと似た――鉄を含んでいる――物体に対して最も強く作用する。しかし、そうなるのは、強い方の物体が弱い方の物体を引き寄せるときだけだとネッカムは説いた。つまり、二つの天然磁石は明らかに似ていても、その引力は相殺されてしまうのだ。ネッカムはこのことを、預言者ムハンマドの像が空中に浮いたという物語と合わせ、この驚異の出来事は複数の磁石が正反対の方向に引いたとすることで説明できると言った。[20]

像が浮いたという話は六〇〇年前のセビリアのイシドルスや、さらにはその前のプリニウスが語った話に似ている。中世の学術的著述にはよくあることだが、どこまでがあらためて観察したことで、どこまでが従来の権威の焼き直しなのかは、なかなか判然とはしない。ネッカムの航海実務についての理解は確かに限られていたが、その一見すると例を見ない磁石の性質についての見識は、自身の実験による結果というよりは、誰かの言っていたことを繰り返している可能性が高そうだ。それでも、この主題についての著述は中世後半にわたって蓄積され、磁石の性質に関する学者の関心と、羅針盤の実用的普及との両方を物語っている。ネックマンより後の、やはりアウグスティノ会士、ジャック・ド・ヴィトリーは、天然磁石が「洋上の船には真に必要」だと断言した。ド・ヴィトリーはこの問題について多少の経験があり、生まれたフランスから旅に出て、エルサレム王国で最後に残った砦、アッコの大司教となったり、エジプトに旅をして悲惨な第五回十字軍に参加したりしている。[21]

医者も磁石の性質に関心を抱き、ニンニク、玉ねぎ、山羊の血で弱められる（場合によっては強められる）と考えている著述もあった。自分で実験したのが明らかな人物として、かつてはフランドルの一部で今はベルギーになっているトゥールネで研究をしたジャン・ド・サンタマンがいる。ジャンは流布した医学の教科書、〔『*Antidotarium Nicolai*』〔ニコラウスの解毒剤〕〕の一つに長い注釈を書いた。その末尾で、ジャンは同書にあった、テュロスと呼ばれる蛇（ジャック・ド・ヴィトリーは、これがアッコから遠くないジェリコー地域に生息すると言っていた）の肉が毒を無毒化することができるという勧めを論じた。そのような蛇の肉が患者から毒を抜くのはどういうことかとジャンは問うた。どうやってこの毒が体に蓄積される傾向に打ち勝ち、毒を吸収した蛇の肉は取り込まれないのか。この厄介な問題を処理するために、ジャンは天然磁石が鉄を引き寄せる力にたとえ、そこで磁石を水を満たした卵の殻に浮かべる実験に基づいて、磁石の極性を簡約して論じた。磁石の北極が南に向く様子を記し、磁針を一定の方向にすると極性が逆転しうることを述べた。「磁石には地上世界の痕跡がある」とも説き、地球の中の何かがこの現象の根抵にあるにちがいないことを示唆した。[22] しかし、針は天国の北極を指すのだと一般には信じられていた。

一三世紀半ばにもなると、自然哲学の著述で磁気を取り上げるのはあたりまえのことで、トマス・アクィナスやアルベルトゥス・マグヌスなどが磁気に言及している。当時の詩にも磁石はますます登場するようになった。船乗りを導く驚異の力だけでなく、逆にその力で船を造る木材を留めている釘を引き抜いて船を沈めるという話も広まった。ピエール・ル・ペルラン〔ペトルス・ペレグリヌス〕――巡礼者ピーターの意――という北フランスの学者にして軍人が、磁気に関する論考を書くに至った一二六九年には、かなりの量の知識に依拠することができていた。しかしピエールは、極性に関する新たな実験結果を大量に得て、その知識を拡張し、湿式と乾式双方の方位磁石の使い方について述べ、磁石を使った永久運動機関の作り方さえ説いている。またよき実験家の質についてもまとめた。ピエールにとって、本で学ぶだけでは明らかに足りなかった。

この仕事の名人（マスター）（職人（アルティフェクス））は、事物の本性を理解しなければならず、天の動きを無視すべきではない。自分の手による作業に長けていて、この石を使って驚異の結果を生み出すことができなければならない。実際、その努力を通じて、器用さが欠けていたら自然哲学や数学だけではなしえないような、誤りの訂正もあるかもしれない。多くの人には隠れた術の実践的技能が欠けている……もちろん、われわれの精神が習得しても、われわれの手にはなしえないことも多い。

ピエールの簡潔で明らかに整理された「磁石に関する書簡」は当然に人気を得て、中世全体でそれ以上のものは出なかった。それは大学や修道院にある書物の中に、これまでにもお目にかかったマートン修道分院の稿本など、数学や光学や占星術の著述とともにある。[23]

＊＊＊

ジェフリー・チョーサーは、すでに知られるように、ジョン・ウェストウィックの時代の日常生活を鋭く観察していた。また、あの司教の十字軍の時代には、ロンドン港の忙しい毛糸埠頭担当の税官吏でもあって、そこで無数の商人や船乗りと会っていた。それでも、『カンタベリー物語』の総序で登場の巡礼者たちの概略を紹介するときには、鎖帷子（くさりかたびら）をつけた賢明で立派な騎士、書物を持った学者風神学生を描いているが、いかつい日焼けした船乗りについては、象徴として方位磁石や地図を持たせる必要があるとは見ていなかった。

A shipman was ther, wonynge fer by weste;
For aught I woot, he was of Dertemouthe.
He rood upon a rouncy, as he kouthe,
In a gowne of faldyng to the knee.
A daggere hangynge on a laas hadde he
Aboute his nekke, under his arm adoun;
The hoote somer hadde maad his hewe al broun.
……

そこに船乗りがいた。ずっと西の方に住むといい、
私が知るかぎり、ダートマスの出身だった。
荷馬車用の馬に——ともかくも乗り方を知っている範囲で——乗り、
膝丈の毛糸のガウンを着ていた。
首に巻いた紐に投げ矢を腕の下の方までぶら下げ、
暑い夏は肌の色がすべて茶色になっていた。

But of his craft to rekene wel his tydes,
His stremes, and his daungers hym bisides,
His herberwe, and his moone, his
lodemenage,
Ther nas noon swich from Hulle to Cartage.

……

He knew alle the havenes, as they were,
Fro Gootlond to the cape of Fynystere,
And every cryke in Britaigne and in Spayne.
His barge ycleped was the Maudelayne.[24]

しかし潮や海流や
現地の危険なところ、
操船、月、航海をよく知っていた。
ハルからカルタゴに至るまで、それほどの者は他にいなかった。

ゴットランド〔スウェーデン〕からフィニステレ岬〔スペイン〕まで、
あらゆる港がどんなところか知っていて、
イングランドやスペインの入江もすべて知っていた。
乗り組む船はマドレーヌ号という名だった。

この航海の名人が船に方位磁石を置いてきたかどうかはともかく、チョーサーの見るところでは、この人物は二つの重要な資質で傑出していた。潮がわかることと、現地についての知識だった。アレクサンダー・ネッカムは、潮汐の原因は「まだ完全には解かれていない」ことを認めていて、古代人もこの問題に突き当たっていたと、言い訳するように言っている。この問題はガリレオの時代になっても哲学

者を悩ませていた。この一七世紀最大の天文学者は、潮汐が地球の自転のせいで起きる、浴槽で子どもがはしゃいで湯をばしゃばしゃやってできる波のようなものと思っていた。それでも、ネッカム自身が記しているように、潮汐が月と関連していることは、ずっと前から、学問がない人々にも明白だった。学者も、潮汐の正確な仕組みについて考えつつも、実践的にはまだ月齢から満潮と干潮を予測するだけですませていた。セント・オールバンズでは、一四世紀のある修道士が、ロンドン橋の満潮の時刻を、新月から新月までの周期の一日ごとに、一つひとつ示す簡単な表を作成している。それは満潮が一日ごとに四八分遅くなるという原理に基づいていた。修道院の時計職人は、同じ情報を、ウォリンフォードの記念碑的発明に用いる盤の一枚に組み込んだ。[25]

チョーサーが描いた船長のような経験を積んだ船乗りは、何よりも、独自に得た現地の知識に依拠していた。しかしこの登場人物の広範な技能は、古代地中海の制海権を握った大国カルタゴから、ハルの栄える貿易港に至る時間と空間には並ぶものがないとはいえ、チョーサーはこの船乗りの知識には地域ごとに濃淡があることをうかがわせている。故郷であるイングランド西部のダートマスに近いところの沿岸では「すべての水路」を航海できたが、バルト海にあるゴットランドのハンザ同盟の港から、スペインの大西洋岸にある地の果て（フィニステレ）に至るもっと広い領域になると、知っていたのは大きめの港だけだった。したがって、そのような船乗りは、自分の記憶の支えとし、あまり知らない水域での助けとするための何らかの航海用の案内書を携えていただろう。そのような案内書は、絵図から詳細を得ていてもおかしくないし、逆に絵図の方も、文字になった記憶から詳細を増補していた。記述が長期保存を意図していたことは——とくに、港には盛衰があり、沿岸の砂も移動するので——めったになかったが、なかには残っているものもある。アレクサンダー・ネッカムの時代に書かれたある案内は、ヨークの町から、まずウーズ川を下り、ハンバー川を通って海に出て、さらにジブラルタル海峡を通って東地中海にまで至る航路の港や危険地域を網羅していた。たとえば、イングランド東岸のオーフォードには、「よい町とよい城があるが、港に入るのは難しい。港の中央に『シンヒル』という名の砂堆(さたい)があるからである」という。この案内書の著者――可能性として考えられるのは、ヨークシャーにいたハウデンのロジャーという司祭――は、エルサレムまでの巡礼路にある多くの港についての広範な知識を示した。スペイン北岸のリバデオには、「［錨の］かかりもよい、深さもある良港があるが、左側の方がよい」と回想する。巡礼の旅が進むにつれて、詳細はまばらになる。シチリアからアレクサンドリアまでは、風がよければ八日の航海であることもわかる。さらにアレクサンドリアからカイロまで陸を進むのは、距離は一〇分の一ほどなのに、徒歩でさらに五日かかる。ダマスカスからバグダッドまでは、地中海の航海の半分の距離しかないが、二六日かかる。中世の巡礼や貿易にとって、水上の移動は陸上よりもずっと楽であることが多かった。海は障害ではなく、街道と考えるべきだろう。[26]

船乗りは、自分たちの経験から得たことを後継者たちに伝えながら、自然に潮汐の詳細を組み込んで、航路計画に自分たちの教えが地図よりも役立つようにした。そのような潮汐の詳細は、ジョン・ウェストウィックが船旅に出てからほんの何十年か後の一五世紀初頭に書かれた、現存する最古の英語による水路誌に出ている。この水路誌の無名の著者は、ウェストウィックがしたような、ケントの海岸からカレーまで英仏海峡を渡るのに最適の出発時刻、どの方向へ針路をとるか――そして何よりも、何百という船乗りに「船を飲み込むもの(シップ・スワロワー)」と呼ばれる悪名高い砂堆の避け方――について教えている。

カレー港へ向かってダウンズの沖に停泊しているとき、風が西南西なら、北北東の月のときに錨を上げ、尖塔を風見鶏に重ねなければならない。それから針路を東南東に定め、その後は風と潮が針路を助けるだろう。必ずカレー港を南南東の月に求めること……ダウンズに入るときには、グッドウィン・サンズには九ファソムより近づかないこと。[27]

こうした月の方位の言い方は、正確に計算された潮汐表に慣れた現代の船乗りをまごつかせるかもしれないが、それは中世には広まっていた慣習を表していた。しかじかの場所で満潮になる時刻は、新月が子午線を通過するときとの関係で特定された。たとえばカレーでは、「南南東の月」つまり、新月が南中する少し前に満潮になる（カタルーニャ図は、この情報を、フランスとイングランドの沿岸一四港について提示した。地中海の潮は無視できるので、その情報は、カタルーニャにずっと近いところではあまり意味がなかった）。別の日付のときには、この推定値を一日四五分――つまり三二ポイントに分けられた方位磁石で一ポイント分――という概算値で修正できた。このため、チョーサーに出てくる船乗りは、月を知ることが不可欠だった。またそれを求めるために、先に見た手による計算（コンプトゥス）によく似た、指を数える方法もあった。たとえば、ディール港のすぐ沖合のダウンズの安全な停泊地を、月齢が二日のときに出たいと思っているとしよう。月齢に合わせて調整すると、月が北北東から二ポイント進んだとき、つまり北東の月を見たとき、錨を揚げるのがよい。羅針盤を東南東の進路に向けて監視するだけでなく、自分の真後ろにある教会の塔を用いて、それを船尾につけた風見鶏に重なるよう保ち、正しい方位を維持する助けにすることもできた。[28]

お気づきのとおり、経験を積んだ船乗りなら、アストロラーベのような器具を使わなくても、定期的な船旅の間、自分の位置を知ることはできた。緯度を記録し続けるのにアストロラーベが必要になったのは、ポルトガルの探検家が大西洋の島々を植民地にし始めた一五世紀になってからのことだった。そのときは、なじみのない海の陸地が見えないところで何日もすごしたので、太陽や北極星の高度を測定する確立した方法を採用した。船乗りは、直角器〔天体の仰角を測定する〕や航海用アストロラーベのような器具を、昔ながらの天文学の原理に基づきつつ、風の強い不安定な状況でも従来以上にうまく使えるよう、設計した。プトレマイオスの『地理学』はもちろん、目新しい地理学の文献も利用できた。その緯線と経線が引かれた数学的な地図は、イスラム教徒の地図職人には九世紀から知られていたが、ヨーロッパで読まれるようになったのは、一五世紀になってからのことだった。そうなってさえ、船乗りはプトレマイオスの投影図よりも、そこにある古典的な地名一覧に関心を抱いていた。いずれにせよ、ジョン・ウェストウィックがカレーへ進んだときはきっと器具の必要はなく、船にはおそらく地図も積んでいなかっただろう。

船酔いしやすいとしたら、何日か前から海水を少しずつ飲んでそなえるという、あるミラノの医師の勧めに従うこともできた。イブン・スィーナー（アウィケンナ）はもっとそっけない助言をしている。このペルシアの碩学は、荒れた海にもまれて吐き気で胃がむかむかするのをこらえる旅行者は、ざくろ、マルメロ、すっぱい葡萄の果汁を試すとよいだろう。しかし最もよいのは、慣れるまで我慢するだけだ、と言っていた。[29]

＊＊＊

ノリッジ司教は軍勢をケント州の海岸からカレーまで狭い英仏海峡を渡らせるために、議会から出た資金の相当部分を費やしたにちがいない。以前の百年戦争のときなら、イングランドの指揮官たちは、そのような航海に商船を徴発できたが、船主たちは、自分たちの財産に対するこのような無償の徴発について声高に抗議した。船乗りも、賃金が安く、しばしば命令を待って何か月も港で待機しなければならないことに不満をつのらせた。いずれにせよ、一本マストの商船（コグ）は、軍事的輸送にはあまり向いていなかった。バラ積み船として船倉が深く設計されていたが、兵士や馬――武装した兵員一人あたり三頭――のためには、甲板上の空間が必要だった。イングランド政府は、ごく短距離の移動以外では、平底船、ガレー船、さらに大型の四角い船体のガレオン船を、ドイツやポルトガル、ジェノヴァやガスコーニュ、すなわち、そのときどきで取引できるなら、ヨーロッパのどこの商人かは問わず、膨大な経費をかけて、借りてくるのを余儀なくされた。しかし英仏海峡を渡るのは半日でも、十字軍を運んで何度も往復するのはたいへんなことだろう。したがって、ジョン・ウェストウィックは、小型の荷船や漁船で苦しい移動をした可能性が高い[30]。

　一三八三年五月半ばの頃には、ヘンリー・ディスペンサーはカレーに八〇〇〇の兵を集めていて、十字軍遠征そのものを始める準備が整っていた。それは見事な成功で始まった。軍勢は海岸伝いにグラヴリーヌまで進んだ。「わが兵の眼前に十字の旗があった」とセント・オールバンズの記録史家は意気揚々と書いている。「十字軍の大義と罪の赦しを心に留める兵士たちは、その大義のために勝つのは栄光だが、そのために死ぬことに得があると考えた」。すばやくグラヴリーヌの町を押さえ、多くの住民を殺して大量のワイン、塩漬け肉、穀物、荷船、漁船を奪った。町には馬も多く、十字軍はそれを一頭わずか一シリングで売買し、「徒士（かち）としてやってきていた兵士の多くが、思いもよらず騎士となった」[31]。次にダンケルクに向かって進軍すると、その町はすぐに降伏した。

フランドルのフランス軍は、その前の一二月、ヘントでの暴動に対する長期作戦の後、ほとんどが解散していた。国王シャルル六世は残りの軍勢を連れてパリへ戻り、増税に対する反抗を鎮めにかかった。イングランドによる侵攻の警告は受けていたが、新たに兵を集めることは何もしていなかった。そのためフランドルの守りは伯爵に忠実な老兵による部隊と、フランス人守備兵、さらに数は多いが訓練されていない地元からの徴用兵に委ねられた。十字軍がダンケルクに入ってから数時間後、この混成フランドル軍が南から迫ってきた。雷雲が立ち込める中、不安にかられた十字軍が打って出た。

贖罪を与えられると唆（そその）かされていた聖職者たちは、今や危険にさらされて、故郷がいかにありがたいかがわかった。修道士も参事会士も、従順がいかによいことかを思い知った。托鉢修道士にも、自国で施しを求める方がずっとやさしいことがわかった。

それでも、頭上で稲光が起きると、数に勝る十字軍は思いのほかに強く抵抗した——しかも破壊的だった。

戦いに経験がなく、上品な教育を受け、平和と静穏の中で育つ者は、主の霊で強く満たされていなければ、度を失ったたかもしれない。……実際には、何人かの修道士は戦いの中で一六人を殺した。修道院の余裕の中で育つ時間が長い人の方が、そうでない人々より勇敢さの点で勝るのは明らかだった。

このセント・オールバンズの記録史家の十字軍に対する姿勢は明らかに変化していた。以前はジョン・ウェストウィックなどの修道院を捨てた修道士を批判していたが、結論では神が教皇の十字軍を祝福したのだということになっていた。その日は聖ウルバヌスの日だったと、記録には書かれている。[32]

これがこの遠征の絶頂だった。二日後、フランス軍は新たな軍勢を集め始めた。その間、勝利の知らせ――と戦利品――がイングランドに届くと、訓練を受けていない、武器もない男たちが、馳せ参じてきた。田舎の農民、町の親方の下にいる弟子たち、また今度も修道士たちの集まりで、白のフードに赤い十字の衣装はあったが、武具も食料も持ってはこなかった。こうした新兵が、戦略的要衝の町イーペルを攻囲するディスペンサー軍に加わった――もっとも住民はほとんどがすでにウルバヌス教皇支持に回っていたのだが。十字軍はヘントから増援を受けたが、この町の守りを突破することはできなかった。攻囲が長引き六月、七月となると、広がった野営地では、軍勢の飲料水の備蓄や供給はかぼそかった。夏の暑さの中、悪臭のする水を飲まざるをえず、セント・オールバンズの記録史家は、「軍勢の中で死に至る疫病が起こり、毎日赤痢で多くの者が死んだ」と述べている。[33]

＊＊＊

遠くマームズベリー大修道院では、事態の見方が少々異なっていた。十字軍の緒戦の成功にも、この地の記録史家は「戦争好きの司教」やそれに同行する「武装した司祭や偽の信者」に対する疑念を弱めることはなく、恐ろしげに、「司教はイーペルを攻囲し、町の人々は勇敢に防衛して、多くの兵を殺した。そして神は背後を襲い、兵士は血便で死んだ」と記した。[34] つまり、このベネディクト会の歴史家は、十字軍が消化器の病気にかかったことを認めている。しかしその原因は環境なのか、それとも神なのか。みな神によって殺されたのか、それとも飲み水のせいか？

簡単に答えれば、両方どちらもありえた。第5章では、占星術師が、ペストの原因は星なのか、人類の罪なのかと論じているのを見たり、マシュー・パリスは酔っ払いのウィリアム・ピガン修道士がタインマスのトイレで死んだのは、寒さのせいか、神の手によるものかと推測しているのを見たりした。学者はそのような問いを昔から論じていた。神が病気を引き起こしたのなら、神が罪ゆえに罰したのは病人本人か、ある地域全体か、それとも人類がエデンの園で犯した原罪ゆえに、人類全体を罰したのか。イエスは、人の不幸をその人のせいにしようとしないことが一度ならずあったが、罰の可能性を無視するのは難しい。とりわけ、一見すると健康な人を病気があっというまに倒してしまうことがあるとなれば。[35]

中世の病気への対応は決して一次元的ではなかった。たとえば、一二五〇年の第七回十字軍では、フランスのルイ九世王がひどい赤痢にかかり、ズボンの尻の部分を切り開いておかなければならないほどだった。伝記は、同王が威厳も何もなく、小さな荷駄用の馬に乗り、軍勢は海路逃亡したため、付き従うのは一人の騎士のみとなって、結局エジプト側の捕虜となってしまった屈辱を取り上げた。この話では、ルイが自身の体を制御できなくなったことは、とりもなおさず、不面目にも軍を統御できなくなったということとされる。[36] ただ、病人は罪の報いを受けているのだとしても、それで健康な人が病人に対して思いやりある扱いをしなくなるというわけではない。セント・オールバンズの修道士が、ハンセン病患者用の施設を二つ設けたのもそういうことだった。奇跡的に治ることを祈るのかもしれないが、神が助けてくれるのを待ちつつも、実用的な医療の方法を試すこともできるだろう。

こうしたさまざまな病気観からはさまざまな処置が生まれた。中世には、「赤痢（dysentery）」という語は、さまざまな原因——今の微生物学者なら、細菌、ウイルス、寄生虫というふうに分類するような——が考えられる症状の集合体を表していた（レバント地方のアッコにあった十字軍の兵営トイレ跡についての、酵素法による最近の検査では、ラテン世界からの軍隊がきっとかかったであろう病状を起こすことが多いアメーバが確認されている）。赤痢に対する一般的な治療は、ウサギの胃の内膜、熟成したチーズ、祈りで清められた泉の水などだった。しかし消化器系の病気の理解は、医学の多くの部分と同様、一四世紀には急速に発達した。ペストの時代には、医者は当然、病気の環境的な原因を調べるようになった。他方、強力な薬が、不適切な服用によって、腸に打撃を与えることを意識するようになった専門家もいた。そうした人々は、能力のない薬剤師や教育を受けていない民間医療の医者を責め、大学が成長し、そこでの医療訓練が整い、専門化するようになると、旧来の医療従事者は、ますます時代遅れに見えてきた。[37]

当時の最先端の医師を生き生きと文章にした例として、チョーサーの『カンタベリー物語』に出てくるまた別の巡礼者を紹介しよう。

With us ther was a Doctour of Phisik;
In al this world ne was ther noon hym lik,
To speke of phisik and of surgerye,
For he was grounded in astronomye.
He kepte his pacient a ful greet deel
In houres, by his magyk natureel.
Wel koude he fortunen the ascendent
Of his ymages for his pacient.
He knew the cause of everich maladye,
Were it of hoot, or coold, or moyste, or drye,
And where they engendred, and of what humour.
He was a verray, parfit praktisour:
…
Of his diete mesurable was he,

われらとともに医学博士がいた。
この世にこの人のように内科外科の医術を
語る者はいない。
この人は天文学を学んでいたから。
博士は患者の治療を大いに見た
しかるべきときに、自然魔術によって。
博士はアセンダントの計算法も
患者のためのイメージもよく知っていた。
あらゆる病の原因を知っていた。
それが温冷、乾湿いずれによるのか、
どこで病がおこり、いかなる体液（フモル）によるか。
博士は真の、完全なる開業医だった。

博士はバランスのとれた食事を摂った。

For it was of no superfluitee,
But of greet norissyng, and digestible.
His studie was but litel on the Bible.
In sangwyn and in pers he clad was al,
Lyned with taffata and with sendal.[38]

食べすぎることもないが
栄養は豊富で、消化にもよい
聖書を研究することはほとんどなかった。
血のような赤と青の服を来て、
裏地はタフタやシルクだった

色鮮やかなシルクの制服をまとうのは、紛れもなく職業上の装いだった。チョーサーはこの医師を、古典的な言語による称号〔Doctour of Phisik〕によって紹介している。「博士（ドクター）はラテン語では「教師」の意味であり、医学部で講義を行なう資格があるということだった。ギリシア語の「*physis*（ピュシス）」は、アリストテレスによる自然における変化の研究を思わせる。チョーサーは、古い英語の「leech」という、当時まだあたりまえに医療従事者を意味する言葉を使うのを控え、医師（フィジシャン）の、占星術的学問に基づく学識を強調した。この博士は自然魔術を知っており、また第2章で見た惑星の時間も知っていて、アセンダントが計算できた。「イメージ」は星座の形を意味することもあり、また、ヘルメス・トリメギストゥスの護符も思わせた。何より、四体液の理論を理解している。

天界の惑星や星々はそれぞれに、温乾の獅子宮とか、冷湿の月というように、純粋な元素の性質を持っていた。しかし月より下の地上の世界では、すべてが元素の混合物だった。そこには人体も含まれる。天の作用が頭上を移動し、人間が呼吸し、食べ、眠り、環境の中を移動するとともに、体内の暖かさと湿り気のバランスもゆらいだ。医師（フィジシャン）の仕事は健康なバランスを維持することだった。

ギリシア医学の最初期以来、医学理論はそのバランスを、四種類の液体、つまり血液、粘液（フレム）、黄胆汁（コレー）（癇癪の元）、黒胆汁（メランコレー）（黒い胆汁〔憂鬱の元〕）のゆらぎと結びつけて考えていた。これが、体内で特定できる液体に基づいた四つのフモルということだが、場所、機能、複雑さの点で、それにはとどまらなかった。たとえば血液は温・湿のフモルだった。しかしすべては混合物なので、血管を流れる血液は、必然的に他の三つのフモルもわずかずつでも含んでいる。他の三つの方も、それぞれに人体内の特定の部分に位置を占めている。粘液は冷・湿の脳、黄胆汁は胆嚢、黒胆汁は膵臓だった。人はそれぞれに生まれつきのフモルの配合――あるいは気質――を持っているとされた。これが外見や活動レベルだけでなく、気性にも影響した。現代英語にはフモルに由来する、それぞれのフモルがもたらすのかもしれない性格を表す単語、「sanguine」（血に導かれる〔多血質、快活〕）や、「phlegmatic」〔粘液質、無精〕といった言葉が残っている。

フモルは体の栄養補給や維持には必須だった。しかし、その正確な機能については、またそれが体にある三つの力との相互作用のしかたについては、相当の論争があった。三つのうち、精神力は脳や神経系に由来して心と五感を制御した。自然力は消化系、とくに肝臓を通じて栄養と成長をつかさどった。生命力は胸にある諸器官を通じて心臓の鼓動と肺の呼吸を維持した。しかしどれがいちばんなのだろう。脳か？　心臓か？　理性や感情はどうか？　そうしたものも、体の特定の部分に特定できるのか？　そのような問いに対しては、チョーサーに出てくる医師のような人々の幅広い研究が必要だった。

Wel knew he the olde Esculapius,　　博士はよく知っていた。かのアスクレピオス

And Deyscorides and eek Rufus,
Olde Ypocras, Haly, and Galyen,
Serapion, Razis, and Avycen,
Averrois, Damascien, and Constantyn,
Bernard, and Gatesden, and Gilbertyn.[39]

や
ディオスコリデスや、またルフス、
あのヒポクラテス、ハリー・アッバス、ガレ
ノス
セラピオン、ラーゼス、アウィケンナ
アヴェロエス、ダマスコスのヨハネス、コン
スタンティヌス、
ベルナルドゥス、ガッデスデン、ギルベルト
ゥス

チョーサーはこの長い参考図書目録で、自身の——またジョン・ウェストウィックの——時代に至るまでの医学の展開の概略を述べている。かのアスクレピオスは、蛇が巻きついた杖を持つギリシア神話の治癒の神で、登場人物の医者が古い権威を尊重していたことを示していた。古代ギリシアのヒポクラテスのものとされる広大な文献についての知識は不可欠で、古代の医者の中でも最大のペルガモンのガレノスに忠実であることもそうだった。ガレノスの影響は強く、中世の著述家は、頭文字のGだけで指すことも多かった。[40] それでもこうした権威者は、停滞する孤絶の中で研究されたのではない。イスラム世界の医学文献も同じように重要だった。一〇世紀ペルシアの「アリー（ハリー）・イブン・アル＝アッバース・アル＝マジュシやムハンマド・イブン・ザカリヤ・アル＝ラーズィー（ラーゼス）、アンダル

ースのムハンマド・イブン・ルシュド（アヴェロエス）といった人々は、ラテン語圏の医師から深く崇敬されたが、ガレノスとほぼ同程度にたたえられたのは、イブン・スィーナー〔アウィケンナ〕だった。著書の『医学典範』は、クレモナのゲラルドゥスに翻訳されてから、大学医学部の標準的な教科書となった。

コンスタンティヌス（・アフリカヌス）による翻訳や解釈も重要だった。第3章に記したように、コンスタンティヌスは、一〇六〇年代から七〇年代にかけて、チュニジアから南イタリアの各地修道院に、収集した医学書をもたらした。ベネディクト会はそれを熱烈に迎え入れた。セント・オールバンズの修道士たちは、二人の一三世紀イタリア人外科医とともに、ヒポクラテスとガレノスを、修道院の医術にあてられた窓に祀った。そしてイタリアの医学校で養成された代々の修道士医師を通じて、進んだペルシア医学の恩恵を確かに受けていた。サレルモで養成された医師修道士、ケンブリッジのワーリンは、一一八三年、大修道院長になった。このワーリンは、アレクサンダー・ネッカムをセント・オールバンズの学校長に雇うとともに、病人や老人の扱いのための大修道院の体制を完全に作り替えた。ハンセン病にかかった修道女たちのために、広々とした施設を建てた。その修道女たちは、それまでの聖ジュリアナの病院では、男性と同じ病室にいなければならなかったのだ。当時、瀉血はフモルのバランスを調節するための最善の方法と考えられていたが、修道士の体力には明らかな代償があった。ワーリンは、その瀉血のための新たな規則を立てた。瀉血した修道士は真夜中のお務めを二日免除され、食事を他の人々より早くとることを許された。睡眠が健康にとって重要であることを認識し、断食の日には修道士が昼寝をすることを認めた。[41]

ワーリンの遺したものは、次のジョン・デ・セラによって強固になった。デ・セラはパリ大学で学び、「ガレノスのような医学者と考えるも可」と言われる。この修道院の記録史家は、デ・セラが「無類の尿の鑑定家」だったことを記している。これは意味のあることだった。脈をとり尿試料を読むのは、患者の診断をつけ、さらに大事なことに、回復（あるいはその逆）に向かう予後を知るための最重要の方法だった。尿の色、量、粘度が仔細に調べられ、この人間の最も頻度の高い産出物を生み出す身体機能について、異常を示す兆候がないか探された。一二一四年、高齢のデ・セラ修道院長は重い病にかかり、自分の尿を調べようと思った。しかし寝たきりで、視力も衰えており、満足のいく検査ができず、別の医学の心得のある修道士に、どんな様子かを述べるよう求めた。詳細を聞くと、直ちに、自分の余命はあと三日と予想し、その通りになった。[42]

一三世紀に医術を実践したのはベネディクト会の修道士だけではなかった。ジョン・デ・セラが亡くなって二年後、プレモントレ修道会のある修道院長が、死の床にあった別のジョン、つまりイングランド王に呼ばれた。ジョン王は、重い赤痢にかかっていた（セント・オールバンズの記録史家、マシュー・パリスは桃の食べ過ぎとリンゴ酒の飲み過ぎと責めているが）。ジョンの重臣は、この院長を修道院から三〇キロあまりのニューアーク城に呼んだ。そこで院長は国王の告解を受け、苦しみを和らげた。ジョン王が亡くなると、同院長は、遺体が国王の希望に従ってウースターの埋葬地へ行くまでの長旅に耐えられるよう、遺体を解剖して内臓を取り除いた。切除した内臓を保存するために大量の塩をまぶし、それを自身の修道院に持ち戻り、丁重に埋葬した。ジョン王は文字どおり二つの教会に分かれ、両方の霊廟で祈りの恩恵を受けるかもしれない。代わりに、どちらの教団も、王家とのつながりの恩恵を受けるかもしれない[43]。

しかし、一三世紀初めのこの頃には、修道士たちは医療から撤退しつつあった。修道院にはなおも診療所棟はあり、ハンセン病の病院も維持していたが、治療は自分たちの共同体の病人や高齢者用とされる場合が増えた。一部には、医学研究が――またそこから得られそうな金が――神聖な学問とは言えないという理由もあるが、新たな医師という職業が台頭してきて、その多くは新しい大学で教育されたから、ということの方が重要だった。チョーサーに出てくる医者のように、そうした医師は、制服で自分たちの資格を見せつけた。地域によっては、その利益を代表するギルド組織を形成するところもあった。地元の政府はこの職業を規制するための免許を発行するようになり、市に所属する医師を雇い、病院を運営した。とくにイタリア北部の裕福な都市ではそうだった。医学教育が最も進んでいたのはイタリアで、一三〇〇年にもなると、イタリアの教授は解剖学を教えるために遺体を解剖していたし、鑑識目的で検視が行われることも増えた[44]。

職業上の上下関係も生まれるようになった。その名残は今でも医療の専門構造に見ることができる。要するに、学者的な内科医(フィジシャン)をトップに据え、実務的な外科医(サージャン)をその下に置くという形をとっていた。その下に理髪師がいて、瀉血のような小さめの外科的処置を施すこともあり、ヘルニアあるいは赤痢の治療に当たったった。そのため理髪店には今日になっても店の外に赤と白のストライプのポールが立てられることが多い。薬剤師が医薬品を製造販売し、伝統的な構図が完成する。しかし現実には、医療業界はむしろ雑多だった――自然学(フィジック)と手術(サージャリー)両方について語るチョーサーの医師からわかるように。駆け出しのフィジシャンの中には、実践的な徒弟奉公をする者もあり、学術的なサージャンも確かにいたし、あらゆる階層で女性が、一定の法的制約はありながらも、開業しているのが見られる。そして大学という中心から遠いところでも、圧倒的多数の人々が、他の職業とともに、パートタイムで医療に従事するような、無資格の「やぶ医者（エンピリック）」の治療を求めていた。[45]

都市部では、外交的な托鉢修道士会が、自分たちが奉仕する人々の中で暮らし、病人を診る好適な位置にあった。司教の軍勢がイーペルの城壁で赤痢にかかってから数年後には、ロンドンでレディ・トラセルなる女性が同じ病気の治療法を求めていた。トラセルは、ウィリアム・ホームという名のフランシスコ会修道士を頼った。ホームはロンドンの富裕で名高い人々を治すことで知られていた。ヨーク公の足を治療したこともあり、女王家に仕える兵士の睾丸を治したこともある。フランシスコ会の仲間はその成功した方法を、*Slate of Medicine*〔薬剤記録帳〕と呼ばれる共著による医療便覧の一部として記録した——将来の訂正や加筆のための空白を残した便利なウィキ様式の事業だった。レディ・トラセルのために、ホームは次のような処方箋を書いた。

黄色のミロバランの果皮½オンスと、インドとケブリク〔のミロバラン〕の果皮それぞれ二ドラクム〔一八オンス〕

乾燥した大黄　1½オンス。

それを混ぜて、スプーン三杯のローズウォーターに、一ドラクマを入れ、一晩。

それを濾して飲ませる。[46]

驚異のミロバランの実は、ギリシア語による著述を残したディオスコリデスのような、医薬品成分に関する古典期の専門家には知られていなかったが、七世紀のイスラム教徒による征服でインドの薬草が地中海世界全体に広まってからは、大いに普及した（これは今でも、伝統的なインド医学によって、タンニン成分の多い収縮させる性質によって価値を認められている）。例外的に記録が残っているカイロの中世ユダヤ人社会での医療実践では、それは最もあたりまえに用いられていた物質で、サフランや胡椒、甘草といった他の薬草をはるかにしのいでいた。一二世紀の地理学者でモロッコのイスラム教徒ムハンマド・アル＝イドリースィーは、ノルマン人のシチリア王ルッジェーロに仕え（その王のために南が上の、最新の地図を作成した）、ミロバランが、イエメンにあるアデンの港で商われていることを記録している。黒いケブリク種は、品種名の由来となるカブール周辺の山中で育つ。[47]

最も高品質で最も高価な品種は黄色のミロバラン（*Terminalia citrina*）で、これは主として東南アジア産だった。しかし、やはり修道士でドミニコ会のヘンリー・ダニエルによると、ミロバランはどの品種にも固有の土地があるという。ダニエルは一三七〇年代に中英語で書かれ、利用しやすかった著書〔*Herbal*『薬草誌』〕で、ミロバラン各種の基本的な性質の強さを定量した。そこには、ミロバランはすべて一級の冷であり、乾は二級だと記している。ミロバランはただ「冷淡さで第一」なのではないという。「それを胆汁や血液を浄化するために、ナンバンサイカチやタマリンドとともに用いることがある」。もちろん血液は温湿のフモルであり、胆汁は温乾である。ダニエルは、粉末にした果実を、湯とホエーに混ぜることによる調剤のやり方を精密に示した。[48]

『薬剤記録帳』の共著者たちは、レディ・トラセルの赤痢を治した薬を記述したとき、その治療はウィリアム・ホームだけでなく、イングランドの医師で、チョーサーの読書目録の最後に登場するギルバートにも推奨されていた。しかし赤痢についてのさらにはるかに徹底した研究は、フランスの学者で、ギルバートの名と並んでリストにあった、ベルナール・ド・ゴルドンによって書かれた。ベルナールはモンペリエの先駆的な医学部で三二年教えた後の一三〇五年、代表作の『医学の百合』を完成させた。これは明示的に若手の医師に向けた著述であり、必須のことはていねいに詳説し、経験を積んだ者だけが使えるような療法は入れなかった。『医学の百合』は、頭からかかとまで、考えられるあらゆる病気を取り上げるように簡潔かつ整理して配列され、きわめて人気が高く、中世が終わる前には何か国語に翻訳されていた。[49]

ベルナールは、赤痢が他の腸の異常排出（下痢）とどこが違うのかもよくわかっていなかったような、もつれた消化器の症候と病の混乱をほどくことに熱心だった。そこで一七種類の下痢を整理して調べ、それを腹部のどの領域が作用を受けているか、内因、外因いずれによるか、フモルにかかわる意味、他の器官との関係等々によって区別しようとした。その章は概して系統立てた様式で始まり、ベルナールの認識では、そこで類別される原因には、他ならぬ薬剤もありえた。

赤痢は腹部の血液による下痢で、腸の擦過傷と潰瘍である。
赤痢などの下痢の原因は内因か外因か、いずれかである。外因であれば、腐敗した空気のこともあれば、ニンニク、タマネギ、酢などのような刺激の強い食物のこともあるし、スカモニア、アロエ、コロシントウリの果肉のような薬種のこともある。

内因から生じるとすれば、直接か遠隔かのいずれかであり、直接の原因であれば、突き刺すような潰瘍性胆汁かもしれないし、塩からい粘液かもしれない。しかし原因がもっと遠いところにあって、他の器官の病気から生じるのであれば、リウマチの形で頭に由来するか、胃に由来するか。

ベルナールはさらに、腸のどの部分が病気にかかっているかの特定のしかたをすべて論じ、痛みの強さや場所、また患者の便の内容、色、匂いも分析する。そのような診断にかかわる症候から、肝心の予後に至る。

下痢すべてと便通は過熱した黄胆汁あるいは黒胆汁に由来し、地べたに出されたときに酢のように泡だつ便の場合、あるいは蠅がそれを避ける場合、発病してすぐそうなるなら、命取りになる……。虫のような蟻のようなくびれのある便が、食物や薬剤の摂取によって和らげられないなら、命取りになる……

しかし状況は絶望的ではない。ベルナールはまもなく、ありうる治療すべてを挙げるに至る。

まず、病状が許せば、瀉血する。それからフモルの状態に応じて浄化する。原因が胆汁なら、黄色ミロバランで浄化し、塩気の多い粘液なら、ケブリク・ミロバラン、黒胆汁なら、インド・ミロバランを用いる。トラガカントゴム、アラビアゴム、干しブドウを含んだ雨水で調剤すること。

［原因が］塩気の多い粘液の場合は、熱い酢を与え、他の原因なら冷たい酢を与えること。それからオオムギ水、ヒヨコマメ、ブロスあるいは塩漬け魚の水気、蜂蜜、ローズオイルで潰瘍を洗う。

原因が腸の上部にあるなら、薬剤は経口でとり、病気のある部分に外部から適用する。問題が下部の方にあるなら、塩漬けしてないヤギの腎臓の脂や同様なものを使って浣腸薬として調製する……

ベルナールは、長い治療リストに加えて、患者の健康を継続的に維持する必要を認識していた。健康に影響しそうな偶有的な因子はすべて、集合的に「非自然作用（ノン・ナチュラルズ）」と呼ばれていた。これは慣習的に、睡眠、空気、飲食物、運動と回復、充満と排泄、感情という六つの型があると考えられていた。つまり、それが「非自然」であるのは、単に身体の核となる機能の外にあるという意味にすぎない。良心的な医師であれば、こうした健全な生活様式の諸側面すべてを全体として均衡するよう保つことによって、患者の健康を最大にするのを助けることになる。そこでベルナールの赤痢治療には、サフラン、アヘン、卵白のような、睡眠を助けるための薬剤が含まれていた。栄養ということになると、病人は少量しか消化できないことを認識していたので、こんな処方をした。

少量で栄養になる食物、若鶏の睾丸、脂肪の多い鶏レバー、半熟の焼いた卵黄、軽く発酵させた小麦のパン、スキムミルクを添えた焼いた米、冷たい雨水を入れた精製されていない渋いワイン。[50]

今の私たちは、食物とはまったく別のカテゴリーにある近代的な薬品に慣れている。薬局の除菌したカウンターの奥から取り出される、銀色の包装シートや折り畳まれた薬包紙の束は、セルフサービスのスーパーの棚でつややかに並ぶ新鮮な青リンゴとは対照的だが、その境目は必ずしもそうはっきりと引かれてはいなかった。そう言えば、チョーサーの登場人物の「医師」は、「バランスのとれた」食事をとり、食べすぎず、消化しやすい食物を選んでいた。『カンタベリー物語』の別のところでは、求婚する神学生が、口臭除去剤として甘草を噛むという話もあった。多くの食品が、味だけでなく、健康維持に対する寄与で評価されていた。セビリアのイシドルスによれば、ただの塩も、ソースの風味を引き出し、食欲を刺激し、食べる者の楽しみを向上させることで幸福を増したりするのだ。イシドルスは実際、「健康」を表す言葉「*salus*」が塩（ソルト）とつながりがあると説いている。他方、保存した生姜は人気の香味だが、医師はそれが持つ、温め、乾燥させる質や性欲を増進させる力を評価していた。食堂で静かに食事をする修道士たちも、自分たちの食事には関心を抱いていた。俗界の珍味をむやみに食べるのはよくないとしても、極端な断食は体にも魂にもよくないのだ。[51]

もちろん、ふつうに手に入る食物ですべての治療が達成できるわけではない。ベルナール・ド・ゴルドンは、ミルクと一振りの酢を加えた雨水でレンズ豆を茹でて試すよう説いた後で、人気の万能薬に触れないわけにはいかなかった。「テリアカは下痢にきわめて効果的であり、冷が原因である場合にとくに強力であることを言っておくべきだろう」と強調する。テリアカは何十もの成分を含む複雑な混合物だった。もともとは蛇の毒や動物に噛まれたときの治療薬で、ベルナールの解説では、蛇――サンタマンのジャンが磁気を調べるきっかけになった、ジェリコーのテュロスと同じ蛇――の肉が必須の成分だった。しかし肝心なのは、いくつもの成分を特定の組み合わせで混ぜた場合には、成分の総和よりも大きな力があるところだった。この薬には、徐々にさらに広範な効能を認められていった。実際そのほとんど無限の用途の名残が英語には残っている。「蛇油（スネークオイル）」とは、偽の万能薬のことであり、「テリアカ」は「糖蜜（トリークル）」の語源でもあるが、これはもともと、単純な糖蜜よりも複雑で医療的なものを意味していた。[52]

そのような複合薬については、医師は薬剤の専門家の貢献、あるいは連携を求めていたかもしれない。

The cause yknowe, and of his harm the roote,
Anon he yaf the sike man his boote.
Ful redy hadde he his apothecaries
To sende him drogges and his letuaries,
For ech of hem made oother for to wynne –
Hir frendshipe nas nat newe to bigynne.

原因がわかり、〔患者の〕障害の元がわかれば、
医師はただちに病人に薬を与えた。
医師には薬剤師がついていて、
すぐにでも薬剤や糖蜜を送れた。
そのそれぞれについて薬剤師は儲けた――
両者の友情は、最近になって始まったのではない。

……

And yet he was but esy of dispence;
He kepte that he wan in pestilence.
For gold in phisik is a cordial,

それでも医師は派手には使わず、
疫病の間に稼いだ分を蓄えておいた。
医術では、黄金は心臓の薬だからであり、

Therfore he lovede gold in special.53

したがって医師はとくに黄金を好んだ。[53]

こうしてチョーサーは、錬金術理論と医療とのつながりに皮肉な承認を与え、この医師の動機は必ずしも純粋ではないことを打ち明けている。チョーサーは、疫病の時期に稼いだと述べて、医師の立場の困難さも少々伝えている。病人の不幸につけ込んでいると責められたこともあっただろうが、感染症の患者を診ることには、自身の健康をも相当の危険にさらすことだった。逆の、疫病から逃げる方を選びたくなったにちがいない——しかしそうすればきっと怠慢を責められただろう。[54]

一四世紀に、医師と薬剤師がぐるになって患者につけこんで利を得ていたと言っていたのは、チョーサーだけではない。チョーサーの友人、ジョン・ガワーは、『人類の鏡』というフランス語の本で、その非難を詳細に示している。司教の十字軍のほんの数年前に完成した詩による告発の六〇行の非難は、こんなふうに始まる。

Plus que ne vient a ma resoun
Triche Espiecer deinz sa maisoun
Les gens deçoit ; mais qant avera
Phisicien au compaignoun,
De tant sanz nul comparisoun
Plus a centfoitz deceivera :

私に理解する力の範囲内にある以上に
ペテン師薬剤師が店で
人を騙しているが、仲間に
医者がいるとなると、
比べものにならないほど
百倍もたくさん騙す。

L'un la receipte ordeinera
Et l'autre la componera,
Mais la value d'un botoun
Pour un florin vendu serra:
Einsi l'espiecer soufflera
Sa guile en nostre chaperoun.[55]

医者が処方箋を書き
薬屋がその薬を作る
しかしボタンほどの値打ちのものが
一フローリン〔金貨一枚〕で売られる。
こうして薬屋は、私たちの耳に
二枚舌の言葉をささやくのだ。

すると私たちは、ウィリアム・ホームが黄色のミロバラン――最も高価な品種――を赤痢治療の主要成分とする動機を疑うべきなのだろうか。もしかするとそうかもしれないが、確かにレディ・トラセルはそれで治ったようにみえる。結局、患者が納得するというのは、おおいにものをいったのだった。

＊＊＊

急速に発達する職業を行政当局や大学当局が規制せざるをえなくなった中世後半には、患者の満足と健康上の結果の関係は活発に論じられた。裁定が必要になることもあった。たとえば一四三七年、二人のパリの専門家が、瀉血や下剤の処方に都合のよい日について衝突した。二人とも、プトレマイオスやハリー・アッバスが定めた処方を明確に受け入れていたが、占星術的解釈の複雑さによって、どの日が他の日と比べて好都合かという点については合意できなかった。医療の質を管理することに熱心だった大学当局は、二人の裁定者を選んだ。一人は神学の大家、もう一人はベネディクト会の小修道院長だった。五〇ページ以上の文書となった裁定で、二人の神学者はローラン〔Laurent〕修士が作成した医療暦を調べ、それに対するロラン〔Roland〕修士による厳しい批評を評価した。毎日毎日、二人は獣帯における月の位置を調べ、また他の惑星との位置関係を調べて、自分たちの判断の根拠とすべく、アブー・マーシャルや、イラクの後継者、アル＝カビースィー（アルカビティウス）を参照した。たとえば一〇月三日は適切な日ではないと判断された。月はまだ人馬宮という好都合な位置にあるが、水星と土星に対しては好ましくない角距離にある。裁定者の二人はできるだけ、相争う二人の間の均衡のとれた立場を採用して、一方の見方を採るか、相手の見方を採るか、はたまた証拠が決定的ではないと裁定するかについて理由を明らかにした。しかし二人が譲らない一点があった。医者は、その実践を、患者の顔色や、病気の基本的な質を考慮して適切にしなければならないということだ。二人はその理由のために、こう決定した。

内科医も外科医も、どの日についても、月のいる宮を示し、それがよきにつけ悪しきにつけ、他の惑星とどう関係するかを示す、整った暦（アルマナック）を持っていなければならない。そしてそれとともに、アストロラーベを持って、瀉血や下剤のために選ばれた時刻に月がある宮に対応する上昇宮を――どの日についてもどの時刻、どの分についても――選ばなければならない。[56]

多くの医者はすでに暦を所有していた。折り畳み式の早見表が何種類か残っている。ベルトから吊り下げるのにうってつけだ。手軽に天の配置を確かめられるだけでなく、医者の権威を確かめる印にもなる――今日で言えばベテラン医師の聴診器のような、なんとなく安心のシンボルにはなる。ただ、そうした折り畳みの暦では、一四三七年の二人の裁定者は納得せず、開業医すべてが正式版の暦を持つよう説いている。

この二人がアストロラーベも所持するよう求めたことは、パリの器具製造業者にとっては朗報だった。需要を満たすだけの設備はあった。一四〇〇年代初期は、都市のアストロラーベ工房の最盛期だった。最も成功して影響力もあった工房を創始したジャン・フソリスが七〇歳を超えて亡くなったのは、裁定の前年だった。ノートルダムの参事会員で医学を修めたフソリスは、家業の金属加工業の差障りにならないよう、治療の仕事はほとんどやめていた。フソリスは工芸の最高の腕と学問的洞察と商才とが合わさったまれな人物で、そのため職業的にも社会的にも急速に成功することになった。未曾有の量で最高級アストロラーベを製造するだけでは飽き足らず――少なくともフソリス工房製のアストロラーベは十あまりが現存している――器具や占星術に関する解説を書き、数表を作成し、ブールジュの聖堂用に天文学時計を建造した。顧客にはオルレアン公、アラゴン王、ローマ教皇までいた。

そのフソリスはスパイでもあったかもしれない。一四一五年八月三〇日、ノルマンディ地方の海沿いの小さな町の警備隊がある司祭を逮捕した。百年戦争がまた激しくなり、イングランド軍がアルフルール〔ルアーヴル〕の港を攻囲していて、この司祭はイングランド軍の戦線からの手紙を持っていた。手紙はヘンリー五世の側近の一人――これまたノリッジ司教だったリチャード・コートネイ――からジャン・フソリスに宛てられていた。司教はフソリスを「最も優れたわが友……最も近しい仲間にして友」

と呼び、英軍の詳細を提供してフランスの準備状態について尋ねた。この五〇歳の教会参事会員はパリで直ちに逮捕され、反逆罪で訴追された。詳細な裁判記録と数多くの証人の発言は、この医療天文学者が、戦時の商売上の取り引きにおいて、訴因について有罪であるか、よくてあきれるほど無知（ナイーブ）であるか、いずれかだということを明らかにしている。[57]

フソリスとそれよりはるかに若い司教が初めて会ったのは、その一年前、コートネイがヘンリー五世とフランス国王の娘カトリーヌ〔キャサリン〕との結婚を交渉しようとしていたときのことだった。コートネイはオックスフォードの学長を三度務め、数学の学芸はきっと学んでいただろう。フソリスの占星術の腕についても聞いていたらしく、この聖堂参事会員に助言を求めた。二人はしょっちゅう会って、散歩するようになった。フソリスはつい最近、七枚組の斬新な惑星計算器を完成させたところで、司教は金貨四百枚を出すと言った――フソリスがふだん売っていたアストロラーベはせいぜい三〇枚だったことからすれば、相当な額だ。コートネイは前金として半額を払い、フソリスはこの複雑な新装置用に取扱説明書を一式書くことを約束した。

二人はコートネイが使節として再びパリに派遣された一四一五年一月にまた会うようになった。フソリス裁判の証言記録によれば、そのとき、コートネイは医療にかかわる話題について熱心に論じた。本人は体重が増えすぎ、またとくに朝起きるときのめまいを訴えていた。フソリスは朝、少しのトーストをスパイス入りワインとともに食べることを勧めた。コートネイは、若いヘンリー国王も健康が優れないと言い、イングランドにはよい医者がいないことを嘆いた。残念ながらフソリスに残りの金貨二百枚をまだ支払えないと嘆きつつ、この心配する器具製造職人に、イングランドへきて売掛金を回収するようながした。ヘンリーとカトリーヌの結婚話が進めば、フソリスは王の医師として高給の職が得られるかもしれない。そこで試験となり、占星術師としてのフソリスに、この結婚が成立する可能性はどのくらいあるかと尋ねた。フソリスはコートネイのアストロラーベと暦を使って答えた。結婚は国王と国にとっていいことですが、交渉は今回の使節派遣では結論に至らないでしょう。最後にコートネイはフソリスに、わが国の王が生まれたときのホロスコープは見たことがあるかと尋ねた。フソリスは見たことがないと答えた。証言記録によれば、

かの司教はすぐに証人［すなわちフソリス］を私室に連れて行き、国王生誕時のホロスコープを見せ、証人に、これでその王が近い将来倒れるか、回復までは長くかかるか、わかるかと尋ねました。それに対して証人は司教に、自分はそれがわかるほどの実務経験もないし準備もなく、一年以内にそれがわかるようにはなれないし、わかりませんと言いました。[58]

これは分別のある答えだった。一国の王の病を予測するのは、神学的にも政治的にもリスクのあることだったからだ。

フソリスはコートネイが勧めるので、次のイングランド派遣フランス使節団に加わることを申請した。二度求めたが、二度拒否された。使節団を率いる司教たちの心配は、フソリスがフランスの二系統の王家の間に勃発しそうな内戦で、ブルゴーニュ派に肩入れしていることだった。それでもフソリスはその六月、ウィンチェスターのイングランド宮廷へ自費で出かけた。フソリス裁判で証言した総司教と司教

は、フソリスが会議室周辺でたびたびイングランド人と話しているのを見たと回想した。さらに、食事に遅れたり、まったく出てこなかったりすることも多かったという。[59] フソリス自身の証言では、コートネイに会おうと苦労していたという——縁組や、また始まった戦争の見通しについて何度か会話したことも認めている。コートネイはその後フソリスをヘンリー国王に紹介し、フソリスは王に、アストロラーベと器具やその使い方についての本を何冊かを見せた。国王は、占星術には懐疑的で、ラテン語とフランス語で感謝するとだけ言った。施設滞在の最終日、フソリスはやっと売掛金のほとんど受け取り、パリに戻る長い帰路についた。

帰国から六週間後にフソリスは逮捕され、何か月かの投獄の後、最終的にはパリから追放となった。フソリスが本当に有罪だったのか、単に医療占星術から政治に迷い出たことが不運だったのかはともかく、パリでのフソリスのキャリアは断たれた。フソリスと同じ時期にスパイを疑われ裁判にかけられた者は他にもいたが、無罪放免となった。それでもみな、リチャード・コートネイよりは幸運だった。一四一五年九月、フソリス逮捕のほんの二週間後、コートネイは当時アルフルールにいた英軍に流行っていた赤痢の犠牲になった。まだ三五歳だった。ヘンリー五世自らが同司教のまぶたを閉じ、遺体をウェストミンスター修道院の王家の墓に埋葬するよう送り返した。一四二二年、ヘンリー自身が亡くなったときには、コートネイの友にして主人のための空きを作るために、コートネイの足を切断して脇の下に置き直さなければならなかった。

＊＊＊

一三八三年の修道士十字軍のうち、フランドルで亡くなったのは、ハットフィールドの修道分院長一人だけだった。残りはあの赤痢の流行を生き残り、イーペルの攻囲が失敗したことが明らかになって、フランスの援軍が近づくと、ディスペンサーの軍勢とともに退却した。一行は、まずその夏以前に陥落させていた砦まで撤退したが、すぐにささやかな支払いと引き換えにこの砦を明け渡した。退却の知らせは若い国王リチャード二世に衝撃を与えた。あわてふためいた王は、ただちに馬に跳び乗ると、ダヴェントリーからロンドンまで一二〇キロを駆け戻った。真夜中にセント・オールバンズに到着し、院長の馬を召し上げた——「フランス王がまさしくその夜に殺されるかのように」と、修道院の記録史家はからかっている。[60]

ディスペンサーの企てを称えていた人々も、国王と一緒になって怒った。教会の軍事的傾向については前々から不穏な空気があった。何年か前、ジョン・ガワーはラテン語の詩で「ペトロは説教するが、教皇は戦う」と吐き捨てていた。そして長きにわたる百年戦争に対して、物議をかもす教会改革派のジョン・ウィクリフやその一党が反対の声を上げた。ウィクリフ派は高位聖職者を「キリスト教徒を互いに対する戦争へと送り出す反キリストの勅令を撒き散らす」と酷評した。十字軍の資金を信者に強制して出させた司祭たちには格別の憎悪が向けられた。

司祭たちは教区民が一〇分の一税と捧げ物を支払わないかぎり、キリスト教の民を殺すための金を世俗にまみれた司祭に支払わないかぎり、祭壇の秘跡、つまりキリストの体を与えようとしない。

人々がそれを疑うなら、ノリッジ司教がフランドルへ向かい、キリスト教徒を何千と殺し、その者たちをわれわれの敵にしたときの本当の様子を問い質そう。[61]

その十月、軍勢がほうほうの体で帰国してから少し後の次の会期の議会では、ノリッジ司教自身が告発された。ウェストミンスターの混乱する状況で、同司教は自分に向けられる罵倒に狼狽し取り乱してしまい、議会の指弾にもっとましな答えができることを期待して、もう一度聴聞してくれるよう議員たちに請願せざるをえなかった。抗議もむなしく、四つの訴因すべてについて有罪とされた。自分で約束した規模の軍勢を集められなかったこと、その軍勢を一年も戦場で維持できなかったこと、軍勢の指揮官たちの名を国王に知らせなかったこと、自身の命令を、しかるべき副官と共同で発するのを拒んだことだった。[62]世俗の資産をすべて奪われた司教は、ノリッジに退き、それからの数十年の大部分を聖職者の仕事にひきこもった。

ジョン・ウェストウィックも、十年間雌伏することになった。記録史家のトマス・ウォルシンガムは、セント・オールバンズ一家の——不運なハットフィールド分院長を除く——すべての修道士が修道院に戻り、慈悲深く迎えられたことを記している。「再び完璧な健康を享受することはなかったが、院長の予想外の温情を受けた」とウォルシンガムは述懐した。[63]修道士のうちの二人、ボークデンのジョンとウィリアム・シェピーは、明らかに旅行好きになっていた。まもなくまた同院を去り、金に困ったウルバヌス六世が売り出した教区の司祭職に就いたからだ。しかしわれらがジョン・ウェストウィックがそれに加わっていたら、そのときの記録史家は、きっとそう書いただろう。おそらくは、ジョンはただただセント・オールバンズに再び受け入れられたことに感謝し、まだ生きていることに感謝しただろう。次の十年を――当時の他のたいていの修道士と同じく――修道院の記録史家をわずらわせるようなことは何もしないですごした。しかしそうやって忘れられる中でも、きっと学問は続けていた。十字軍から十年後の一三九三年、次にジョンの名にお目にかかるときには、天文学に最も顕著な足跡を残しつつあったからだ。自身で組み立てた独特の計算器(エクアトリー)である。ロンドンという意外な環境で、また最新流行の英語で、ジョンは自身の巨大な惑星計算器について、明瞭で使いやすい取扱説明書を書いた。

第7章 惑星計算器

「この円をわれが惑星計算器（エクアトリー）のリム〔目盛縁〕と呼ぶことにしよう。これはキリスト紀元一三九二年一二月最後の真昼（ミッディ）に組み立てられたものである」（図7・1）。何世紀も前から聞こえてくる、その成果を告げる明瞭な声だった。一九五一年の寒いケンブリッジの朝、この一節がデレク・プライスの目に飛び込んできた。プライスは、それがジェフリー・チョーサーの声、肉筆かもしれないという思いにとらわれた。しかし私たちはそれがブラザー・ジョン・ウェストウィックの手になることを知っている。これまでジョンの影を、イングランドを縦断し、海の向こうまで追ってきた。そのジョンが今、忘れられた十年からとうとう現れ出て、自身の新発明を誇らしく紹介している。

見開きの反対側のページには、濃い茶色のインクによる明瞭な略式の文字で、ジョンは自分がどこにいるかを語る。「キリスト紀元一三九二年終了時、土星は——ロンドンの十二月最後の真昼には——遠地点にあってええと（アイ・セイ）、第九天の土星の遠地点は、四ダブルサイン、一二度、七分、三秒……だった」[1]この崩れた、少々おしゃべり風の一文が、ウェストウィックの学問研究の豊かな詳細を開示する。ウェストウィックが作っていたのはエクァトリウム——求解器、つまりは計算器——であり、それを惑星の正

図7.1　ジョン・ウェストウィックによるエクァトリウム解説書の最初のページ。'This cercle wole I clepe the lymbe of myn equatorie/ þat was compowned the yer of crist 1392 complet the laste meridie of decembre'〔内容は本文に〕

確な位置を出せるように調整していた。大晦日の日中の数時間の間に複雑なところをすべて組み立てられたはずもなく、その一年最後の真昼とは、単に計算を簡単にするための参照点ということだった。ウェストウィックはきっと、実用になるこの器具を、イングランド最大の都市の喧騒のただなかで、とっくに作り上げていた。この一三九三年には、その器具のための取扱説明書を書いていたのだ。そこで用いたのは、当時公式の書き言葉として急速に発達中の英語だった。ウェストウィックはまだ説明書の概略を作っているところで、その手書きの一文の行間に、自分が意図する十二月のどの正午かをはっきりさせるために「最後の（ラスト）」という単語と、一年が終わるという意味で言っていることを明らかにするために「終了（コンプリート）」という単語を挿入した（私はこれを二〇一九年六月に書いている。中世の学者なら、この年を、「未了の二〇一九年」〔の六月〕、あるいは「終了した二〇一八年」〔の後の六月〕のように言うところだろう）。また、「ダブルサイン」という言葉を使うことで、当時最新の天文表を用いていることを言っている。一世紀前にスペインで得られた画期的な成果を元に、パリの人々が仕上げていた表だった。

　これまで見たように、天文表は天文学者には必須の道具だった。この稿本には、ジョン・ウェストウィック自身が編纂し、ロンドン用に注意深く計算した天文表があった。この本は著しく大きく、縦三七センチもあった――中世の書庫を埋めるコンパクトな科学編纂物というより、装飾品としての卓上用大型豪華本のような本だった。羊皮紙八十枚は、品質は中程度でも、決して安価ではなかっただろう——もしかすると二シリング、つまり平均的な労働者の一週間分かそこらの賃金に相当したかもしれない。しかしロンドンはそういうものが手に入るところだった。われらが父通り（パーテルノステル）という、セントポール大聖堂の北辺を走る街路は、文房具屋が集まり、写字屋、挿絵屋、製本屋がひしめきあっていた。[2] ジョンはきっとそこへ、あの羊皮紙を買いに行ったのだろう。できあいの天文表ですでに埋められていた部分もあったが、多くは空白で、ジョンが創造性を発揮して埋めるのを待っていた。

一三九〇年代のロンドンは人口四万ほどの、忙しく、騒がしい都市だった。その人口は、同世紀の初めからすると半分になっていた。主としてペストなどの病気の流行が繰り返されたためだった。それでも人口が減った後、賃金や生活水準が上昇し、この都市はイングランド中から移住者を引き寄せ続けた。ロンドンはおおむね、テムズ川北堤側のローマ時代の城壁内側にとどまっていて、川をはさんでサザークの騒がしい郊外に向かっていた。もちろん新たな建物が、ロンドンと、三キロほど上流にある、修道院と宮殿の複合施設であるウェストミンスターの間の空間を、徐々に埋めつつあった。しかし都市そのものはまだ人口過密というわけではなかった。庭はあたりまえにあり、住民はロンドン北西にある水源からセントポール大聖堂近くの取水口まで通された水路による上水道が利用できた。西に面したコーンヒルの斜面にある都市の中核、ブロード街をほんの何分か歩けば、セント・オールバンズ修道院の院長宿舎にしてロンドン事務所となる施設があった。この通り沿いの店で、ウェストウィックという名の一家が、蠟燭を売っていた。その蠟燭屋がジョンの親戚だろうとなかろうと、ジョンが計算と観測をして、あの巨大なエクアトリウムの図面を引き、盤を切り出し、彫り込み作業をしていたのは、きっとこの近辺だっただろう。[3]

そのエクァトリウムは、惑星の動きを再現し、位置を計算する、その両方ができるような造りになっていた。その仕組みについてはすぐ後で見る。しかしまず、それが天文表に並べられた天文データに依存しているところを理解する必要がある。天文表は、ジョン・ウェストウィックの本の大半を占めていた。ジョンはそれを広い羊皮紙あるいは牛皮紙に丁寧に写しとった。その天文表は、惑星が星々の間をめぐる経路上での経度の、日々の変化と年ごとの変化を整理していた。

その設計は、使いやすさを高めようと天文学者たちが携わってきた、何世紀かの漸次的改良の産物だった。プトレマイオスの『アルマゲスト』には多くの天文表が収められていたが、それは大著全体のあちこちに散らばっており、理論的な話や証明のページに目をとおしたいわけではない天文学者にとっては不便だった。プトレマイオスはそのことを認識して、改訂された、薄くした天文表集、『簡便天文表集』を出した。その様式が後のイスラム教徒の天文学者の手本になり、こちらはインドのモデルも組み込んで、ジージュという自分たちの天文表にしてそれを集めた。* アル＝フワーリーズミーやアル＝バッターニーのような東側のイスラム教徒による天文表が、今度はスペインにいたイスラム教徒に影響を与えた。この西側のイスラム教徒天文学者の中で最も重要なのが、「青い目の」アル＝ザルカーリー（アルザケル）だった。一〇六〇年代から七〇年代にかけて、トレドの仲間と研究していたアル＝ザルカーリーは、流動的で進展する資料群をまとめ、これは単に「トレド表」と呼ばれて有名になった。この天文表集は、言葉によるどんな解説書にも劣らず、イスラム天文学を――また広くイスラム科学に対するキリスト教徒の敬意を――ヨーロッパの中核部分にもたらした。ジョン・ウェストウィックが自身の編纂物で明示的にアルザケルを引いているのは意外なことではない。[4]

一四世紀にもなると、トレド表は、チョーサーが『カンタベリー物語』に織り込むほど日常的な名になった。「郷士(フランクリン)の話」には、フランスの占星術師が登場する。

His tables Tolletanes forth he brought,
Ful wel corrected, ne ther lakked nought,
Neither his collect ne his expans yeeris,
Ne his rootes, ne his othere geeris.[5]

その者はトレド表を取り出した。
最新版に改訂され、足りないところもない。
何年分かについても、個々の年も
根(ルート)の位置も、その他いっさいの装置も仕掛
もついている。

実を言えば、チョーサーの当時には、元の「トレド表」は時代遅れの技術になっていた。チョーサーはもちろんそれを知っていたので、この占星術師を意図して旧弊な人のように描いたのかもしれない。あるいはもしかすると、旧弊と考えられたのは、自分はは専門用語を知らないと明言する、語り手の郷士(フランクリン)(中流の農地所有者)の方だったかもしれない。いずれにせよ、カスティーリャの「賢者」アルフォンソ十世に仕える天文学者団は、二人のユダヤ人に率いられ、一二七〇年代にアルザケルの成果を点

＊アラビア語の zij（複数形は azyāj）は、ペルシア語由来で、もとは「糸」の意味だった。織物の糸が縦横に交差して縦横に並んだものの延長で、最初は一個の表、さらには表群を表すのに用いられるようになった。

検整備していた。この集団は、後援者のカスティーリャ系スペイン語で書いていたが、その表は一三二〇年頃、おそらくはパリで、加筆されつつラテン語に翻訳された。この改訂「パリ版アルフォンソ天文表」は、またたくまにヨーロッパ中に広まった。北フランスのアミアン出身の天文学者によって、このユダヤ系スペインの表の、ある流布したラテン語版が作成され、イタリア人教会人でスコットランドのグラスゴー市地区司祭（ディーン）だった人物に捧げられているという事実からも、この表を伝える活発な国際的科学ネットワークがあったことが感じ取れる。[6] それから二〇〇年以上後のコペルニクスも、その革命的な理論のために、まだこの表を使っていた。

パリ版アルフォンソ天文表の斬新な特色の一つは、チョーサーの郷士が描く複式表形式を捨てたことだった。従来の天文表は惑星の運動を、月、日、時刻だけでなく、「拡張した」一年と、二〇年あるいは二四年を「集めた」ひとまとまりで描いていた。新たな様式の表は、第一日から第六〇日まで、一日ずつの動きだけを示していた。この単純化された一日ごとの表示により、天文学者は、イエスの受肉から始まる一年三六五と四分の一日のキリスト教紀元だけでなく、ヒジュラ（西暦六二二年のムハンマドの移動）から始まる一年三五四日のイスラム紀元でも、さらにはペルシアのヤズデギルド紀元でも作業ができた。新たな配列は日のみを示すので、旧表がやさしい足し算を何回かするだけでよかったのと比べると、わずらわしい掛け算や割り算を何度もしなければならなかった。

利用者がそうするのを助けるために、表を作成した人々は、わずかな、それでも重大な変更を加えた。三六〇度の獣帯は、従来の三〇度ずつ十二の宮ではなく、六〇度ずつ六つの宮に分けられた。ジョン・ウェストウィックが、土星の遠地点を「二倍宮（ダブルサイン）」で位置を示したのは、その六〇度区切りを使っていることの強調だった。この単純な変更は、どの桁もその隣の桁の六〇倍になるということだった。一宮(サイン)は六〇度となる。これは、六〇秒で一分、六〇分で一度となるのと同様ということだ。天文学者は大きな掛け算も細かい分数も、六十進の桁を変えるだけで計算できた。たとえば、平均太陽が一日に0;59,8。——一度をわずかに下回る——動くことがわかっているとすれば、それは一日の六〇分の一、つまり二四分では、0;0,59,8。進むということだ。* しかじかの時間数については、その数を、惑星位置計算器にしばしばついている掛け算の表を使って掛け算できる。ジョン・ウェストウィックの完成品には、任意の数を60×60まで掛け算できる表がついていた。それは結果を六十進表記で示し、これを使えば相当の手間が省けた。[7]

図7・2に、ジョン・ウェストウィックの稿本にある新しいパリ版の表を掲げる。日の番号は左上から下へ一から三〇まで並び、ついで右側に三一から五九までが並ぶ。もちろん、六〇番の日についての値を書かなくても間に合った。そこは一番の日と同じ値を、六十進数で一桁左にずらすだけでよかったからだ。この例示したページはもっと細かく見ておくとよい。そこには、中世科学の入り組んだ数学的方法が見てとれるだけでなく、ジョン・ウェストウィックのような実務家の頭の動きも見てとれる。あのにぎやかな都市で進められた、ウェストウィックの巧妙な書写と計算について少し見ておこう。

こうした表によって、過去、現在、未来のどんな時点についても、天文データを求めることができる。

*念のためにあらためて言っておくと、歴史家が用いる標準の六十進表記では、度の区切りはセミコロンであり、その後の単位はカンマで区切られていた。

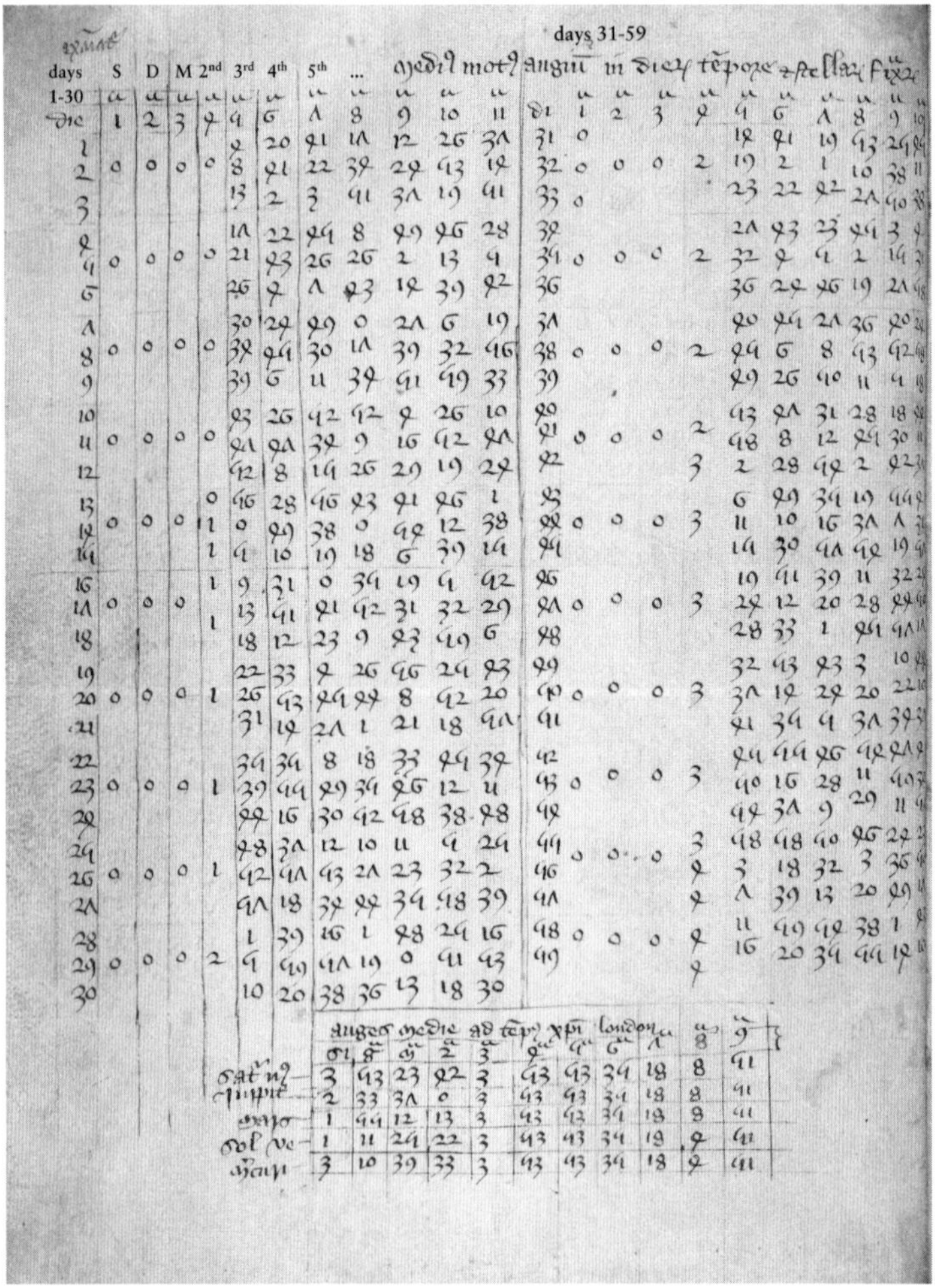

days 31-59

days S D M 2nd 3rd 4th 5th ...

1-30

図7.2　遠地点と恒星の平均日々運動の表。上から下へ、第1日から第60日までの日々が並ぶ。各列は、宮（S)、度（D)、分（M)、秒（2nds[セカンド]）等々と続き、60進分数で9番（ninths）まで続く。1番の日の値は、0,0;0,0,4,20,41,17,12,26,37°（本来あるべき値よりわずかに大きい理由については、後述)。

一日分の運動の倍数――あるいは分数――を、基底となる参照基準に対して足すだけでよい。チョーサーの郷士は明らかにこうした基準線による「根（ルート）」の値が大事だということを理解していた。ジョン・ウェストウィックは、それをラテン語の *radix* という語として知っていた。アルフォンソ天文表は、ノアの洪水（紀元前三一〇二年二月一七日）からアレクサンドロス大王、ムハンマドのヒジュラ、キリスト教紀元を経て、キリスト教紀元一二五二年のアルフォンソ王の戴冠に至る時代についての、主要な惑星運動すべての根の値を提供した。すでにジョンがはっきりと、自分はＡＤ1、つまり「キリストの年」を用いていると言っているのは見た。つまり、たとえば一三九二年の大晦日の平均太陽を求めたいと思えば、まず、キリストの受肉から一三九二年分の日数を数えなければならない。それから太陽の平均日々運動にその数を掛ける。最後に、その結果を西暦元年一月一日用のベースラインとなる基準値に足す。

その計算でわかるのは平均太陽であって、真の位置ではない。これは第4章でも見たように、太陽は黄道上を一定の速さで進んでいるわけではないからだ。ケンブリッジ大学ウィップル博物館のアストロラーベには、中心を外れた暦がついている。太陽は離心円上を進むと考えられていたからだ。太陽が私たちから最も遠ざかる遠地点にあるときには、夏の宮を進む速さが遅くなる。最も近い近地点には冬に達する。

各惑星にもそれぞれに、中心が遠地点の方向にずれた離心円がある（図7・3）（離心円は、近代天文学の楕円軌道に対するきわめてよい一次近似となる）。この方向は、どの惑星の計算をするにも必須だった。ジョン・ウェストウィックが土星の遠地点の経度を知らせていたのはそのためだった。ウェストウィッ

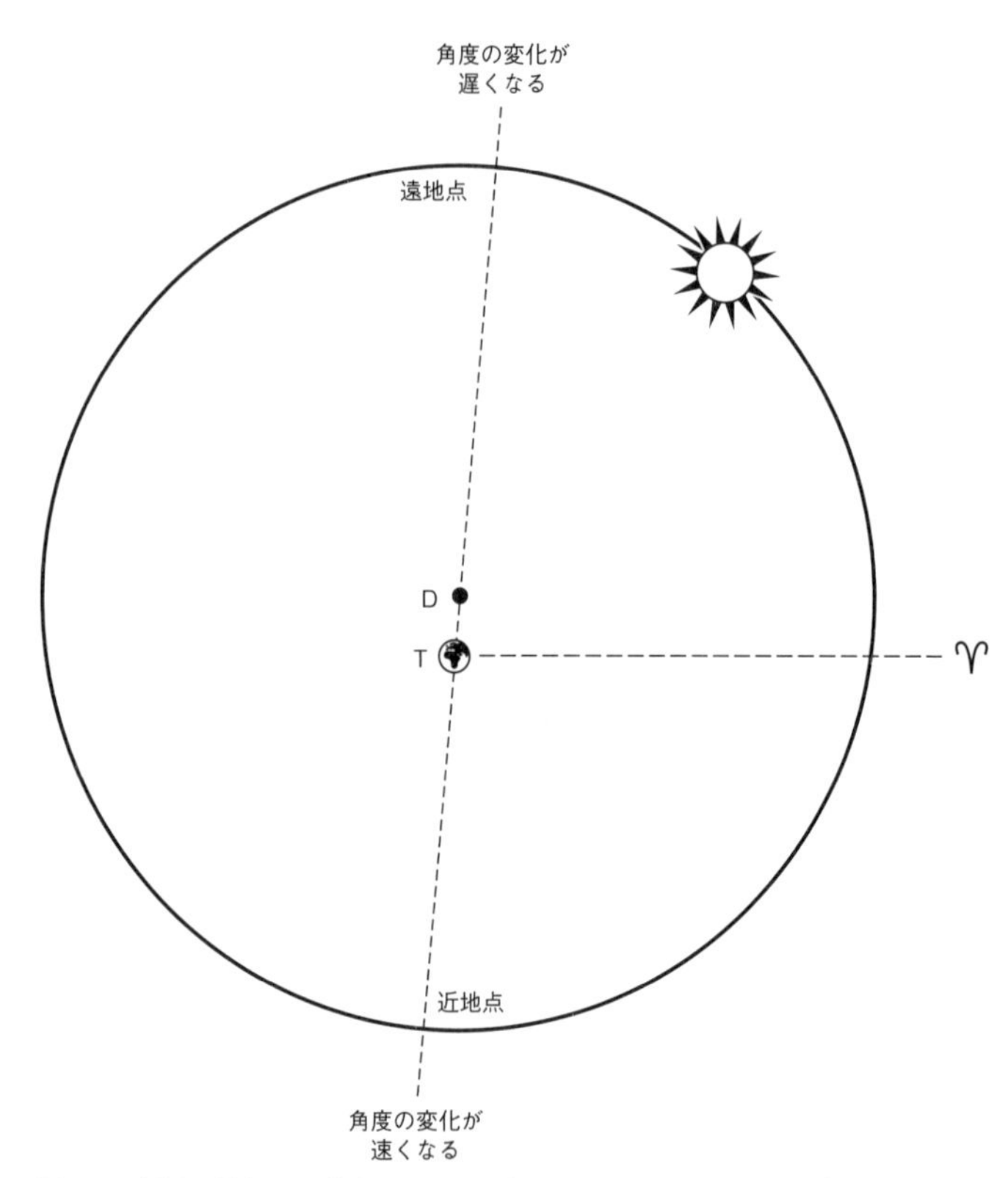

図7.3　太陽の離心円。中心（D）は、地球（T）とは長軸線上でずれたところにある。惑星はその遠地点に近いときには動きが遅くなる。長軸線はゆっくりと回転する。その位置は、春分点、あるいは「白羊宮の先頭」（♈）から測る。各惑星にもそれぞれに離心円があり、中心は地球から特定の方向へとずれている。太陽以外の惑星はすべて、そのモデルに少なくとももう1つの円がある。

クは、エクァトリウムを作るとき、土星の離心円の中心を、地球からその遠地点の経度へ引いた線上に記し、太陽を含めた他のすべての惑星についても同じことをした。

ただ、ジョンが「鋭利な器具で」注意深く彫ったというこの遠地点への直線は、ずっと一定というわけではない。ジョンが明らかにするように、惑星の遠地点そのものが時間とともに移動するのだ。これは歳差運動――星座が天の赤道や黄道上をゆっくりとずれること――による。チョーサーの郷士は歳差運動について知っていることをひけらかして、フランスの占星術師は「エルナト〔おうし座β星〕」が、上の固定された白羊宮の先頭からどこまで進むかを重々承知していた」と言った。この星の動きは実際に観察できるものではない。恒星や遠地点がほんの一度進むのにさえ一〇〇年近くかかるからだ。そういうものなので、天文学者がこの動きの正確な正体について考えが一致しなかったのも不思議ではない（今では、地球が自転すると同時に、コマが回転していて不安定になると軸が首を振るように、地軸が首を振る結果と理解されている）。プトレマイオスは、歳差運動は単純な一様運動だと論じたが、後の天文学者の観測からすると、それが減速しており、どこかで方向が変わるかもしれない。

アルフォンソ天文表の顕著な特色は、パリの天文学者が歳差運動のモデルの中で、二つの動きを組み合わせていたことだった。つまり、ゆっくりとした東へ向かう移動と、振り子のように前後に揺れるわずかに速い振動とで調節していた。単純な東向きの移動のぶんは一定で、ちょうど四万九〇〇〇年で黄道十二宮を完全に一周する。これは一日に〇・〇〇〇〇二度に等しい。すでに慣れていただいた六十進表記で書くと、これは0;0,0,4度となる――つまり一日に4÷(60×60×60)度だ。図7・2に示したジョン・ウェストウィックの第一行には、六十進分数の第三位〔秒の次〕にある4と、第四位の二〇（つま

図7.4　（図7.2の一部を拡大）最上段には、*Auges medie ad tempus Christi London* とある。上から土星、木星、火星、太陽・金星、水星と並んでいる。

り20÷12,960,000）――さらに第九位まで続く――がある。非常に遅い「遠地点の平均運動」の最初の四列――宮、度、分、秒の単位――はほぼすべてがゼロだ。ジョンがすべての行にわざわざゼロを書かなかったのも無理はないだろう。[8]

遠地点の動きは遅くても、その位置がすべての惑星の動きの要となる。他のすべてと同様、遠地点のゆっくりした動きは、ベースラインとなる根の値を元にして表される。ジョンが主表の下に、基準値の小型早見を書き出したのはそのためだ（図7・4）。ジョンは表の見出しにはずっとラテン語を使ったが、ここでは、そのラテン語で「ロンドンにおけるキリスト紀元元年の平均遠地点」とある。アルフォンソ天文表は、もちろんキリスト紀元用のベースとなる基準値集を提供しているが、それはトレド用に作成されていた。[9] そのトレドの正午はロンドンの正午とは同じではなかった。

ロンドンとトレドの時差を求めるのも簡単ではない。世界中の二〇〇地点近くを載せる、セント・オールバンズにあったある表は、両都市の経度差が五度と述べるが、中世の見積もりは、四度（これが正しい値）から一〇度にわたる。ジョンの補正用の小表にあるロンドンの基準値を計算するときは、トレドの標準データを補正するために経度八度二六分という値が用いられていた。これは時差で言うと三三分四四秒に相当する。ロンドン

	S	D	M	2nd	3rd	4th	5th	6th	7th	8th	9th
土星の平均遠地点（アルフォンソ表）	3	53	23	42	4						
マイナス8°26'ぶんの時間についての補正値						6	6	24	41	51	9
差引き	3	53	23	42	3	53	53	35	18	8	51

の正午はトレドの正午より半時間ほど早く、基準値は減じられる――一日の動きに対して8;26度÷360ぶんの時間となる。遠地点の日々平均運動は、図7・2の第一行で、一日当たり0;0,0,4,20,41,17,12,26,37°となる。それの8;26°に対応するかなり手間のかかる計算から、0;0,0,0,6,6,24,41,51,9°が得られる。[10]

辛抱していただきたい。そろそろ中世数学が本領を発揮する。必要な引き算をきちんと実行するとどうなるだろう。

これがジョン・ウェストウィックの小表の第一行にある土星の欄にある合計だ。さて、図7・4をちょっと見ただけでも、表の右端の値はすべての惑星について同じだということは明白だ。どうしてそうなったかもわかる。トレドの値は六十進の第三位までに丸められており、ロンドンでの補正は、第三位が1になるにはとうてい及ばなかったからだ。もっと大きな丸めた数から、同じごく小さな数を引くというのは、実質上、すべての列で、ゼロから引くということだった。ウェストウィックによるトレド・ロンドン間の半時間分の補正をしてもほとんど変わらなかった。*

どこかの天文学者がなぜ六十進分数の第9位まで計算したがったのかと疑問に思われても当然だろう。これは想像を絶する小さな数だ。遠地点の一日の動きを表す第9位の列に現れる三七（図7・2）は、円周全体の98,000,000,000,000,000分の1に等しい。この三七を約七五〇〇億年ぶん積み重ねて、遠地点はやっと経度1度ぶん移動する。そのような細かさは明らかに観測精度を反映したものではなく、プトレマイオス理論に沿った標準的な方法によって実行された計算に由来する。先駆者が苦労して得た成果を捨てるとなると、天文学者には相当の勇気がないと、あるいは傲慢でさえないといけなかっただろう。それに細かい値が得られる機会を捨てるのには、相当な数学の素養が必要となる。私はケーキを焼くときには必ず、そうした素養が欠けていることを後ろめたく思う。私は砂糖の量を半グラム単位の精度で量る。卵の重さには大きくばらつきがあることは重々承知しているのに。ジョン・ウェストウィックの手にも、非常に精密ではあるものの、必ずしもあまり正確とは言えない遠地点の小表が残されていた。

修道士がしばしば実行したそのようなこだわりの計算は、算数の練習だったかもしれないし、瞑想の修行でさえあったかもしれない。しかしこの場合は、計算はおそらくジョン自身の手になるものではなかった。右から二番めの第8位の列の最下段は8ではなく4になっているのがわかる（図7・4）。これは明らかに写し間違いで、ジョンが他の何かの典拠からこの表を写したことをうかがわせる。典拠にす

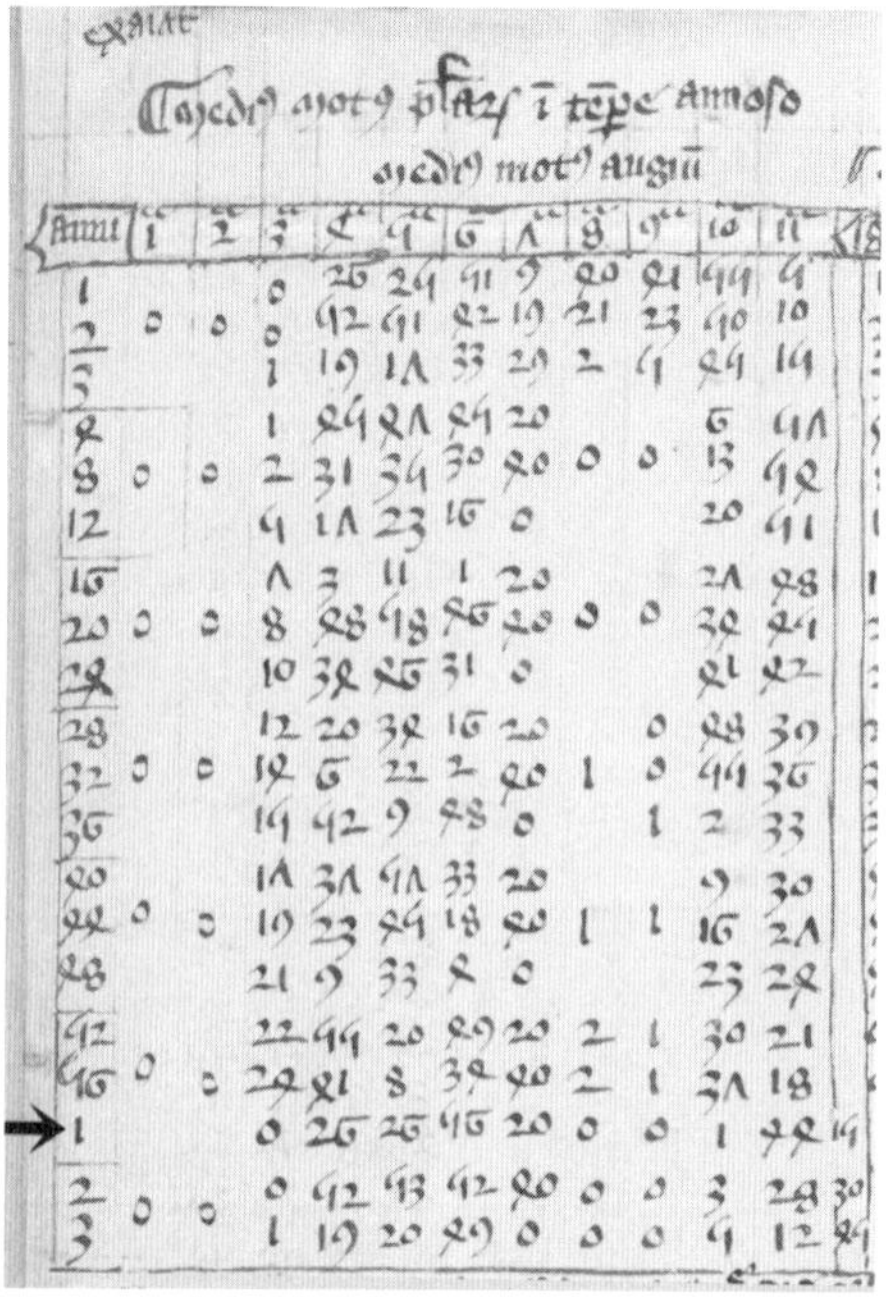

図7.5　年ごとの遠地点の平均運動。年（左端の列）は、1、2、3（365日）、4、8、12、…56、1、2、3（365 1/4日）と並んでいる。

でに間違いがあったとしても、それに気づかなかったのだ。

しかしその数ページ前には、ジョン自身が計算している現場をとらえることができる。遠地点の平均運動について、自身で別の表を計算していたのだ。こちらは一日の動きではなく、一年の動きを出していて、配列も変わっている（図7・5）。これを編纂した天文学者は、一年、二年、三年、四年の行を書き出し、それから四年おきに56まで進み、最後にはまた一年、二年、三年を書き出している。行を細かく調べれば、理由がわかる。最初の三年は三六五日ずつだが、他は、最後の三年も含め、一年が三六五日と四分の一になっている。巧妙な配列で、これを使えば、閏年がこの周期のどこにあろうと、正しい閏年の数を計算に入れることができるようになる。

この表の顕著な特色は、最初の三行の下の、中央の二列が空欄になっているところだ——これは怪しい。これは結局、この年ごとの遠地点表が、一日の動き（先に見ていた大きな表から得られる）に、しかるべく365または365 ¼をかけることで計算されているからだった。どこから見ても、もっともなことだと思うかもしれない。しかしちょっと待て。その、第9位まで細かく求められていた日々の値は、結局他の稿本にあったものではない。それは実際にあるべき値よりもわずかに大きいのだ。理由は、それ自体が丸めた一年分の値から得られているということである。この表の値を365 ¼日のある一年（図7・5の矢印がついているところ）について調べると、丸められた値、0;0,26,26,56,20°は、365 ¼で六十

*パリ版アルフォンソ天文表の作り手たちは、似たようなことをした。遠地点の紀元一年の基準値はすべて同じ4で終わる。

進分数第9位までの精度で割り、それからまた掛け算して、あらためて第9位まで求めると、ジョンが書いた、細かい0;0,26,26,56,20,0,0,1,44°になることがわかる。[11]

中世の算術の荒っぽい進め方はほとんど残らないので、こういうことが見えるのは珍しい。羊皮紙は貴重なので、計算やメモは石板にチョークで書きつけられ、すぐに消されてしまう。こうした表が六十進分数で何桁も計算されたからこそ、中世科学の実務的方法が珍しくかいま見えたということだ。

ここでもジョンは、他の天文学者の算数の練習の跡を写したということもありうるのだが、それでも、そこでは終わっていなかった。ジョンはすべて書き終えた後になって不整合に気づいた。どうやら、ロンドンの修道院宿舎の喧騒の中で、文字を明るい赤のインクで縁取っているちょうどそのとき、最後の列の計算が合わないことに気づいたらしい。表の最上部近くにある四年ごとの数字の最後が57となっているが、下の方の一年ごとの数字は44で終わっている。明らかにジョンが気づいたように、44×4の末尾は56になるはずで、57ではない。* 幸いなことに、単純な対策がある。差を四分の一ずつに分け、表の右下の端に、15, 30, 45を押し込んだのだ。この詰め込まれたもう一桁の追加で、ジョンは表がその内部ではつじつまが合うようにした――そして表面的には、六十進の第10位までというとてつもない精密さにまで強化したことになる。そのような中世的な細かさはどうでもいいように思われるかもしれないが、ジョン・ウェストウィックの細部への注意を責めることはできない。

ジョンのこの数表での演習は、数学的だっただけではない。この遠地点の日々運動の表の反対側のページには、同じ情報を、少し違う形式で示した別の表がある。それだけでなく、暗号のような符号や記号がまとまっているのがわかる（図7・6）。これはデレク・プライスが、文字と空白の見覚えのある配置から直ちに気づいたように、暗号化された文章の部分だった。アルファベットの各文字が、ジョンが採った暗号方式から得られる記号に置き換えられている。ジョンはこのページの隅に――この稿本の他の四ページにも――語数にしてそれぞれ五〇語になる暗号文を書いた。暗号はさほど複雑ではなかった。プライスはU60という記号が繰り返されることに気づき、それが文字THEを表すのではないかと推測すると、ほんの何分かで他の文字についても解読することができた。[12]

この謎の記号は中英語でこんなことを言っていた。「惑星の真の遠地点を年ごと、月ごと、日ごとに知りたいなら、この平均運動を、一三九二年用の真の遠地点の根に足すこと。そこに望む惑星の真の遠地点が得られる。年ごとなら一年分、日ごとなら一日分を足す」。ジョンはただ、この種の運動の表は基準値があって機能することを述べているだけだった。実は後で見るように、ジョンが得た結果は正確ではなかった。それはともかくとしても、この基本的な指示は、暗号にしなければならないような情報には見えない。中世の深遠な秘密の開示を期待していたとしたら、きっとがっかりするだろう。しかしこうした暗号の使い方は、中世の学者の間では珍しくはなかった。どんなパズルもそうだが、それは知的演習であり、出題者、解答者双方への挑戦であり、ジョン・ウェストウィックのような天文学者が自らを鍛え、楽しむ方法だった。

＊＊＊

＊176〔44×4〕は、六十進表記では、2,56〔2×60＋56〕となる。

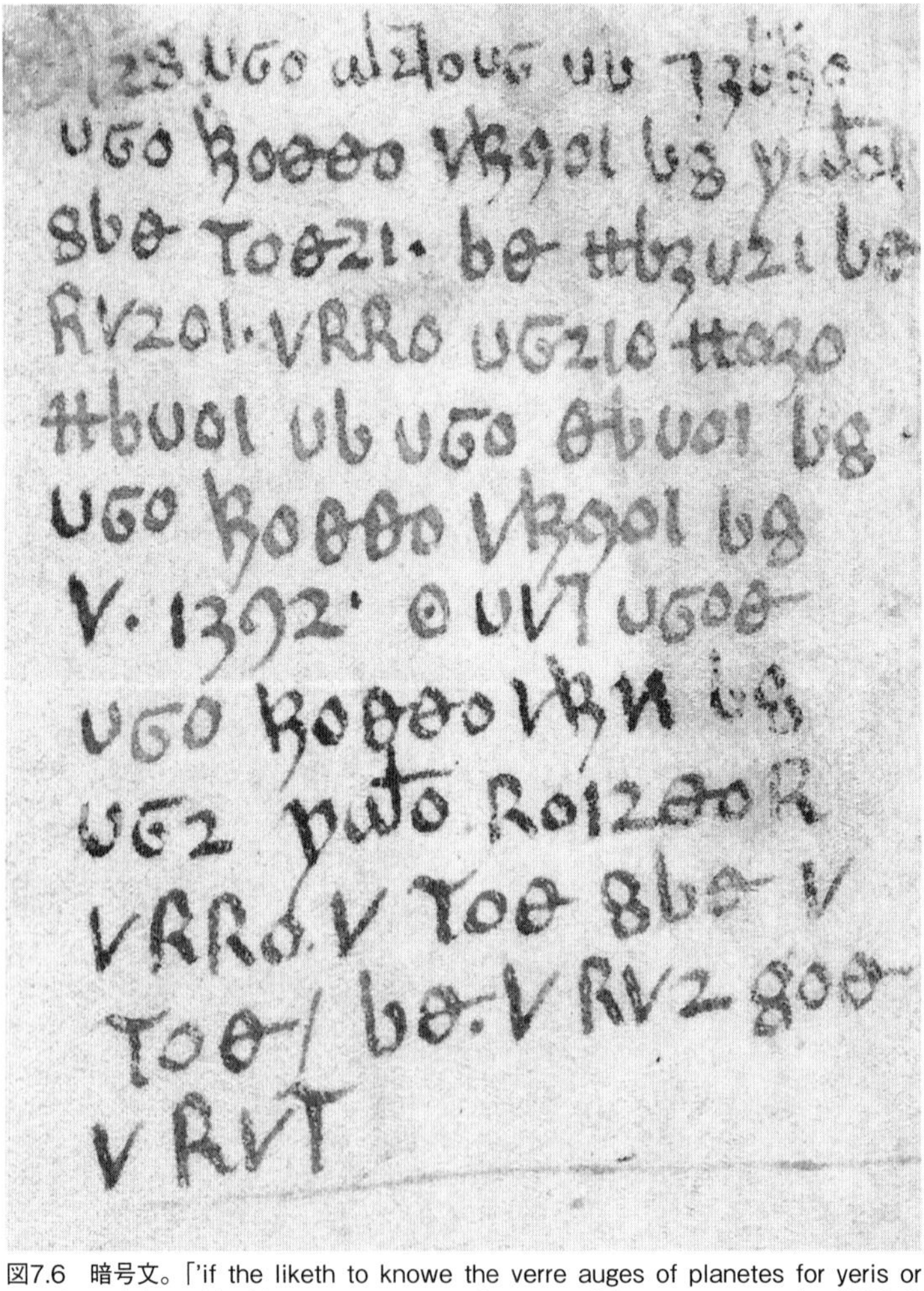

図7.6　暗号文。「'if the liketh to knowe the verre auges of planetes for yeris or montis or daies adde thise mene motes to the rotes of the verre auges of a.1392. & tak ther the verre aux of thi planete desired adde a yer for a yer or a dai for a day'」とある。

この複雑な数学と暗号文の中で、少なくとも一点単純に見えるところがある。一三九二年ぶんの日数を求めることだ。この数は、六十進表記で、この稿本の始めの方に出てくる。その隣に、*radix Chaucer*、つまりチョーサーの基準値（ラディクス）というラテン語のラベルがあった。デレク・プライスがピーターハウスの司書に、きつく綴じられた部分からページを切り出すよう求めていたときのことだ。この名の発見によって、プライスは一三九二年に完成したエクアトリウムと、『アストロラーベ解説』を書いた詩人とにつながりがあると説くに至った。リチャード・ウォリンフォードに中世科学の殿堂の中のしかるべき地位を与えた、この方面の草分けのジョン・ノースは、当初プライスに反対していた。しかし*radix Chaucer*というメモは、ノースの考えを変えた。一三九二年ぶんの日数を求めるのは、この表を使えるほどの天文学者にとっては「ささいなこと」であるとノースは考えた。そのような単純なデータについて、どうしてわざわざ出典を挙げたりするだろうと、ノースは問うた。挙げたのがチョーサー自身だった、あるいはチョーサーと仕事上の関係が密接だった人物だったとすればこそ理解できるとノースは論じた。後者なら、その人物は、「そこそこ進んだ天文学的知識」を持っていたらしいが、大学にいた一流の天文学者ではなさそうだ。この時期のロンドンには、ふさわしい記述のある人物がいないので、ノースはそれはチョーサーとならざるをえないという結論に達した。[13]

この点についてはジョン・ノースは——きわめて珍しく——間違っていた。まず、こうした表は引用だらけだ。トレドの天文学者アル゠ザルカーリーを参照する以外にも、プロヴァンスのユダヤ人プロファティウス、イングランドの托鉢修道士ジョン・サマー、科学の改革者ロジャー・ベーコンの名も挙がっている。[14] さらに重要なことに、そこには十分に誤りがあって、われらが天文学者はそのような問題をまったくの「ささいなこと」とは思わなかったことがうかがえる。本章ではすでに、ジョンが歴然とした写し間違いをしている（少なくとも訂正できなかった）ことを見たし、ごく小さな分数について、良心的とはいえ、いささか無駄なつじつまあわせをしているのも見た。さらに、ジョンが注意深く暗号化した遠地点用の表についての指示は正確ではない。その表は実は真の遠地点を求めるのには不十分なのだ。歳差運動の線形的なところしか示しておらず、遠地点と恒星の振動というもう一つの成分は計算に入っていない。そして、すぐ後で見るように、それは稿本の間違いばかりではなかった。

そこでノースの別の説明に戻ろう。この稿本は、チョーサーと仕事上の何らかの関係があった天文学者のものとする説明である。そうだとしても、一三九二年という年が何らかの形でチョーサーと結びついていたか、筆者は自分とチョーサーのつながりを見せる別の理由があったか、いずれかとせざるをえない。今ではこの手稿がジョン・ウェストウィックの手になるということはわかっている。チョーサーは同じ頃『アストロラーベ解説』を書いていて、ジョン・ウェストウィックに、ここで見てきた表を提供し、感謝したウェストウィックがその出典を明記したというのは考えられる。しかしウェストウィックがチョーサーの名を挙げたいと思ったもっと重要な理由は、そのアストロラーベの手引きが早くから当たりをとっていたことと、チョーサーが世に先駆けて学問に英語を使ったということだと私は思う。この稿本で、ジョン・ウェストウィックは一三九三年九月より少し前、チョーサーのデータを採用し、後で見るように、チョーサーの科学英語を採用した。自分はロンドンのかの偉大な著者の天文学上の弟子だと見なしていたらしい。

修道士と詩人が知り合うというのは、さほどありえない話ではない。チョーサーは河岸の税官吏として、また後には大掛かりな建設事業を管理する工事監督として、職業人生の大部分をロンドンですごした。一三八九年から一三九一年の間は、ロンドン塔のための新たな荷上げ場を建設するのに忙しかった。それほど長期的ではないが、一三九〇年、ロンドン城壁のすぐ外、スミスフィールドで催された大規模な槍試合大会のための舞台建設という工事もあった。奇妙なことに、ロンドンはチョーサーのあの詩作品からは抜け落ちているが、法律家、騎士、役人、他の著述家などによる、この都市の幅広い知的ネットワークの中で動いていたのは確かなことだ。このネットワークが幅広い学問を支えていた。チョーサーの文学上の弟子の一人にトマス・ホックリーヴがいた。ホックリーヴは政府の役人で、ロンドンの居酒屋の常連だった。ある機知に富む詩で、自らの暴飲暴食を告白し、またこんな女性が好みだとも言っている。

At Poules Heed me maden ofte appere

To talke of mirthe and to disporte and pleye.

しばしば私をポールの頭（ポールズヘッド）〔大聖堂の近く〕に呼び出し、

陽気にしゃべり、ふざけまわって遊ぶ。[15]

ホックリーヴは他のところで、長年、羊皮紙にかじりついてすごしたことによる腰と眼の痛みについてもっと悲しげに書いている。しかしホックリーヴが王璽尚書書記として職務に励むことは、将来の国王ヘンリー五世のために君主としてのふるまいについての教えを書く妨げにはならなかった。その書は、ロンドンとウェストミンスターの間にある川沿いの一等地を占める、チェスター司教宿舎に泊まった眠れぬ夜の間に始まる。

Musynge upon the restlees bysynesse
Which that this troubly world hath ay on
honde,
That other thyng than fruyt of bittirnesse
Ne yildith naght, as I can undirstonde,
At Chestres In, right faste by the Stronde
As I lay in my bed upon a nyght
Thoght me byrefte of sleep the force and
might.

この乱れた世界で手元にいつもある、
苦い果実の傍にある
絶え間ない忙しさについて考えても
私に理解できる限り何も生むことはない。
ストランドのすぐ近く、チェスターの宿舎で
ある晩、床に横になったとき
不安が私の眠る力を奪った。[16]

ホックリーヴの詩は「君主の鑑（かがみ）」というジャンルに属しており、これは当時きわめて人気が高かった。君主道指南はジョン・ガワーの『恋する男の告解』の狙いの一つだった。ガワーの占星術や魔法に関する伝承の言葉は、本人が説くところでは、アレクサンドロス大王のために考えられた指導要領からとられ、それをリチャード二世のために書き直したのだという。ガワーは王の教育を三部に分ける。すなわち理論と修辞——裁決の際に物語を、他の者にはできないほどうまく語る——と実践だった。実践は最

も重要で、ガワーは、支配者たるもの真実、寛容、公平、同情、高雅を見せなければならないと書く。しかしそのような王にふさわしいふるまいは、神学から占星術にわたる包括的な理論的教育によって裏打ちされなければならなかった。

中世の君主たちは本気でそういうことを考えていた。たとえばカール大帝は、イングランドやアイルランドの学者顧問、修道士たちと、優雅な手紙をやりとりし続けていた。相手方も、宮中や西暦八〇〇年頃の軍事行動中に見えた蝕などの天文現象についての皇帝からの真摯な問い合わせに対して熱心に答えていた。[17] それから七〇〇年後の中世末、ヘンリー七世のテューダー朝の宮廷は、少なくとも三人の占星術師を擁していた。一人はウェールズの天文学者にして医師、カーリーアンのルイスは、一四八〇年代から九〇年代にかけて、三人の王妃を治療した。薔薇戦争のときには両陣営で幹部連の信頼される顧問を務め、ランカスター朝のヘンリーとヨーク朝のエリザベスとの和平のための結婚の仲介も手伝った。このような政治的な関与をしたせいで、ロンドン塔で二人の若い王子が最期を迎えてからほんの数か月後には、そこに収監されることにもなった。それでもルイスは幽閉されている間にきわめて詳細な蝕の表を作成し、ウォリンフォードのリチャードによる計算方法とアル＝バッターニーの方法とを比較して、独自の手順を編み出している。釈放後は専門の写字士を雇って成果を書き上げ、少なくとも三点の献上用の稿本にした。この三点のうち最も豪華なものは、他ならぬ国王に贈られたのだろう。[18]

中世後半、国王の教育は、百科事典的な「鑑」文学というますます流行するジャンルに依拠するようになった。その鑑ものの文章は人間の知識、とりわけ道徳的啓発のための知識を概観していた。今日最も権威ある中世史の学術誌は *Speculum* という名で、これは「鏡」を意味するラテン語だ。一九二六年に出た創刊号の編集人は、この名が「中世の人々が自分や他の人々が映っているのを見るのを好んだ無数の鏡――歴史や教義や道徳の鏡、領主や恋人たちや愚者の鏡――を示している」と書いた。理解力を視力で喩え、光を知識を伝えるものと喩える中世の鏡はいくらでも解釈を映し出した。人の理性的な精神にしても、その場その場の感覚的入力を映す鏡かもしれない。修道士は、聖ベネディクト会の戒律が提供する鏡を見て、そこに映る自分のふるまいを確かめることができた。自然は神の計画やその中での人類の位置の鏡像だった。二〇世紀フランスの神秘神学者にして詩人のアラン・ド・リルは、いにしえのアレクサンダー・ネッカムのような人で、自然が教えてくれる明瞭な教えがあると考えた。

Omnis mundi creatura,
Quasi liber, et pictura
Nobis est, et speculum.
Nostrae vitae, nostrae mortis,
Nostri status, nostrae sortis
Fidele signaculum.

この世で創造されたものはすべて、
私たちにとって、書物、絵、
鏡のようなもの。
人生について死について
人の位置、運命について
信頼できるしるし。

このアランの讃歌の続く部分では、バラが咲いたとたんに枯れ始めるところを浮かび上がらせる。それは人間の移ろう存在を映す鏡となる。[19]

アリストテレスは動植物について長年の研究を書き残したが、その自然に関する著書は中世の大学ではほとんど注目されなかった。しかしジョン・ウェストウィックの時代の教養ある読者は、人類の鏡としてという面もあって、自然史〔博物学〕に盛んな関心を向けた。ラテン語の百科事典の短縮版や翻訳版が貴族の子弟のための手軽な教育・娯楽を提供した。たとえば挿絵入りの動物寓話集では、貴族が世界中の動物の驚くべき性質や行動について読むことができた——あるいはそれを見せられた。そうした動物の記述には、正確なものもあれば、まったくの想像というのもあったが、すべて読者に道徳上の教訓を伝えていた。そのため、動物寓話集は説教師たちの間でも人気があった。たとえば、貞節については、ビーバーの行動がお手本になった。この珍しい動物は、寓話によれば、ラッコのような毛皮と魚のような尻尾を持ち、睾丸は優れた医療効果を持つ油を生み出す。そのために狩猟の対象になることをビーバーは本能的に知っていて、危険なときには、自らの睾丸を噛み切って、それを狩人の方へ投げて逃げるという。その次に追われたときは、後ろ足で立ち上がり、狩人に探しても無駄だということを示す。この自分で去勢（カストレート）する能力が、ラテン語でこの動物を castor と言う元になったらしい。* あるドミニコ会修道士の団体用に作られた動物寓話では、鮮やかな緑色の服を着て、角笛を吹き、大きな棍棒をもった狩人に追われたこの驚異の動物が自らの体を切断するなまなましい挿絵に読者は目をみはったことだろう。生き生きとした絵の下には、「神の掟の側にあって、純潔に生きたいと思う者はみな、あらゆる悪徳やあらゆる不品行から自らを切り離さなければならない——そしてそれを悪魔の顔に投げつけなければ

*植物起源のひまし油（カスターオイル）は古代から用いられているが、その名がついたのは一七世紀になってからで、おそらく扱う商人が原料の *Ricinus communis*〔トウゴマ〕を、別の植物、*Vitex agnus-castus*〔セイヨウニンジンボク〕と混同したためだろう。

ばならない」という助言がある。[20]

トマス・ホックリーヴの『君主治世論』は、少なからずチョーサーを何度も褒めるためにさまざまな方向にそれているが、やはり道徳的・教育的内容がある。ホックリーヴはその亡きアイドルを「雄弁の花」、「万人の学問の神」、「アリストテレス哲学をわれらが言語で受け継ぐ者」とたたえる。チョーサー、ガワー、ホックリーヴの詩は、ロンドンでの活発な知的生活をうかがわせる。喜ばしく使える知識が自由にやりとりされ、下級の役人が貴族と入り混じる。

修道士たちも例外ではない。セント・オールバンズは、前々から、王族を含む、価値ある味方や後援者との関係を培ってきた。ウォリンフォードのリチャードは、一三三〇年頃、王妃のために占星術のささやかな手引きを書き、若きジョン・ウェストウィックは、一三六九年、ランカスター公妃ブランチの壮大な葬列がロンドンへ向かう途中、入念な追悼ミサのためにセント・オールバンズ大修道院に立ち寄ったのを目撃したかもしれない。名誉ある王家の葬列を迎えたトマス・デ・ラ・マーレ修道院長は、同院の信者会を再建した。これは有力な非聖職者、つまり後援者や学者による支援団体だった。その多くはブロード街にあった同修道院の宿舎を訪れたことだろう。[21]

宿舎は院長が議会関係の仕事や修道院の仕事でロンドンにいるときに宿泊するのに便利というだけではなかった。それは修道院の地所で生産された商品を扱うオフィスであり、倉庫であり、展示ルームだった。都市部にあった相当の地所が、賃料やその庭でできたものによる収入を生み出したし、社交、文化、娯楽の中心でもあった。一三世紀初頭、修道院はこの土地を買うために一〇〇マルクを払い、建物を拡張し、塀で囲うのに、またその半額ほどを投じた。「それは大宮殿のように広大だった」と、記録史家のマシュー・パリスは書いた。同院長と「すべての後継者と、望むどの修道士も、そこに安楽にまたひっそりと滞在することができた」。そこには寝室や台所の他に、礼拝室があり、庭や果樹園、中庭、井戸、何より肝心な厩舎があった――馬を駐めることには、現代なら車を駐めるのと同じ都市問題があったからだ。後の修道院長は宿舎を拡張し改装し、周囲の土地を買い、賃貸料を値上げした。こうしてセント・オールバンズはその権威と影響力をイングランドの経済的中心に投入していた。それでも、一四三〇年、ウィートハムステッドのジョン院長が知ったように、すべてが思いどおりになったわけではない。同院長は、建物に、宿舎を見下ろす三つの窓を設置するよう動き、重大な隣人トラブルを引き起こしたのだ。[22]

トマス・ホックリーヴがチェスター司教から借りた政府宿舎は、ふだんの生活とは違うところを見る機会となり、ジョン・ウェストウィックはセント・オールバンズ修道院の宿舎周辺でチョーサーに会った可能性も大いにある。一三九〇年代には、宿舎があったコーンヒルは知的中心となって、男女を問わず子どもの教育機会が得やすくなった。[23] チョーサーがわが子へ与えるアストロラーベ案内を受け入れる読者層を見出したのも――またジョン・ウェストウィックがそれを読む機会を得ていたのも――まさにそういうところだった。

＊＊＊

今ある『アストロラーベ解説』（*The Treatise on the Astrolabe*）は二部構成、つまりこの器具の記述とその使い方の説明でできている。しかしチョーサーは同書の序で、さらに三つの部を考えていて、「ルイスちゃん」に、「さまざまな天文表」があり、その後に「天体の動きを明らかにする理論（セオリック）」があると約束し、最後には占星術の規則の手ほどきを予定していた。

チョーサーの構想とジョン・ウェストウィックの本との類似は顕著だ。ウェストウィックの天文表はチョーサーが約束したのとまったく同じではない――が、どちらもカルメル会の修道士、ジョン・サマーを、影響の大きい数表作成者として挙げている。しかし『エクァトリー』は、「セオリック」という言い方にふさわしい。今の人々にはその言葉になじみがないだろうが、チョーサーの読者にとってもそうだった。語源となるラテン語 *theorica* は、「理論的な記述」と、「物理的再現」との、両方の意味でのモデルのことを言う（現代英語で言えば、「経済モデル」と、子どもの「飛行機の模型（モデル）」を考えるとよい）。両義的でありえたのだ。中世の天文学者が大量に書いた *theoricae* の教科書では、天体の三次元での動きを表す図によるとはいえ、純然たる幾何学的理論を記述することもあれば、木製や真鍮製の手で触れられる器具のことを言っていることもあったし、さらにはその中間のことである場合もあった。器具らしいものについての非常に説得力のある記述や、さらには図を見ることができる。これは要するに思考実験だった。書いた本人は作ろうとは思っていないが、何らかの装置が考案されているのだ。

しかしジョン・ウェストウィックは、確かに自分の装置を作る意図があった――すでに自分で作っていた。チョーサーのアストロラーベ解説に、英語で初めての「セオリック」という言葉の使用例があるとすれば、ウェストウィックの『エクァトリー』は二番めということになる。それはチョーサーの言葉遣いがジョンの文章に影響しているほんの一例にすぎない。ジョンが、自分のエクァトリウムのある部分の名称について、その由来は『アストロラーベ解説』だと明言しているところさえある。しかしジョンへの他の影響を理解し、そのエクァトリウムがどういう仕組みだったを把握するためだけでも、ジョンの「天体のセオリック」がなしとげようとしていたことにさかのぼる必要がある。

ジョンのエクァトリウム解説は本の最後の部分、一四ページを占める――一四〇ページも占める天文表群の後で、その表の最後の最後は、恒星の一覧で、それは未完成だった。ロンドンから見た星の高度を示す列の上に、ジョンはラテン語で保証書のようなことを書く。「著者によって検査済み」。天文学者がみな、自分が示す天文表についてそのような検算を実行したわけではない。ジョンは明らかに検査したことを自慢しているが、リストにある四三の星のうち、七つの高度しか書いていない。その第一の星、アルデバランについては、正確な最大高度53°36′を記録している。そのアラビア風の名の隣には説明書きがある。「牡牛の心臓あるいは目」。これは明るい赤っぽい星で、ジョン・ガワーが詩にしたところでは、呪術的にルビーと結びつけられている。おうし座の長く伸びた角の下、牡牛の右頬あたりに瞬いているのが容易に特定できる。しかし一三九二年のジョンが、アルデバランが毎日明け方に数時間見える七月末の空を見ていたとしたら、瞬かない、さらに赤い星でアルデバランが霞んでしまうのを見たことだろう。恒星の間を縫って、すでにアルデバランよりも明るく、さらに毎週明るくなっていくこの星は火星だった（図7・7）[24]。

プトレマイオスよりずっと前から、天文学者にとって差し迫った問題は、惑星運動を説明することだった。そうした天体の変則的な動きがそれほど人をとりこにする理由は簡単にわかる。太陽は、すでに見たように、一年かけて黄道を少しずつ進んで行く。しかし惑星はそれとは大いに違うことをする。黄

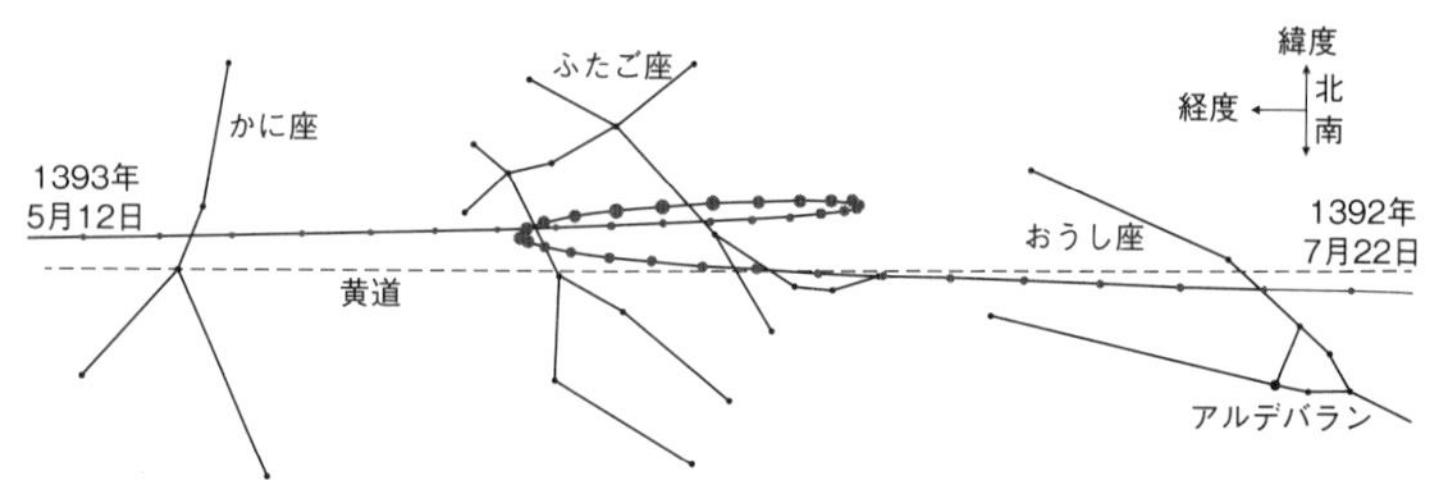

図7.7　火星の動き。1392年7月から1393年5月まで。各ドットは1週間おきの位置。ドットが大きければ火星が空で大きく見えることを表す。

道を横断しながらジグザグに進むだけでなく、ときおり、星々の間での動きを止めたり、さらには何週間か何か月かの間、逆行したりする。七月二九日、火星がアルデバランの北数度のところを通過するとき、惑星はふつうに星座を縫って進んでいる――毎週角度にして四度ずつ、だいたい指三本分の幅だ。しかし黄道を横切り、ふたご座に移った頃、東向きの動きは明らかに北寄りに曲がり、動きも遅くなる。一一月初旬には、ふたご座の南側の人物の脇腹のところで停止する。それからゆっくりと逆向きに動き始める。一二月半ばには、黄道の反対側にいる太陽とは正反対の位置にあって、最も大きく、明るく見える〔火星は軌道上の地球に近い側にあって、満月のような位置関係になる〕。そうして一三九三年一月末になると、また減速して停止すると、あらためて元の東へ向かう軌道をとり始め、ふたご座を通過し、徐々に黄道に向かって南へ戻っていく。

古代の天文学者はあたうかぎりの工夫で、この、通常の純粋な天界の調和との奇妙な不一致を説明する幾何学的モデルを編み出した。アリストテレスは同じ時代のエウドクソスが考案した説明の概略を述べている[25]。エウドクソスは、それぞれの惑星が、四つの同心球からなる系に乗っているのではないかと唱えた。それぞれが入れ子になっていて〔マトリョーシカのように〕、地球を中心として異なる角度で回転する。火星のような惑星だと、毎日天の他の部分とともに昇り、沈むための球、太陽や他の惑星とともに黄道を維持して進むための球、黄道をはさんで南北にジグザグに進むための球、特徴的な逆行を生み出す球を必要とする。

これは魅力的な解法だった。哲学者は、純然たる同心円以外のものを必要とせずに何とか順行と逆行の繰り返しを再現したエウドクソスの巧妙な幾何学を好んだ。しかし明白な欠点もあった。たとえば、惑星の大きさがこれほどに変化することを説明できなかったのだ。とくに火星と金星はともに、逆行時には、見かけの直径が四倍以上になることがある。*

そのような大きさの変化をモデルにして表す一法は、円を別の円の周上にのせる、つまり周転円を用いることだった。アポロニウスという紀元前三世紀のギリシアの天文学者は、周転円だけで離心円と同じ大きさと速さの変化をもたらしうることを証明した。アポロニウスのこの成果については、それから約四世紀後にプトレマイオスが書いた要約からしかわからない。しかし惑星が周転円を回り、周転円自体は地球を回るという組み合わせで逆行運動を生み出せることを、アポロニウスが十分に示したというのは明らかだ。惑星が周転円上を回転し、当の周転円の中心はもっと大きい「従円」（あるいは導円）上を回転する（図7・8）。周転円と従円の大きさの比が、逆行ループの大きさを決める。

それでも問題はあった。惑星の逆行ループは見るからに不規則なのだ。長さにばらつきがあるだけで

*今では、逆行運動が生じるのは、太陽に近い方の惑星が、遠い方の惑星を追い越す、つまり両者が近い側にあるときに追い着いて、内側から抜き去るときのことだということがわかっている。そのため地球の外側にある火星などの惑星は、地球から見て太陽の反対側にあるときに逆行が見られることになる。地球が太陽と惑星の間で内側から追い越すときに、その惑星が後戻りするように見える。

なく、黄道上の場所ごとに間隔もばらつく。従円を離心円にすれば、ループの大きさか、間隔の違いか、いずれかに合わせることはできる——しかし両方を同時に合わせることはできない。さしあたり、この点はギリシア人をあまり悩ませることはなかった。得られているモデルが惑星運動の全体的な形やパターンを再現できるのであれば、それで十分に役立った。しかし天文学者は、紀元前二世紀のヒッパルコスを筆頭に、だんだん形としてもっともらしいだけでなく、数値的にも精密な理論を求めるようになった。それは占星術が成長したせいでもあった。占星術師は実直であり、競争心もあって、宮や室における惑星の位置の正確な予測を求めていた。ただ、ヒッパルコスは厳格に既存の惑星理論の問題点を指摘したものの、自身ではそれを改善することができなかった。

最後の大きな一歩を進めたのは、西暦一五〇年頃のプトレマイオスだった。そこで従円・周転円モデルにさらに細かいことが一つ加わり、惑星の位置の予測が著しく正確になった。惑星が一定の速さで周転円をめぐるのと同じように、周転円も従円を一定の速さで回る。しかしその「一定」の速さは、特定の点から観測した場合のみ、一様に変化する角度となる——太陽が遠地点付近にあって進み方が遅いときにそうなるように。プトレマイオスの達人の技は、周転円の従円を回る速さが一定になるのは、地球にいる観測者の視点から見た場合ではなく、また従円の中心から見た場合でもなく、第三の点から見た場合だと唱えることだった。この点は「エカント」〔等しくするものの意〕と呼ばれる。この最後の追加によって、プトレマイオスは惑星運動について信頼できて長持ちするモデルを生み出した。ある時刻の各惑星の真の経度を知る必要があった占星術師は、複雑な環を描く動きについて悩む必要はなくなり、一定の変化をする二つのデータだけ気にすればよくなった。それは周転円上での惑星の角度〔平均離角

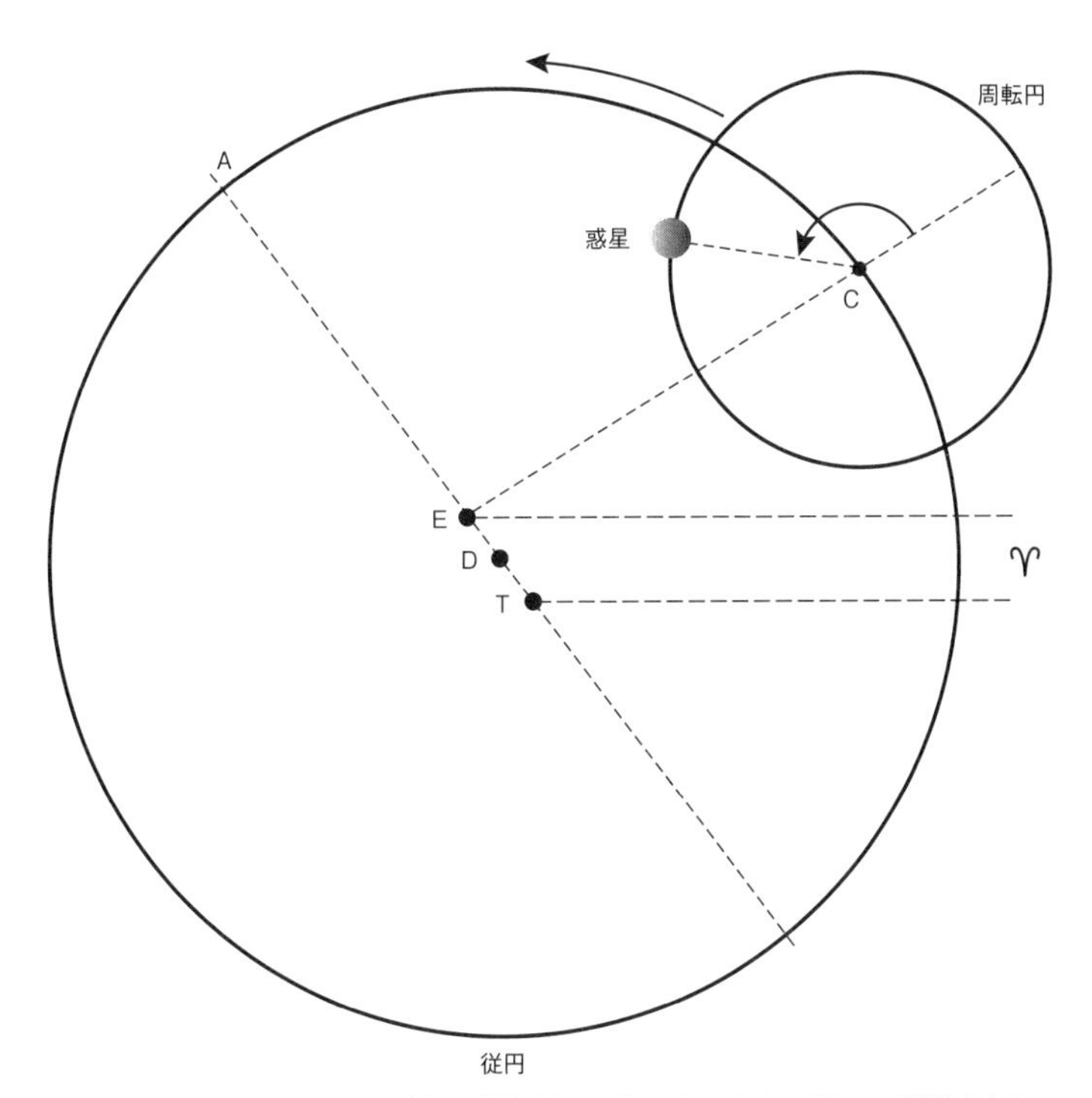

図7.8　1つの惑星についての従円・周転円・エカントによるモデル。地球（T）にいる観測者の視点からは、この惑星は、周転円の内側（下側）部分にあるときに、逆行し、空で大きく見えることになる。周転円は従円上を、エカント（E）に対して一定の速さで回る。エカントと従円の中心（D）は、地球から遠地点（A）へ向かう直線、つまり長軸線上でずれたところにある。「白羊宮の先頭」（♈）は実質的に無限遠にあるので、EとTからの角度は同じになる（周転円は逆行を生むために適切な大きさでなければならない。月は周転円があっても逆行はしない）。

れる）。

と呼ばれる）と、周転円の中心の従円上での角度（通常、平均黄経と呼ばれ、どこからそれを測るかに左右さ

プトレマイオスは、このエカントのような斬新なことを持ち出すと、古くからの原理に反すると責められかねないことを認識していた。プラトンとアリストテレスは、どちらも天の世界での運動は一様で円でなければならないと論じており、天文学者はみなそれを受け入れた――少なくとも原則として。エカントはその体系の形を崩すように見えた。プトレマイオスは『アルマゲスト』を書くとき、そのような非難から身を守るために、簡潔な数理から一歩身を退いて、こんな訴えをしている。「この対象の性質によって、厳密には理論とは合わない手順を用いざるをえないとしても……あるいはすぐにわかる原理からではなく、長きにわたる思考と適用から到達した基本的前提を立てざるをえないとしても……その［前提が］現象に合致してさえいれば……［このやむをえない仕儀を］受け入れてよい」。長期的には、エカントがあることの物理的証拠がない点が、プトレマイオス理論に影を落とすことになる。しかし何世紀かの間は、その存在を示す最善の証拠は、単純にこれでうまくいくということだった。天文学者はモデルの美観上の魅力で悩むことはなく、従円と周転円の大きさの比率などのパラメータを細かく手直ししたり、理論を自分たちの占星術での予言で実行したりする作業の方を選んだ。そしてプトレマイオスの図を動かすための物理的モデルを構築した。[26]

ジョン・ウェストウィックが自作のエクァトリウム試作品のために円を切り出すようになったとき、チョーサーだけをヒントにしたわけではない。何世紀にもわたる現場の天文学者が敷いた基礎の上に立っていたのだ。天文学者は、周転円と従円を、較正された幾何学的計算器に変えようとして、二つの大

きな難問と取り組んでいた。一つはこの理論が惑星ごとに少しずつ違うということ。それぞれの円は大きさが違うだけでなく、場合によって追加の手直しがあった。水星と月はそれぞれ例外的な運動のぶんとして、まるごと一つの円が追加された。もう一つの難問は、周転円の動きはエカントを基準にして決まるが、惑星の獣帯での実際の位置――黄経――は地球を基準に決められるという事実だった。それは、エカントはすべて、異なる方向にセットされるのだから、惑星ごとに追加の物差しが必要になるかもしれないということだった。

わかりやすいのは、惑星ごとにまったく別々の器具を作るという対応で、イスラム圏スペインにいた何人かの発明家はそうした。トレド表を作ったアル＝ザルカーリーもそうだった（もっとも、一枚の板の両面に何とかすべてを押し込んでいたが）。このテーマで最初に著述をした最初のラテン語圏のキリスト教学者は、ジョヴァンニ・カンパーノ・ダ・ノヴァーラ〔カンパヌス〕というイタリア人司祭で、やはり七つ別々の器具をひとまとめにしたセットを考えた。カンパヌスが七つ一組のエクァトリウムについて、すべての惑星の軌道の距離という手が掛かる計算とともに解説した「惑星のセオリック」は大きな影響を残した。ロジャー・ベーコンは、同じ時代の人々のほとんどに対して口が悪かったことで有名だ――ある論争では、ラテン語圏の学者は神学でも科学でも独創的な成果は一つも生み出していないと説いた――が、カンパヌスについては、磁石についての実験をしたピエール・ペレランとともに、傑出した数学者だと褒めた。[27]

それでも皆が一様に熱烈歓迎したわけではない。フランスのアミアン出身の天文学者でアルフォンソ天文表をグラスゴーの司教代理に献じたジャン・ド・リニエールは、カンパヌスを褒めたが、このイタリア人のエクァトリウムについては意見を留保した。

神に祝福された善良なるカンパヌスという名の男が、あるおおいに必要な器具を設計した。それによって惑星の真の位置がわかる——その留となる位置も、順行も逆行も。しかしその製作にはうんざりする。この器具に含まれる、さまざまな溝を持つ盤の数の多さのせいだ。そしてまた、この器具の大きさのせいで、簡単に運搬することができない。[28]

ジャンは中世のやる気のある天文学者ならそうしたいと思うようなことをした——自分の工夫をもっとよい器具の設計に活かそうとしたのだ。その改良版は、アル＝ザルカーリーの案を簡素化したモデルだった。従円はすべて主盤の一方の側に載せられた。しかし惑星にはまだ追加の小さな盤が必要で、ジャンの器具をまねようとすると、細心の注意を払って円を彫ったり分割したりしなければならなかった。そこにジョン・ウェストウィックが自分の足跡を残すチャンスがあった。中世の文書には、何から何までオリジナルというのはない。チョーサーの『アストロラーベ解説』がラテン語のテキストの翻案であり、そのテキストがまたアラビア語の本が元であったように、ジョンの英語によるエクァトリウムの手引きは、おそらく一部は翻訳だっただろう。その場合でも、先人にしかるべき敬意を払いながら、自分の創造性を発揮する余地はおおいに残っていた。ジョンは礼儀正しく、まず「レイク」なる人物を挙げる。この人物の身元を明らかにできた人はいないが、セント・オールバンズの聖具保管係で、当時ウォリンフォードのリチャードによる時計の保守管理担当だった、ジョン・ラウキンのことだったかもしれない。ウェストウィックは、この「レイク」の権威に依拠して、携帯性が大事だと見る職人に対抗した。「この器具を大きくすればするほど、その目盛の間隔も大きくなる」とジョンは言う。器具上で目盛の間隔が広くなるのは、読み取り精度を分や秒に至るまで上げられるということだった。「そして分数が小さくなればなるほど、計算は真実に近くなる」とジョンは強調し、読者に対するこの直接的な宣言とともにチョーサーの解説書から一節を抜き出して、測定にとって十分な精度を得るためには、自分の発明品をどんな大きさにすればよいかを説く。「ゆえに金属でも何でも、なめらかに削られた、平らで均一に磨かれた盤を用意する。その直径は七二大インチ、すなわち六フットとする」。これでは運搬可能とは言えなかった。しかし六フットの円盤が、ジョンが説くように「bownde with a plate of yren in maner of a karte whel」(馬車の車輪のように、鉄でまとめられる)べきだとすれば、ロンドンはその作業が可能な位置にあった[29]。

この中世都市には、鍛冶屋の工房の騒音が響き渡っていた。多くの金属加工業者が市の中心から外れたところに炉を構えていたが、壁の内側に留まった業者が、まだかなりの喧騒を生み出していた。ジョン・ウェストウィックの時代から少し後、眠りを奪われたある市民は、この問題について、癇癪のような頭韻を踏んだ詩を作文する気になった。

Swarte smekyd smethes smateryd with smoke
Dryve me to deth wyth den of here dyntes;

スモークされ煤にまみれた鍛冶屋(スミス)たちの、
鉄(かね)を打つカンカンという音でくたばりそうになる。

Swech noys on nyghtes ne herd men nevere,
What knavene cry and clateryng of knockes,
The cammede kongons cryen after col!col!
And blowen here bellewys that al here brayn brestes.

夜な夜なそんな音はしない、
こんなごろつきのような声やガンガン叩く音は。
下賤の者は、「石炭、石炭」ときりきりわめき
ふいごを吹く音は頭の奥まで吹き渡る。[30]

騒音の激しい都市部の鍛冶屋も、何から何まで悪かったのではない。中世の学者にとってはヒントになることもあっただろう。一二七七年のパリでの糾弾や、神学者と自然学者の間での、真空の創造は神にとっても不可能なのかという問いをめぐる縄張り争いを思い出そう。パリ大学の教師ジャン・ビュリダンは、金属加工業者の巨大なふいごの知識を用いて、論争に鉄槌を下した。ノズル〔空気の出入り口〕が止められているときに両側を引き離す〔空気を取り込む動作〕ことはできないとして、これが真空は存在しえないことの証拠だと言った。ふいごから、さらなる帰結に導かれる。ビュリダンは、作業中の鍛冶屋の熱い空気は、ふいごが止められているときにはそれ以上圧縮できないが、その空気は冷却されると占める体積が小さくなることを知っていた。それは――少なくともビュリダンの目には――空気の物質（実体）がその量的形態（大きさ）とは別であることを明らかにしていた。ビュリダンは、自ら煤をかぶったことはなかったとしても――またその例を用いたパリの哲学者はビュリダンだけではなかった

としても、明らかにそのような職人仕事に通じていて、それをもとに、複雑な説得力のある学問的議論を仕立てることができた[31]。

修道士たちも、金属や木材に触れるのをいとわなかった。何と言っても、ウォリンフォードのリチャードは鍛冶屋で育ち、その手になる時計はリチャードが炉の熱さや槌の重さを忘れてしまってはいなかったことを示している。ジョン・ウェストウィックの最初のエクァトリウムは、ジョン以外の誰が作ったのでもない。その取扱説明書には、最初の試みで犯した間違いに対する痛ましい言及だけでなく、読者にそれを繰り返させないためのささやかな提案も散りばめられている。その器具の要にある新機軸は、惑星の従円をすべてひとまとめにすること——その動作についてはすぐ後で見る——だったが、まずそのまとめられる部分部分を完璧に較正することが必須だった。「あなたに忠告しておくと、共通の従円中心が適切に、また正確に定められていることを確かめるまで、十二宮の名は書き込まない方がよい」という（口絵7・9）。定まっていない場合にも、ジョンは対策を用意していた。「この点で間違った場合、あなたにその対策をお教えしよう。従円の中心を内外へ叩いて、エクァトリウムのリムにぴったり乗るようにするとよい[32]」。

ジョンの最初のモデルは小型の模型にすぎなかった。正確なサイズについては言われていないが、水星用の追加の円には「私の器具についている穴は二四だけ」と残念がっている。ジョンはその円周上に、できるかぎりのことをして二四個の穴を押し込んだにちがいない。「この小さな円に、開けられるだけの小孔でいっぱいにする。可能なら三六〇個、少なくとも一八〇あるいは九〇個」と前に指示しているからだ。素材に何を使ったかも記録されていない。木材、あるいはさらに羊皮紙まで使ったかもしれない。ジョンの稿本は今では茶色い革張りの板で閉じられているが、これはデレク・プライスが一九五〇年代に解体した後に加えられたもので、かつては分厚い羊皮紙にくるまれていた。その羊皮紙による外装の一部が現存する。そこには折り曲げられた傷があり、アストロラーベの投影実験でできた赤インクによる曲線が残っている。[33]

ジョン・ウェストウィックの取扱説明書は、学問の国際語――ラテン語――ではなく、職人が使う中英語で書かれていた。この時期は英語が急速に発達する時期で、ラテン語やフランス語と自由に入り混じっていた。この時期の学術的な稿本を調べると、英語とラテン語（ときにはフランス語も）を組み合わせて書かれていることがわかる。そういう場合の方が、いずれか一つのみという場合よりはるかに多い。ときどき、しかじかの単語がどの言語のものかもよくわからないことさえある。語彙が融合し再構築される柔軟性というのはそういうものだ。たとえば一三九二年九月、ロンドンのジョン・ピンチョンという宝飾職人が遺言を作成し、現金を貧しい人に分配するという遺志を、多言語様式で書いている。「Ieo volle que la moneye soit despendu ... to the pore men」〔私は現金が貧しい人々に……使われることを望む（前半はフランス語、後半は英語）〕。それでも、つねに百年戦争が爆発寸前で、ますます愛国的になる政治的階層が、庶民の世俗的英語を民族的統一のシンボルとして奨励しておりラテン語やフランス語での読み書き能力は徐々に衰え始めた。ジェフリー・チョーサーがアストロラーベ解説を俗語で書いたのは、ただ一〇歳の息子がまだラテン語を習得していないからだけではなかった（チョーサーは「ルイスちゃん」に、おまえはその点で能力に欠けるよと、少々にべもなく念を押しているが）。それは「王の」ために、「すなわちこの言語の主」のために、英語で書いたということでもあった。チョーサーは、英語の「裸の単語」が、古典語の文法のわかりにくい技巧に対して、端的に明瞭であるところを支持していて、英語は、ギリシア語、アラビア語、ヘブライ語、ラテン語と同じように、学問に向いていると説いた。「各地の人々ごとに異なる道が正しくローマへ導くように」。チョーサーの英語による解説は、子どものような読者にアストロラーベの使い方だけを教えていたが、ジョン・ウェストウィックは、自身の手引きで、組み立て方も取り上げていた。英語を話す職人は、この解説書を読んで――あるいは誰かに読んでもらって――その方法を一段階ずつ進み、真鍮の六フットもある薄い輪を切り出し、滑らかに研いだ木の板に絹の糸を張りつけて、新しくエクァトリウムを作ることができたのだ。[34]

チョーサーが天文学の手引きに英語を先駆的に使ったことは、ジョン・ウェストウィックの刺激になっただけではない。それは専門用語集の役目もしていた。ジョンの稿本を丁寧に読むと、チョーサーの『アストロラーベ解説』には登場するが、それ以前には他のどこにも出てこない単語が、少なくとも七つあることが明らかになる。その中には、「riet」(レーテ)や、上面の回転する指針を表す「label」(ラベル)のような、器具の構成要素が含まれる。しかしウェストウィックはアストロラーベについて書いていたわけではなかった。自身の器具用に、独自の単語を使わなければならず、読者のために、その言葉について、丁寧に定義し、説明した。「この小さな針ほどの幅しかない小さな穴は、惑星の共通従円中心(common deferent centre)と名づけることにする」と述べ、その器具独自の特色となる一体化した部品に確実に目が向くようにしている。[35]

この稿本には、ジョン・ウェストウィックが書いたことで英語に初登場した語句が二〇以上あった。その大半は天文学用語か、自作器具の部品名かで、ジョンは苦労してその意味を間違いなく明瞭になるようにしている。もっと一般的な知識、たとえば引き算することを意味する「drawe out」という指示もあれば、「remnaunt」〔残余〕という、その引き算の後の残りを指す言葉もある。今日でも変わらずに使われている「geometrical」〔幾何学的〕のような言葉もある。ジョンはこうした単語を使うとき、既存の英単語の意味を手直しして創り出すこともあれば、ラテン語から借用するだけのこともあった。[36]「aryn」や「alhudda」といった、さらに遠い外国からきた言葉もあった。この二つはどちらもアラビア語由来だが、ここでもジョンはその意味に少しずつ手を加えている。「*arim*」は中世の地図作成者の多くが、居住可能な地球の中心——たいてい経度〇度か九〇度——に与えた名だった。ジョンが自作のエクァトリウムの中心点の名を選ぶとすればこの語になる理由はわかりやすい——どこまでも円を描いて回転しつづける惑星を観測するときに自分が立つ位置ということだ。一方、その中心点から器具のてっぺんに走る線のことを、ジョンは「*alhudda*」と呼んだ。この単語はこの稿本に特有の言葉だが、それとよく似たアラビア語の *alucha* は、アストロラーベの *alhudda* に対応する部分を指すために、用いられることがごくたまにあった。ジョンがこうしたアラビア語の用語を取り上げて転用する様子は、中世科学が言語の混合を助け、発達させた様子を明らかにする。

しかしだからといってジョン自身がアラビア語を知っていたことの証拠にはならない。そのような用語はずっと前からラテン語に吸収されていた。ジョンが書いたような手引き類を読むと、こうした流行り言葉がエキゾチックな魅力を持っていたことさえ感じ取れる。それこそが、『エクァトリー』冒頭の語句が「In the name of God, pitos〔compassionate〕and merciable〔merciful〕〔情け深く、慈悲深い神の名において〕」——よく知られたアラビア語の *bismillahi r-rahmani r-rahim* という言い回しの直訳——だった理由かもしれない。どんな『クルアーン』読解でも、祈りなど神の祝福を求める行為でも、まずはこれからとも言える、このイスラム教の祈りは、キリスト教徒の天文学者の間でも流行っていた。それほどにイスラム科学には権威があったのだ。

とはいえ、ジョンは自分の外国語趣味のせいで読者に誤解させることになってはいけないと思っていたのだろう。ここでもやはりそれぞれの語について、丁寧に定義している。そしてジョンの書き方で語彙よりもはるかに目立っているのは、読者に直接に語りかけるところだ。一枚一枚から言葉が手を伸ばしてきて、「私はあなたに告白する」、「私は考えなさいと言う」、「私があなたに教えたとおりに作業しなさい」のような言い回しを通じて直に接触してくるのだ。『エクアトリー』を読んでいると、天文学の授業で先生が学生に教えているのを漏れ聞いているような気がしてくる。ときどき、卑下しているようなところも見受けられる。ある余談の部分で、ジョンは器具についての文句なく役に立つ図解について、「これは粗い描き方だというのはわかっている」と弁解している。卑下は当時流風していた文芸上の技法だったが、著者と読者とが本当に対面しているような関係を感じさせる――一つひとつが、チョーサーと、読者として想定されている息子ルイスとの間にもあったように思える。ジョン・ウェストウィックは自分の言葉を、教え、念を押し、注意したりうながしたりし、物語り、また読者をやる気にするように組み立てていた。要するに、ジョンは教えていたのだ。

＊＊＊

そうして教えていたことは、いったい何だったのだろう。エクァトリウムは天文学の諸概念を学習するためのツールとなったが、その第一の目的は、惑星の位置を特定することだった。占星術師は、またほとんどの医師は、惑星がどこにあるかを正確に知らないことには仕事にならなかった。器具を設計するとなると誰にも立ちはだかる壁は、第4章で見たレクタングルスのときと同様、使いやすさと組み立てやすさという、二つの相反する目標のつりあいをとることだった。ジョンはそれぞれの面で、難しい決断をしなければならなかった。組み立てやすさを考えていても、材料費削減のために設計を変えると、組み立てるには、熟練の職人の腕が必要になるかもしれない。一方、使いやすさの方を優先して、経度を求めるという作業を簡単にすると、プトレマイオスによる従円と周転円の図を見せるときには、装置の明晰だった部分がわかりにくくなるかもしれない。こうした相反する目標が、中世の天文学者に立ちはだかった。けれども、そのために、幾何学で創造性を発揮する機会も豊富になった。その新機軸を少々見ておけば、中世の天文学者がどれほどの創意工夫に富んでいたか、見当がつくだろう。

カンパヌスのエクァトリウムの設計を改善したいと思う発明家は、すべての惑星の従円を、一枚の盤、あるいは器具の盤面に収める方法を明らかにしなければならなかった。問題は、この従円の大きさがすべて異なることだ。それは各惑星の球のサイズがそれぞれ違うからというのではない――もちろん違ってはいる。月は火の球に接しながら、その一方で冷の土星は外側のほとんど恒星の圏域にあるのだから。ただ、ほとんどの天文学者にとって重要なのは、惑星理論が角度による幾何学だということだった。それには、各惑星の軌道と逆行ループの長さや頻度を正確にモデル化するために、それぞれの従円と周転円が精密な比率になっている必要があった。しかし、慧眼の中世天文学者は、その比率は相対的であるにすぎないことを認識した。周転円がしかるべき比率を維持するように調節されていさえすれば、従円はどんな大きさに作ってもよい。

当のカンパヌスさえ、周転円の大きさを調節する可能性を見てとっていた。カンパヌスは、別の実用上の問題を乗り越えようとしていた。つまり、木星と土星の周転円が小さくなりすぎて、その周上に有効な角度の目盛を刻むことができなくなっていたのだ。それを解決するためにカンパヌスがとったのは、それぞれの惑星用にそれぞれ二つの同心円を刻むということだった。この遠い方の二惑星それぞれの小さな周転円の大きさは正しく維持するが、そこには角度の目盛は刻まない。外側にもっと大きな円を加え、そこに角度を刻む。両円の中心に糸を固定しておいて、外側の円の目盛まで糸を延ばせば、惑星の位置を読み取ることができる。糸が小さい方の円と交わるところが、周転円上での惑星の真の位置だ。[37]ジャン・ド・リニエールなどの後の天文学者はすぐに、この方法を用いれば一個の周転円だけですべての惑星を表せるのを見てとった。ジャンは、それぞれの惑星に円を描くのではなく、一本の回転する指針をつけ、それに、それぞれの惑星の半径に相当するところに印をつけた。指針を回転させれば、それぞれの周転円をたどることになる（図7・10）。

その指針上での惑星の順番は、各周転円の、従円に対する相対的な大きさの順で定められる。ここで、すべての惑星の従円の大きさを標準化すれば、従円はいっさい除去できる。一四世紀の誰ともわからないある設計者がそのことに気づいた。周転円の中心は、従円の中心のまわりに、そこから一定の距離のところを回転しなければならない。それなら、従円を単純な直線にしてしまえばいいではないか。職人はまっすぐな金属棒なら簡単に作ることができた。一方の端を従円の中心に固定し、反対側をそれを

中心にして回転させ、それに周転円をつける（図7・11a）。棒の端が時計の針のように回転すると、従円をなぞることになる。この「周転円の尻尾（エピサイクル・テイル）」（ジョン・ウェストウィックより後の世代のある天文学者がそう名づけた）は、いくつかのエクァトリウムの設計で従円に代えて用いられた。一三五〇年頃にこの仕様に沿って作られた大型の真鍮製の器具が一つ、オックスフォード大学マートン・カレッジの中世図書館に残っている。ただ周転円は失われている。[38]

しかし次の段階が、ジョン・ウェストウィックによる設計の独特なところだ。ジョンは、統

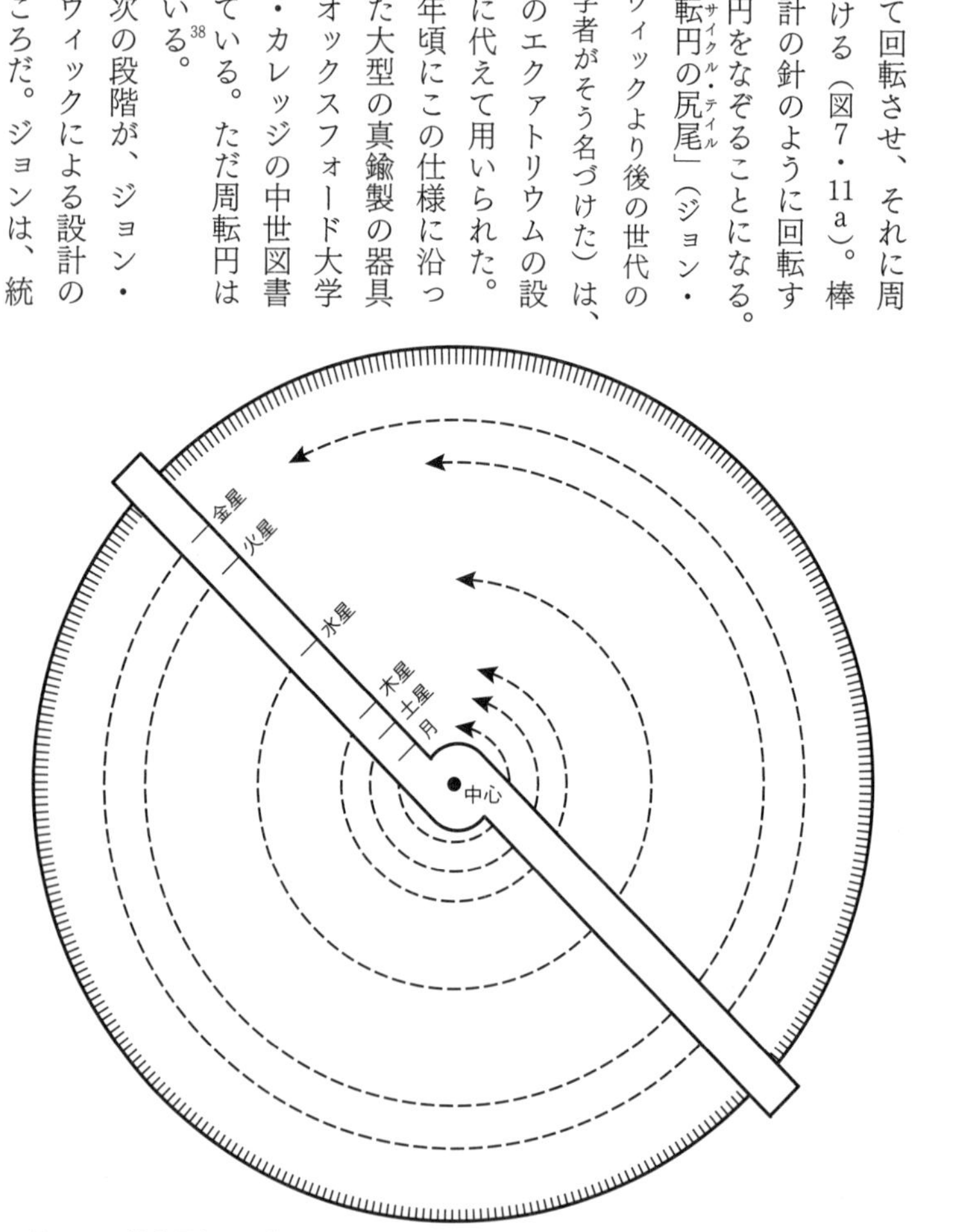

図7.10　統合周転円。指針が回転すると、それが各惑星の周転円をなぞることになる。各惑星の周転円半径が指針に刻まれている。惑星の平均離角は外側の目盛で読み取られる。

合周転円を、従円と同じ半径になるまで拡大すれば、そもそも尻尾も必要ないということに気づいたにちがいない（図7・11b）。そうすれば、その統合周転円の縁（リム）を、任意の惑星の従円中心に留めることができる。相応に緩く止めれば、まだ回転できて、ジョンは周転円の中心を、エカントから見て正しい方向にセットできた。ジョンはリム上の一点に、ピンを留めるための「細い針ほどの幅しかない」穴を開けた。その穴が「共通の従円中心」だった。

この「周転円の尻尾」から共通の従円中心への改良は、改良には見えないかもしれない。たとえば、周転円全体がリムの特定の点で留められるなら、そのリムにどんな目盛を刻んでも、むしろ使えなくなる。もはや周転円全体を回転させて「ゼロ」に合わせることはできないからだ。もっと明らかなところでは、

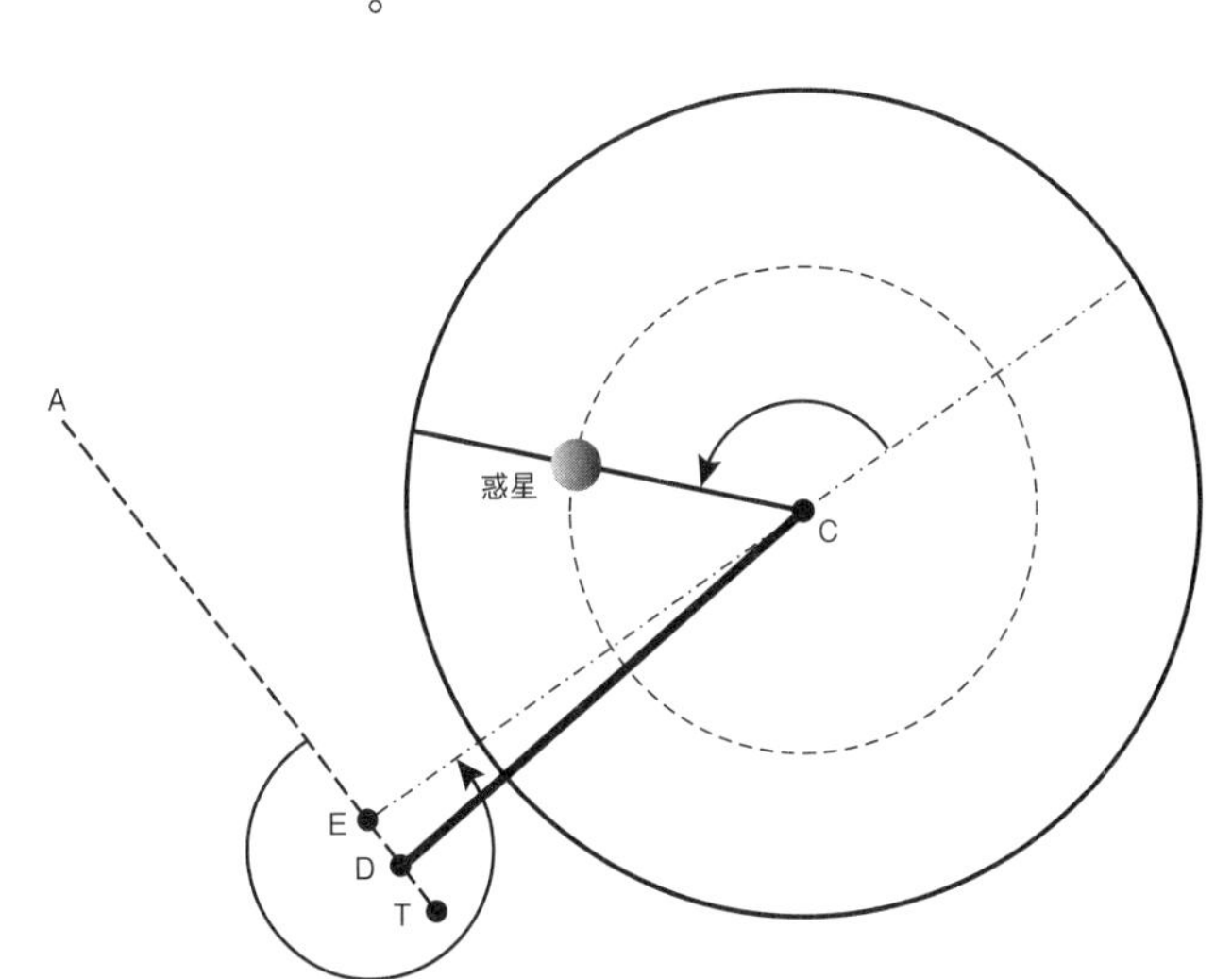

図7.11a 「周転円の尻尾」モデルのエクァトリウム。太線は従円の半径を表す。これは従円の中心（D）を軸にして回る。半径は、周転円の中心（C）を、Dから一定の距離にある、従円——今や消去された——の円周上に維持する。周転円の中心は、エカントEでの、遠地点（A）からの弧度として表されることもある。惑星の経度は地球Tから測られることになる。

拡大した周転円はこれまでの形よりも使う金属の量がはるかに多い。それでもジョンが、自分の設計に伴うこうした問題点よりも、二つの利点の方が上回ると思っていたのは明らかだ。まず、本人が強調するところでは、周転円を大きくするということは、各惑星の周転円上での平均離角の測定が正確になるということだった。しかしさらに重要なのが、統合周転円が器具の主盤とちょうど同じ大きさ——直径六フット——になるということだった。これによって、組立てで最も難しい作業が、がらりとやさしくなった。両方とも六フットの円を、度や分に分割す

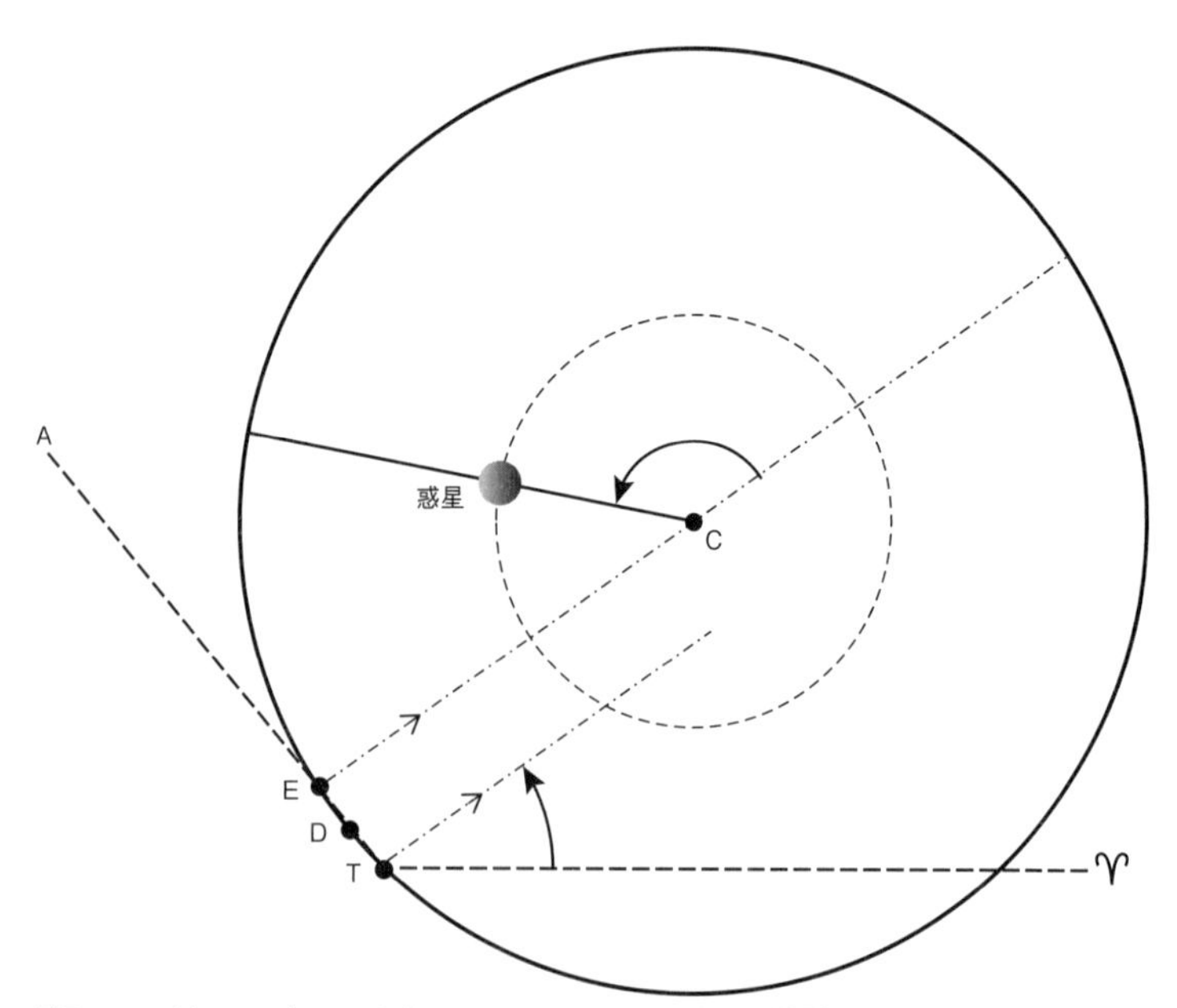

図7.11b　ジョン・ウェストウィックのエクァトリウムの設計。ここでは統合周転円は標準化された従円と同じ半径になっている。共通の従円中心（周転円の周上の一点）は、Dに保持される。周転円の中心（C）の位置は、「白羊宮の先頭」（♈）からの孤度（平均黄経）として表される。平均黄経の目盛は地球（T）を中心にしているので、角度は平行な糸を使ってエカント（E）に転送される。周転円上の惑星の位置は、Cにかかる糸から測った弧（平均離角）が達するところとなる。

ることになる。円周を等しい三六〇の部分に正確に分割することは、器具製造業者にとっては名うての難問だった。ジョンは明らかに、それでしなければならない仕事が一つになるなら、拡大した周転円に余分にかかる金属代は、それに見合うと思っていた。

両円をジョンの指示に従って区分し、各惑星のエカントの点と従円の中心の印を器具の盤面上の正確な位置につけてしまえば、惑星を見つけることができる。まず、手伝ってもらう。一人で持ち上げるには大きすぎるからだ。そうしてエクァトリウムの木製の盤面を机の上に水平に置く。その磨かれた盤面や刻まれた各惑星中心を乗せた中央のぴかぴかの真鍮製の盤に一瞬見惚れるかもしれない。しかし使用する前に、ウェストウィック自らが写して、自分の解説に合わせて便利にまとめた数表で平均黄経と平均離角を参照しなければならない。黄経は分点、つまり天の赤道と黄道が交わる白羊宮の先頭から始まって黄道十二宮に沿って測定される。そこで、エクァトリウムの硬い木製の円盤の右側にあるゼロの印から始めて、適切な宮の数と度数を数える。それから黒い絹糸を円盤の中心（アリン）から、黄道の該当する角度のところへと延ばす。それが五段階の第一段階となる（図7・12）。

ジョンが教えてくれる次の手順は、エカント点から白糸を、黒糸に平行に延ばすことだ。「コンパスを使って二本の糸が等間隔になるようにすること」とジョンは注意する。コンパスを使って糸の両側で距離を調べるのは、確かに、両者が本当に平行になっていることを確かめる効率的な方法である。こうして経度を地球からエカントとへ転送したので、統合周転円の出番となる。糸の邪魔にならないよう細心の注意を払い、大きな真鍮の輪を木製の盤の上に立てる（第三段階）。輪全体は直径が六フットあるが、金属の厚さは二インチしかない。「この周転円は自立できるだけの厚みがなければならない」とジョン

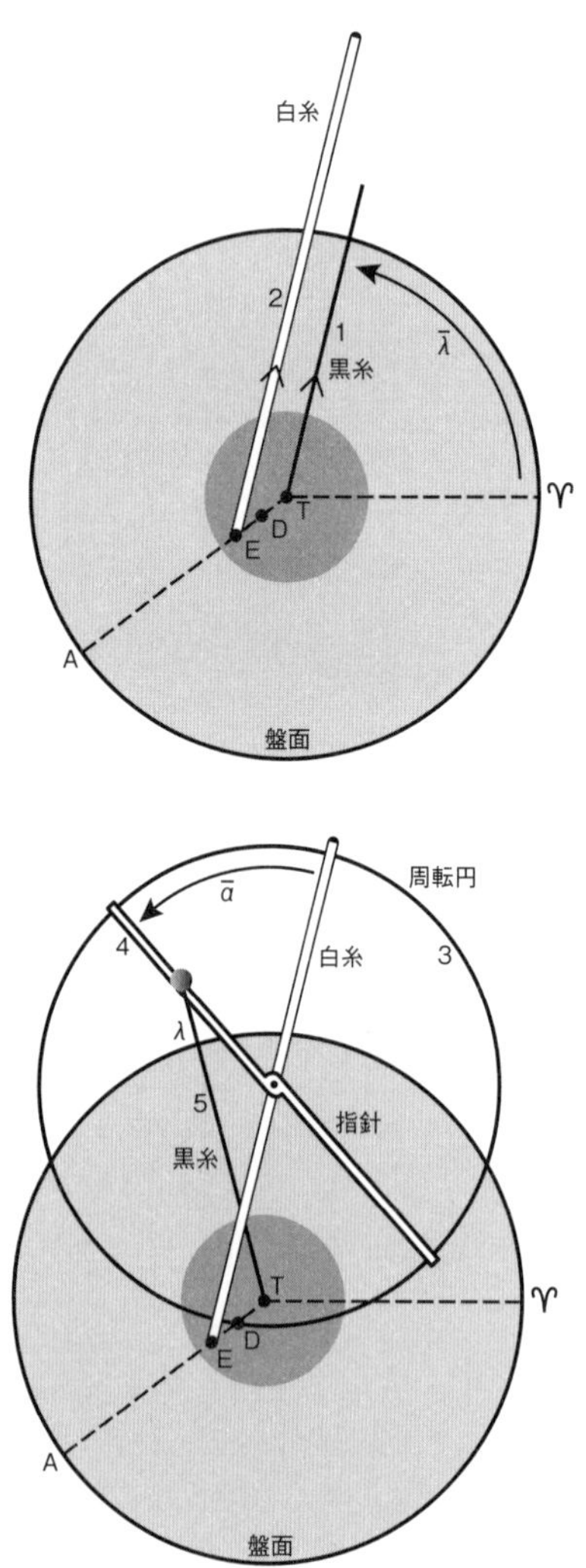

図7.12　ジョン・ウェストウィックのエクァトリウムを使って惑星の黄経を求める手順。小さな丸い盤（暗灰色）は従円中心とエカントを歳差運動の分を調節できるように回転する。平均黄経（$\overline{\lambda}$）は白羊宮の先頭（♈）から測られ、平均離角（$\overline{\alpha}$）は白糸の端から測られる。真の黄経（λ）は回転する指針上の惑星の印まで伸ばした黒糸が、エクァトリウムのリムに彫った目盛と交わるところで読み取られる〔数字は操作の順番〕。

は要請しているが、それほどの大きさの真鍮は、細心の注意で取り扱わないと、曲がってしまう。共通従円中心を、求める惑星の従円中心に固定するところから始めて、それからそれをそっと動かして、中心が白糸の真上にくるようにする。次に、ジョンの指示に従えば「石板に」平均離角の数を書いておいたことを思い出す。白糸が周転円の反対側と交わるところから始め、反時計回りに角度の数を数え、回転する指針を、リムのその印まで回転させる。長い指針は支持する棒をこすってやかましい音を立てるかもしれず、周転円が白糸の上に正確に乗っていることを確実にするために、監視し続けなければならない。最後に再び黒糸を「中心のアリン」から指針上の惑星の印まで延ばす。黒糸が主盤のリムと交わるところで、惑星の経度が読み取れる。[39]

完全なホロスコープを作成するには、それぞれの惑星について同じ手順を繰り返す必要がある。太陽については少し簡単になるが、水星と月に対応する、他よりも複雑なモデルについては余分の手間がかかる（手順のどの部分も、ジョンの発明をバーチャルに再現してモデルに表されていて、ネット上で自分で試すことができる）。[40] しかし、ジョンのエクァトリウムはそれ以上のことができた。その上半分には、黄道から測った月の緯度〔黄緯〕を求める道具もあった。惑星はどれもその黄道から外れるものだが、天文学者にとって月の黄緯がとくに重要だったのは、蝕が起きるのはこの緯度がゼロのときだけだったからだ。一方、エクァトリウムの下半分には、別の道具がついていた。こちらは漸進的な歳差運動の振動する部分を計算するためだ。ジョンはこの部分について何から何まで説明する労はとらなかった。月の黄緯の方については、三つの作業例を書いているのに――もしかしたら、下半分の方は近似的な結果しか出ないからかもしれない。後の利用者が中央の真鍮盤を、従円中心とエカントの位置を再設定するためにずらすことができるようになると、この道具は役に立つようになり、むしろ必要にもなる。しかしジョン自身にとっては、主たる目標は一三九三年の惑星の位置を求めることだった。このかさばる装置は、ほんの数分で、各惑星の黄経を高い精度で出すことができ、その精密さは二分角〔一度の三〇分の一〕ほどだった。

＊＊＊

ジョン・ウェストウィックはおそらく、自作のエクァトリウムを、定めた仕様のどおりの大きさでは作らなかった。自身で示唆するように、それほどの大きさの真鍮を成形するのは、どんな職人にとっても難関だっただろう。それでもきっと、ジョンは楽しく実験し、自分で模擬的な装置を作り、その処理の一部に代わる別の表をいくつか試し、説明書を仕上げていった。ジョンの稿本についての鑑識科学的調査は、ジョンが絶えず言葉を削除、つまり削り取り、訂正し、文章を推敲していたことを明らかにする。英語を明瞭にするためにラテン語の輝きを加えたかと思うと、「黒糸」を「白」に変更し、また別のところでは、自分の発明品の寸法を変える。ある二ページについては、それぞれ一節をまるごと削除しており、その上部には、「この説明は間違っている」という残念なことが書かれている。[41] ジョンは明らかにまだそのデザインを構想どおりにしようとしていた――ときにはそのモデルが、望みどおりの性能を出せなくてがっかりすることもあった。

セント・オールバンズ宿舎で作業するジョンが目に浮かぶ。歴代の院長が周囲の土地を購入することでととのえていた平穏にもかかわらず、ブロード街の喧騒を遮断することはできなかった。喧騒を引き起こしたのは職人だけではなく、動物もそうだった。宿舎のすぐ裏は聖アンソニー院という、二人の司祭と一人の教師と十二人の貧しい人々に無料の宿舎を提供する慈善施設だった。地元の法律によれば、同院の所有物は、自由に鳴くことが許された豚だけだった。豚は破壊力があり、小さな子なら死なせることもあったので、囲いの外で見つかった豚は屠殺されることになる。怠慢な飼い主は、一日に四ペンスの罰金を課せられることもあった。しかし聖アンソニーの豚はそれをまぬかれた。地元の伝統に従って、小さくて売れない豚は同院へ寄付された。その豚が表通りにとことこと出ていくと、ロンドンっこは餌を与えて小さな豚を価値ある家畜にしてくれた。ささやかでもしばしば見られる市民の慈善の行為だった。同院はこの財産である豚に、ベルをつけて目じるしにして、横取りされるのを防ぎ、盗難防止にした。ところがジョン・ウェストウィックにとっては、表通りから聞こえる豚の鳴き声やベルの音は、プトレマイオスの惑星理論を理解しようとする助けにはなりようがない[42]。

ジョンが、エクァトリウムの作り方や使い方を読者に教えているそのときでさえ、まだ勉強していたが、それも意外ではないはずだ。教えるのと学ぶのとは一体であるという信条は今日の学校では広まっているが、その伝統は古くからある。ウェストウィックも、当時流行していたセネカの著作を見て、容易にその伝統に遭遇していたことだろう。このストア派の哲学者にはよく知られた言葉がある。*homines dum docent discunt*――「人は教えながら学んでいる[43]」。エクァトリウムは、何と言っても、実用のためだけの器具ではなかった。もちろん、それを使えば時間がかかる計算や、数表を参照する際のきりのない誤りを避けることができるという性能でこの器具は価値を認められていた。しかしそれは教育用の装置でもあった。だからこそ、この器具は中世が終わっても長く天文学の手引きの主役であり続けたのだ。印刷技術が登場すると、稿本のときには珍しい特色だった紙の回転板（ボルベル）が大量生産しやすくなった。出版社は紙の部品をつけた教科書を作り、読者はそれを切り取って自分で組み立てることができた——自分で用意するのは絹糸だけでよかった。手で彩色した装置が組み立てずみで、小さな真珠が上下にすべる絹糸が指針として用いられた、きわめて高価な印刷された本が売られていたかもしれない。こうした回転する紙の図は、その特権を得た読者に実地の指導をすることになった。[44]

　宝飾を施した指針や月の交点を表す緻密に彫られた木製の竜があっても、プトレマイオスの惑星理論に伴う問題は乗り越えられなかった。天文学者は、このモデルの驚くべき予測力を認めていながらも、不整合を嘆いてもいた。最も細かいところでは、たとえば惑星の遠地点が黄道傾斜角に影響せずに前後にどう振動するかを知りたいと思っていた。しかしもっと大きな問題もあった。神が空間を無駄にせず、重なるところもなく天を創造したのだとすれば、従円と周転円のすべてを、ぴったり収まるような入れ子にして、太陽と月の観測結果に合うようにできただろうか。ほとんどの惑星は、本当に真円を描いて動くのか？　それぞれの中心が違うというのに。

　モーゼス・マイモニデスは、中世の学者の不満をうまくとらえている。このユダヤ人大哲学者——セント・オールバンズ修道院の窓に、アリストテレス、ガレノス、聖ヨハネと同様に祀られた——は、エジプトで、一一八五年から一一九〇年にかけて、『迷える人々のための導き』を書いた。その著書で取り上げられたのは、法律、学問、神学でも最上級のやっかいないくつかの問題だった。宇宙は永遠か、どこかで創造されたのかという問いから、アリストテレスと『アルマゲスト』をどう折り合わせるかを問うことになった。

アリストテレスが自然学について述べたことが正しいなら、周転円も離心円もなく、すべては中心の地の周りを回転することになる。しかしその場合、星々の多様な動きはどのようにして生じるのだろう。運動は一方では円で、一様で、完璧でありつつ、他方では、観察可能な事物が……二つの原理［すなわち周転円と離心円］の一方によって、あるいは両方によって説明されるといったことはどういう仕掛けでありうるのか。このことは、プトレマイオスが月の周転円について述べたすべてを受け入れると……あの二つの原理という仮説に基づいて計算されることは、一分の狂いもないということがわかるという事実のせいで、さらに重みを増す。このことの正しさは、計算の正しさから明らかである。

さらに、ある星の逆行を、その星の他の動きとともに、周転円の存在を仮定せずに考えることはどうしてできるか。他方、天の回転運動あるいは不動でない中心のまわりの運動をどう想像できるか。これこそが本当に困惑するところである。[45]

マイモニデスは、問題を少々回避して、モデル（本人は仮説と呼んでいる）は文字どおりに正しくなくてもよく、天文学者はそれが正確な結果を生むかどうかだけを気にするのだと述べた。この点で、マイモニデスも、エカントを導入するときのプトレマイオスの言い訳を繰り返している。それでもプトレマイオスは、自分の惑星モデルが物理的な現実だと信じていた。たとえば、惑星の順序についての話にそれを見ることができる。惑星は軌道を回る周期に従って、土星のような遅い惑星ほど、大きな天球となるように並べられなければならないことはあまねく認められていた。アリストテレスは物理的説明さえ提供した。外側の惑星ほど遅いのは、恒星天に近いからだという。つねに黄道を東へと進む歩みの方は、天球が毎日、逆方向に回転することによって引き戻されてのことだろうと、アリストテレスは説いた。しかし金星や水星の順番は、どうだったか。こちらは太陽のそばにとどまり、どちらも天の軌道を〔太陽と同じく〕一年で一周した。この二つよりも太陽を上に置くことは理解できる。そこは七つの惑星の中央という卓越した位置になるからだ（太陽はその位置にあることで、外惑星で同じ逆行パターンをとる火星、木星、土星と、それとはふるまいが異なるその他の惑星とを分けている）。しかし金星と水星の順番については、プトレマイオスはアリストテレスの主導に従い、物理的な論証で問題を解き、水星のモデルの方が複雑であることは、その球が金星よりも下にあることの証拠だと推理した。水星は、さらに一段下の月と同様、火や空気のような近くの球に邪魔されるとプトレマイオスは書いた[46]。水星と月の追加の円と可動の従円中心は、抽象的な理論上の装置ではなく、現実にある物理的現象だった。

中世後期の天文学者は、プトレマイオスが『惑星仮説』で解説した物理的理論に綿密な注意を払った。オーストリアの学者、ゲオルク・フォン・プールバッハが、一四五〇年代、惑星天文学の標準的な大学用入門書を書き直したとき、その『惑星新理論〔テオリック〕』は、深彫りの、ほとんど三次元の木版による従円と周転円の図で埋められていた。白黒の殻が整然と入れ子になり、その動きはわかりやすく制約されて、狭い氷のコース上のボブスレーのようになっている（図7・13）。プールバッハについていたドイツ人学生、ヨハネス・レギオモンタヌスは師の仕事を引き継ぎ、一四六三年、『アルマゲスト抜粋』

という包括的な注釈を完成させた。どちらの天文学者も非常に明晰に書いている。二人は古代の成果をアップデートしながら、複雑なプトレマイオスの理論を、それまで以上の明晰さをもって解説もした。

しかしその教科書がとてつもなくヒットした主な理由は、一五世紀後期の印刷業の台頭だった。一四七一年、レギオモンタヌスはニュルンベルクへ移った。ヨーロッパの商業と通信の中心だった。そこでレギオモンタヌスは自身の活版印刷機を設置した——世界初の学術専門出版社だった。最初に印刷したのが、亡くなった師匠による『惑星新理論』だった。サクロボスコの『天球論』が初めて印刷されたのもほぼ同じ頃で、こちらはイタリアのフェッラーラという大学都市でのことだった。印刷とは、ただ学術書を今までよりもはるかに大量に作り、読まれるようにすることなのではない。それによって、複雑な図の複写が正確になり、天文暦が安価に大量生産できるようになったということでもあった。もちろん、ジョン・ウェストウィックが印刷の時代よりずっと前から、正確な図でスペースを埋めているのは見たし、一方、初期の印刷版は誤植をまぬかれなかった。そして一点ものの手書きの天文学は、レギオモンタヌスより後の時代にもしばらく続いていた。[47] しかし、印刷は学術的なアイデアやデータを、ウェストウィックに想像できたよりもはるかに効率的に広めた。読んでいる論文に間違いを見つけたら、版元に知らせて次の版で直してもらえる——少なくとも原理的には。ジョン・ウェストウィックの方は、明らかな誤りに遭遇しても、不満を稿本の余白で表明することしかできなかったのだ。

プールバッハやレギオモンタヌスの成果の影響で、『アルマゲスト』の天文学が、広い範囲の読者に読みやすくなっただけでなく、複雑な惑星モデルの物理的不整合が浮かび上がることにもなった。一五世紀末から一六世紀初めにかけて次々と刊行される印刷本が、既存の理論の問題点を記していた。まも

octaue sphere sup axe ⁊ polis ecliptice mouent. Sed orbis epicy/
clū deferens super axe suo axem zodiaci secante secundū successio/
nē signoꝝ mouet: ⁊ poli eius distant a polis zodiaci distantia non
equali. Quare fit vt auges eoꝝ eccentricoꝝ nunq̄ʒ eclipticā ptran/
seant sed semper ab ea versus aquilonem ⁊ opposita versus austꝝ
maneāt: ita vt auges scʒ deferentiū epicyclos similit opposita at/
qʒ cētra ⁊ poli deferentiū eccentricoꝝ circumferentias supficiei ecli
ptice virtute mot⁹ octaue sphere describāt equidistantes. vñ etiaʒ
in illis supficies eccentricoꝝ a supficie ecliptice ineq̄liter secabunt

Theorica Trium superioꝝ ⁊ Veneris.

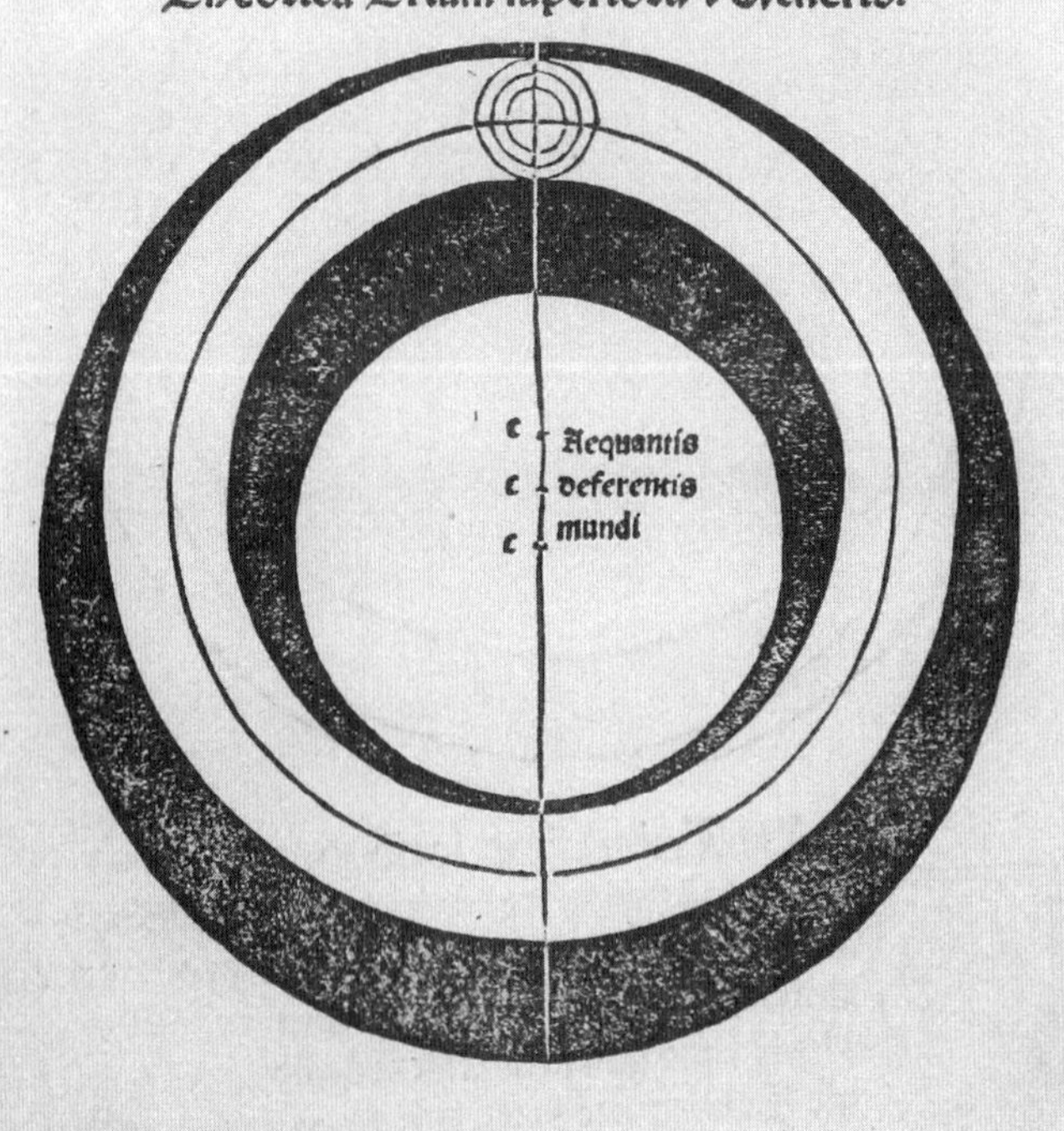

図7.13　上位の3惑星と金星の理論。ゲオルク・フォン・プールバッハの*Theoricae novae planetarum*〔惑星新理論〕による。サクロボスコの『天球論』との合本版で、ドイツの先駆者エルハルト・ラートドルトによって、1482年7月6日、ヴェネチアで印刷された。

なく、ニコラス・コペルニクスも不満の合唱に加わった。コペルニクスは、時代を画することになった著書『天球の回転について』(一五四三)の序文にもなった教皇への手紙で、天文学者は「主要なこと、つまり、宇宙の形と、各部分の明瞭な均整とを発見できておりません。絵を描くにあたって、手、足、頭、その他四肢を、よく描けてはいるものの、別々のところからとってきていて、一つの体に基づいてはおらず、それぞれどうしはまったく合わないというようなものです。そこからできるのは、モンスターであって、人ではありません」と嘆いている。[48]

コペルニクスが、その解は太陽を宇宙の中心に置くことだという結論に達したいきさつそのものは、歴史家の間で今なおおおいに議論されている。それは確かに、当時の多くの人々が科学的な根拠がないと思っていた結論だった(ジャン・ビュリダンのような、地球が回転するといっても別の可能性を論じていた中世の哲学者もいるにはいたが)。コペルニクスは、何人かの古代のピュタゴラス派の哲学者が地球が動くと信じていたことを知って勇気づけられたと教皇に言っているし、ローマの教育家、マルティアヌス・カペッラが金星と水星は太陽を回っているという理論を立てているのにも目を留めていた。それでも、コペルニクスがそのような系が成り立つようにすることができたのは、中世天文学者、多くはイスラム世界の天文学者が注意深く組み立てた幾何学に拠っていた。富裕なポーランド人一族に育ったコペルニクスが、そうした広い範囲の理論やデータに接することができたのは、クラコフ、ボローニャ、パドヴァ、フェッラーラの大学教育のときのことだった。おおいに栄える中世の大学と、コペルニクスがいろいろな理論を比較し、自身の理論を仕上げるのには、当時増えつつあった印刷された文書や数表が必須だった。[49]

コペルニクスはわずらわしいエカントを取り除き、一様な円運動というプラトンの原理を回復することに熱心だった。幸いなことに、一〇二〇年代のアル゠ハイサム以来のイスラム圏の天文学者は、プトレマイオスにあった問題を克服しそうな何種類かの幾何学的なツールで実験していた。そうしたイスラム天文学者は、古代ギリシアのエウドクソスのように、共心円モデルに惹かれていた。[50] 同じ中心を回りながら角度が違う円の適切な組み合わせがあれば、主流の離心円による仕掛けと同じく正確な予測を提供できて、しかも物理的にも成り立ちうるのではないかという考えだった。何人かの重要な人物が、コペルニクスの太陽中心の系の幾何学的基礎を地道に固めていたが、もっとも重要な人物は、ペルシアの碩学、ナスィールッディーン・アル゠トゥースィーだった。

トゥースィーは、今はイラン北東部となっている、ホラーサーン地方のシーア派学者一族の出だった。イスラム法と数学系の学問を、後にはイラクの都市、モスルで勉強した。一二三五年頃、つまり三十代の半ばで、当初は故郷の地方の、後には北部の丘陵地のシーア派系イスマーイール派の指導者の庇護を受けた。進んでイスマーイール派の秘教的な教義に宗旨替えしたのか、後に本人が言うように「異端の力に落ちた」のかはともかく、天文学を支援してもらえたのは有益だった。[51] トゥースィーの最も独創的な仕事の大部分は、その後の二十年にわたる成果だった。そうだとしても、一二五六年のモンゴル人によるアラムート山上要塞の奪取がなかったら、辺境の学者の一人にとどまっていたかもしれない。モンゴルの指導者でチンギス・ハンの孫フラグは、学問を庇護し、明らかに人を見る目もあった。そこで直ちにトゥースィーを占星術顧問として採用した。トゥースィーはまもなくフラグを説得して、イランの北の果て、マラーガに大規模な天文台を建設する資金を出させた。

マラーガはイスラム世界初の天文台だったわけではないが、規模と構想の点で未曾有の存在だった。トゥースィーは庇護者に対して最初からこれは金のかかる事業であることを予告していた。初期には財政的支援が不確かだったが、フラグは、ワクフというイスラム教徒の寄付による慈善基金が利用できるようにして、トゥースィーはこの資金を、最先端の研究施設を建設し、要員を確保し、設備一式を整えるのにあてた。[52] 建設は一二五九年、山の頂上を縦四〇〇メートル、横一五〇メートルにわたってならした土地で始まった。万巻の書を集めた図書館のある巨大な本部棟とともに、ドーム付きの観測棟、モスク、フラグの宿舎もあった。施設は訪れる人々を圧倒した。当時のある人物は、その感嘆の念をアラビア語の詩にしようという気になった。

bina'un la-ʿumri mithlu banihi muʿjizun –
tuqarribuhu l-alhazu wa-nnafsu tubhaju
sa-yablughu asbaba ssama'i bi-sarhihi –
yunaghi kiʿaba zzuhri minha tabarraju
aqulu wa-qad shada l-bina'u bidhikrihi –

とにかくすごい！　建物も、それを建てた者も、まねできぬ。
目は奪われ、魂は喜ぶ。
建てた者はその壮大な建物とともに天への道を昇るであろう。
獣帯を飾るさいころのような明るい星々にささやきかけるであろう。
私が口にするのは言葉にすぎぬが、この建物そのものが讃歌を歌う。

wa shayyada qasran lam yashid-hu
mutawwaju.

いかなる王も築いたことのない城を築いたという。[53]

トゥースィーは国内外から天文学者と設計家を集めてチームにした。シリアの砂漠からは技術者のムアヤドゥッディーン・アル＝ウルディ、南のオアシス都市シラーズからは、若い幾何学者でチェスに熱心なクトゥブッディーン・アル＝シラーズィー。天文台には、少なくとも一人中国人がいた。ファオ・ムンジという。他にも多くの人々が学問のために集まり、比類のない図書館で文献資料を調べ、またもちろん、観測を行なった。みな、多くは精密な測定のために大型になった、居並ぶ器具を利用した。

天文台が最も誇りとする産物は、フラグ・ハンの名をとったイルハン天文表という、改訂された天文表集だった。フラグは一二七二年の完成を見る前に亡くなったが、天文台は十分にできていて、フラグが後見しなくなった後も——さらにはあと五代のモンゴル人王が庇護した後も——残った。この天文台が瓦解してから数十年たってさえ、ティムールの天文学者王ウルグ・ベグはマラーガを訪れて刺激を受け、一四二〇年代にはサマルカンドにさらに大きな天文台を建設することになった。

トゥースィーとその後継者たちの成果はその後の何世紀かにわたり、とてつもない影響を及ぼした。プトレマイオスの惑星モデルに対応する、物理的に成り立ちうるモデルを提供したような、ここでの斬新な幾何学の使い方は、この山上天文台を訪れたことのない数々の天文学者も取り入れた。その一人が、ジョン・ウェストウィックがまだ幼少の頃に、ダマスカスにあるウマイヤド・モスクで公式の時守（タイムキーパー）を務めていたイブン・アル＝シャーティルだった。アリー・クシュズィーもその一人で、父はウルグ・

ベグの鷹匠だったが、自分は一四四〇年代にサマルカンドの天文台長に昇進し、その後はイスタンブールで研究した。

コペルニクスが自身の太陽中心天文学の数理を明らかにしようとしたときには、「マラーガ学派」やその後継者たちの成果のおかげをこうむっていたということだ。コペルニクスが惑星の黄経のために、惑星が黄道をはさんで上下する経路に基づいて考えたモデルは、ウルディやシラーズィーのモデルに基づいていた。月の複合的な動きのモデルは、イブン・アル＝シャーティルのモデルによく似ていた。哲学的には異論の多いエカントをなしですませ、惑星は太陽のまわりで離心円を描いて動けることを示すために、トゥースィーやクシュズィーによる定理を利用した。[54] 結局のところ、コペルニクスの新しい体系は、それが置き換わろうとした相手と比べてシンプルだったわけではない。しかし本人はそれが正しいと信じ、それが機能するようにした。

そうしたイスラム教徒の学者による理論のことを、コペルニクスがどういう経路で伝え聞いたのかという問いは、長い間歴史家を悩ませてきた。もちろん中央アジアの科学は正当な名声を得ていた。マラーガ天文台設立からほんの数年後には、イギリスのフランシスコ会修道士ロジャー・ベーコンが、モンゴル人の天文学への関与を称えていた。コペルニクスが必要とした詳細な理論の一部は、ユダヤ人学者のネットワークを介して届いたのかもしれない。こちらは一五〇〇年頃の地中海世界に広がるイスラム社会、キリスト教社会の両方と、自由に行き来していて、もちろんコペルニクスが天文学の大部分を学んだパドヴァでも活動していたからだ。しかし必須の幾何学の大半は、レギオモンタヌスを読んだことを通じて得た。[55]

レギオモンタヌスとその師のプールバッハは、バシレイオス・ベッサリオンという名の、ビザンチンで権力があり、後に移住してカトリックの枢機卿となった人物によって支援されていた。ベッサリオンは、ルネサンスが花開く要となる人物だった。ルネサンスが、そこに参加した人々が説いたような古代の学問の再生だったとすれば、古代の文献を見る必要があった。実は、古代の学問への敬意や、古代のテキストの研究は、一五世紀に始まったことではない——それこそ中世の鍵となる特色だった。他ならぬジョン・ウェストウィックが、そのことを物語っている。しかしルネサンスは、美術のような分野で見せた変貌を別にすれば、古典時代のギリシアやローマの著作を見つけ、調べ、翻訳する努力を加速したということだった。コンスタンティノープルとの連絡も、この営為には必須だった。ギリシア文化の歴史的中心で避難地でもあったこの地を一四五三年、オスマン・トルコが陥落させるよりずっと前から、ベッサリオンのような学識あるビザンチン人がイタリアへ移動し、それまで西側の哲学者が知らなかったギリシア語の著作をもたらした。ベッサリオン自身、ギリシア圏からの難民をずっと支援し、ギリシアの学問をレギオモンタヌスのようなラテン語圏の学者に紹介する仕事をした。亡くなる前には、八〇〇点を超える、ほとんどはギリシア語の稿本からなる蔵書すべてを、ヴェネツィアの元老院に寄付した。東西の架け橋になったのはベッサリオンだけではない。そのような研究、翻訳、寄贈を通じてこそ、何世紀ものイスラム天文学の遺産が、近代ヨーロッパ科学にとっての種を蒔くことになったのだ。コペルニクスは間違いなくルネサンス人だった——主著の『天球回転論』はプトレマイオスの『アルマゲスト』との明示的で緊密な対話として構成され、書かれていた。しかしコペルニクスは、「マラーガ学派」の最も注目された後継と呼ばれたこともある。[56]

この連綿と続く国際的な天文学者の系譜のかたわらでは、ロンドンの宿舎にいたジョン・ウェストウィックなどたいした存在ではないように見えるかもしれない。それでもウェストウィックは、天文学の理論が伝えられ、異議を受け、練り上げられる喧々囂々の対話に加わっていた。アルフォンソ天文表のいくつかの版を試したり、惑星のゆっくりと振動する遠地点を計算したりするときには、天文学の第一線で仕事をしていたのだ。ジョンは自作のモデルを作りながら、そのモデルの物理的な特徴を示し、そのモデルの手順の普及を助けていた。ジョンは、教え、翻訳し、学ぶ一方、精密な学識を複数の言語で広めていた。ジョンは占星術に惹かれたかもしれないが、科学を変えたモデル構築に、独自のささやかな貢献をしていた。そのエクアトリウムは惑星の位置を求めるために考えられていたが、それを使う人々が、自分の宇宙の中での位置を理解するのにも役立っていたのだ。

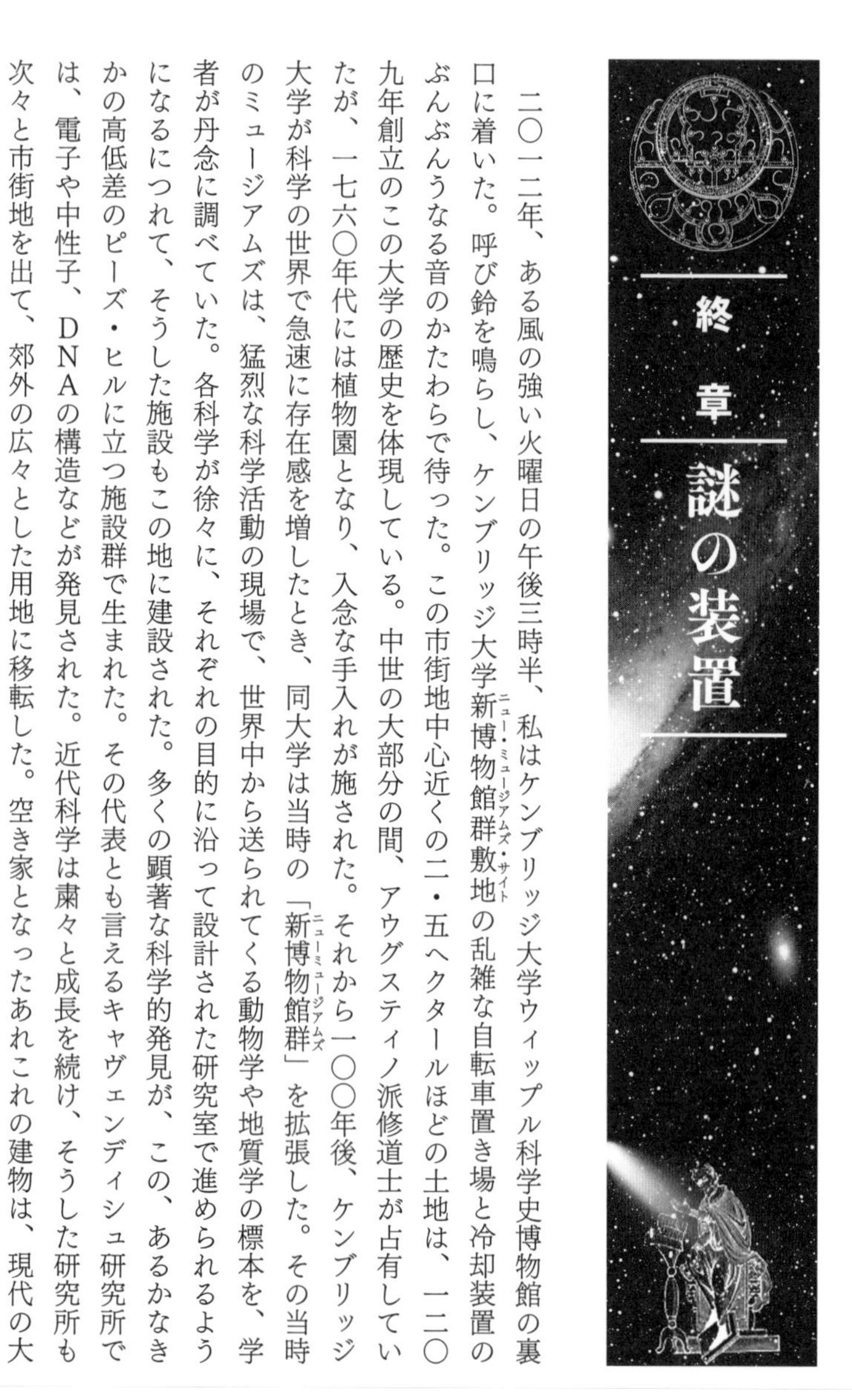

終章　謎の装置

二〇一二年、ある風の強い火曜日の午後三時半、私はケンブリッジ大学ウィップル科学史博物館の裏口に着いた。呼び鈴を鳴らし、ケンブリッジ大学新博物館群敷地（ニュー・ミュージアムズ・サイト）の乱雑な自転車置き場と冷却装置のぶんぶんうなる音のかたわらで待った。この市街地中心近くの二・五ヘクタールほどの土地は、一二〇九年創立のこの大学の歴史を体現している。中世の大部分の間、アウグスティノ派修道士が占有していたが、一七六〇年代には植物園となり、入念な手入れが施された。それから一〇〇年後、ケンブリッジ大学が科学の世界で急速に存在感を増したとき、同大学は当時の「新博物館群（ニューミュージアムズ）」を拡張した。その当時のミュージアムズは、猛烈な科学活動の現場で、世界中から送られてくる動物学や地質学の標本を、学者が丹念に調べていた。各科学が徐々に、それぞれの目的に沿って設計された研究室で進められるようになるにつれて、そうした施設もこの地に建設された。多くの顕著な科学的発見が、この、あるかなきかの高低差のピーズ・ヒルに立つ施設群で生まれた。その代表とも言えるキャヴェンディシュ研究所では、電子や中性子、ＤＮＡの構造などが発見された。近代科学は粛々と成長を続け、そうした研究所も次々と市街地を出て、郊外の広々とした用地に移転した。空き家となったあれこれの建物は、現代の大学で高まる需要に振り向けられた。高度な講義室や、視聴覚支援、学生向けのサービスなどだ。ウィップル博物館は、第二次世界大戦直後、いくつもの例が科学の威力を顕著に見せつけて科学史への関心をかきたてていた頃に設立された。博物館は一九五九年以来、このこぢんまりとした土地にあるが、正面玄関上の巨石によるブロックにはまだ、もともとここにあった研究所の、「物理化学研究所」の名が彫られたままになっている。

私はその秋の一日、別の謎を追ってこのウィップル博物館にきていた。デレク・プライスは、チョーサーのエクァトリウムだと思ったものを調べていた頃、設立したばかりだったこの博物館でボランティアとして働き、同館が収集品を充実させるのを手伝っていた。ずっと後に、プライスの指導教授は、心躍る博物館初期の日々を回想して、エクァトリウムの大きな複製が、かつてこの博物館の壁にかかっていたと書いている。[1] 博物館の目録には「エクァトリウム」なるものは記載されていなかったが、私は何かの痕跡があるのではないかと思って確かめにきていた。

展示室の下にある狭い博物館事務室の中で、私は二人の辛抱強い館員に、自分が調べたいことの概要を話した。私はエクァトリウムがどういうもので、複製品はどんなかっこうをしてるかを説明した。六フィートもある木製の円に、同じくらいの大きさの真鍮の輪がついてると。一瞬間があって、二人は意味ありげに顔を見合わせた。博物館のデータベースを開いたコンピュータについていた一方の人が、「もしかしてこんな感じじゃないですか?」と言った。画面には、データベースに記録されている項目が呼び出されていた。写真のサムネールは、私が見たこともない物体を見せていた。それでもすぐにそれだということがわかった。

私たちはすぐに博物館の倉庫へ確かめにいき、大きな棚の後ろの収納場所から台車で運び出されたそのプライスの複製とのご対面になった。埃まみれで、少し傷もあったが、まぎれもなくそうだった。この施設ではスペースはつねに不足しており、かさばるエクァトリウムは敷地外の収納場所に何年も放置されていて、正式に博物館の所蔵品となる頃には、その由来は忘れられていた。そこで一九九〇年代にウィップル博物館が新たな電子記録の目録を導入したとき、目録作成者は、この大きな木製の円盤について「アーサー王の卓」というニックネームを用いた。

ジョン・ウェストウィックのエクァトリウムが、キャヴェンディシュ研究所で作られた。デレク・プライスは、力にあふれ、科学の経験も積んで、しかもローレンス・ブラッグという、キャヴェンディシュの教授でノーベル賞も獲った物理学者の後ろ盾も得た。ブラッグが第二次世界大戦後にキャヴェンディシュ研究所を再編したとき、とくに配慮していたのは、実験室に余剰があるようにするということだった。使える道具がいくらか余分にある方が、研究者が必要な実験装置が空くのを待つよりいいだろうと、ブラッグは論じた。そこで一九五二年三月、プライスが『エクァトリー』稿本を発見してほんの数か月後、キャヴェンディシュの技官たちは変わった企画の作業を始めた。BBCラジオの記者がそれを見ていた。「五〇〇年以上前に設計されたこの器具が、原子研究で有名な研究所で初めて作られることになる」というのは驚くべきことだと記者は伝えている。[2] ウェストウィックが書いた説明書に、それが書かれてからずっと後になっても従うことができたのは、ウェストウィックのコミュニケーション能力を物語っている。もしかすると、そのおかげで、ウェストウィックの下書き原稿が、ケンブリッジ最古のカレッジの図書館で、聖アウグスティヌスについての注釈や、ローマ時代の軍事戦略の手引きとともにでも綴じられて、プライスが再発見して再現するまで残ることができたのかもしれない。それから一年もたたないうちに、同じ工房群の一つで、フランシス・クリックとジェームズ・ワトソンが、あのDNAモデルを組み立てることになった。

中世から現代科学まで、一本の線が続いている。それはもちろん破線ではあるし、また確かにまっすぐではない。しかしこれまでの章に出てきた三角法で自分も苦労したことがあるなら、中世の人々は、こんな手間のかかる計算を電卓もなしに実行したのだから、今の人より頭が悪かったわけではないことは認められるだろう。本書の至るところで、私たちが中世の修道士や学者から何を受け継いでいるかを学んできた。古典やアラビア語の文献を体系的に翻訳し、その研究拠点となる大学をもたらしたのは中世だった。天文学への──そして占星術への──強い関心から、人々が外の天の世界を見て、予測を検証し、天文表を編纂し、最終的に宇宙を再編するに至るような理論を練り上げていたのは中世だった。宗教上の日課をきちんと実行するために、修道士が機械式時計をしつらえ、暦の正統性に異議を唱えたのは中世だった。キリスト教徒がインド・アラビア数字を採用したのも、ヨーロッパ人が世界中から渡来した驚異の薬剤で実験したのも、視覚と光のあれこれの理論が、人間の知力を説明しようと競ったのも、錬金術師が現代化学で今も用いられている実践的手法を開発したのも、数学が聖体の秘蹟に刺激を受けていたのも、中世だった。ヨーロッパ人が、地図作りや羅針盤の新技術に助けられ、海の向こうを探検し始めたのも中世だった。神によって秩序を与えられた宇宙をモデル化する複合的な器具を組み立てたのも中世だった。科学革命を代表する人物、アイザック・ニュートンは、謙虚を装って、自分は「巨人たちの肩の上に立っている」と書いたその言葉は、本人が認識している以上に正しかっただけでなく、そこで用いられているのは中世から受け継いだメタファーだったのだ。[3]

宗教が科学の進歩に対する障害ではなかったことも見てきた。中世のキリスト教徒が、異教の学問を偏見なく尊重し、吸収するのを、一再ならず見た。敬虔な信仰が自然界の探究の動機になった。個々の修道院から他ならぬ教皇庁まで、さまざまな機関が科学を奨励し、支援した。もちろん、天地創造についての新たな見方が出てくると、不一致も生じることがある。しかしそれが噴出して対立になるところでは、その対立に火をつけたのは、主として政治的因子、個人的因子だった。一三世紀のパリの教師の間にそれが見られた。中世より後の、ジョルダーノ・ブルーノやガリレオ・ガリレイのような、信仰と理性が死をもたらすほどに相容れないことの象徴と見られることが多い有名な事例は、この二人の挑発的な人物の特異な信じ方や状況によるところが大きく、また、宗教改革とその反動のさなか、神聖ローマ帝国が崩壊に向かっていたことによるところもある。[4]

それなのになぜ、われわれは中世を矮小化することに固執するのか。もちろんある面では、自分の方が上だということになるからだ。コペルニクスは、地球を宇宙の中心という誇らしい台座から「追放する」ことになったと、今日の傑出した科学者たちが断言するとき、暗黙のうちに、現代人の謙虚さを自慢している。[5]あいにく、中世の思想家たちは、地球を広大な宇宙の中心というより底と思い描くことが多かった。天の完璧さとは正反対の、あまり居たいとは思えないようなところだった。ガリレオの『プトレマイオスとコペルニクスによる二つの主要な世界体系に関する対話』〔天文対話〕で、ガリレオを代弁するサルヴィアーティが、「私たちは〔地球を〕もっと高貴で完全にしようとし、ある意味で、あなたがたの哲学者が地球を追い出した天に置こうとしている」と説くのはそういうわけだった。[6]それにもかかわらず、地球の降格の物語は、中世の傲慢に対する一撃と考えられることが多い。近代は、中世と対照的に、科学者の開明的な謙虚さを通じて成功を収めたと想定される。天体物理学者で自称カール・セーガンの後継というニール・ドグラース・タイソンは、プラネタリウムの天文ショーで小さな地球を見るとき、「私は人間の三ポンドの脳の中で起きていることが、宇宙における私たちの位置を明らかにできるようになったことを知って、大きくなったような気持ちになる」と書いたことがある。[7]

確かに中世はいくつかの科学上の行き詰まりにつまづいた。しかしそれは私たちも同じだろう。ローマの農民パラディウスは、鉛は有毒であることを知っていた――それでも私たちは二〇世紀の終わりまで、自動車をとおして、私たちが呼吸する空気中にそれを流し込み続けた。ベルナール・ド・ゴルドンは、中世の病気の大部分が、他ならぬ薬によって引き起こされたのを認識していたが、この問題も解消されてはいない。もちろん、近代科学は私たちの寿命を延ばし、中世の人々が夢みるしかなかったような形で暮らしを安楽にしている。しかしさらなる進歩を妨げている最大の障壁は、私たち自身の自己満足かもしれない。「科学主義」、つまり無謬の科学的方法は信頼できる知識へ至る唯一の経路であるという信条は、それはそれで盲目的な信仰と同じくらい危険である。科学が人間の活動であるかぎり、人間にある欠陥を持つことになる。この点で、中世の多くの誤りが、有効な謙虚さを私たちに教えてくれるし、現代の改善のための機会を特定しようという気にもさせてくれる。中世の学者の偉大な成果だけでなく、誤りも調べれば、その魅惑の複雑さ全体の中で人間の営みを評価できるようになる。

とはいえ、ある重要な点で、成功したか失敗したかは、まったくどうでもよい。中世の学者の思考過程――と科学の能力――が、これまで想像していたよりも、今の私たちの場合と異質で無縁のものでないとしたら、それを現代と比較しようとしてみる気になれるだろう。しかし中世がどれほど私たちと同じようになれたかという点で中世を評価すべきではない。明瞭な理由が二つある。まず、中世の人々は私たちのようになろうとしていたわけではない。中世科学は、冷たくも機械的な自然世界の仕組みを理解しようとしたのではなく、神によって与えられた生きた宇宙を理解しようとしていた。本書で見たように、中世の人々は、宇宙が予測可能な機械のように動いていると見たときも、それがどう動くかよりも、なぜそうなのかの方に関心を抱いていた。私たちは気軽に、科学が説明するのは自然が「なぜ」そうなっているのかだ、と言うかもしれないが、私たちは往々にして「どう」と「なぜ」を混同してしまう。四歳の子の親なら誰でも知っているように、「なぜ」には必ず次のなぜがある。中世の人々はこの「なぜ」の連鎖を、天地創造と、そこにおける人類の位置の謎にまでさかのぼってたどることを望んでいた。私たちは、自分のことを後れているとは考えない。私たちが――中世人と同様――まだ自分たちで答えていない問いがあることをよく知っていても。そして私たちは、将来の世代が、今の私たちがまだ立てていない――立てようのない――問いに答えられなかったからといって私たちをばかにすることは望まないだろう。

第二に、中世の学者がまったくポイントをあげられなかったとしても――私たちのようにはまったくなれなかったとしても――世界が平坦だと本当に信じていたとしても――中世はやはりおもしろい。本書は中世科学の物語を語ろうとしてきた。古代から現代に至る長い科学史の一部としてというよりも、中世の生活と文化に欠かせない一部として。文学や美術や音楽や宗教における科学の位置を見てきた。中世の人々は、その科学が現代ではしばしばそうであるような別個の文化的圏域だったのではなく、他

の思考や行動様式とわかちがたく結びついていたことを一再ならず私たちに示している。修道士がロマネスク様式の窓の滑らかな弧の上に星々が静かに昇るのを観測したとき、あるいは都市の職人が真鍮を叩いてシリウスを表す曲がった犬の舌にしたとき、中世の日常生活にあった科学を見ている。だからこそ、患者の尿やら、ゆっくりと動く遠地点の表の六十進分数の第九位やらの、科学の営みの細かな肌理（きめ）を観測することが大事なのだ。美しく装飾された動物寓話をめくり、象が竜の危険を避けるために水中で出産するのを見るとき、これはイブが破壊的な蛇から逃れようとするのを象徴していると読むことができる。あるいは中世的想像の力と、写字士や画家の創造性あふれる腕にただただ感嘆することができる。いずれにしても、自然界の研究は中世の生活の根本的な部分だった（王と戦争の歴史しか読まないでいると、あっさりと見落としてしまう事実だ）。修道士が自分の僧房に閉じこもり、神の意図を読み取ることを通じて瞑想していたとき、その修道士は具体的なものから始めなければならなかった。自分の位置を空間と時間の中に定めることが、超越への入り口でありえたのだ。

＊＊＊

それにしても、ジョン・ウェストウィックはどうなっただろう。ジョン・ウェストウィックの旅路は、エクアトリウムについて取扱説明書を書いている頃には、終わりに近づいていた。その最晩年の痕跡の一つを求めて、ヴァチカン秘密文書館〔バチカン使徒文書館〕の、発声禁止の閲覧室に入ってみよう（あるいは、申し込み用紙に必要事項を書き込んで写真にし、少額の料金を払って、何ページかのスキャナ画像を電子メールで受け取ることもできる)。一三九七年五月のアイズ〔十五日〕の二日前、サン・ピエトロ大聖堂の記録係が、教皇庁の記録簿に一項目を記入し、署名もしている。ベネヴェントのニコラスで、グロッシ銀貨、あるいは相当の大きさから山羊硬貨とも呼ばれる四ペンス銀貨三〇枚の受け取りを記している。教皇ボニファティウスは、「リンカン教区にある、セント・オールバンズ修道院の、ベネディクトゥス会修道士で大切な息子ジョン・ウェストウィック」に正式の礼状を送ったと、この記録係は書いた。この記録簿には、ジョンの項の他に、同じ日の別のセント・オールバンズの修道士の記録——さらには五百人以上の他の聖職者や信徒という、イングランド全土の男女の記録もある。教皇庁の記録簿九〇ページにわたり、その種の記録としては一年分にも相当する。教皇は、そのそれぞれに対して、本人が十分に改悛しているのであれば、各自が選んだ聴罪師に罪を赦す権限があることを認めた。この証明は一度だけ、最期のときのみに用いてよいとされた人々もいれば、ウェストウィックも含め、「好きなだけ何度でも」使ってよいとされた人々もいた。ただ、そのような許可はしばしば、人生の終わりを迎えようとする人々に与えられ、これはジョンについてもそうだった可能性が高い。[8]

前年には、偉大な修道院長トマス・デ・ラ・マーレが亡くなり、修道士たちが後継の院長を選ぶために集まった。同院の記録史家は、その一三九六年秋の選挙に出席した修道士の名を挙げているが、ジョンの名はそこには入っていなかった。その年の十月から翌年五月の間に修道院に戻ったかもしれないが、一四〇一年に、さらにその次の院長を選んだときにはいなかった。[9] もちろん、もう亡くなるという状態なら、セント・オールバンズで手厚く介護されただろう。大きな修道院の老齢の修道士は、設備の整った施療院に退き、そこで命を保つ食事としかるべき医療を与えられるのが通例だった。死期が迫ると、若い修道士が担当につき、絶えずともにいて、最期を迎えての儀式を受けるには申し分のないところにいることになる。[10]規則書や語られていることに記録された慣例からは、教団に属する者が亡くなるときの教団の感情を推量することしかできないが、祈りや救済の希望とは別に、愛される仲間を失う悲しみがあったことは明らかだ。弔うという感情のエネルギーは、順次執行される、称賛の祈り、葬儀、鎮魂のミサに向けられた。

そうした一連の儀式が記録されているのは、高位の修道僧の逝去が、しかるべき荘厳さで記されるような、まれな場合しかない。ジョン・ウェストウィックについては、この類のことはまったく知られていない。ジョンの最期のことは、その人生の多くの部分と同様、私たちの手の届かないところにある。ひょっとすると、教皇庁の記録簿に言われているのとは違い、ロンドンにある修道院宿舎の賑わいの中にとどまる方を選んだかもしれない。しかし、最後の日々はセント・オールバンズですごすことにした可能性の方が高い。法王の許可はジョンに自身の聴罪師を選ぶことを認めており、これは院長など上級の修道士とあまりに密にかかわらなくていいようにするために用いられることもあった。[11]タインマスや十字軍の不幸な出来事の後のこと、ジョンがセント・オールバンズの幹部とは距離をおきたいと思ったとしても不思議はない。ジョンは、三〇グロートの料金で、このささやかな独立を確保しつつ、施療院の介護は受けられ、生まれ故郷のウェストウィック郷の近くにいることができた。

そのウェストウィック郷（一二世紀の修道院長が売り払った後はゴーハムベリー郷）は、科学史にはさらに大きく名を残すことになった。ジェームズ王時代の政治家にして科学的方法を論じた哲学者、フランシス・ベーコンの故郷としてである。しかしベーコンの当時、中世のセント・オールバンズ修道院はもうなかった。修道院解散令のとき、その僧院と時計は破壊され、貴重な蔵書は持ち去られた。修道院付属教会はまだ、この町の聖堂として威容を保っている。

そのような聖堂は、ヨーロッパの多くの都市にそびえ、中世の偉業を物語っている。そこにつけられた斬新な時計のチャイムは、きっと、そろそろ「中世（メディーヴァル）」という言葉を定義し直す時期だということを伝えている。この言葉は、「後進性」の同義語ではなく、総合的な大学教育、あらゆる種類の文書の丁寧かつ批判的な読解、世界中の思想に対する開放性、謎や未知のことに対する健全な敬意などを表しているとすべきだろう。

そしてもちろん、謙虚さを表す語でもある。ジョン・ウェストウィックは、自分の天文学的営為について功績を主張することはなかった。名前さえほとんど残していない。自分の名のついていな成果を残した。もしかすると、ジョンのコミュニケーション能力こそが、そのエクァトリウム稿本の原稿がどうにか残れるようにしたのかもしれない。これはまさしく中世の贈り物だ。だからこそ、この科学の研究を、有名な人物よりも、無名の、間違いも多い修道士に注目する方が中世の精神には適いそうに見える。第3章でお目にかかった、オックスフォードの学者で、行政官として王にも仕えたリチャード・オブ・ベリーは、ダラム司教という名声を得た。しかし一三四四年、五八歳の誕生日に完成した『*Philobiblon*〔書物愛〕』への真情にあふれる讃歌で、自分の成果の限界を認めてもいる。

世界を征服したアレクサンドロスも、初めて戦争と学芸両方を一手に支配したローマと世界の侵略者、ユリウスも、書物の助けがなかったら今頃記憶されてはいないだろう。塔は倒れ、都市は打ち捨てられ、凱旋門は崩れる。教皇も国王も、不滅の特権を与えるのに書物以上の方法を見いだせない。著者が本を作り、本はこの役目を果たすことで著者に報いる。書物が生き残るかぎり、著者は不滅で死ぬことはない。プトレマイオスが『アルマゲスト』の序で、学知(サイエンス)を生かした者は死なないと言ったとおりである。[12]

プトレマイオスは実際にはそんなことは言わなかったが、その『アルマゲスト』の序文で、整った宇宙の完璧な美と対称性を調べ、教えることは、神の領域に迫るための最も確実な方法であるということは認めている。[13] だからもしかすると、ジョン・ウェストウィックの生涯の営為について仔細に見つめることを通じて、私たちはジョンについての記憶を、中世の修道士なら望んだであろう、まさしくそのとおりの形で称えたことになるのかもしれない。

謝辞

中世科学が――ここで示そうとしたように――とことん協働の営みだったとしても、今日でも本を作るというのはその点で劣ることはない。本書に貢献してくださった以下の人々すべてに対する謝意を書きとめられるのは私の栄誉であり喜びである（うっかりお名前を挙げそこねた方に対しては恥じ入ってお詫び申し上げる）。

本書の大部分は、ケンブリッジ大学ガートン・カレッジの学舎で書かれた。ガートンでは幸運にも、研究し執筆するための場所と機会を得られただけでなく、関心を示す仲間が私の試みをはげましてくれる素晴らしい場に出会えた。しかし私が受けた学恩はもっと前にまでさかのぼる。本書は――ときどき思いがけない形で――ケンブリッジでの博士論文が元になっており、この研究を助成してくれた学芸人文科学研究評議会の支援に謝意を表したい。ピーターハウス・カレッジ（ジョン・ウェストウィックのエクァトリー手稿が現在保管されているところ）の学生であったことで大いに恩恵を受けた。ケンブリッジ大学科学史科学哲学科という途方もない学業研究の場の方々全員にお礼を申し上げる。さらにさかのぼって、歴史の先生方に対する感謝も書きとめておきたい。まず、Robert ‘Hendy’ Henderson が、私のこの分野への愛情をかきたててくれた。Ian Clark は、思想史（インテレクチュアル・ヒストリー）がおもしろいということを示してくれた。「一二世紀ルネサンス」という言葉を初めて聞いたのは、この先生の授業でのことだった。Colin Pendrill は本をただ抜書きするのではなく、ノートをとることを教えてくれた。オックスフォード大学

では、刺激を与えてくれる何人かの先生方のお世話になったが、Katya Andreyev と Gies Gasper が、熱意と面倒見のよさでは頭抜けていた。ケンブリッジ大学では、Leon Rocha が文書資料に深く分け入ることをうながしてくれた。Andrew Cunningham は、「中世科学」という言葉に気をつけることを教えてくれた。本書には同意できないところがあるかもしれないが、本書を書くだけの自信は与えてくれた。博士課程の指導教員で博学の Nick Jardine も刺激を与えてくれた。指導教授の Liba Taub が私に初めてエクァトリーを紹介してくれて、それ以来、数えきれないほどの形で支援してくれている。

他の歴史の本と同様、この本も先人の成果に大いに拠っている。どれほどの恩を受けているかは原註を見ていれば一目瞭然だが、読者の方々には、私がとくに価値があると思った本や論文を取り上げた「文献資料案内」の節を参照していただきたい。おしげもなく支援してくれた同僚、家族、世界中の友人からも多大な助力を受けた。以下の人々は、具体的な研究上の疑問について助言をくれたり、やっかいな翻訳を支援してくれたり、文章に手を入れるの手伝ってくれたり、それ以外にも画像についての助言から泊まるところの世話といった支援をしてくれたりしてくれた。Seb Allen, Debby Banham, Caroline Barron, Winston Black, Jenny Blackhurst, Ben Blundell, Bernadette Brady, Paul Brand, Leah Broad, Peter Brown, Charles Burnett, Jason Bye, Hilary Carey, Martha Carlin, José Chabás, Karine Chemla, Rajat Chowdhury, James Clark, Paul Cobb, Katie Cooper, Lisa Cooper, Simon Cunningham, Jacob Currie, Richard Dance, John Davis, Virginia Davis, Andrew Dunning, Catherine Eagleton, Bella Falk, Margaret Gaida, John Gallagher, Samuel Gessner, Sarah Gilbert, Christopher Graney, Joan Greatrex, Monica Green, Sarah Griffin, Matthieu Husson, Boris Jardine, Peter Jones, Peter Joubert,

David Juste, Matthew Keegan, Richard Kremer, Scott Mandelbrote, Iona McCleery, Stephen McCluskey, Laure Miolo, Clemency Montelle, James Montgomery, Nigel Morgan, Robert Morrison, Adam Mosley, Stephennie Mulder, Christopher Norton, Philipp Nothaft, Lea Olsan, Richard Oosterhoff, James Paz, Josie Pearson, Joanna Phillips, Jamil Ragep, Jennifer Rampling, Kari Anne Rand, Alison Ray, Stephen Rigby, Levi Roach, Petra Schmidl, Nathan Sivin, Jacqueline Smith, Keith Snedegar, Sigbjørn Sønnesyn, Neil Stratford, Tess Tavormina, Mark Thakkar, Richard Thomason, Rod Thomson, Glen Van Brummelen, Benno van Dalen, Geert Jan van Gelder, Linda Ehrsam Voigts, Daniel Wagner, Faith Wallis, Immo Warntjes, Tessa Webber, Seán Williams, Henry Zepeda. Joanne Edge は書名を提案してくれ、頻繁に励ましてくれたり、犬の話をしてくれたりした。Stefan Bojanowski-Bubb は、いつも思考を刺激する質問をしてくれ、James Duffy と Sam Brooks は答えが冗長になりすぎるのを防いでくれた。さまざまなネット上の学術フォーラム、とくに HATRO, MEDMED, Rete への投稿という形で受けた助言にもお世話になった。とくに、Mathhieu Husson が率いる ALFA と TAMAS、Nick Jardine と Sachiko Kusukawa〔楠川幸子〕が率いる Astronomical Diagrams 研究、Giles Gasper, Tom McLeish, Hannah Smithson が率いる Ordered Universe 研究といった共同研究に加わることで、膨大なことを学んだ。

　ここに挙げた人々から一人を特定するのは不当かもしれないが、Kari Anne Rand には感謝しなければならない。その草分けとなる成果がなければ本書は存在できなかっただろう。この仕事を進める間ずっと、貴重な励ましと辛抱強い助言をいただいた。Derek de Solla Price のお子さんたち——Jeffrey, Linda, Mark——にも、早い段階で支援をいただいた。お父上の性格についての見解を示してくれただけでなく、一家の豊富な記念の品々を利用させてくれた。公式の資料館や図書館を利用することでも多大な恩恵を受けた。なかでも以下の施設の職員の方々にお礼を申し上げなければいけない。ケンブリッジ大学図書館、ウィップル図書館、コルプス・クリスティ、ジャートン、ゴンヴィル&カルス、ペンブローク、トリニティ各カレッジの図書館。オックスフォード大学ボドリアン図書館、コルプス・クリスティ・カレッジとマートン・カレッジの図書館（とくにJulia Walworth）アバディーン大学とサラマンカ大学の図書館。バンベルク州立図書館、シカゴのアドラー・プラネタリウム、英国図書館、大英博物館、ロンドン王立研究所（とくにJane Harrison）、ヴァティカン秘密文書館、オックスフォード大学科学史博物館（とくにSilke AckermannとStephen Jonston）。ケンブリッジのウィップル科学史博物館の収蔵品を制約なしに見ることができたのも大いに幸運だった。

この何か月か、何人かの専門家に読んでもらって、ありがたい建設的な感想をいただいた。以下の方々は、原稿の少なくとも一章を読んでくださり、大小さまざまな改善案を示して、数々の誤りから救っていただいた。Charles Burnett, John Davis, Joanne Edge, Margaret Gaida, Joan Greatrex, Peter Jones, Richard Kremer, Tom McLeish, Philipp Nothaft, Kari Anne Rand, Liba Taub, Glen Van Brummelen, それからケンブリッジ大学Emily Ward主宰のMedieval ECR Work-in-Progressグループの方々。Harriet CampbellとThony Christieには、ありがたくも本書全体を読んでもらい、鋭い意見をいただいた。それでも誤りが残るのは避けられない。読者でお気づきのことがあれば、ツイッター（@Seb_Falk）を通じて知らせていただきたい。ジョン・ウェストウィックも認識していたように、人は教えながら学んでいるのだ。

何かのアイデアや文章を読者の方々が今手にしておられる本にするには、多くの方々の作業があった。エージェントのAndrew Gordonによる思慮ある助言と支援があって、本書の仕事は始められた。氏と、David Higham Books社で担当してくれた方々、並びに共同でエージェントを務めてくれた、Michelle Gesslerにお礼を申し上げる。Casiana Ionitaを始めとするPenguin社の素晴らしいチームにも支援をいただいた。同氏が当初から本書の可能性を信じてくれたことが、私のやる気を高め、巧みな舵取りのおかげで、本書は首尾よく目的地まで渡ることができた。Penguin社では、Isabel Blake, Thi Dinh, Richard Duguid, Sam Johnson, Ingrid Matts, Julie Woon, ならびに倦むことなく細部を整えてくれたEdward Kirkeにも感謝しなければならない。Sarah Dayは、配慮に富む念入りな校正をしてくれた。Francis Youngは索引づくりに大いに、効率よく腕を揮ってくれた。W. W. Norton社の編集陣、とくにQuynh Do, Drew Weitman, Erin Sinesky Lovett, Steve Colcaにも温かい支援と励ましをいただいた。

多くの友人、同僚、恩師、崇拝する先人のお名を挙げながら、それだけの謝意が、本書の背景にいる中世の学者に向けられることがほとんどない——ましてや職人や農民、医師、船乗り、修道士にも——ことを心苦しく思う。何人かについては無名の中から引き出したが、私たちが決して特定して知ることのできない方々がそれ以上におられる。不要な名を多くしすぎて話をつまらなくしないようにも気をつけた。ここでは、Ascelin of AugsburgとかAbu Rayhan al-Biruniとか、William of Ockhamとか、Guy de Chauliac, Levi ben GersonとかMichael Mentmoreの名を省くことにした歴史上の人物におわびするしかない。Ben Sirachの言葉（欽定訳聖書の「シラ書」として翻訳されている）で言えば、「しかし、先祖たちの中には、後世に名を残し、／輝かしく語り継がれている者のほかに、忘れ去られた者もある。彼らは、存在しなかったかのように消え去り、／あたかも生まれ出なかったかのようである……しかし慈悲深い先祖たちの／正しい行いは忘れ去られることはなかった……彼らの子孫はとこしえに続き、／その栄光は消え去ることがない。先祖たちのなきがらは安らかに葬られ、／その名はいつまでも生き続ける」〔新共同訳による〕。

本書を書いていた最初から最後まで、歴史ライターとして私に息を吹き込んでくれた妻のスザンナから、支援と助言の恩恵を受けてきた。本書すべての原稿を読み、必要なときにはすぐに、案を出したり、辛抱強く耳を傾けたり、元気が出る「イェーイ」と言ったりしてくれた。エイモスとオイジンも、それぞれに、アストロラーベで遊んだり（あるいは噛みついたり）、うれしい気晴らしをしてくれたりして貢献した。リドリーはいつもそばにいて、おとなしく静けさを提供したり、考え事をする散歩の機会を与えてくれた。みな日々の喜びをもたらし、いちばん大事なことが何かを教えてくれた。

本書は、私自身にわかっている以上におかげをこうむっている両親に、二人が想像できる以上の敬意として捧げる。

SLDF
二〇二〇年復活祭の前の金曜日
現地時間一六時四六分
トレドの東、四度一〇分にて。

訳者あとがき

本書は、Seb Falk, *The Light Ages, A Medieval Journey of Discovery* (Allen Lane 2020 / Penguin Books 2021) を翻訳したものです（文中に〔　〕でくくった部分は訳者による補足。また引用されている部分の訳は、とくにことわりのない場合は訳者による私訳です）。著者は二〇一六年にケンブリッジ大学で博士号を取得し同大学で講師を務めるイギリスの歴史学者です。本書は、中世修道院での天文学がテーマの博士論文を元にした、著者の研究成果を広く世に伝える著書で、本としては初めての作となります。

本書の原書が出た頃、魚豊氏による『チ。地球の運動について』という漫画が連載され、評判になりました（単行本は小学館刊）。本書が取り上げる時代の直後あたりの中世（あるいはルネサンス）ヨーロッパを舞台にした天文学者／数学者の物語です。フィクションではありますが、そこに登場する学者・研究者が「科学」あるいは「知」に取り組む姿の中には、本書が描く修道士たちの姿に重なるところも大いにあると思います。そんな時代の修道士などの天文学者や、そうした人々が利用したり、考案、改良したりしていた数学的・物理的ツールが「主人公」となる歴史を語っているのが本書だとまとめることもできるでしょう。

中世は暗黒時代と言われたりして、著者もそれを否定することで本書を始めていますが、大学で教養科目の科学史を講じていると、実は中世は暗黒時代という紋切り型すらない、つまり、そもそも中世がどんな時代かというイメージが、もう一般にはないと思わざるをえないところがあります。「中世は暗黒時代と言われますが」といえば、「へーそうなんだ、知らなかった」という反応が返ってきます。あるいは、歴史が苦手な学生には、中世だけでなく、あらゆる「昔」が、「(スマホもネットもなかった昔」とくくられてしまっているのかもしれません(それをいえば「科学」もそうで、なんとなくスマホやネットのような便利なものをもたらしてくれたもの、ドラえもんのポケットくらいのイメージはあっても、ポケットの奥に何があるかのイメージはなかなか得られていないようです)。

つまり、現代を生きる学生にとっては、中世はかえって文字どおり「暗黒時代」に見えているのでしょう。「何もない」、今のような便利で明るい時代ではない、という意味でも、「暗くてどんなところかもよくわからない」という意味でも(だから『チ。』が広まることで、中世についても科学についても、土台になるイメージが明瞭になれば、新たに知るストーリーと比較対照や接続ができるという点で、望ましいことだと言えます)。

宗教上の必要による暦法、時刻や時限の把握、そのための数学、時代を重ねて編まれ、写され、ローカライズもされた数々の数表、アストロラーベや、それを基本にしたアルビオンやエクァトリウムといった観測や計算用の器具(時刻から、そのときの惑星の位置までが求められるアナログ計算器)、そしてそうした知識や技術を用いながら実際の観測や計算を実践し、あらためて数表を編み、作り方や使い方の解説書を書いて文献として残していた、修道士をはじめとする、多くは宗教界の人々からなる学者や学生の営みを、著者はたどります。歴史上の人物といえば有名人というバイアスもあってか、チョーサーという中世イングランドの代表的文人の作と見られかけていたある器具の解説書が、実はジョン・ウェストウィックという無名の人物の手になっていた、という発見の物語があり、そのことを通じて、むしろそういう無名の（ふつうの）人々による、日常的な——それでも当時の最先端の——中世科学の営みという世界を掘り起こし、再構成していく。本書の魅力はそこにあります。

中世は暗黒時代で科学はまだなかった、とか、科学と宗教が対立するものだ、といった世にある認識を、著者は否定していますが、それはつまるところ、中世の実際の姿が見えていないから「暗く」見えるのであり、そこに「科学」と呼ばれるようなものは（あるいはスマホのような便利なものは）あるはずがないと思ってしまうところに対する注意喚起でしょう。中世をよく見れば、中世にも中世なりの科学があった——たとえ今の科学とは違っていても、また宗教と対立するのではなく、宗教的営みの一環として。知識やデータや技術や、またそれに携わる人々がいた社会の実情を通じて、それぞれの時代の「科学」の姿が明らかになる（暗黒ではなくなる）、そういうことなのだと思います。

今となってはよく知られていない人々が、当時の教育や学問のシステムやネットワークの中で、それぞれにできることを現実の作業と成果として積み上げていた。その総体として当時の科学があった。実務も成果も格別はなばなしくはないけれども、当時求められていた科学に、とくに目立つわけではない人々があたりまえの仕事として携わっていた——それゆえに（あるいは印刷革命以前のメディアの未整備のゆえに）、埋もれ、忘れられてしまうことにもなる。著者がまとめるように、それこそ暗黒時代と見られてしまった中世の科学にふさわしい、それでもその紋切り型を打ち消す、中世科学の（あるいは科学の）おそらくはそうだったであろう姿が描かれています。

私の授業を通じて、科学はただ知識とか便利を与えてくれるものと思っていたけれど、便利かどうかとは別に、また知られた結果はともかく、何かを知るために実際に何をするかのところに科学があるんだということを知ったと、ポケットのずっと奥にある世界をかいまみてくれる学生もいます。著者が語る中世科学の世界は、もちろん近現代の科学と中身は違っていても、ジョン・ウェストウィックのいた一四世紀後半の、知識へのアプローチ、その実践を示していて、修道士の腰に下げた袋の奥にあった中世科学史を具体的に描いていると言えるでしょう。何にもない時代だったのにできたことにではなく、当時には当時として備わっていた知識や技術を用いて、学問する修道士としてなすべき仕事をし、寄与できる成果をあげていたところに、目を向けてほしいと思います。

本書の翻訳は柏書房の二宮恵一氏に声をかけていただいて手がけることになりました。このような本の翻訳の機会を与えていただいたのは、このうえもなくうれしいことでした。氏にはその後の出版に至るまでの実務もとっていただきました。お礼申します。また、装幀をして本の形を作っていただいた常松靖史氏にも感謝します。

本書の著者が紹介するように、中世の稿本の多くがデジタルの画像として公開され、ネットを通じて閲覧できるようになっています。画像として見えたからといって、その文字も言語もすんなり読めるわけではありませんが、著者の導きに沿ってであれ、オリジナルのイメージが描けるというのは、やはり「すごい」ことだと思います。こうしたデータが提供されているのは、やはり現代ならではの「便利」

でしょう。そのことのありがたさにも思いを致します。
願わくは、学生諸氏が本書を読んで、ヨーロッパ中世世界について、また歴史を読むということについての、二重の意味での暗くはないイメージを新たに抱いてもらえますことを。

二〇二三年雨水の頃
セント・オールバンズの
南約一七度、東約一三七度にて、
訳者識

図版リスト

この主題で投稿されている徹底したブログ。https://thonyc.wordpress.com/the-emergence-of-modern-astronomy-a-complex-mosaic. *Before Copernicus: The Cultures and Contexts of Scientific Learning in the Fifteenth Century,* ed. Rivka Feldhay and F. Jamil Ragep（Montreal, 2017）は、太陽中心説革命の多文化的基礎を効果的に解説した論集。*Knowledge in Translation: Global Patterns of Scientific Exchange, 1000–1800 CE,* ed. Patrick Manning and Abigail Owen（Pittsburgh, 2018）は、中世科学の伝播の豊富な例があり、とくに、トゥースィーや、カタルーニャ図に関する論考がある。

身体：生活・宗教・死』飯原裕美訳、青土社（2022）〕。

ロンドン、エクァトリー、動物寓話、ルネサンス天文学

中世の都市生活は、Caroline Barron, *London in the Later Middle Ages: Government and People, 1200–1500*（Oxford, 2004）で効果的に調べられている。Martha Carlin の *Medieval Southwark* も重要〔Hambledon Press, 1996〕。中世都市の雰囲気を、歴史学者が小説のように描いた本として、Bruce Holsinger, *A Burnable Book*（London, 2014）を読んでみるとよい。

「アルフォンソ天文表」についてのこれぞという解説は、José Chabás and Bernard R. Goldstein, *The Alfonsine Tables of Toledo*（Dordrecht, 2003）。この2人の著者は、さらに新しい研究で、天文表やその使い方についての理解を大きく進めてくれている。John North の記念碑的な巨匠のわざ、*Cosmos: An Illustrated History of Astronomy and Cosmology*（Chicago, 2008）は、天文表の重要性について、堅実に見渡している。

ジョン・ウェストウィックのエクァトリウムを理解するための出発点は、やはり Derek J. Price, *The Equatorie of the Planetis*（Cambridge, 1955, reissued 2012）。私が博士論文としてエクァトリウムを論じた、'Improving Instruments: Equatoria, Astrolabes, and the Practices of Monastic Astronomy in Late Medieval England'（Cambridge, 2016）は、https://doi.org/10.17863/CAM.87 からダウンロードできる。ジョン・ウェストウィックの稿本は、Cambridge University Digital Library, https://cudl.lib.cam.ac.uk/view/MS-PETERHOUSE-00075-00001 で閲覧できる。このサイトでは、稿本の高解像度画像や全文の文字起こし、現代語訳とともに、ウェストウィックの惑星計算器のバーチャル模型を動かしてみることができる。このような惑星用器具を理解しようとする研究者は、Emmanuel Poulle, *Les Instruments de la théorie des planètes selon Ptolémée: équatoires et horlogerie planétaire du XIIIe au XVIe siècle*（Geneva, 1980）を参照しなければならない。

Lorraine Daston and Katharine Park, *Wonders and the Order of Nature, 1150–1750*（New York, 1998）は、動物寓話と広い世界の驚異についての見事な探索。Lisa Jardine, *Worldly Goods: A New History of the Renaissance*（London, 1996）は、ルネサンス期の視覚的驚異で魅了し、変化する科学的思想と情報交換の実践に対する豊かな目を与えてくれる。Elizabeth Eisenstein, *The Printing Revolution in Early Modern Europe*（Cambridge, 2nd edition, 2005）は、稿本から活字への移行についての有益な解説〔エリザベス・アイゼンステイン『印刷革命』小川昭子［ほか］共訳、みすず書房（1987、原書初版の翻訳）〕。

Michael J. Crowe, *Theories of the World from Antiquity to the Copernican Revolution*（Mineola, 2nd edition, 2001）は、天文学史上の要になる文書からの貴重な抜粋満載の簡潔な教科書。Owen Gingerich, *The Book Nobody Read*（New York, 2004）は、著者がコペルニクスの『天球回転論』の現存する初版と第2版の現物すべてを見るという刺激的な世界をまたにかける調査の物語〔オーウェン・ギンガリッチ『誰も読まなかったコペルニクス』柴田裕之訳、早川書房（2005）〕。その途上で、この1543年の名著について多くのことがわかり、16世紀天文学の緊迫した空気もわかる。Thony Christie, *The Renaissance Mathematicus* は、

(Basingstoke, 1992) は、学問性と、簡潔で読んで楽しいことが一体になった、まれな例。

The Routledge History of Medieval Magic, ed. Sophie Page and Catherine Rider (London: 2019) は、この分野の主な学者による短い論考を華麗なまでに集めている。Sophie Page, *Magic in the Cloister: Pious Motives, Illicit Interests, and Occult Approaches to the Medieval Universe* (University Park, 2013) では、魔術を実践する修道士が取り上げられているのが魅力。

十字軍、旅、医療

十字軍はつきせぬ魅力の、また歴史としても頻繁に取り上げられてきたテーマ。Christopher Tyerman, *God's War: A New History of the Crusades* (London, 2006) は、読みやすいが、人類史のこの奇妙な一章を理解する、きわどい試み。百年戦争については、Jonathan Sumption によるシリーズ (London, 1990–2015、5巻予定のうち、4巻が刊行ずみ) が、膨大な学術的著述をすっきりとまとめている。Volume *III: Divided Houses* (2009) が、1383年の司教の十字軍を取り上げている。

The History of Cartography (Chicago, 1991–2015) は壮大なプロジェクトで、古代・中世ヨーロッパをとりあげた第1巻 (ed. J.B. Harley and David Woodward) と、ルネサンスのヨーロッパを取り上げた第3巻 (ed. David Woodward) が私には役立った。この図版豊富で、学術的な2巻はどちらも https://www.press.uchicago.edu/books/HOC でフリーで利用できる。Kenneth Nebenzahl, *Mapping the Silk Road and Beyond: 2,000 Years of Exploring the East* (London, 2004) は、ヨーロッパの地図製作発達についての、美しい図版のある紹介。Julian Smith, 'Precursors to Peregrinus: The Early History of Magnetism and the Mariner's Compass in Europe', *Journal of Medieval History* 18 (1992): 21–74 は、方位磁石について書かれたヨーロッパ最初期の著述の優れた調査。Felipe Fernández-Armesto, *Pathfinders: A Global History of Exploration* (Oxford, 2006) は、野心的ながら読みやすい入門書的著作〔フェリペ・フェルナンデス－アルメスト『世界探検全史』関口篤訳、青土社 (上下、2010)〕。

チョーサーが描く船乗りと医師 (また本書第2章で引いた修道士) は、*Historians on Chaucer: The 'General Prologue' to the Canterbury Tales*, ed. S. H. Rigby and A. J. Minnis (Oxford, 2014) で、鋭く分析されている。中世医学については多くの優れた紹介がある。Nancy Siraisi, *Medieval and Early Renaissance Medicine: An Introduction to Knowledge and Practice* (Chicago, 1990), と、Carole Rawcliffe, *Medicine & Society in Later Medieval England* (Stroud, 1995) は、とくに明晰。Luke Demaitre, *Medieval Medicine: The Art of Healing, from Head to Toe* (Santa Barbara, CA, 2013) は、優れた最新の調査で、著者が長くゴルドンのベルナールによる著作とつきあってきた経験に依拠しており、とくに消化器系の病気に関する章がみごと。*Practical Medicine from Salerno to the Black Death*, ed. Luis García Ballester et al (Cambridge, 1994) は、重要な学術的論集。Jack Hartnell, *Medieval Bodies: Life, Death and Art in the Middle Ages* (London, 2018) は、美しく思考を刺激する新しい本で、人体を出発点にして、中世文化を幅広く探っていて魅了される〔ジャック・ハートネル『中世の

現代語訳、技術的解説については、J. D. North, *Richard of Wallingford* (Oxford, 1976) を参照のこと。モンマスのジェフリーとアルビナの神話については、Jeffrey Jerome Cohen, *Of Giants: Sex, Monsters, and the Middle Ages* (Minneapolis, 1999) を参照のこと。

タインマス、三角法、占星術、魔法

タインマス修道分院の歴史についての重要資料は、H. H. E. Craster, *A History of Northumberland, Volume VIII: The Parish of Tynemouth* (Newcastle, 1907) に多くが集められている。同院の考古学や建築に関心があるなら、ニューカッスル古物協会の出している *Archaeologia Aeliana* の過去の号を参照すると楽しめるだろう。Archaology Data Service で閲覧可能 (https://doi.org/10.5284/1053682)。vols 4:13 and 4:14 (1936-7) の記事は、修道院の建物の詳細が満載。そのような小修道院の地位については、Martin Heale, *The Dependent Priories of Medieval English Monasteries* (Woodbridge, 2004) を参照のこと。

プトレマイオスの *Almagest* は、英訳が利用できる (tr. G. J. Toomer, London, 1984) が、これは難しいことで知られている〔プトレマイオス『アルマゲスト』薮内清訳、恒星社厚生閣 (1958/1993)〕。Olaf Pedersen, *A Survey of the Almagest* (改訂版、ed. Alexander Jones, New York, 2011) の方が少しやさしい。球面三角法についての歴史的文脈からの実践的な入門については、Glen Van Brummelen, *Heavenly Mathematics: The Forgotten Art of Spherical Trigonometry* (Princeton, 2013) および、この理論の歴史的背景をもっと詳しく述べたものとして、同著者の *The Mathematics of the Heavens and the Earth* (Princeton, 2009) を参照のこと。James Evans, *The History and Practice of Ancient Astronomy* (New York, 1998) は、斜行赤経の扱いをスムーズにしてくれるだろう。

中世の占星術は、あらためて広い範囲の学問的関心対象になっている。Sophie Page, *Astrology in Medieval Manuscripts* (London, 2002) は、簡潔で図版の多い紹介。Nicholas Campion, *A History of Western Astrology, Volume II: The Medieval and Modern Worlds* (London, 2009) は、社会における占星術について語っている〔ニコラス・カンピオン『世界史と西洋占星術』鏡リュウジ監訳、宇佐和通、水野友美子訳、柏書房 (2012)〕。J. D. North, *Horoscopes and History* (London, 1986) は、中世占星術師にとっての必須の数学を徹底して解きほぐしている。Charles Burnett の仕事は基礎にかかわり、それまで公刊されていなかった資料を編集し、英訳し、研究を調整・支援している。*From Māshā'allāh to Kepler: Theory and Practice in Medieval and Renaissance Astrology*, ed. Burnett and Dorian Gieseler Greenbaum (Ceredigion, 2015) も、学術的文章を集めていて有益。幅広い中世の著述についての、新しく学術的な再評価は、H. Darrel Rutkin, *Sapientia Astrologica: Astrology, Magic and Natural Knowledge, ca.1250–1800, vol 1: Medieval Structures* (Cham, 2019) を参照のこと。'Celestial Influence — the Major Premiss of Astrology' は、論集、J. D. North, *Stars, Minds and Fate: Essays in Ancient and Medieval Cosmology* (London, 1989) に集められた、多くの博識で独創的な論文の1つ。Hilary M. Carey, *Courting Disaster: Astrology at the English Court and University in the Later Middle Ages*

サクロボスコのジョンのとてつもなくヒットした教科書『天球論』は、Lynn Thorndike による現代英語訳が、*The Sphere of Sacrobosco and Its Commentators*（Chicago, 1949）にある。http://www.esotericarchives.com/solomon/sphere.htm で利用できる。Olaf Pedersen, 'In Quest of Sacrobosco', *Journal for the History of Astronomy* 16（1985）: 175–220 は、https://ui.adsabs.harvard.edu をとおして入手可能で、この謎の人物について必須の紹介となっている。中世の平坦な大地の神話については、Jeffrey Burton Russell, *Inventing the Flat Earth: Columbus and Modern Historians*（New York, 1991）を参照のこと。James Evans, *The History and Practice of Ancient Astronomy*（New York, 1998）には、エラトステネスの方法についての明快な解説があり、全体としても、このテーマについての教わることの多い見事な案内である。

天文学的器具

アストロラーベの仕組みについて最善の解説は、J. D. North, *Chaucer's Universe*（Oxford, 1988）にある。この本は、ジェフリー・チョーサーの作品にある天文学や占星術の、徹底した魅惑の研究である。アストロラーベ自作のための雛形は、あちこちのウェブサイトで利用可能。チョーサーの *Treatise on the Astrolabe* は、http://www.chirurgeon.org/treatise.html で、現代英語との（まずまずの）対訳で読むことができる。ステレオ投影など、プトレマイオス天文学にある多くの論点については、Otto Neugebauer, *A History of Ancient Mathematical Astronomy*（Heidelberg, 1975）が今なお標準だが、なまなかな意欲では読めない。*Astronomy before the Telescope*, ed. Christopher Walker（London, 1996）にある、簡潔で図版も多い各論考は、この主題についての刺激的入門となっている〔クリストファー・ウォーカー編『望遠鏡以前の天文学』山本啓二、川和田晶子訳、恒星社厚生閣（2008）〕。

中世の科学的器具の図版入りの目録を作っている博物館は多く、その目録もますますネットで見られるようになりつつある。たとえば、*Western Astrolabes*, ed. Roderick Webster and Marjorie Webster（Chicago, 1998）や、*Eastern Astrolabes*, ed. David Pingree（Chicago, 2009）は、アドラー・プラネタリウムの収集品についてのお手本のような案内。オックスフォード大学の科学史博物館は、優れたオンラインの目録を作っていて（http://www.mhs.ox.ac.uk/astrolabe）、世界最大のアストロラーベのコレクションが閲覧、検索できるようになっている。S. R. Sarma は近年、*Catalogue of Indian Astronomical Instruments* という網羅的なカタログを作成した。これは https://srsarma.in でフリーで閲覧できる。

The Whipple Museum of the History of Science: Objects and investigations, to celebrate the 75th anniversary of R. S. Whipple's gift to the University of Cambridge, ed. Joshua Nall, Liba Taub and Frances Willmoth（Cambridge, 2019）は、真鍮から半導体まで幅広く科学博物館を描いた新たな論集。そこに、本書第4章で見たアストロラーベに関する一考察——私による——や、他の中世の日時計や近代の模造品についての論考も収めており、https://www.cambridge.org/core を通じて閲覧できる。

ウォリンフォードのリチャードの生涯とアルビオンについては、上述の North, *God's Clockmaker* を参照のこと。ウォリンフォードの著作の刊行物、

Oxford Companion to the Year: An Exploration of Calendar Customs and Time-reckoning（Oxford, 1999）は、貴重な参考資料であり、深く分け入るのが楽しい。

オックスフォード、中世の大学、自然哲学

中世の大学全般、とくにオックスフォードの発達については熱心に調べられてきた。*The History of the University of Oxford*, vol. 1, ed. Jeremy Catto, and vol. 2, ed. Jeremy Catto and Ralph Evans（Oxford, 1984–92）は、必須の論集。*A History of the University in Europe*, vol. 1, ed. Hilde de Ridder-Symoens（Cambridge, 1992）も、広くヨーロッパを見渡すのには重要である。Edward Grant, *The Foundations of Modern Science in the Middle Ages: Their Religious, Institutional, and Intellectual Contexts*（Cambridge, 1996）は、大学で研究されていたことに焦点を当てている〔E. グラント『中世における科学の基礎』小林剛訳、知泉書館（2007）〕。ここではJames Weisheiplの研究が基礎となっている。たとえば、'Curriculum of the Faculty of Arts at Oxford in the Early Fourteenth Century', *Mediaeval Studies* 26（1964): 143–85および、同誌に掲載された補足論文vol. 28（pp. 151-75）を参照のこと。Weisheiplは、*Albertus Magnus and the Sciences*（Toronto, 1980）という、重要な論集も編集している。*Roger Bacon and the Sciences: Commemorative Essays*, ed. Jeremiah Hackett（Leiden, 1997）という論集も、丁寧に読むに値する。ロバート・グロステストについて、これに匹敵する新しい本はないが、Ordered Universe project（https://ordered-universe.com）は、明瞭な光を当てようと多くのことをしている。フランシスコ会とドミニコ会の科学上の違いについては、Roger French and Andrew Cunningham, *Before Science: The Invention of the Friars' Natural Philosophy*（Aldershot, 1996）を参照のこと。Carl B. Boyer, *The Rainbow: From Myth to Mathematics*（Princeton, 1987）は、心をそそる自然現象を理解しようとする試みについての魅惑の読み物。

Benedictines in Oxford, ed. Henry Wansbrough and Anthony Marett-Crosby（London, 1997）は、修道士の大学生活に関する短い文章による、有益な論集。Raymond Clemens and Timothy Graham, *Introduction to Manuscript Studies*（Ithaca, NY, 2007）は、学生向けの、情報も図版も多い案内。Christopher de Hamel, *Meetings with Remarkable Manuscripts*（London, 2016）は、中世の本12点について、感嘆すべき肖像を描いていて、それぞれの本について、魅了される詳細な歴史も書かれている〔クリストファー・デ・ハーメル『世界で最も美しい12の写本』加藤磨珠枝、松田和也訳、青土社（2018)〕。英国図書館には、写本製作についての短編ネット動画が集められている（https://www.bl.uk/medieval-english-french-manuscripts/videos)。

中世の大学に集まった哲学者の多くは、*A Companion to Philosophy in the Middle Ages*, ed. Jorge J. E. Gracia and Timothy B. Noone（Oxford, 2006）に名簿がある。同書には、スコラ学やパリの糾弾のようなテーマの、有益な論文も寄せられている。実に読みやすく楽しい中世哲学（あたうかぎり広い意味での）についての入門書として、Peter Adamson, *History of Philosophy*というポッドキャストを薦める（https://historyofphilosophy.net)。中世を取り上げた何回かは、最近書籍として出版された（Oxford, 2019)。

セント・オールバンズ、時刻と暦

Mark Freeman, *St Albans: A History* (Lancaster, 2008) は、この聖堂都市の豊かな歴史を豊富な図版とともに紹介している。Eileen Roberts, *The Hill of the Martyr: An Architectural History of St. Albans Abbey* (Dunstable, 1993) も役に立つ。There are archaeological riches to be found in the *Transactions of the St Albans & Hertfordshire Architectural and Archaeological Society* には考古学的な資料が豊富にあり、その初期の刊行物は、ネットでフリーで閲覧できる (https://www.stalbanshistory.org)。たとえば、Ernest Woolley の 'The Wooden Watching Loft in St. Albans Abbey Church' (1929): 246–54 など。Michelle Still, *The Abbot and the Rule: Religious Life at St Alban's, 1290–1349* (Aldershot, 2002) は、セント・オールバンズ大修道院の記録から明らかになる修道院生活の美しさを発掘している。トマス・ウォルシンガムによる記録の新しい現代語訳、*The Deeds of the Abbots of St Albans*, tr. David Preest (Woodbridge, 2019) は、本書が完成しつつある頃に出た。これは、James G. Clark の編だが、そのクラークによる *A Monastic Renaissance at St. Albans: Thomas Walsingham and His Circle, c.1350–1440* (Oxford, 2004) は、同院の知的生活に関する重要な著作である。David Knowles, *The Religious Orders in England*, vols. 1 and 2 (Cambridge, 1948–55) は、今でも通用する徹底していて有益な案内。Joan Greatrex, *The English Benedictine Cathedral Priories: Rule and Practice, c.1270–c.1420* (Oxford, 2011) は、とくにセント・オールバンズを取り上げてはいないが、当時の豊かで有力な修道院の暮らしの詳細が出ている。*The Rule of St Benedict* は、修道院生活を理解するためには必読書で、現代語訳もいくつか利用できる〔第2章註24〕。

初期の計時にについては、*Time and Cosmos in Greco-Roman Antiquity*, ed. Alexander R. Jones (Princeton, 2017) は、展覧会のカタログで、図版が美しく、添えられた文章も情報が多い。John North, *God's Clockmaker: Richard of Wallingford and the Invention of Time* (London, 2005) は、ウォリンフォードの時計（その他の装置）だけでなく、中世の計時技術の発達に関しても見事な著作。Jean Gimpel, *The Medieval Machine: The Industrial Revolution of the Middle Ages* (London, 2nd edition, 1988) は、時計づくりも含めた幅広い中世技術の紹介。E. R. Truitt, *Medieval Robots: Mechanism, Magic, Nature, and Art* (Philadelphia, 2015) は、中世文化における機械技術の地位に関する見事に刺激的な案内。

Philipp Nothaft の成果は、中世の人々が時刻を理解し暦を用いる様子についての理解について、急速に革命を起こしている。著書の *Scandalous Error: Calendar Reform and Calendrical Astronomy in Medieval Europe* (Oxford, 2018) は、この主題についてはぜひ読んでおきたい。Danielle B. Joyner, *Painting the Hortus deliciarum: Medieval Women, Wisdom and Time* (University Park, PA, 2016) は、ランドゥスベルクのヘラデと中世の時間に対する姿勢についての、美しい図版の入った、魅惑の案内。グレゴリオ改暦についての重要な論集、*Gregorian Reform of the Calendar: Proceedings of the Vatican Conference to Commemorate Its 400th Anniversary (1582–1982)*, ed. G. V. Coyne, M. A. Hoskin and O. Pedersen (Vatican City, 1983) は、archive.org からフリーでダウンロードできる。Bonnie Blackburn and Leofranc Holford-Strevens, *The*

201 は、「暗黒時代」という用語についての有益な解説となっている。Peter Harrison, *The Territories of Science and Religion* (Chicago, 2015) は、科学と宗教の長年にわたる対立という神話を解体している。*Galileo Goes to Jail, and Other Myths about Science and Religion,* ed. Ronald L. Numbers (Cambridge, MA, 2009) とその続編、*Newton's Apple, and Other Myths about Science,* ed. Numbers and Kostas Kampourakis (Cambridge, MA, 2015) は、科学史について広まっている誤解を、楽しく、また効果的に打ち消している。

ウェストウィック、学問、算術

David S. Neal, Angela Wardle and Jonathan Hunn, *Excavation of the Iron Age, Roman, and Medieval Settlement at Gorhambury, St. Albans* (London, 1990) は、考古学が中世の暮らし――とくに本書の場合、ジョン・ウェストウィックが生まれた土地での農地や養魚場――の理解を増してくれる見事な例。ジョンが受けた教育については、Nicholas Orme, *English Schools in the Middle Ages* (London, 1973) は今でもよい出発点であり、Roger Bowers, 'The Almonry Schools of the English Monasteries, c.1265–1540', in *Monasteries and Society in Medieval Britain,* ed. Benjamin Thompson, Harlaxton Medieval Studies NS 6 (Stamford, 1999): 177–222 は重要な論文である。Mary Carruthers, *The Book of Memory: A Study of Memory in Medieval Culture* (Cambridge, 2008) は、中世のにおける学問の方法や地位についての必須の解説（今日でも通用する中世の暗記法の現代語訳がおさめられている）〔メアリー・カラザース『記憶術と書物』柴田裕之ほか訳、工作舎（、(1997)〕。

日の出、四季、星座の民間天文学は、Stephen C. McCluskey, *Astronomies and Cultures in Early Medieval Europe* (Cambridge, 1998) で、見事に読みやすく取り上げられている。天文学を理解するには、フリーのコンピュータ・アプリ *Planetary, Lunar, and Stellar Visibility* (http://www.alcyone.de) と、*Stellarium* (http://stellarium.org) が非常に役に立つと思う。Otto Neugebauer, *The Exact Sciences in Antiquity* (New York, 1962) は、初期の数学と天文学についての簡潔な入門書〔O. ノイゲバウアー『古代の精密科学』矢野道雄、斎藤潔訳、恒星社厚生閣 (1984/1990)〕。そのバビロニアに求められる起源については、Eleanor Robson, *Mathematics in Ancient Iraq: A Social History* (Princeton, 2009) が草分けとなる。中世科学史の第一線にいるチャールズ・バーネットの成果は、学者には欠かせない。Charles Burnett, *Numerals and Arithmetic in the Middle Ages* (Farnham, 2010) は、独創的で学識豊かな論集である。Thony Christie, *The Renaissance Mathematicus* は、中世から近代初期の数学や天文学について、あらゆる面を取り上げた、読みやすいとはいえ、学術的なブログ。なかでも有益な記事の典型例となる、*Hindu-Arabic numerals* が、https://thonyc.wordpress.com/2018/05/03/as-easy-as-123 にある。*The Calendar and the Cloister* (http://digital.library.mcgill.ca/ms-17) は、修道院での数学や、それが暦など広い範囲の科学に用いられたことについて欠かせないウェブサイトで、12 世紀の稿本の高品質の画像や、Faith Wallis による注釈がある。

して、Miri Rubin, *The Hollow Crown: A History of Britain in the Late Middle Ages*（London, 2005）が、詳細な参考資料がついていること、社会のあらゆる階層に目を向けている点で価値がある。Ian Mortimer, *The Time Traveller's Guide to Medieval England: A Handbook for Visitors to the Fourteenth Century*（London, 2009）は、日常生活のあらゆる面に関する楽しい情報満載の本。もっと広い、ヨーロッパ中世についての生き生きとした眺めは、Chris Wickham, *Medieval Europe*（New Haven, 2016）が提供してくれる。

C. S. Lewis, *The Discarded Image: An Introduction to Medieval and Renaissance Literature*（Cambridge, 1964）は、初版が出てから50年以上たつが、中世の自然・宇宙思想についての、今なお傑出した案内である〔C.S. ルイス『廃棄された宇宙像』小野功生、永田康昭訳、八坂書房（2003）〕。同じ時期に出た、Lynn White, *Medieval Technology and Social Change*（Oxford, 1962）も、今なお鋭く力強い〔リン・ホワイト、Jr.『中世の技術と社会変動』内田星美訳、思索社（1985）〕。Umberto Eco, *The Name of the Rose*（1980; tr William Weaver, New York, 1983）は小説だが、中世の修道院での学問の雰囲気を、ノンフィクション作品なみに喚起してくれる〔ウンベルト・エーコ『薔薇の名前』河島英昭訳、東京創元社（上下、1990）〕。

14世紀についての「ミクロストリア」、すなわち過去の文化への入口として特定のものについての詳細を再現した本の優れた例として、Robert Bartlett, *The Hanged Man: A Story of Miracle, Memory, and Colonialism in the Middle Ages*（Princeton, 2004）がある。Eileen Power は大衆社会史の先駆者で、著書 *Medieval People*（London, 1924）は、中世の生き生きとした人物6人の、きめ細かい肖像の連作〔アイリーン・パウア『中世に生きる人々』三好洋子訳、東京大学出版会（1954/1969）〕。Carlo Ginzburg *The Cheese and the Worms*（1976, tr. John and Anne Tedeschi, Baltimore, 1980）は、この分野の草分けとなった伝記的ミクロストリア〔カルロ・ギンズブルグ『チーズとうじ虫』杉山光信訳、みすず書房（1984/2021）〕。

「暗黒時代」とデレク・プライス

デレク・プライスは、いくつかの点で、本書の元になっている。プライスらしい野心的な著書、*Science Since Babylon*（New Haven, enlarged edition, 1975）で、エクァトリウムについての「チョーサー」稿本発見の物語を語った。同書や1976年にエール大学で実施した一連の講義記録は、遺族が管理するウェブサイト、http://derekdesollaprice.org で閲覧できる。本書にとっては、Kari Anne Rand, 'The Authorship of The Equatorie of the Planetis Revisited', *Studia Neophilologica* 87（2015）: 15–35 も、同等の基礎となっている。プライスのケンブリッジでの経験や、「アーサー王の卓」の製作は、Seb Falk, 'The Scholar as Craftsman: Derek de Solla Price and the Reconstruction of a Medieval Instrument', *Notes and Records of the Royal Society* 68（2014）: 111–34 に再現されている（https://doi.org/10.1098/rsnr.2013.0062 で無料で閲覧できる）。

中世についての学術、大衆文化両面についての見方は、David Matthews, *Medievalism: A Critical History*（Woodbridge, 2015）で思慮深く解剖されている。Janet L. Nelson, 'The Dark Ages', *History Workshop Journal* 63（2007）: 191–

は、ネットで、しばしば現代語訳されたものを読むことができる。好例として、セビリアのイシドルスによる、『語源』のラテン語原文（http://penelope.uchicago.edu/Thayer/E/Roman/Texts/Isidore）や、大プリニウスの『博物誌』の、1855 年の英語訳（http://www.perseus.tufts.edu/hopper/text?doc=Perseus:text:1999.02.0137）の二つが挙げられる。ボエティウスの『哲学の慰め』〔畠中尚志訳、岩波文庫版（1934/1984）など〕も多くの現代語訳がオンラインで（あるいは活字で）利用できる。それは単に中世の精神を覗き込む窓であるだけでなく、今日なお、力強く、洞察に満ちている。オンライン版はネット検索をすれば、あるいはウィキペディアの多くのページについている「参考資料」、「外部リンク」を介しても見つかることが多い（https://wikipedia.org。足りないところもあるとはいえ、これはやはりきわめて役に立つ資料である）。さらに、70 年以上前に刊行された本は、「インターネット・アーカイブ」（https://archive.org/）からダウンロード可能な場合がある。そこには中世の文書、たとえば「アルフォンソ表」やベルナール・ド・ゴルドンの『医学の百合』の印刷版や、早い時期の英訳も収められている。ウィキペディアもインターネット・アーカイブも、非営利団体によって運営されている。そこから恩恵を受けたなら、ぜひ寄付をしていただきたい。

中世の幅広い科学文献の抄録が、*A Source Book in Medieval Science,* ed. Edward Grant（Cambridge, MA, 1974）に収められている。そこにはかつては英語では読めなかった現代語訳資料が収録されているが、残念ながら今は入手しにくい。多くの中世文献がネット上にある。ジョン・ガワーやトマス・ホックリーヴなどは、見事な TEAMS シリーズ（https://d.lib.rochester.edu/teams/text-online）にあるし、ジェフリー・チョーサーの著作の多くは、現代英語訳を添えた形で利用できる（http://sites.fas.harvard.edu/~chaucer）。

総論的な著作

初期科学についての、学術的でも読みやすい総論として最もよいのは、David Lindberg, *The Beginnings of Western Science: The European Scientific Tradition in Philosophical, Religious, and Institutional Context, Prehistory to A.D. 1450*（Chicago, 2nd edition, 2007）である〔David C. Lindberg『近代科学の源をたどる：先史時代から中世まで』高橋憲一訳、朝倉書店〕。James Hannam による、*God's Philosophers: How the Medieval World Laid the Foundations of Modern Science*（London, 2009）という、もっと大河ドラマ的な話もある。Jim al-Khalili, *Pathfinders: The Golden Age of Arabic Science*（London, 2010）は、中世イスラム世界に関する刺激的な解説。もっと細かい話を知りたい人々には、*The Cambridge History of Science, Volume 2: Medieval Science,* ed. David C. Lindberg and Michael H. Shank は欠かせない論集である。Lynn Thorndike, *A History of Magic and Experimental Science,* vols. 1 to 4（New York, 1923–34）は、今なお比類のない細かさと博識で、古代・中世科学を、魔術や不思議の文脈に入れている。学術的な参考書も私には欠かせないが、とくに、*Complete Dictionary of Scientific Biography* と、*Biographical Encyclopedia of Astronomers* と、*Oxford Dictionary of National Biography* を挙げておく。

ジョン・ウェストウィックのいたイングランドへの、引き込まれる入門書と

文献資料案内

以下は簡単な、厳選された案内である。主として専門家ではない読者を意図しているので、現代英語による、入手しやすい（価格が手頃な）本やウェブサイトに傾いている。しかしとくに重要と思われる――あるいは多くの場合には、それしかない――場合には、またとくにそれがネットで無料で利用できる場合には、学術書も入れた。それ以外に私が本書で用いた資料は、原註に書誌情報をつけて挙げてある。ウェブサイトのアドレスは、2019 年 11 月時点のもの。書誌情報全体は、sebflak.com で閲覧できる。

一次資料

中世科学の現物資料は、以前に比べると広く利用しやすくなっている。博物館には多くの器具が展示されているので、そちらへ行けば、アストロラーベもエクァトリウムも自分で見ることができる。第 4 章の主眼となるアストロラーベは、ケンブリッジ大学ウィップル科学博物館に展示されている。同博物館には、「アーサー王の卓」と呼ばれた器具もある。中世の器具の、とくに注目すべき収集品は、オックスフォード大学科学史博物館や、シカゴのアドラー・プラネタリウム、フィレンツェのガリレオ博物館にもある。しかし探せば自分でも国立などの公共博物館の多くに展示されているアストロラーベが見つかるだろう。

これに比べると中世の稿本は利用しにくいが、今は多くがネットで閲覧できる。ぜひそうしていただきたい。丁寧に綴じられた羊皮紙と優美な手書き文字が、中世の蠟燭で照らされた写字室の当時に連れて行ってくれるだろう。実質的にデジタル化されている収集品として顕著なところを挙げれば、

Bibliothèque Nationale de France
Bodleian Library, Oxford
British Library
Corpus Christi College, Cambridge
Trinity College, Cambridge

https://gallica.bnf.fr
https://digital.bodleian.ox.ac.uk and https://medieval.bodleian.ox.ac.uk
http://www.bl.uk/manuscripts
https://parker.stanford.edu
https://www.trin.cam.ac.uk/library/wren-digital-library

本書で取り上げた稿本の多くは上記のウェブサイトで、原註に記した分類番号を検索するだけで閲覧できる。もちろん、収蔵品をデジタル化している図書館や資料館は他にもある。本書で取り上げた場合には、そのアドレスを原註に記した。

ジョン・ウェストウィックのような修道士が読んだであろう古代中世の文書

Science 46 (2008): 49–74.

5. M. Rees, *Before the Beginning: Our Universe and Others* (London, 1997), 100.
6. *Galileo on the World Systems: A New Abridged Translation and Guide,* tr. M.A. Finocchiaro (Berkeley, 1997), 90〔ガリレオ『天文対話』青木靖三訳、岩波文庫（上・下、1959–61)〕; たとえば、Alain de Lille, *De Planctu Naturae,* in Migne, *Patrologia latina,* 210, col. 444A, http://pld.chadwyck.co.uk/ を参照 ; D.R. Danielson, 'The Great Copernican Cliché', *American Journal of Physics* 69 (2001): 1029–35.
7. N. deG. Tyson, 'The Cosmic Perspective', *Natural History* (April 2007), https://www.naturalhistorymag.com/universe/201367/cosmicperspective〔翻訳時点では、https://www.haydenplanetarium.org/tyson/essays/2007-04-the-cosmic-perspective.php〕.
8. Archivum Secretum Vaticanum, Lateran Regesta 45 (1396-7), f. 174v; W.H. Bliss and J.A. Twemlow, eds., *Calendar of Papal Registers Relating to Great Britain and Ireland, vol. 5: 1398–1404* (London, 1904), https://www.british-history.ac.uk/cal-papal-registers/brit-ie/vol5/pp23-64. 修道士でこうした特許を受けた何人か（だいたいはその後何年か生きている）が、J. Greatrex, *Biographical Register of the English Cathedral Priories of the Province of Canterbury, c.1066 to 1540* (Oxford, 1997) に記録されている。たとえば、806, 843, 900.
9. *Gesta Abbatum monasterii Sancti Albani (GASA),* ed. H. Riley (London, 1867), 3:425–6, 480–81.
10. J. Greatrex, *The English Benedictine Cathedral Priories: Rule and Practice, c.1270–c.1420* (Oxford, 2011), 302.
11. J. Greatrex, 私信、2019 年 8 月 10 日付。
12. *The Philobiblon of Richard de Bury,* Ch. 1, ed. E.C. Thomas (London, 1888), 11.
13. L.C. Taub, *Ptolemy's Universe: The Natural Philosophical and Ethical Foundations of Ptolemy's Astronomy* (Chicago, 1993), 31–7.

51. Nasir al-Din Tusi, *Ilkhani Zij* への序論, tr. A.J. Arberry, Classical Persian Literature (London, 1958), 182, quoted in F.J. Ragep, ed., *NaSīr al-Dīn al-Tūsī's Memoir on Astronomy* (New York, 1993 に引用されている)
52. A. Sayılı, *The Observatory in Islam and Its Place in the General History of the Observatory* (Ankara, 1960), 189–223.
53. Nizam al-Din al-Isfahani, 'Fi madh Nasir al-Din al-Tusi wa fi wasf al-rasd' (「ナスィル・アッディン・アル＝トゥスィー讃、および天文学の様子」), ed. A. Sayılı, 'Khwaja Nasir-i Tusi wa Rasadkhanai Maragha', *Ankara Üniversitesi Dil ve Tarih-Cografya Fakültesi Dergisi* 14 (1956), 1–13, at 13; Matthew Keegan が、James Montgomery, Jamil Ragep and Geert Jan van Gelder の助言を受けながら、英訳した。「さいころのような明るい星」は、アラビアの天文学的なチェスのようなゲームが念頭にあり、トゥースィーの力が星々にも影響を与えることを言っている。

بِنَاءٌ لَعُمْرِي مِثْلُ بانِيهِ مُعْجِزٌ — تَقَرَّبُ الألْحاظُ والنَّفْسُ تُبْهَجُ
سَيَبْلُغُ أسْبابَ السَماءِ بِصَرْحِهِ — يُناغِي كِعابَ الزُّهْرِ مِنْها تَبَرّجُ
أقولُ وقَدْ شادَ البِناءُ بِذِكْرِهِ — وشَيَّدَ قَصْرًا لم يَشِدْهُ مَتَوَّجُ

54. F.J. Ragep, 'Alī Qushjī and Regiomontanus: Eccentric Transformations and Copernican Revolutions', *Journal for the History of Astronomy* 36 (2005): 359–71; J. North, *Cosmos: An Illustrated History of Astronomy and Cosmology* (Chicago, 2008), 204–9.
55. Roger Bacon, *Opus Maius*, IV.4.16, ed. J.H. Bridges (Oxford, 1897), 1:399–400〔第3章　註77〕; R. Morrison, 'A Scholarly Intermediary between the Ottoman Empire and Renaissance Europe', *Isis* 105 (2014): 32–57.
56. N.M. Swerdlow and O. Neugebauer, *Mathematical Astronomy in Copernicus's De Revolutionibus* (New York, 1984), 295; D.M. Nicol, *Byzantium and Venice: A Study in Diplomatic and Cultural Relations* (Cambridge, 1992), 419.

終章—謎の装置

1. A.R. Hall, 'The First Decade of the Whipple Museum', in *The Whipple Museum of the History of Science: Instruments and Interpretations*, ed. L. Taub and F. Willmoth (Cambridge, 2006).
2. L. Bragg, 'Physicists After the War', *Nature* 150 (1942): 75–80, その中の78. 'Radio Newsreel', BBC Light Programme [現 BBC Radio 3], 1 March 1952; 文字起こし原稿はプライス家の厚意による。プライスによる複製の製作は、S. Falk, 'The Scholar as Craftsman: Derek de Solla Price and the Reconstruction of a Medieval Instrument', *Notes and Records of the Royal Society* 68 (2014): 111–34 に記録されている。複製の目録番号は、Wh.3271.
3. R.K. Merton, *On the Shoulders of Giants: A Shandean Postscript* (New York, 1965).
4. D.M. Miller, 'The Thirty Years War and the Galileo Affair', *History of*

42. D.W. Robertson, *Chaucer's London* (New York, 1968), 59; Barron, *London in the Later Middle Ages* (註 3), 254.
43. On Crowds, VII.8, in Seneca, *Epistles*, Volume I: Epistles 1–65, tr. R.M. Gummere (Cambridge, MA, 1917), 34; G.G. Wilson, '"Amonges Othere Wordes Wyse": The Medieval Seneca and the "Canterbury Tales" ', *Chaucer Review* 28 (1993): 135–45.
44. その後の重要なエクァトリウムは、ジャムシド・アルカーシーによるもので、これは惑星の緯度を計算できた。E.S. Kennedy, *The Planetary Equatorium of Jamshīd Ghīyāth al-Dīn al-Kāshī* (Princeton, 1960); H. Bohloul, 'Kāshānī's Equatorium: Employing Different Plates for Determining Planetary Longitudes', in *Scientific Instruments between East and West,* ed. N. Brown, S. Ackermann and F. Günergun (Leiden, 2019): 122–41. ヨハネス・シェーナーは、1521年に、'Æquatorium astronomicum' を作成した；*Opera mathematica* (Nuremberg, 1561) で活字になっている；see J. Evans, The History and Practice of Ancient Astronomy (Oxford, 1998), 405–10. 最も贅を尽くした例は、ペトルス・アプラヌスの *Astronomicum Caesareum* (1540)〔皇帝の天文学〕で、これは皇帝カール5世のために作られた。O. Gingerich, 'Apianus's Astronomicum Caesareum and Its Leipzig Facsimile', *Journal for the History of Astronomy* 2 (1971): 168–77.
45. Moses Maimonides, *The Guide of the Perplexed,* II.24, tr. S. Pines (Chicago, 1963), 325–6.
46. Aristotle, *On the Heavens,* II.10, 291a–b〔アリストテレス「天体論」第3章註30〕; Ptolemy, *Planetary Hypotheses,* 1.2.3, ed. B.R. Goldstein, 'The Arabic Version of Ptolemy's Planetary Hypotheses', *Transactions of the American Philosophical Society* 57:4 (1967): 3–55, その中の 7; L. Taub, *Ptolemy's Universe* (Chicago, 1993), 111–12.
47. 印刷の時代にあった壮大な彩色された特異で魅惑の例は、ある大型のヒンジで止められた大要（コンペンディウム）（ポリプティク〔屏風のような綴じ方をした、祭壇用の絵など〕）で、1489年、クラコフの教師、マルクス・スヒナゲルによる（この人は印刷された暦も編集している）。R.L. Kremer, 'Marcus Schinnagel's Winged Polyptych of 1489: Astronomical Computation in a Liturgical Format', *Journal for the History of Astronomy* 43 (2012): 321–45; Landesmuseum Württemberg 1995–323, https://bawue. museum-digital.de/index.php?t=objekt&oges=2758.
48. Nicolaus Copernicus, *De revolutionibus orbium caelestium* (Nuremberg, 1543), f. iiiv.〔『完訳 天球回転論』高橋健一訳、みすず書房 (2017)〕
49. Jean Buridan, *Quaestiones super libris quattuor De caelo et mundo,* II.22, ed. E.A. Moody (Cambridge, MA, 1942), 226–33; Copernicus, {De revolutionibus (註 48), I.10, f. 8v.
50. F.J. Ragep, 'Ibn Al-Haytham and Eudoxus: The Revival of Homocentric Modeling in Islam', in *Studies in the History of the Exact Sciences in Honour of David Pingree,* ed. C. Burnett et al (Leiden, 2004), 786–809.

Opera quaedam hactenus inedita, ed. J.S. Brewer (London, 1859), 1:465, 35 に所収。

28. Jean de Lignières, 'Quia nobilissima scientia astronomie', Oxford, Bodl. MS Digby 168, f. 64v, ed. Price, *Equatorie of the Planetis* (註 12), 188–96.
29. Peterhouse MS 75.I (note 1), f. 71v.「アストロラーベの組み立てと操作について」という——サクロボスコの『天球論』とともに——チョーサーの主要な典拠となった本は、一般に、8世紀の占星術師、マーシャアッラー・イブン・アタリー（ラテン語としてはメッシャラーと呼ばれる）のものとされる。ed. and. tr in R. T. Gunther, *Early Science in Oxford,* vol. 5: *Chaucer and Messahalla on the Astrolabe* (Oxford, 1929), 137–231.
30. BL MS Arundel 292, f. 72v, ed. in T. Wright and J.O. Halliwell, *Reliquae antiquae* (London, 1845), 1:240.
31. John Buridan, *Questions on the Eight Books of the Physics of Aristotle,* IV.8, tr. in E. Grant, *A Source Book of Medieval Science* (Cambridge, MA, 1974), 326; I.8, ed. M. Streijger and P.J.J.M. Bakker, *Quaestiones super octo libros Physicorum Aristotelis,* Books I–II (Leiden, 2015), 87–9.
32. Peterhouse MS 75.I (註 1), ff. 74r, 73v.
33. Peterhouse MS 75.I (註 1), ff. 76r, 72v, 79r.
34. L.E. Voigts, 'What's the Word? Bilingualism in Late-Medieval England', *Speculum* (1996): 813–26; P. Pahta and I. Taavitsainen, 'Vernacularisation of Scientific and Medical Writing in Its Sociohistorical Context', in *Medical and Scientific Writing in Late Medieval English,* ed. Taavitsainen and Pahta (Cambridge, 2004), 1–22; The Fifty Earliest English Wills, ed. F.J. Furnivall, EETS 78 (London, 1882), 3; Geoffrey Chaucer, 'A Treatise on the Astrolabe', prologue, in *The Riverside Chaucer* (註 5), 662; Barron, 'Expansion of Education' (註 23), 221–2.
35. Peterhouse MS 75.I (註 1), f. 73r; S. Partridge, 'The Vocabulary of the Equatorie of the Planetis and the Question of Authorship', in *English Manuscript Studies 1100–1700,* vol. 3, ed. P. Beal and J. Griffiths (London, 1992), 29–37.
36. S. Falk, 'Vernacular Craft and Science in The Equatorie of the Planetis', *Medium Ævum,* 88 (2019), 329–60, その中の 350–51.
37. Campanus of Novara, 'Theorica planetarum' VI, ed. Benjamin and Toomer (註 27), 347, 353.
38. E. Poulle, *Les Instruments de la théorie des planètes selon Ptolémée: équatoires et horlogerie planétaire du XIIIe au XVIe siècle* (Geneva, 1980), 158, 204; Oxford, Merton College SC/OB/AST/2; S. Falk, 'A Merton College Equatorium: Text, Translation, Commentary', *SCIAMVS* 17 (2016): 121–59.
39. Peterhouse MS 75.I (註 1), ff. 73r, 75r.
40. 'Peterhouse: Equatorie of the Planetis', University of Cambridge Digital Library, https://cudl.lib.cam.ac.uk/view/MS-PETERHOUSE-00075-00001.
41. Peterhouse MS 75.I (註 1), ff. 77r, 75v, 71v, 76r, 77r.

17. John Gower, *Confessio Amantis*, VII.38–9, ed. R.A. Peck (Kalamazoo, 2004), 3:265〔序章註 19〕; S.C. McCluskey, *Astronomies and Cultures in Early Medieval Europe* (Cambridge, 1998), 131–4.
18. P. Kibre, 'Lewis of Caerleon, Doctor of Medicine, Astronomer, and Mathematician', *Isis* 43 (1952): 100–108; Cambridge, St John's College MS B.19 (41); British Library Royal MS 12 G I; British Library Add MS 89442. また、BL Arundel MS 66; H.M. Carey, 'Henry VII's Book of Astrology and the Tudor Renaissance', *Renaissance Quarterly* 65 (2012): 661–710 も参照。
19. E.K. Rand, 'Editor's Preface', *Speculum* 1 (1926): 3–4, その中の 4; R. Bradley, 'Backgrounds of the Title Speculum in Mediaeval Literature', *Speculum* 29 (1954): 100–115; Alain de Lille, *hymn De incarnatione Christi*, in Migne, *Patrologia latina*, 210, col. 579A-B, http://pld.chadwyck.co.uk/.
20. British Library Harley MS 3244, ff. 40r–v. ビーバーについての中世の資料のいくつかは、D. Badke, *The Medieval Bestiary*, http://bestiary.ca/beasts/beast152.htm に集められている。P. Canvane, *A Dissertation on the Oleum Palmae Christi, Sive Oleum Ricini; Or, (as it is commonly call'd) Castor Oil* (Bath, 1764), 4.
21. Hoccleve, *Regiment of Princes* (註 16), ll. 1962, 1964, 2087–8; J.D. North, *God's Clockmaker: Richard of Wallingford and the Invention of Time* (London, 2005), 131–2; *Gesta Abbatum monasterii Sancti Albani (GASA)*, ed. H. Riley (London, 1867), 3:274–5; J.G. Clark, *A Monastic Renaissance at St. Albans: Thomas Walsingham and His Circle, c.1350–1440* (Oxford, 2004), 40.
22. *GASA* (註 21), 1:289, 322, 471–2; 2:281; *Annales Monasterii S. Albani a.d. 1421–1440, A Johanne Amundesham, monacho, ut videtur, conscripti*, ed. H. Riley (London, 1870), 1:47; C.M. Barron, 'Centres of Conspicuous Consumption: The Aristocratic Town House in London, 1200–1550', *London Journal* 20 (1995): 1–16.
23. C.M. Barron, 'The Expansion of Education in Fifteenth-Century London', in *The Cloister and the World: Essays in Medieval History in Honour of Barbara Harvey*, ed. J. Blair and B. Golding (Oxford, 1996), 219–45.
24. Peterhouse MS 75.I (註 1), f. 71r. 天文学的な位置データは、Stellarium (www.stellarium.org) による。
25. Aristotle, *Metaphysics*, XII.8, 1073b–74a.〔アリストテレス『形而上学』〕
26. Plato, *Timaeus*, 34〔プラトン『ティマイオス』種山恭子訳、岩波書店（1975、プラトン全集第 12 巻所収)〕; Aristotle, *On the Heavens*, II.6 (288a–289a)〔第 3 章註 30〕; Ptolemy's *Almagest*, IX.2, tr. G.J. Toomer (London, 1984), 422〔第 4 章註 6〕. エカントは IX.5 で導入されている。
27. *Campanus of Novara and Medieval Planetary Theory: Theorica Planetarum*, ed. F.S. Benjamin and G.J. Toomer (Madison, 1971); Roger Bacon, *Compendium studii philosophiae*, VIII and *Opus Tertium*, XI, いずれも

73, 152.
62. Parl. Rolls (註 6), 7 Richard II (Oct. 1383), iii.153–8.
63. *GASA* (註 8), 2:416.

第７章　惑星計算器

1. Cambridge, Peterhouse MS 75.I, f. 72r, https://cudl.lib.cam.ac.uk/view/MS-PETERHOUSE-00075-00001/.
2. C.P. Christianson, *A Directory of London Stationers and Book Artisans, 1300–1500* (New York, 1990), 31.
3. C.M. Barron, *London in the Later Middle Ages: Government and People, 1200–1500* (Oxford, 2004), 241; London Metropolitan Archives, Hustings Rolls 1373–4, CLA/023/DW/01/100 (160).
4. Peterhouse MS 75.I (註 1), f. 64r.
5. Geoffrey Chaucer, *The Canterbury Tales,* V.1274–6, in *The Riverside Chaucer,* ed. L.D. Benson (Oxford, 1987), 185. 〔第 2 章註 1〕
6. Jean de Lignières, *Tabule magne,* グラスゴー地区司祭、フィレンツェのロベルトに献じられている。Cambridge, Gonville & Caius College MS 110 (179), 1.
7. Peterhouse MS 75.I (註 1), ff. 38v–44v.
8. Peterhouse MS 75.I (註 1), f. 72r; Chaucer, *The Canterbury Tales,* V.1281–2, in *The Riverside Chaucer* (註 5), 185.
9. *Alfontii regis castelle illustrissimi celestium motuum tabule* (Venice, 1483), ff. c4r–d1r.
10. Oxford, Bodl. MS Ashmole 1796, 58v–59r (5°). また、Bodl. MS Laud Misc. 674, ff. 73v–74ar (5;30° and 8;26°、オックスフォードの天文学者、John Maudith, John Walter and William Worceter によるとされる表), CUL MS Hh.6.8, f. 184r (4°), Ptolemy, *Cosmographia,* II (Ulm, 1482), b4r, b7r (10°) も参照。
11. 手間のかかる詳細の全体は、S. Falk, 'Learning Medieval Astronomy through Tables: The Case of the Equatorie of the Planetis', *Centaurus* 58 (2016): 6–25 にある。
12. Peterhouse MS 75.I (註 1), f. 14r; D.J. Price, *The Equatorie of the Planetis*s (Cambridge, 1955), 182–7.
13. Peterhouse MS 75.I (註 1), f. 5v; J.D. North, *Chaucer's Universe* (Oxford, 1988), 173–4.
14. Peterhouse MS 75.I (註 1), ff. 64r, 70r, 63v; on 'R.B'. ロジャー・ベーコンについては、L,E, Voigts, 'The "Sloane Group": Related Scientific and Medical Manuscripts from the Fifteenth Century in the Sloane Collection', *British Library Journal* 16 (1990): 26–57 を参照。
15. Thomas Hoccleve, *La Male regle,* 143–4, in *Chaucer to Spenser: An Anthology,* ed. D. Pearsall (Oxford, 1999), 320.
16. Thomas Hoccleve, *The Regiment of Princes,* ed. C.R. Blyth (Kalamazoo, 1999), ll. 1–7.

611–29, その中の 617–20.

46. Cambridge, Jesus College MS 60 (Q.G.12), f. 45r; P.M. Jones, 'Mediating Collective Experience: the Tabula Medicine (1416–1425) as a Handbook for Medical Practice', in *Between Text and Patient: The Medical Enterprise in Medieval & Early Modern Europe*, ed. F.E. Glaze and B.K. Nance (Florence, 2011), 279–307
47. Muhammad al-Idrisi, *Géographie d'Édrisi*, French tr. by P.A. Jaubert (Paris, 1836), 1.51, 182.
48. British Library Arundel MS 22, f. 202r.
49. L.E. Demaitre, *Doctor Bernard de Gordon: Professor and Practitioner* (Toronto, 1980), 51–4.
50. Bernard of Gordon, *Lilium Medicine*, V.14 (Lyon, 1574), 476–80; British Library Harley MS 3698, ff. 69v–70r により修正 ; Demaitre, *Medieval Medicine* (註 37), 261.
51. Chaucer, 'The Miller's Tale', I.3690–911; Isidore, *Etymologies* (註 21), XVI. ii.6, 318; G.E.M. Gasper and F. Wallis, 'Salsamenta Pictavensium: Gastronomy and Medicine in Twelfth-Century England', *English Historical Review* 131 (2016): 1353–85, その中の 1377–8.
52. Bernard, *Lilium Medicine* (註 50), V.14, 480 (70r); I.14, 59 (8r); Rubin, 'Jericho Tyrus' (註 22); Demaitre, *Medieval Medicine* (註 37), 72; M. McVaugh, 'Theriac at Montpellier', *Sudhoffs Archiv* 56 (1972): 113–44.
53. Chaucer, *The Canterbury Tales*, I.423–44, in *The Riverside Chaucer* (註 24), 30.
54. C. Rawcliffe, 'The Doctor of Physic', in *Historians on Chaucer: The 'General Prologue' to the Canterbury Tales*, ed. S.H. Rigby and A.J. Minnis (Oxford, 2014), 297–318, その中の 316.
55. John Gower, *Mirour de l'Omme* 25621–32, in *The Complete Works*, ed. G.C. Macaulay (Oxford, 1899), 3.283–4.
56. Paris, BNF MS Lat. 7443, ff. 184r–211v, その中の 186v. この判断は、L. Thorndike, *A History of Magic and Experimental Science* (New York, 1934), 4.139–42 に要約されている。
57. Paris, Archives Nationales LL//85, ed. in L. Mirot, 'Le Procès de Maître Jean Fusoris', *Mémoires de La Société de l'histoire de Paris et de l'Île-de-France 27* (1900): 137–287, その中の 213. また、E. Poulle, *Un Constructeur d'instruments astronomiques au XVe siècle: Jean Fusoris* (Paris, 1963) も参照 ; J.H. Wylie, *The Reign of Henry the Fifth* (Cambridge, 1914–29) 1:498-510, 2:42-3.
58. Mirot, 'Le Procès' (註 57), 245–6, 236.
59. Mirot, 'Le Procès' (註 57), 223.
60. St Albans Chronicle (註 1), 702.
61. John Gower, *Vox Clamantis*, III.6.343, in *The Complete Works* (註 55), 4.116; John Wyclif, 'Of Prelates' 9, and 'The Office of Curates' 16, both in *The English Works of Wyclif*, ed. F.D. Matthew, EETS 74 (London, 1880),

28. John Tapp, *The Seamans Kalender* (London, 1622), B7r; BNF MS とくに 30 (註 14), sheet 1a; M.E. Schotte, *Sailing School: Navigating Science and Skill, 1550–1800* (Baltimore, 2019), 35–7.
29. Avicenna, *Canon of Medicine,* 1.3.5.8 (Venice, 1489), f. g1v〔アヴィセンナ『アヴィセンナ『医学典範』日本語訳』、檜學、新家博、檜晶共訳、第三書館、2010 など〕; tr. O.C. Gruner, *A Treatise on the Canon of Medicine* (London, 1930), §903, p 456; P. Horden, 'Travel Sickness: Medicine and Mobility in the Mediterranean from Antiquity to the Renaissance', in *Rethinking the Mediterranean,* ed. W.V. Harris (Oxford, 2005): 179–99, その中の 193–4.
30. Sumption, *Divided Houses* (註 2), 131–40, 582–5, 890n28.
31. *St Albans Chronicle* (註 1), 672, 676.
32. *St Albans Chronicle* (註 1), 678–82.
33. *St Albans Chronicle* (註 1), 687, 693; *GASA* (註 8), 2:416.
34. *Eulogium* (註 8), 3:356–7.
35. Luke 13:2-5〔「ルカによる福音書」〕; John 9:1–3〔「ヨハネによる福音書」〕.
36. Jean of Joinville, *Life of Saint Louis,* 306, 310, tr. M.R.B. Shaw in *Chronicles of the Crusades* (Harmondsworth, 1963), 240–41〔ジョワンヴィルによる伝記は『聖王ルイ』伊藤敏樹訳、ちくま学芸文庫 (2006)〕; J. Phillips, 'The Experience of Sickness and Health during Crusader Campaigns to the Eastern Mediterranean, 1095–1274' (PhD thesis, University of Leeds, 2017), 241–2.
37. P.D. Mitchell, E. Stern and Yotam Tepper, 'Dysentery in the Crusader Kingdom of Jerusalem: An ELISA Analysis of Two Medieval Latrines in the City of Acre (Israel)', *Journal of Archaeological Science* 35 (2008): 1849–53; L. Demaitre, *Medieval Medicine: The Art of Healing, from Head to Toe* (Santa Barbara, 2013), 261–5.
38. Chaucer, *The Canterbury Tales,* I.411–40, in *The Riverside Chaucer* (註 24), 30.
39. Chaucer, *The Canterbury Tales,* I.429–34, in *The Riverside Chaucer* (註 24), 30.
40. たとえば、British Library Harley MS 3698, f 69r (Bernard of Gordon, Lilium medicine).
41. 窓の話は、第 2 章 (註 71) を参照 ; *GASA* (註 8), 1:194–212; Dugdale, *Monasticon* (註 10), 3:355–6.
42. *GASA* (註 8), 1:217, 246–9.
43. Ralph of Coggeshall, *Radulphi de Coggeshall chronicon anglicanum,* ed. J. Stevenson (Rolls Series, 1875), 183–4; Matthew Paris, *Chronica maiora,* ed. H.R. Luard (Rolls Series, 1874), 2:667-8; K. Park, 'The Life of the Corpse: Division and Dissection in Late Medieval Europe', *Journal of the History of Medicine* 50 (1995): 111–32.
44. Park, 'Life of the Corpse', (註 43), 114.
45. K. Park, 'Medical Practice', in *The Cambridge History of Science, vol. 2: Medieval Science,* ed. D.C. Lindberg and M.H. Shank (Cambridge, 2013),

ウス、プラトン、ルクレティウス、ガレノスの抜粋を含む。Augustine, *The City of God against the Pagans*, XXI.4, tr. R.W. Dyson (Cambridge, 1998), 1051〔第5章 註42〕; J. Needham, *Science and Civilisation in China*, vol. 4.1 (Cambridge, 1962), 229–334, esp 249–50.〔ニーダム『中國の科學と文明』思索社、1974～1981、第4巻『数学』〕
16. J.A. Smith, 'Precursors to Peregrinus: The Early History of Magnetism and the Mariner's Compass in Europe', *Journal of Medieval History* 18 (1992): 21–74, at 25–7.
17. London, College of Arms MS Arundel 6, f. 135v, R.W. Hunt, *The Schools and the Cloister: The Life and Writings of Alexander Nequam (1157–1217)* (Oxford, 1984), 1 に引用されたもの。
18. Alexander Neckam, *De nominibus utensilium*, ed. T. Wright, *A Volume of Vocabularies* (1857), 96–119, その中の 114.
19. Alexander Neckam, *De naturis rerum*, ed. T. Wright (Cambridge, 1863), 1–3; II.16–20: 136–41; Hunt, *Schools and the Cloister* (註17), 67–82.
20. Neckam, *De naturis rerum* (註19), II.98: 182–3.
21. Jacques de Vitry, *Historia Orientalis seu Hierosolymitana*, Ch 91,Smith, 'Precursors' (註16), 41 に引用されたもの ; Isidore, *Etymologies*, 16.21.3, tr. S.A. Barney et al. (Cambridge, 2006), 331. イシドルスはこの像を特定していない。プリニウスの話（『博物誌』34:42）では、プトレマイオス2世ピラデルポスとエジプトを共同統治したアルシノエ2世の像とされる。
22. Jean de St-Amand, commentary on the *Antidotarium Nicolai*, ed. in Pseudo-Mesuë, *Opera omnia cum expositione mondini super canones vniuersales* (Venice, 1502), 294–331, その中の 330v–331r; 一部は（蛇や毒の話はなし）、L. Thorndike, 'John of St. Amand on the Magnet', *Isis* 36 (1946): 156–7 で編集翻訳されている ; J. Rubin, 'The Use of the "Jericho Tyrus" in Theriac', *Medium Aevum* 83 (2014): 234–53.
23. Petrus Peregrinus de Maricourt, 'Epistula de Magnete', ed. L. Sturlese in *Opera* (Pisa, 1995), 63–89, その中の 65–6; Bodl. MS Ashmole 1522, ff. 181v–187v.
24. Geoffrey Chaucer, *The Canterbury Tales*, I.388–410, in *The Riverside Chaucer*, ed. L.D. Benson (Oxford, 1987), 29–30.〔第2章註1〕
25. Neckam, *De naturis rerum* (註19), II.17: 138; British Library Cotton MS Julius D.7, f. 45v; ed. in *Rara Mathematica*, ed. J.O. Halliwell (London, 1839), 55; E.G.R. Taylor, *The Haven-Finding Art* (London, 1956), 136; P. Hughes, 'The Revolution in Tidal Science', *Journal of Navigation* 59 (2006): 445–59.
26. *De viis maris*, ed. P. Gautier Dalché, *Du Yorkshire à l'Inde: une 'géographie' urbaine et maritime de la fin du XIIe siècle* (Geneva, 2005), 173–229, その中の 177, 184, 215.
27. 中英語を現代語化した。G.A. Lester, 'The Earliest English Sailing Directions', in *Popular and Practical Science of Medieval England*, ed. L.M. Matheson (East Lansing, 1994), 331–67, その中の 342–3 で編集されている。

1. *The St Albans Chronicle: The Chronica Maiora of Thomas Walsingham,* ed. J. Taylor, W.R. Childs and L. Watkiss (Oxford, 2003), 636.
2. J. Sumption, *The Hundred Years War, Volume III: Divided Houses* (London, 2009), 452–60.
3. *St Albans Chronicle* (註 1), 492–4.
4. *The Westminster Chronicle, 1381–1394,* ed. L.C. Hector and B.F. Harvey (Oxford, 1982), 33.
5. *Knighton's Chronicle* 1337–1396, ed. G.H. Martin (Oxford, 1995), 324.
6. Parliamentary Rolls, 6–7 Richard II (Feb./Oct.1383), iii.147–8, 153–4, http://www.sd-editions.com/PROME/home.html.
7. National Archives C76/67 m.18-16, https://www.medievalsoldier.org/; *Knighton's Chronicle* (註 5), 332.
8. *Eulogium (historiarum sive temporis): Chronicon ab orbe condito usque ad MCCCLXVI,* ed. F.S. Haydon (London: 1863), 続編 , 3:357; *Gesta Abbatum monasterii Sancti Albani (GASA),* ed. H. Riley (London, 1867), 2:416. 余白の追加（印刷版にはない）は、British Library Cotton MS Claudius E.IV, f. 239v.
9. Parl. Rolls, 6 Richard II (Feb. 1383), iii.148 (註 6); *Westminster Chronicle* (註 4), 39; *St Albans Chronicle* (註 1), 670.
10. British Library Cotton MS Nero D.VII, f. 83r; ed in W. Dugdale, *Monasticon Anglicanum,* new edn. ed. J. Caley, H. Ellis and B. Bandinel (London, 1819), 2:209n.
11. Robert the Monk, *Historia Hierosolymitana,* in *Recueil des historiens des croisades: historiens occidentaux* (Paris, 1866), 3:729.
12. R. Sharpe, ed., *English Benedictine Libraries: The Shorter Catalogues* (London, 1996), B107, 627–9.
13. Oxford, Bodl. MS Ashmole 1796, ff. 58r–59r. また、たとえば、Bodl. MS Laud Misc. 674, ff. 73r–74ar, Cambridge UL MS Hh.6.8, f. 184r. Cambridge, Corpus Christi MS 16I, f. ivv; J.B. Mitchell, 'The Matthew Paris Maps', *Geographical Journal* 81 (1933): 27–34.
14. Paris, Bibliothèque Nationale de France MS とくに 30; facsimile in *Mapamundi, the Catalan Atlas of the Year 1375,* ed. G. Grosjean (Dietikon-Zurich, 1978) にある複製(カタルーニャ図については､『原典中世ヨーロッパ東方記』に訳と解説がある｡第1章註5); T. Campbell による評、in *Imago Mundi* 33 (1981), 115–16; K. Kogman-Appel, 'The Geographical Concept of the Catalan mappamundi', in *Knowledge in Translation: Global Patterns of Scientific Exchange, 1000–1800 CE,* ed. P. Manning and A. Owen (Pittsburgh, 2018), 19–40.
15. T. Campbell, 'Portolan Charts from the Late Thirteenth Century to 1500', in *The History of Cartography, Volume I: Cartography in Prehistoric, Ancient and Medieval Europe and the Mediterranean,* ed. J.B. Harley and D. Woodward (Chicago, 1987), 371–463, at 384–5; M.R. Cohen and I.E. Drabkin, *A Source Book in Greek Science* (New York, 1948), 310–14, プリニ

51. Matthew Paris, in Bodl. MS Ashmole 304, f. 40v; A. Iafrate, 'The Workshop of Fortune: St Albans and the Sortes Manuscripts', *Scriptorium* 66 (2012): 55–87, その中の 82 に引用されたもの ; K. Yamamoto and C. Burnett, eds., *Abū Ma'šar On Historical Astrology: The Book of Religions and Dynasties (on the Great Conunctions)* (Leiden, 2000), 1.1.12–15 and 2.8.3, vol. 1, pp. 11, 123; 修道院の窓については、第 2 章註 71 を参照。ボルベルについては、Oxford, Bodl. MS Digby 46 の表紙の裏に収められている。これはおそらくセント・オールバンズで作られた。Thorndike, *History of Magic* (註 49), 2: 110–18; C. Burnett, 'What is the Experimentarius of Bernardus Silvestris? A Preliminary Survey of the Material', *Archives d'histoire doctrinale et littéraire du Moyen Âge* 44 (1977): 79–125.
52. *Speculum astronomiae*, Ch 11, ed. in P. Zambelli, *The Speculum astronomiae and Its Enigma: Astrology, Theology, and Science in Albertus Magnus and His Contemporaries* (Dordrecht, 1992), 208–73, at 240–51; R. Kieckhefer, 'Rethinking How to Define Magic' and C. Burnett, 'Arabic Magic: The Impetus for Translating Texts and Their Reception', both in *The Routledge History of Medieval Magic*, ed. S. Page and C. Rider (London, 2019): 15–25, 71–84; S. Page, *Magic in the Cloister: Pious Motives, Illicit Interests, and Occult Approaches to the Medieval Universe* (University Park, PA, 2013), 43–5.
53. Gower, *Confessio Amantis* (註 41), VII.1296-1318, 3:293-4.〔序章註 19〕
54. たとえば、British Library Harley MS 1612 を参照。ガワーの出典、*Tractatus Enoch* は、少なくとも 11 点の写本に残っている。ed. L. Delatte in *Textes latins et vieux français relatifs aux Cyranides* (Paris, 1942), 276–89. P. Lucentini and V. Perrone Compagni は、*I testi e i codici di Ermete nel Medioevo* (Florence, 2001), no. 14, pp 47–8 にこの写本の一覧を載せている ; S. Falk, 'Natural Sciences', in *Historians on John Gower: Society, Religion and Politics*, ed. S.H. Rigby (Woodbridge, 2019); Page, *Magic in the Cloister* (註 52), 112–29 (魔術的・儀式的な「印形術」について), 1–4.
55. British Library Harley MS 4664 (The Coldingham Breviary), f. 125v; R.W. Pfaff, *The Liturgy in Medieval England: A History* (Cambridge, 2009), 223–4. (ノルマン語に影響された) フランス語の説明書のもっと完全な版は、British Library Arundel MS 220, f. 314v にある。C.P.E. Nothaft, *Scandalous Error: Calendar Reform and Calendrical Astronomy in Medieval Europe* (Oxford, 2018), 169.
56. I.B. Cowan and D.E. Easson, *Medieval Religious Houses: Scotland*, 2nd edn (London, 1976), 55–6.
57. J. Hsy, 'Lingua Franca: Overseas Travel and Language Contact in The Book of Margery Kempe', in *The Sea and Englishness in the Middle Ages*, ed. S.I. Sobecki (Cambridge, 2011): 159–78, その中の 173–4.

第 6 章　司教の十字軍

40.

43. Thomas Aquinas, *Summa Theologiae,* 2.2.95.5, 1.115.4, ed. Fundación Tomás de Aquino, http://www.corpusthomisticum.org.〔トマス・アクィナス『神学大全』山田晶訳、中公クラシックス（2巻）、2014〕. アクィナスによるこのことの注意深い検討については、T. Litt, *Les Corps célestes dans l' univers de saint Thomas d'Aquin* (Louvain, 1963) を参照。
44. Nos. 206, 162, 6, in H. Denifle and E. Chatelaine, eds., *Chartularium Universitatis Parisiensis* (Paris, 1889), 1:544–55; C.P.E. Nothaft, 'Glorious Science or "Dead Dog"? Jean de Jandun and the Quarrel over Astrology in Fourteenth-Century Paris', *Vivarium* 57 (2019): 51–101; Nicole Oresme, 'Ad pauca respicientes', in *De proportionibus proportionum and Ad pauca respicientes,* ed. E. Grant (Madison, 1966), 382.
45. C.P.E. Nothaft, 'Vanitas Vanitatum et Super Omnia Vanitas: The Astronomer Heinrich Selder and a Newly Discovered Fourteenth-Century Critique of Astrology', *Erudition and the Republic of Letters,* 1 (2016): 261–304, とくに 295–8. 結合双生児については、Albertus Magnus, *De Animalibus,* 18.2.3 を参照。
46. G. Bos and C. Burnett, eds., Scientific Weather Forecasting in the Middle Ages: The Writings of Al-Kindī (London, 2000); Robert Grosseteste, Hexaëmeron, ed R.C. Dales and S. Gieben (London, 1982), V.viii–xi, pp 165, 170; Grosseteste, 'De natura locorum', ed. in *Die philosophischen Werke des Robert Grosseteste,* ed. L. Baur (Münster, 1912), 70.
47. *The Opus Maius of Roger Bacon,* ed. J.H. Bridges (Oxford, 1897), 1:138; J.D. North, 'Celestial Influence – the Major Premiss of Astrology', in 'Astrologi Hallucinati': Stars and the End of the World in *Luther's Time,* ed. P. Zambelli (Berlin, 1986), in North, *Stars, Minds and Fate: Essays in Ancient and Medieval Cosmology* (London, 1989): 243–98 に復刻。
48. G. Chaucer, *Troilus and Criseyde,* III.624–8, in *The Riverside Chaucer,* ed. L.D. Benson (Oxford, 1987), 522.〔チョーサー『トロイルスとクリセイデ』松下知紀訳、彩流社、2019 など〕
49. Ptolemy, *Tetrabiblos,* I.2; Thomas Aquinas, *De caelo,* II.18, ed. Fundación Tomás de Aquino（註 43）; また、*Summa contra Gentiles,* III.82; G. Bezza, 'Saturn–Jupiter Conjunctions and General Astrology: Ptolemy, Abu Ma'shar and Their Commentators', in *From Mā shā 'allā h to Kepler: Theory and Practice in Medieval and Renaissance Astrology,* ed. C. Burnett and D.G. Greenbaum (Ceredigion, 2015): 5–48 も参照。顕著な事前の予測は、パリのヨハネス・デ・ムリスと、オックスフォードのジョン・アシェンデンによる。J-P. Boudet, 'Jean des Murs, Astrologer', *Erudition and the Republic of Letters* 4 (2019): 123–45; L. Thorndike, *A History of Magic and Experimental Science* (New York, 1934), 3:326–37 を参照。
50. John Ashenden, *Summa iudicialis de accidentibus mundi* (ed. Santritter, 1489), II.12.3, f. D (2).5v. Oxford, Oriel College MS 23 f 225v in Thorndike, *History of Magic*（註 49）, 3:332n12 から引用。

英訳からの邦訳)〕.

29. Ptolemy, *Tetrabiblos*, I.1–2, tr F.E. Robbins (Cambridge, MA, 1980), 3–15〔註25〕.
30. Aristotle, *Physics*, III.1 (200b)〔『自然学』(第3章註35)〕.
31. R. Lemay, *Abu Ma'shar and Latin Aristotelianism in the Twelfth Century: The Recovery of Aristotle's Natural Philosophy through Arabic Astrology* (Beirut, 1962).
32. Richard of Wallingford, 'Exafrenon pronosticacionum temporis', ed. North, *Richard of Wallingford* (註10), 1:182–243 (タレスの話は240–43で、これはアリストテレスの『政治学』, 2: 83–126がもとになっている〔山本光雄訳、岩波書店「アリストテレス全集」第15巻など〕。ここでのラテン語*tempus*は、「時間」(フランス語で言うtemps) ではなく「天候」を意味しているが、天気よりはかなり広い範囲のことを意味しうる。
33. Ptolemy, *Tetrabiblos* (註29), I.17.
34. Wallingford, 'Exafrenon' (註32), 5, 1:232; A. Bouché-Leclercq, *L'Astrologie grecque* (Paris, 1899), 256–88.
35. たとえば、Wallingford, 'Exafrenon' (註32), 1, 1:190.
36. J.D. North, *Chaucer's Universe* (Oxford, 1988), 190; E.S. Kennedy, 'A Horoscope of Messehalla in the Chaucer Equatorium Manuscript', *Speculum* 34 (1959): 629–30.
37. Bodl. MS Laud Misc. 657, f. 30r. 方法はまさしく、(偽) マーシャラーによるアストロバーベ解説で述べられているもので、後にジェフリー・チョーサーがほとんど修正もなく翻訳したくだりにある (Treatise on the Astrolabe. II. 36)。Cf. Wallingford, 'Tractatus Albionis' (註10), III.39, 1:382–4.
38. Bodl. MS Laud Misc. 657, ff. 53bv–56v. これは中天を始点として用いる変わった提示である。それには時刻欄という追加の欄があって、正午について与えられる室の区分を、他のどの時刻にも調節できるようにする。そのような提示については、J.D. North, *Horoscopes and History* (London, 1986) の、とくに126–30; Chabás and Goldstein, *European Astronomical Tables* (註20), 207–11を参照。
39. Abū Ma'šar, *The Abbreviation of The Introduction to Astrology*, ed. C. Burnett, K. Yamamoto and M. Yano (Leiden, 1994), 28–31, 61–3; *The Kalendarium of Nicholas of Lynn*, ed. S. Eisner (Athens, GA, 1980).
40. Robertus Anglicus, *Commentary on the Sphere, Lectio*, I, in L. Thorndike (ed)., *The Sphere of Sacrobosco and Its Commentators* (Chicago, 1949), 143–4.
41. John Gower, *Confessio Amantis*, VII.633–54, ed. R.A. Peck (Kalamazoo, 2004), 3:279.〔序章註19〕
42. Augustine, *The City of God against the Pagans*, V.6, tr. R.W. Dyson (Cambridge, 1998), 194–5〔アウグスティヌス『神の国』服部英次郎訳、岩波文庫、1982～1991など〕; Zeno of Verona (d. 371), *Tractatus*, 1.38, ed. B. Löfstedt, *Corpus Christianorum* 22 (Turnhout, 1971) 105–6; S.C. McCluskey, *Astronomies and Cultures in Early Medieval Europe* (Cambridge, 1998), 38–

18. たとえば、14世紀初期の手稿本、Oriel College, Oxford（今はBodl. MSS Digby 190と191に分かれている）は、ロバート・グロステストの虹の解説とともに、ほとんど算術の文章が集まった中に、『アルマゲスト』の緯線と斜行赤経の記述を含んでいた（II.6およびII.8）。ウォリンフォードのリチャードが *Almagestum pavum*（別名、「小アルマゲスト」）を用いたことについては、North, *Richard of Wallingford*（註10）, 2:140; Zepeda, 'Medieval Latin Transmission'（註 15）, 166–71, 444–92; H. Zepeda, *The First Latin Treatise on Ptolemy's Astronomy: The Almagesti minor (c.1200)* (Turnhout, 2018）を参照。
19. B. van Dalen, 'Ancient and Mediaeval Astronomical Tables: Mathematical Structure and Parameter Values' (PhD diss., University of Utrecht, 1993), 67, 185.
20. J. Chabás and B.R. Goldstein, *A Survey of European Astronomical Tables in the Late Middle Ages* (Leiden, 2012), 23; S. Falk, 'Copying and Computing Tables in Late Medieval Monasteries', in *Editing and Analysing Numerical Tables: Towards a Digital Information System for the History of Astral Sciences,* ed. M. Husson, C. Montelle and B. van Dalen (forthcoming).
21. *GASA*（註8）, 1:258.
22. *GASA*（註8）, 1:221–4.
23. 日付のない手紙。15世紀の写し。Cambridge UL MS Ee.4.20. Craster, *Parish of Tynemouth*（註2）, 71–3に編集抄録されたもの。手紙の筆者は12世紀の詩人、ヒュー・プリマスを引用している（プリマスも終禱の文句を参照している）。Hugh Primas, Poem 4, line 15, and Juvenal, Satires, VI; 歯が浮くうんぬんは、おそらく「エレミヤ書」31:29-30が念頭にあるのだろう。他にも、グレゴリウス1世の法話、オウィディウスなどが引用されている。
24. Edward I, *Close Rolls*, 31, m. 3 (19 Sept 1303). In *Calendar of Close Rolls,* vol. 5 (1302–7); Wardrobe account of Edward II, in London, BL MS Stowe 553, pp. 45, 124–5, M. Saaler, *Edward II* (London, 1997), 116に引用されたもの。
25. *Annales Monasterii S. Albani a.d. 1421–1440, A Johanne Amundesham, monacho, ut videtur, conscripti,* ed. H. Riley (London, 1870), 1:214.
26. Cambridge, Pembroke College MS 82, f. 1r; K.A. Rand, 'The Authorship of The Equatorie of the Planetis Revisited', *Studia Neo-philologica* 87 (2015): 15–35, その中の34–5; Sharpe, *Shorter Catalogues*（註16）, B93 p. 588; cf. B85, pp. 538–9; R.H. Rouse and M.A. Rouse, eds., *Registrum Anglie de libris doctorum et auctorum veterum* (London, 1991), 310–11.
27. Matthew 16:2〔マタイによる福音書〕; Pliny, *Natural History,* 18.78〔第3章註32〕. Oxford, New College MS 274.
28. Aristotle, *On Generation and Corruption,* II.10 (336a–337a)〔『生成消滅論』(第3章 註35)〕; *Meteorology,* I.2–3 (339a–341a)〔『気象論』(第3章 註35)〕; *Generation of Animals,* II.4 (738a)〔『動物発生論』〕; Ptolemy, *Tetrabiblos,* I.2〔プトレマイオス『テトラビブロス』加藤賢一訳、説話社、2022（ロビンズによる

5. Bede, *Life and Miracles of St. Cuthbert,* ed. and tr. J.A. Giles, *Ecclesiastical History of the English Nation* (London, 1910), 286–349.
6. H.E. Savage, 'Abbess Hilda's First Religious House', *Archaeologia Aeliana,* 2nd series, 19 (1898): 47–75. Bede, *Ecclesiastical History of the English People,* III.14.
7. Matthew Paris, *Chronica Majora Volume 6: Additamenta,* ed. H.R. Luard (London, 1882), 372.
8. リンカン教区の聖職者人頭税帳簿、National Archives E179/35/16 (1381). ウォリンフォードのリチャードやトマス・デ・ラ・マーレを始め、多くの修道院長が、この分院訪問を実施し、その際にはたいてい、ビーヴァーを通った。たとえば、*Gesta Abbatum monasterii Sancti Albani (GASA),* ed. H. Riley (London, 1867), 2:208, 394 を参照。
9. National Archives SC 8/144/7157 (1380). ed. in Craster, *Parish of Tynemouth* (註 2), 97n2 で校訂されている。
10. Richard of Wallingford, 'Tractatus Albionis' IV, ed. J.D. North, *Richard of Wallingford* (Oxford, 1976), 1:388.
11. Wallingford, 'Tractatus Albionis' (註 10) II.19, 1:324. ウォリンフォードが用いる *clima* という言葉は、地帯あるいは緯度帯を指すが、自身はこの語を一定の緯度用のアストロラーベ盤を指すのにも使っている。
12. Wallingford, 'Tractatus Albionis' (註 10) IV.17, 1:400.
13. 17 時間となる緯線、「タナイスの河口」をドン川のこととすることについては、G.J. Toomer による、O. Pedersen, *A Survey of the Almagest* に対する書評、*Archives internationales d'histoire des sciences* 27 (1977): 137–50, その中の 148 を参照。
14. 弦（コード）と正弦（サイン）の関係は、crd $\alpha = 2 \sin(\alpha/2)$、あるいは、$\sin \alpha = 1/2$ crd 2α となる。プトレマイオスの弦の表（『アルマゲスト』I.11〔第 4 章註 6〕）と、それがヒッパルコスなどの先行者に依拠していることについては、G. Van Brummelen, *The Mathematics of the Heavens and the Earth: The Early History of Trigonometry* (Princeton, 2009), 33–93; O. Pedersen, *A Survey of the Almagest,* rev. edn. by A. Jones (New York, 2011), 94–121 を参照。
15. Richard of Wallingford, 'Quadripartitum' and 'De sectore', ed. North, *Richard of Wallingford* (註 10), 1:21–178, 2:23–82. Cf. H. Zepeda, 'The Medieval Latin Transmission of the Menelaus Theorem' (Ph.D. diss., University of Oklahoma, 2013), 260–81.
16. Van Brummelen, *Mathematics of the Heavens and the Earth* (註 14), 56–68; G. J. Toomer, ed. and trans., *Ptolemy's Almagest* (London, 1984), 69n84, 336, 338〔第 4 章註 6〕. おそらく、セント・オールバンズには、メネラウスの『球面論』の写本があっただろう。R. Sharpe, *English Benedictine Libraries: The Shorter Catalogues, Corpus of British Medieval Library Catalogues,* vol. 4 (London, 1996), B87:48, p 561.
17. Oxford, Corpus Christi College MS 144, f. 77v, は、'9;31' at $\lambda = 5{,}8°$ とするが、Oxford, Bodl. MS Laud Misc. 657, f. 41r は '9;41' となっている。

47. Bodl. MS Laud Misc. 657, f. 45r.
48. Cf. 'Altayir' in Oxford, Corpus Christi College MS 144, f. 76v, with 'Altayn' in MS Laud Misc. 657, f. 37v. ウェストウィックは、図も一部写している (f. 17r)。これは第2の盤の第1面のリムを18に分割している。現存する『アルビオン』の写本すべてのうち、この特色が出ているのは、Corpus Christi MS 144 (f. 59v) のみである。写し方がまずかった表は、MS Laud Misc. 657, ff. 44v–45r.
49. Bodl. MS Laud Misc. 657, f. 45r.
50. Bodl. MS Laud Misc. 657, f. 11r.
51. Bodl. MS Laud Misc. 657, ff. 43r–44r. Corpus Christi MS 144, f. 59v で言われている「院長のアルビオン」は、数十年前にセント・オールバンズで作られた。
52. *GASA* (註 1), 2:237–57; J. North, *God's Clockmaker: Richard of Wallingford and the Invention of Time* (London, 2005), 115–36; M. Freeman, *St Albans: A History* (Lancaster, 2008), 95–100.
53. Thomas Walsingham, *The St Albans Chronicle: The Chronica Maiora of Thomas Walsingham*, ed. L. Watkiss, W.R. Childs and J. Taylor (Oxford, 2003), 1:456–9; *GASA* (註 1), 2:202.
54. *GASA* (註 1), 1:222–3, 255–8.
55. Walsingham, *Chronica Maiora* (註 53), 1:442–9, 456–9.
56. F.P. Mackie, 'The Clerical Population of the Province of York: An Edition of the Clerical Poll Tax Enrolments 1377–1381' (D.Phil. thesis, University of York, 1998), 1:9–14, 2:152–3; K.A. Rand, 'The Authorship of The Equatorie of the Planetis Revisited', *Studia Neophilologica* 87 (2015): 15–35, その中の 19–23; Book of Benefactors, London, BL MS Cotton Nero D.VII, ff. 81v–83r, ed. in Dugdale, *Monasticon Anglicanum* (註 31), 2:209-210.
57. Bodl. MS Laud Misc. 657, f. 1v.

第5章　土星一室

1. Orderic Vitalis, *The Ecclesiastical History*, VIII.23, ed. M. Chibnall (Oxford, 1973), 4:278.
2. この事件の主たる資料は、Orderic Vitalis (註 1)、Florence of Worcester と Simeon of Durham の年代記である。いずれも、ed. and tr. J. Stevenson in *The Church Historians of England* (London, 1853–55), 2:317–18, 3:577 and 603 にある。H.H.E. Craster, *A History of Northumberland, Volume VIII: The Parish of Tynemouth* (Newcastle, 1907), 45–54, および F. Barlow, *William Rufus* (London, 1983) を参照。
3. National Archives, Patent Rolls, C66/329, Membrane 8 (13 Richard II), 23 Feb.1390. ed. Craster, *Parish of Tynemouth* (註 2), 100n1; *Calendar of the Patent Rolls Preserved in the Public Record Office, 1388–92* (1902), 194; *Calendar of the Close Rolls* [*CCR*] *Preserved in the Public Record Office, 1389–92* (1922), 194–5, 401; *CCR* 1392–6 (1925), 31–2.
4. R. Westall, *A Time of Fire* (London, 1994), 30.

Ages (Minneapolis, 1999), 29–55; *Hardyng's Chronicle*, ed. J. Simpson and S. Peverley (Kalamazoo, 2015), I.1–322.

36. Genesis 6:1–7〔「創世記」〕; Revelation 20:7–8〔「黙示録」〕. Ezekiel 38:2〔「エゼキエル書」〕も参照。セント・オールバンズの２つの手稿本（Cambridge UL MS Dd.6.7 および Bodl. MS Rawlinson B.189）には、ブルートゥス伝説の前書きとして、ラテン語版のアルビナ／アルビオン物語が収められている。L. Johnson, 'Return to Albion', および J.P. Carley and J. Crick, 'Constructing Albion's Past: An Annotated Edition of De Origine Gigantum', いずれも *Arthurian Literature*, XIII, ed. Carley and F. Riddy (Cambridge, 1995), 19–40 および 41–114. 青い肌の、巨人らしいものを登場させているセント・オールバンズの手稿には、Cambridge, Trinity College MS O.5.8, f. 148v や Cambridge, Corpus Christi College MS 48, f. 263v などがある。
37. 1 Samuel 17:4–9〔「サムエル記」上〕; *GASA*（註 1), 2:183–4.
38. *GASA*（註 1), 2:184–5. リチャード自身も選挙人だったが、有力な院長候補がこのような選考委員会に入ることは異例だった。D. Knowles, *The Religious Orders in England, Volume II: The End of the Middle Ages* (Cambridge, 1955), 248–50.
39. *GASA*（註 1), 2:127–9, 199; 3:367–8; North, *Richard of Wallingford*（註 5), 5–8.
40. *GASA*（註 1), 2:208; 1344 年の、セント・オールバンズのハンセン病療養院のための規則を参照。M. Still, *The Abbot and the Rule: Religious Life at St Alban's, 1290–1349* (Aldershot, 2002), 281–91 で英訳されている；C. Rawcliffe, *Medicine & Society in Later Medieval England* (London, 1999), 14–17.
41. *GASA*（註 1), 2: 200–201, 281–2; Wallingford, 'Tractatus Albionis'（註 32), III, 1:340.
42. シャルトルのベルナールの言葉とされる。C. Burnett, 'The Twelfth-Century Renaissance', in *The Cambridge History of Science, vol 2: Medieval Science*, ed. D.C. Lindberg and M.H. Shank (New York, 2013): 365–84, その中の 371.
43. D.A. King, 'On the Early History of the Universal Astrolabe in Islamic Astronomy, and the Origin of the Term "Shakkaziyya" in Medieval Scientific Arabic', *Journal for the History of Arabic Science* 3 (1979): 244–57; R. Puig, 'Concerning the Safīha Shakkāziyya', *Zeitschrift für Geschichte der arabisch–islamischen Wissenschaften* 2 (1985): 123–39.
44. Wallingford, 'Tractatus Albionis'（註 32), II.24, III.36, 1:332, 380; Appendix 28, 3:165–7 も参照。おそらく修道院用にリチャードが購入した、Trinity College Dublin MS 444 には、アルザケルが作成した基準や表が収められている。
45. Oxford, Bodl. MS Laud Misc. 657, f. 43r. これは、'Tractatus Albionis'（註 32), II.22, 1:328 で述べられている。
46. Bodl. MS Laud Misc. 657, f. 1v.

Commentators (Chicago, 1949), 78; Chaucer, 'Astrolabe' (註 11), Prol. 56–8, 662; S. Lerer, 'Chaucer's Sons', *University of Toronto Quarterly* 73 (2004): 906–15.

24. P.G. Schmidl, 'Using Astrolabes for Astrological Purposes: The Earliest Evidence Revisited', in *Heaven and Earth United: Instruments in Astrological Contexts*, ed. R. Dunn, S. Ackermann and G. Strano (Leiden, 2018), 4–23; S. Falk, 'What's on the Back of an Astrolabe? Astrolabes as Supports for Planetary Calculators', in *Heaven and Earth United*, 24–41.
25. Chaucer, 'Astrolabe' (註 11), I.3, 663; J.A. Mitchell, 'Transmedial Technics in Chaucer's Treatise on the Astrolabe: Translation, Instrumentation, and Scientific Imagination', *Studies in the Age of Chaucer* 40 (2018): 1–41.
26. A. Chapman, 'A Study of the Accuracy of Scale Graduations on a Group of European Astrolabes', *Annals of Science* 40 (1983): 473–88.
27. (偽) Masha'allah, *De compositio astrolabii*, I.2, ed. and tr. R.T. Gunther, *Early Science in Oxford, vol 5: Chaucer and Messahalla on the Astrolabe* (Oxford, 1929), 197–8; History of Science Museum, Oxford 49359 (#4755 in the International Checklist of Astrolabes); Chaucer, 'Astrolabe' (註 11), Prol.73–6, 663.
28. D.J. Price, 'An International Checklist of Astrolabes', *Archives internationales d'histoire des sciences* 32/33 (1955): 243–63, 363–81.
29. London, BL MS Cotton Nero C.VI, ff. 147r–156v; A. Hiatt, 'The Reference Work in the Fifteenth Century: John Whethamstede's Granarium', in *Makers and Users of Medieval Books: Essays in Honour of A.S.G. Edwards*, ed. C.M. Meale and D. Pearsall (Woodbridge, 2014): 13–33; North, *Richard of Wallingford* (註 5), 3:112–14; C. Eagleton, 'Instruments in Context: Telling the Time in England, 1350–1500' (PhD thesis, University of Cambridge, 2004), 11–21, 241–60.
30. BL MS Cotton Nero C.VI, f. 154v; セミラミスに関する中世の典拠については、J. Parr, 'Chaucer's Semiramis', *Chaucer Review* 5 (1970): 57–61 を参照。
31. *Registra quorundam Abbatum Monasterii S. Albani, vol. 1: Registrum Abbatiae Johannis Whethamstede*, ed. H.T. Riley, (London, 1872), 311–12; W. Dugdale, *Monasticon Anglicanum*, ed. J. Caley, H. Ellis and B. Bandinel (London, 1819), 2:209–10. スティックフォードは1368年に助祭に叙任された。Register of Robert Braybrooke, London Metropolitan Archives DL/A/A/004/MS09531/003, f. 5r.
32. BL MS Cotton Nero C VI, f. 149r; Richard of Wallingford, 'Tractatus Albionis' III, ed. North (註 5), 1:340.
33. *GASA* (註 1), 2:207.
34. Cambridge, Clare College MS 27. ベーダは『英国教会史』の冒頭で、ブリテンは「かつてアルビオンと呼ばれていた」と記している。
35. A. Bernau, 'Beginning with Albina: Remembering the Nation', *Exemplaria* 21 (2009): 247–73; J.J. Cohen, *Of Giants: Sex, Monsters, and the Middle*

10. G. Chaucer, *The Canterbury Tales: The Miller's Tale,* I.3209, in *The Riverside Chaucer,* ed. L.D. Benson (Oxford, 1987), 68; J. Gower, *Confessio Amantis,* VI.1890, ed. R.A. Peck (Kalamazoo, 2004), 251〔序章註 19〕; Paris, Bibliothèque Nationale de France, MS Latin 16745, f. 108r, https://gallica.bnf.fr/ark:/12148/btv1b8510021r/f223.item.
11. Chaucer, 'A Treatise on the Astrolabe', I.21, in *The Riverside Chaucer* (註 10), 667.
12. Cambridge, Peterhouse MS 75.I, f. 71r. ベリー・セント・エドマンズ修道院の、ほとんど同じリストもある。Cambridge University Library MS Add. 6860, f. 70v–71r. 中世の星表についての古典的研究は、P. Kunitzsch, *Typen von Sternverzeichnissen in astronomischen Handschriften des zehnten bis vierzehnten Jahrhunderts* (Wiesbaden, 1966). Wh.1264〔ウィップル・アストロラーベ〕は、このクニッチのタイプ VIII とよく合致する。S. Falk, 'Sacred Astronomy? Beyond the Stars on a Whipple Astrolabe', in *The Whipple Museum of the History of Science: Instruments and Interpretations,* ed. L. Taub, J. Nall and F. Willmoth (Cambridge, 2019): 11–31 を参照。このアストロラーベについては、J. Davis and M. Lowne, 'An Early English Astrolabe at Gonville & Caius College, Cambridge, and Walter of Elveden's Kalendarium', *Journal for the History of Astronomy* 46 (2015): 257–90 も参照。
13. D.A. King, *In Synchrony with the Heavens: Studies in Astronomical Timekeeping and Instrumentation in Medieval Islamic Civilization. Volume Two: Instruments of Mass Calculation* (Leiden, 2005), XIIIe, 595.
14. O. Neugebauer, *A History of Ancient Mathematical Astronomy* (Berlin, 1975), 868–70.
15. Chaucer, 'Astrolabe' (註 11), I.21, 668.
16. チョーサーがアストロラーベで蠟を使ったことについては、'Astrolabe' (註 11), II.40, 680 を参照。
17. Chaucer, 'Astrolabe' (註 11), II.1, 669.
18. Chaucer, 'Astrolabe' (註 11), II.3, 669–70.
19. Chaucer, 'Astrolabe' (註 11), II.3, 670.
20. S.R. Sarma, *A Descriptive Catalogue of Indian Astronomical Instruments,* 2019 年の改訂版 , www.srsarma.in, p 17 に引用されたもの。また、Sarma, 'On the Life and Works of Rāmacandra Vājapeyin', in *Śrutimahatī: Glory of Sanskrit Tradition: Professor Ram Karan Sharma Felicitation Volume,* ed. R. Tripathi (New Delhi, 2008), 2: 645–61 も参照。
21. Chaucer, 'Astrolabe' (註 11), Prol.1, 662.
22. Chaucer, *A Treatise on the Astrolabe,* ed. S. Eisner (Norman, OK, 2002), 12–15, 103; S. Horobin, 'The Scribe of Bodleian Library MS Bodley 619 and the Circulation of Chaucer's Treatise on the Astrolabe', *Studies in the Age of Chaucer* 31 (2009): 109–24.
23. Jalal ad-Din Rumi, *Masnavi* 1:110, http://www.masnavi.net; Sacrobosco, *The Sphere* I, in L. Thorndike, ed., *The Sphere of Sacrobosco and Its*

(Münster, 2018): 24–46; S. Falk, 'A Merton College Equatorium: Text, Translation, Commentary', *SCIAMVS* 17 (2016): 121–59, その中の 130–31.

99. M.R. James, Cambridge UL MS Gg.6.3. の未公刊目録。
100. W.R. Knorr, 'Two Medieval Monks and Their Astronomy Books: MSS. Bodley 464 and Rawlinson C.117', *Bodleian Library Record* 14 (1993): 269–84.
101. Oxford, Bodl. MS Digby 176, ff. 40r–41v, 50r–53v; K. Snedegar, 'John Ashenden and the Scientia Astrorum Mertonensis' (D.Phil. thesis, University of Oxford, 1988), 55–9, 265–70.

第4章　アストロラーベとアルビオン

1. *Gesta Abbatum monasterii Sancti Albani* (*GASA*), ed. H. Riley (London, 1867), 2:182, 296.
2. J.G. Clark, *A Monastic Renaissance at St. Albans: Thomas Walsingham and His Circle, c.1350–1440* (Oxford, 2004), 71–2; J. Greatrex, *The English Benedictine Cathedral Priories: Rule and Practice, c.1270–c.1420* (Oxford, 2011), 145–7.
3. Clark, *Monastic Renaissance* (註2), 111–23; *GASA* (註1), 2:433.
4. *GASA* (註1), 3:393; Greatrex, *English Benedictine Cathedral Priories* (註2), 181.
5. J.D. North, *Richard of Wallingford* (Oxford, 1976), 2:127–30, 287; S. Falk, ' "I found this written in the other book": Learning Astronomy in Late Medieval Monasteries', in *Churches and Education*, ed. M. Ludlow, C. Methuen and A. Spicer, *Studies in Church History*, vol. 55 (2019): 129–44.
6. Ptolemy, *Almagest* V.1, tr. G.J. Toomer (London, 1984), 217–19 (プトレマイオス『アルマゲスト』薮内清訳、恒星社厚生閣 (1958／1993)). プトレマイオスやその当時の人々が観測に用いた球は、中世の教室にあったものよりもずっと大きかったことは記しておくべきだろう。
7. ラテン語の *torquetum* の元が、12世紀セビリアのジャビル・イブン・アフラフにあると言われるが、明らかではない。North, *Richard of Wallingford* (註5), 2:297–300; R.P. Lorch, 'The Astronomical Instruments of Jābir Ibn Aflah and the Torquetum', *Centaurus* 20 (1976): 11–35; E. Poulle, 'Bernard de Verdun et Le Turquet', *Isis* 55 (1964): 200–208; L. Thorndike, 'Franco de Polonia and the Turquet', *Isis* 36 (1945): 6–7 を参照。
8. Richard of Wallingford, 'Rectangulus' I, ed. North, *Richard of Wallingford* (註5), 1:407.
9. Jean de Lignières, 'Quia nobilissima scientia astronomie', in Cambridge UL MS Gg.6.3, f. 217v. このジャンによる前書きは、結局は書かなかった解説書の序を転用している。ed. and tr. S. Falk, 'A Merton College Equatorium: Text, Translation, Commentary', *SCIAMVS* 17 (2016): 121–59; C. Eagleton, 'John Whethamstede, Abbot of St. Albans, on the Discovery of the Liberal Arts and Their Tools: Or, Why were Astronomical Instruments in Late-Medieval Libraries?', *Mediaevalia* 29 (2008): 109–36.

Commentarius in posteriorum analyticorum libros (Florence, 1981), 189–92; Weisheipl, 'Science in the Thirteenth Century' (註 80), 446–51; W.R. Laird, 'Robert Grosseteste on the Subalternate Sciences', *Traditio* 43 (1987): 147–69.

87. J. Hackett, 'Scientia Experimentalis: From Robert Grosseteste to Roger Bacon', in *Robert Grosseteste: New Perspectives on His Thought and Scholarship*, ed. J. McEvoy, (Turnhout, 1995): 89–119, その中の 103–7.
88. Bacon, *Opus Maius* (註 77), 2:167–222, とくに 172, 214, 221; Lindberg, *Roger Bacon and the Origins of Perspectiva* (註 81), lii–lvii; J. Hackett, 'Roger Bacon on Scientia Experimentalis', in *Roger Bacon and the Sciences* (註 76): 277–316; A. Power, *Roger Bacon and the Defence of Christendom* (Cambridge, 2013), 166–78. Bacon, 'Epistola de secretis operibus artis et naturae et de nullitate magiae', in *Opera Quaedam Hactenus Inedita*, ed. Brewer (註 74), 533.
89. Bacon, *Opus Maius* (註 77), 2:172–8; C.B. Boyer, *The Rainbow: From Myth to Mathematics* (Princeton, 2nd. edn. 1987), 88–119; D.C. Lindberg, 'Roger Bacon's Theory of the Rainbow: Progress or Regress?', *Isis* 57 (1966): 235–48.
90. Aristotle, *On Generation and Corruption*, II.3 (330a) 〔『生成消滅論(註 35)』〕; D. Skabelund and P. Thomas, 'Walter of Odington's Mathematical Treatment of the Primary Qualities', *Isis* 60 (1969): 331–50; J.D. North, 'Natural Philosophy in Late Medieval Oxford', in *The University of Oxford*, vol. II, ed. Catto and Evans (註 66): 65–102, その中の 74–7.
91. North, 'Natural Philosophy' (註 90), 82–5; M. McVaugh, 'Arnald of Villanova and Bradwardine's Law', *Isis* 58 (1967): 56–64.
92. Thomas Bradwardine, *Tractatus de Proportionibus*, ed. and tr. H.L. Crosby (Madison, 1955).
93. J.A. Weisheipl, 'Roger Swyneshed, O.S.B., Logician, Natural Philosopher, and Theologian', in *Oxford Studies Presented to Daniel Callus* (Oxford, 1964), 231–52; North, 'Natural Philosophy' (註 90), 80n44.
94. North, 'Natural Philosophy' (註 90), 85.
95. North, 'Natural Philosophy' (註 90), 92–3; J.E. Murdoch and E.D. Sylla, 'Swineshead, Richard', in *Complete Dictionary of Scientific Biography*, vol. 13 (Detroit, 2008), 184–213.
96. W.J. Courtenay, 'The Effect of the Black Death on English Higher Education', *Speculum* 55 (1980): 696–714; J.D. North, '1348 and All That: Oxford Science and the Black Death', in *Stars, Minds and Fate: Essays in Ancient and Medieval Cosmology* (London): 361–71.
97. ウォルターは天文学と暦についても書いている North, *Richard of Wallingford* (註 2), 3:238–70.
98. Cambridge University Library MS Gg.6.3, f. 164v; P. Zutshi, 'An Urbanist Cardinal and His Books: The Library and Writings of Adam Easton', in *Der Papst und das Buch im Spätmittelalter (1350–1500)*, ed. R. Berndt

J.M.G Hackett, 'The Attitude of Roger Bacon to the Scientia of Albertus Magnus', in *Albertus Magnus and the Sciences* (註 71), 53–72.

75. C. Burnett, 'Shareshill [Sareshel], Alfred of', *Oxford Dictionary of National Biography* (2004); D.A. Callus, 'Introduction of Aristotelian Learning to Oxford', *Proceedings of the British Academy* 29 (1943): 229–81, その中の 236–8.
76. Roger Bacon, *Compendium studii philosophiae*, in *Opera Quaedam Hactenus Inedita*, ed. Brewer (註 74), 469; R. Lemay, 'Roger Bacon's Attitude toward the Latin Translations and Translators of the Twelfth and Thirteenth Centuries', in *Roger Bacon and the Sciences: Commemorative Essays*, ed. J. Hackett (Leiden, 1997), 25–48.
77. Roger Bacon, *Opus Maius*, ed. J.H. Bridges (Oxford, 1897), 1:66–7 〔ロジャー・ベイコン『大著作』伊東俊太郎／高橋憲一訳（部分訳）、朝日出版社科学の名著 3（1980)〕; *Opus Tertium* (註 74), 33–4.
78. A.C. Dionisotti, 'On the Greek Studies of Robert Grosseteste', in *The Uses of Greek and Latin: Historical Essays*, ed. Dionisotti, A. Grafton and J. Kraye, (London, 1988), 19–39.
79. Robert Grosseteste, *De Sphera* (註 38), 289–319.
80. J.A. Weisheipl, 'Science in the Thirteenth Century', in *University of Oxford*, vol. I, ed. Catto (註 3): 435–69, その中の 452; Robert Grosseteste, *De Luce*, in N. Lewis, 'Robert Grosseteste's On Light: An English Translation', in *Robert Grosseteste and His Intellectual Milieu*, ed. J. Flood, J.R. Ginther and J.W. Goering (Toronto, 2013), 239–47.
81. Robert Grosseteste, *De iride*, ed. L. Baur, *Die Philosophischen Werke des Robert Grosseteste, Bischofs von Lincoln* (Münster, 1912), 74; Bacon, *Opus Maius*, V.3.3.3–4 (註 77) 2:164–6, この部分は、D.C. Lindberg, *Roger Bacon and the Origins of Perspectiva in the Middle Ages* (Oxford, 1996), 330–35 に翻訳編集されている ; V. Ilardi, *Renaissance Vision from Spectacles to Telescopes* (Philadelphia, 2007), 3–10.
82. R. French and A. Cunningham, *Before Science: The Invention of the Friars' Natural Philosophy* (Aldershot, 1996).
83. John 1:4–8〔「ヨハネによる福音書」〕, および、アクィナスによる注釈 (https://aquinas.cc/188/190/~268); Lindberg, *Origins of Perspectiva* (註 81), lxviii, 355n163; *Roger Bacon's Philosophy of Nature: De Multiplicatione Specierum and De Speculis Comburentibus*, ed. D.C. Lindberg (Oxford, 1983), 2–5, 365n10; Weisheipl, 'Science in the Thirteenth Century' (註 80), 444.
84. 1 Corinthians 13:12〔「コリントの信徒への手紙 1」〕; Psalm 119:130〔「詩篇」〕.
85. John Pecham, *Perspectiva communis*, ed. D.C. Lindberg, *John Pecham and the Science of Optics* (Madison, 1970); Bodl. MS Ashmole 341 (St Augustine's Canterbury), ff. 115r–120r.
86. Aristotle, *Posterior Analytics*, I.13 (78b)〔『分析論後書』註 21〕; Robert Grosseteste, *Commentary on the Posterior Analytics* I.12, ed. P. Rossi,

の詩でこき下ろした酔払い修道士、ジョン・シーンを高く買っていた。シーンはしばしば、地方支部などでの公的な仕事でモニントンのために代理を務めた。A.G. Rigg, 'An Edition of a Fifteenth-Century Commonplace Book (Trinity College, Cambridge, MS O.9.38)' (D.Phil. thesis, University of Oxford, 1966), 337–8; Pantin, *Chapters* (註 54), vol. 3, Camden Third Series, vol. 54 (London, 1937), 29–30, 201–2.

63. ウォリンフォードのリチャードは、レドボーンに滞在する修道士に狩猟禁止を課した。*GASA* (註 2), 204; tr. M. Still, *The Abbot and the Rule: Religious Life at St Alban's, 1290–1349* (Aldershot, 2002), 268–70.
64. Pantin, *Chapters* (註 54), 3:31–2, 53–4, 60; D. Knowles, *The Religious Orders in England* (Cambridge, 1957), 2:22–3.
65. K. Bennett, 'The Book Collections of Llanthony Priory from Foundation until Dissolution (c.1100–1538)' (PhD thesis, University of Kent, 2006), 182–7.
66. M.B. Parkes, 'The Provision of Books', in *The History of the University of Oxford, Volume II: Late Medieval Oxford*, ed. J.I. Catto and R. Evans (Oxford, 1992), 407–83, その中の 421–4.
67. A.J. Ray, 'The Pecia System and Its Use in the Cultural Milieu of Paris, c.1250–1330' (PhD thesis, UCL, 2015), 24–6, 225–7.
68. Greatrex, *English Benedictine Cathedral Priories* (註 7), 131; たとえば、Oxford, Bodl. MS Selden Supra 24, f. 3v.
69. *The Philobiblon* of Richard de Bury, Ch. 17, ed. and tr. E.C. Thomas (London, 1888), 237–8.
70. Parkes, 'The Provision of Books' (註 66), 431–2, 449–51.
71. Albertus Magnus, *Book of Minerals*, tr. D. Wyckhoff (Oxford, 1967), III.i.1, p 153〔アルベルトゥス・マグヌス『鉱物論』沓掛俊夫編訳、朝倉書店 (2004)〕. また、*Albertus Magnus and the Sciences: Commemorative Essays* 1980, ed. J.A. Weisheipl (Toronto, 1980), とくに Kibre and Riddle/Mulholland の論考を参照。
72. Aristotle, On Generation and Corruption, II.2 (329b), II.8 (335a)〔『生成消滅論』、 註 35〕; Avicenna, *Avicennae de Congelatione et Conglutinatione Lapidum*, ed. E.J. Holmyard and D.C. Mandeville (Paris, 1927), 18–19, 26–8, 35–6; Albertus Magnus, *Book of Minerals* (註 71), I.i.2, pp. 13–14; G. Freudenthal, '(Al-) Chemical Foundations for Cosmological Ideas: Ibn Sînâ on the Geology of an Eternal World', in *Physics, Cosmology and Astronomy, 1300–1700: Tension and Accommodation*, ed. S. Unguru (Dordrecht, 1991): 47–73, これは、*Science in the Medieval Hebrew and Arabic Traditions* (Aldershot, 2005): XII に再録されている。
73. E.A. Synan, 'Introduction' in *Albertus Magnus and the Sciences* (註 71), 1–12, その中の 2-4.
74. Roger Bacon, *Opus Minus* and *Opus Tertium*, in *Opera Quaedam Hactenus Inedita*, ed. J.S. Brewer (London, 1859), 30–31, 37–8, 327–38. ベーコンはアルベルトゥスと名指すことはなかったが、ほとんどの歴史家は、この怒れるフランシスコ会士の標的がアルベルトゥスだったことで一致している。

Philosophy in the Middle Ages: 65–73; J.M.M.H. Thijssen, 'What Really Happened on 7 March 1277? Bishop Tempier's Condemnation and Its Institutional Context', in *Texts and Contexts in Ancient and Medieval Science,* ed. E. Sylla and M. McVaugh (Leiden, 1997): 84–114; cf. Thijssen, *Censure and Heresy at the University of Paris, 1200–1400* (Philadelphia, 1998), 52–6.

51. J.E. Murdoch, 'Pierre Duhem and the History of Late Medieval Science and Philosophy in the Latin West', in *Gli studi di filosofia medievale fra otto e novecento,* ed. R. Imbach and A. Maierù (Rome, 1991): 253–302; J.D. North, 'Eternity and Infinity in Late Medieval Thought', in *Infinity in Science,* ed. G. Toraldo di Francia (Rome, 1987): 245–56; *Stars, Minds and Fate: Essays in Ancient and Medieval Cosmology* (London, 1989): 233–43. に復刻。
52. Lawrence, 'University in State and Church' (註 45), 116–17; P.O. Lewry, 'Grammar, Logic and Rhetoric', in *The University of Oxford,* vol. I, ed. Catto (note 3): 401–33, その中の 419–26.
53. M.W. Sheehan, 'The Religious Orders 1220–1370', in *The University of Oxford,* vol. I, ed. Catto (註 3): 193–221, その中の 220; J. Campbell, 'Gloucester College', in *Benedictines in Oxford* (註 7): 37–47, その中の 37.
54. W.A. Pantin, ed., *Documents Illustrating the Activities of the General and Provincial Chapters of the English Black Monks, 1215–1540*: vol. 1, Camden Third Series vol. 45 (London, 1931), 75.
55. Pantin, *Chapters* (註 54), 1:75; Greatrex, *English Benedictine Cathedral Priories* (註 7), 130.
56. I. Mortimer, *The Time Traveller's Guide to Medieval England: A Handbook for Visitors to the Fourteenth Century* (London, 2009), 100; *Amundesham* (註 2), 2:105–8; Clark, *Monastic Renaissance* (註 6), 71; M.R.V. Heale, 'Dependant Priories and the Closure of Monasteries in the Late Medieval England, 1400–1535', *English Historical Review* 119 (2004): 1–26, その中の 19–20.
57. Campbell, 'Gloucester College' (註 53), 40; Clark, *Monastic Renaissance* (註 6), 68; Greatrex, *English Benedictine Cathedral Priories* (註 7), 129.
58. *GASA* (註 2), 2:182; J. North, *God's Clockmaker: Richard of Wallingford and the Invention of Time* (London, 2005), 51.
59. Sheehan, 'The Religious Orders' (註 53), p 216.
60. Lambeth Palace Library MS 111; Clark, *Monastic Renaissance* (註 6), 67.
61. Richard Trevytlam, 'De laude universitatis Oxoniae', in a Glastonbury Abbey manuscript: Cambridge, Trinity College MS O.9.38, ff. 49v–54r, その中の 52v, http://trin-sites-pub.trin.cam.ac.uk/james/viewpage.php?index=985; *Collectanea,* ed. M. Burrows (Oxford, 1896), 188–209 に収録されている。その中の 203; tr. A.G. Rigg, *A History of Anglo-Latin Literature,* 1066–1422 (Cambridge, 1992), 274.
62. この院長、モニントンのウォルターは、明らかに、トレヴィティアムがそしい論争について).

38. Aristotle, *On Generation and Corruption,* II.10 (337a)〔『生成消滅論』(註35); Michael Scott のものとされる *Commentary* (c.1230) III, in Thorndike, *Sphere of Sacrobosco* (註 24), 277; Robert Grosseteste, *De Sphera,* Ch. 4, in *Moti, virtù e motori celesti nella cosmologia di Roberto Grossatesta,* ed. C. Panti (Florence, 2001), 290.
39. Aristotle, *On the Heavens,* II.14 (297b)〔『天体論』(註 30)〕; Genesis 1:9–10〔「創世記」〕.
40. Exodus 12:35–6〔「出エジプト記」〕; Origen, *Letter to Gregory;* M. Pereira, 'From the Spoils of Egypt: An Analysis of Origen's Letter to Gregory', in Origeniana Decima: *Origen as Writer,* ed. S. Kaczmarek and H. Pietras (Leuven, 2011), 221–48. Augustine, *On Christian Doctrine* II.40.60〔アウグスティヌス『キリスト教の教え』(加藤武訳、教文館アウグスティヌス著作集第6巻 (1988))〕; D.C. Lindberg, 'The Medieval Church Encounters the Classical Tradition: Saint Augustine, Roger Bacon, and the Handmaiden Metaphor', in *When Science & Christianity Meet,* ed. Lindberg and R.L. Numbers (Chicago, 2003), 7–32.
41. Dante, *The Divine Comedy* (c.1310–20), *Inferno* IV, 118–47.〔ダンテ『神曲』地獄篇、平川祐弘訳、河出文庫 (2008–2011) など〕
42. H. Denifle and E. Chatelaine, eds., *Chartularium Universitatis Parisiensis* (Paris, 1889), 1:70.
43. G. Leff, 'The Trivium and the Three Philosophies', in *The University in Europe,* vol. I, ed. Ridder-Symoens (註 14): 307–36, とくに 319–22.
44. 出典は、F. Duncalf and A.C. Krey, *Parallel Source Problems in Medieval History* (New York, 1912), 137–74 に集められている ; Matthew Paris, *Chronica Majora,* ed. H. Luard (London, 1880), 3:166–9; N. Gorochov, 'The Great Dispersion of the University of Paris and the Rise of European Universities (1229–1231)', *CIAN-Revista de Historia de las Universidades* 21 (2018): 99–119.
45. C.H. Lawrence, 'The University in State and Church', in *The University of Oxford,* vol. I, ed. Catto (註 3): 97–150 のうち 126–7, 139.
46. 'Parens scientiarum Parisius', in *Chartularium* (註 41), 1:136–9; I.P. Wei, *Intellectual Culture in Medieval Paris: Theologians and the University, c.1100–1330* (Cambridge, 2012), 109; Pedersen, 'In Quest of Sacrobosco' (註 24), 192.
47. *Chartularium* (註 42), 1:486–7.
48. B.C. Bazán, 'Siger of Brabant', in *A Companion to Philosophy in the Middle Ages,* ed. J.J.E. Gracia and T.B. Noone (Malden, MA, 2006), 632–40.
49. *Chartularium* (註 42), 1:499–500, 543–55; E. Grant, 'The Condemnation of 1277, God's Absolute Power, and Physical Thought in the Late Middle Ages', *Viator* 10 (1979): 211–44.
50. B.C. Bazán, 'Boethius of Dacia', in *Philosophy in the Middle Ages* (註 48): 227–32; J.F. Wippel, 'The Parisian Condemnations of 1270 and 1277', in

25. Greatrex, 'From Cathedral Cloister' (註 7), 55.
26. ed. and tr. L. Thorndike, *Sphere of Sacrobosco* (註 24).
27. W. Irving, *A History of the Life and Voyages of Christopher Columbus*, vol. 1 (New York, 1828), 73–8; J.B. Russell, *Inventing the Flat Earth: Columbus and Modern Historians* (New York, 1991).
28. たとえば、A.D. White, *A History of the Warfare of Science with Theology in Christendom* (New York, 1896), 1:89–109.
29. Thorndike, *Sphere of Sacrobosco* (註 24), 38–40; Grant (ed)., *Source Book in Medieval Science* (註 20), 630–39.
30. Sacrobosco, *The Sphere* (註 24), Ch. 1, 83; Aristotle, *On the Heavens*, II.14 (297b).〔アリストテレス『天体論』(村治能就訳、岩波書店「アリストテレス全集」第 4 巻、1968 所収など)〕
31. Aristotle, *On the Heavens*, II.14 (298a), tr. J. Barnes, *The Complete Works of Aristotle* (Princeton, 1984), 1:489.〔前註〕
32. エラトステネスによるアレクサンドリアの夏至の論証は、Pliny the Elder, *Natural History* II.75, tr. H. Rackham (Cambridge, MA, 1967), 1:316–17 に記録されている(ただしエラトステネスの名は挙げていない)〔プリニウス『博物誌』、中野定雄・中野里美・中野美代訳、雄山閣出版 (1986)〕; また、T.L. Heath, ed., *Greek Astronomy* (Cambridge, 1932), 109–12 にあるクレオメデスも参照。この論証が、シエネとメロエの間で、夏至ではなく春分であったとする記述もある。C.C. Carman and J. Evans, 'The Two Earths of Eratosthenes', *Isis* 106 (2015): 1–16.
33. Ptolemy, *Geographia* 1.7.1, ed. K. Müller (Paris, 1883), 1:17; Columbus, the Imago Mundi of Pierre d'Ailly の余白への書き込み。Cristóbal Colón, *Textos y documentos completos*, ed. C. Varela (Madrid, 1997), 10–11 に収録されている ; G.E. Nunn, *The Geographical Conceptions of Columbus* (New York, 1924), 1–2, 9–10.
34. たとえば、Carl Sagan, *Cosmos* (London, 1981), 14–15.
35. Aristotle, *Physics*, IV.1 (208b)〔『自然学』(岩崎允胤訳、岩波書店「アリストテレス全集」第 3 巻、1968 所収)〕; On the Heavens, II.14 (297b), I. 10–II.1 (279b–284a)〔『天体論』註 30〕; *On Generation and Corruption*, II.10 (337a)〔『生成消滅論』(戸塚七郎訳、岩波書店「アリストテレス全集」第 4 巻、1968 所収)〕; *Meteorology* I.3 (339b–340a)〔『気象論』(泉治典訳、岩波書店「アリストテレス全集」第 5 巻、1969 所収)〕. ジャン・ビュリダンは、アリストテレスの恒常的な変化という考え方を陸と海の動的平衡論に展開した。J. Kaye, *A History of Balance, 1250–1375: The Emergence of a New Model of Equilibrium and Its Impact on Thought* (Cambridge, 2014), 445–8.
36. K.A. Vogel, 'Sphaera terrae – das mittelalterliche Bild der Erde und die kosmographische Revolution' (PhD thesis, University of Göttingen, 1995), 154.
37. Sacrobosco, *The Sphere* (註 24), Ch. 1, 78–9; Robertus Anglicus, *Commentary (1271) on the Sphere*, II, in Thorndike, *Sphere of Sacrobosco* (註 24), 150, 205; D. Wootton, *The Invention of Science: A New History of the Scientific Revolution* (London, 2015), 110–37 (とくに、15 世紀のもっと激

isidoro-de-sevilla-el-santo.html

11. Petrus Alfonsi, *Die Disciplina clericalis des Petrus Alfonsi*, ed. A. Hilka and W. Söderhjelm (Heidelberg, 1911), 10–11; *The Scholar's Guide*, tr. J.R. Jones and J.E. Keller (Toronto, 1969).
12. Petrus Alfonsi, *Epistola ad peripateticos*, in J. Tolan, *Petrus Alfonsi and His Medieval Readers* (Gainesville, 1993), 166–7, 174–5; C. Burnett, 'Advertising the New Science of the Stars circa 1120–50,' in *Le XIIe Siècle: mutations et renouveau en France dans la première moitié du XIIe siècle*, ed. F. Gasparri (Paris, 1994): 147–57.
13. Hugh of St Victor, *De tribus diebus 4, Didascalicon* in Migne, *Patrologia latina* 176 の book 7 として活字になっている。col. 814B, http://pld.chadwyck.co.uk/; Psalm 92; G. Tanzella-Nitti, 'The Two Books Prior to the Scientific Revolution', *Annales Theologici* 18 (2004): 51–83.
14. W. Rüegg, 'Themes', in *A History of the University in Europe, Volume I: Universities in the Middle Ages*, ed. H. de Ridder-Symoens (Cambridge, 1992): 3–34, とくに 9–12.
15. R.W. Southern, 'From Schools to University', in *The University of Oxford*, vol. I, ed. Catto (註 3): 1–36.
16. R.C. Schwinges, 'Admission', in *The University in Europe*, vol. I, ed. Ridder-Symoens (註 14): 171–94, とくに 188.
17. N. Siraisi, 'The Faculty of Medicine', in *The University in Europe* (註 14): 360–87, とくに 364–5.
18. J.M. Fletcher, 'The Faculty of Arts', in *The University in Europe* (註 14): 369–99, とくに 370–72.
19. Petrus Alfonsi, *Epistola ad peripateticos* (註 12), 166–8, 174–6.
20. クレモナのジェラルドの伝記は、ジェラルドによるガレノスの *Ars parva*, tr. M. McVaugh in *A Source Book in Medieval Science*, ed. E. Grant (Cambridge, MA, 1974), 35 に添えられている。
21. 鰐の舌は『動物部分論』, III17 (660b) にある〔島崎三郎訳、岩波書店「アリストテレス全集」第8巻 (1969) 所収など〕。知識と科学的実証の原理は、『分析論後書』で最も明示的に取り上げられている〔加藤信朗訳、岩波書店「アリストテレス全集」第1巻 (1971) 所収など〕。
22. Calcidius, *On Plato's Timaeus*, tr. J. Magee (Cambridge, M A , 2016)〔カルキディウス『プラトン『ティマイオス』註解』、土屋睦廣訳、京都大学学術出版会、2019〕. このカルキディウスの翻訳の 12 世紀の写本 (Oxford, Bodl. MS Digby 23, ff. 3r–54v) は、前はオックスフォード近くのオスニー第修道院にあった。http://bit.ly/Digby23 にある。
23. J.A. Weisheipl, 'Curriculum of the Faculty of Arts at Oxford in the Early Fourteenth Century', *Mediaeval Studies* 26 (1964): 143–85.
24. Robertus Anglicus, *Commentary (1271) on the Sphere, Lectio* I, in L. Thorndike, ed., *The Sphere of Sacrobosco and Its Commentators* (Chicago, 1949), 143; O. Pedersen, 'In Quest of Sacrobosco', *Journal for the History of Astronomy* 16 (1985): 175–220.

(Aldershot, 2002), 22–3 に引用されたもの。

第3章　組合（ウニヴェルシタス）

1. Register of R. Braybrooke, Metropolitan Archives DL/A/A/004/ MS09531/003, f. 5r.
2. *Gesta Abbatum monasterii Sancti Albani (GASA)*, ed. H. Riley (London, 1867), 3:425, 486, 447; *Annales Monasterii S. Albani A.D. 1421–1440, A Johanne Amundesham, monacho, ut videtur, conscripti*, ed. H. Riley (London, 1870), 1:30; J.D. North, *Richard of Wallingford* (Oxford, 1976), 2:532–8; British Library Lansdowne MS 375, ff. 26v–27r.
3. J.I. Catto, 'Citizens, Scholars and Masters', in *The History of the University of Oxford, Volume I: The Early Oxford Schools*, ed. Catto (Oxford, 1984): 151–92, とくに 188.
4. British Library Harley MS 3775, ff. 129r–137r, 'De Altaribus, Monumentis, et locis Sepulcrorum, in Ecclesia Monasterii Sancti Albani', *Amundesham* (註 2), 1:437 で活字になっている。
5. J.G. Clark は、ウェストトウィックがオックスフォードにいたと述べる ('University Monks in Late Medieval England', in *Medieval Monastic Education*, ed. G. Ferzoco and C. Muessig (London, 2000): 56–71, とくに 62). K.A. Rand はそれほど確実とは見ていない ('The Authorship of The Equatorie of the Planetis Revisited', *Studia Neophilologica* 87 (2015): 15–35, at 20).
6. D. Wilkins, ed., *Concilia Magnae Britanniae et Hiberniae* (London, 1737), 2:595; J.G. Clark, *A Monastic Renaissance at St. Albans: Thomas Walsingham and His Circle, c.1350–1440* (Oxford, 2004), 65.
7. 学士取得まで了える率は、おそらく五パーセント未満だっただろう。J. Greatrex, *The English Benedictine Cathedral Priories: Rule and Practice, c.1270–c.1420* (Oxford, 2011), 128–9; J. Greatrex, 'From Cathedral Cloister to Gloucester College', in *Benedictines in Oxford*, ed. H. Wansbrough and A. Marett-Crosby (London, 1997): 48–60, その中の 54–5 を参照。cf. J.G. Clark, *Monastic Renaissance* (註 6), 69.
8. G.E.M. Gasper et al., 'The Liberal Arts: Inheritances and Conceptual Frameworks', in *The Scientific Works of Robert Grosseteste, Volume 1: Knowing and Speaking*, ed. Gasper et al. (Oxford, 2019), 45–55.
9. W.H. Stahl and R. Johnson, *Martianus Capella and the Seven Liberal Arts* (New York, 1971).
10. *The Etymologies of Isidore of Seville*, tr. S.A. Barney et al. (Cambridge, 2006), 3. ネット上ではよく、イシドルスは、場合によっては教皇ヨハネ・パウロ二世によってインターネットの守護聖人に指名されたと言われるが、そのような指名は公式には確認されていない。イシドルスは守護聖人にふさわしいとしても、その指名が実態のない噂であると言う方が、インターネットにとってはやはりふさわしいかもしれない。L. Antequera, '¿Pero es o no es, San Isidoro de Sevilla, el santo patrono de la red?', 27 April 2014, https://www.religionenlibertad.com/blog/35241/pero-es-o-no-es-san-

ed. J.S. Brewer (London, 1859), 1:272; J.D. North, 'The Western Calendar – "Intolerabilis, Horribilis, et Derisibilis"; Four Centuries of Discontent', in *Gregorian Reform of the Calendar* (註 58): 75–113. North, *The Universal Frame: Historical Essays in Astronomy, Natural Philosophy and Scientific Method* (London, 1989): 39–77, その中の 46–8 には、補遺つきで再掲されている。.

65. Chantilly, Musée Condé MS 65, ff. 1v–13r, http://bitly.com/TRHeures; 'Nombre d'or nouvel〔新黄金数〕' の注記がある欄には、金色で記された新しい数字がついている; C.P.E. Nothaft, 'The Astronomical Data in the Très Riches Heures and Their Fourteenth-Century Source', *Journal for the History of Astronomy* 46 (2015): 113–29; C.P.E. Nothaft, 'Science at the Papal Palace: Clement VI and the Calendar Reform Project of 1344/45', *Viator* 46 (2015): 277–302.
66. François Rabelais, Pantagruel, Ch. 1 (Paris, 1988), 43–5.〔ラブレー『パンタグリュエル』宮下志朗訳、ちくま文庫『ガルガンチュアとパンタグリュエル』第二巻 (2006) など〕
67. *The Kalendarium of Nicholas of Lynn,* ed. S. Eisner (Athens, GA, 1980). Oxford, Bodl. MS Digby 41, ff. 57r–90v.
68. Bede, *The Reckoning of Time* (註 52), Ch. 55, pp. 137–9.
69. 'The Hand of Guido', in J.E. Murdoch, *Album of Science: Antiquity and the Middle Ages* (New York, 1984), 81. C. Burnett, 'The Instruments which are the Proper Delights of the Quadrivium: Rhythmomachy and Chess in the Teaching of Arithmetic in Twelfth-Century England', *Viator* 28 (1997): 175–201. このコヴェントリにあったフランシスコ会修道院の数陣の盤は、Cambridge, Trinity College MS R.15.16, f. 60r, http://trin-sites-pub.trin.cam.ac.uk/james/viewpage.php?index=1168 にある。
70. *GASA* (註 3), 2:306, 302.
71. Oxford, Bodl. MS Laud Misc. 697, ff. 27v–28r. にある。M.R. James, 'On the Glass in the Windows of the Library at St Albans Abbey', *Proceedings of the Cambridge Antiquarian Society* 8 (1895): 213–20 で校訂されている。
72. *GASA* (註 3), 3:392–3; Clark, *Monastic Renaissance* (註 49), 84–99.
73. Greatrex, *English Benedictine Cathedral Priories* (註 2), 83–99.
74. *Rule of Benedict* (註 24), 58.17–20, pp. 79–80.
75. Register of Robert Braybrooke, London Metropolitan Archives DL/A/A/004/MS09531/003, ff. 2v, 5r, 7v. *Registers of the Bishops of London, 1304–1660* (Brighton, 1984) にスキャン画像がある。データは V. Davis, *Clergy in London in the Late Middle Ages: A Register of Clergy Ordained in the Diocese of London, Based on Episcopal Ordination Lists, 1361–1539* (London, 2000) で照合されている。デーヴィス教授には、叙任リストのスプレッドシートを使わせてくれたことに感謝する。
76. *Incomprehensibilis* (5 Feb 1156) and *Religiosam vitam elegentibus* (14 May 1157), papal bulls ed. in W. Holtzmann, *Papsturkunden in England* (Gottingen, 1952), 3:234–8 and 258–61, M. Still, *The Abbot and the Rule*

中の 168–71 も参照。

51. Oxford, Bodl. MS Ashmole 1522, f. 190r.
52. Bede, *The Reckoning of Time*, Ch. 40, ed. and tr. F. Wallis (Liverpool, 2004), 109–10; C.P.E. Nothaft, *Scandalous Error: Calendar Reform and Calendrical Astronomy in Medieval Europe* (Oxford, 2018), 25–6.
53. Nothaft, *Scandalous Error* (註 52), 57–8.
54. たとえば、Oxford, St John's College MS 17 (Thorney, 12th century), http://digital.library.mcgill.ca/ms-17. British Library Royal MS 12 F II は、同時期のセント・オールバンズの暦法の稿本である。
55. スキタイの修道士、ディオニュシウス・エクシグウス（とるに足りないデニスの意）によって作成された主要な年表は、それ以前のイースター表に基づいていた。C.P.E. Nothaft, *Dating the Passion: The Life of Jesus and the Emergence of Scientific Chronology (200–1600)* (Leiden, 2011), 75–6.
56. Bede, *The Reckoning of Time* (註 52), Ch. 43, p. 115; Nothaft, *Scandalous Error* (註 52), 61–4.
57. Hermann of Reichenau, *Abbreviatio compoti*, Ch. xxv, edited in N. Germann, *De temporum ratione: Quadrivium und Gotteserkenntnis am Beispiel Abbos von Fleury und Hermanns von Reichenau* (Leiden, 2006), 326.
58. Herrad of Hohenburg, *Hortus Deliciarum* (1870 年に破壊された), ff. 318v–321v; 復元版 , ed. R. Green et al. (London, 1979), 496–502. O. Pedersen, 'The Ecclesiastical Calendar and the Life of the Church', in *Gregorian Reform of the Calendar*, ed. G.V. Coyne, M.A. Hoskin and O. Pedersen (Vatican City, 1983): 75–113, とくに 60–61 を参照。
59. L. White, 'Eilmer of Malmesbury, an Eleventh Century Aviator', *Technology and Culture* 2 (1961): 97–111; J. Paz, 'Human Flight in Early Medieval England: Reality, Reliability, and Mythmaking (or Science and Fiction)', *New Medieval Literatures* 15 (2013): 1–28; Leonardo da Vinci, *Codex Madrid I*, Biblioteca Nacional de España Ms. 8937, f. 64r, http://leonardo.bne.es/index.html. 〔註 39〕
60. Walcher of Malvern, *De lunationibus and De dracone*, ed. C.P.E. Nothaft (Turnhout, 2017).
61. Cambridge University Library MS Ii.6.11, f. 99r. J. Tolan, *Petrus Alfonsi and His Medieval Readers* (Gainesville, 1993), 74–82, 182–204 も参照。
62. Walcher, *De dracone* 2.2 (註 60), 199.
63. とくに、Oxford, Corpus Christi College MSS 157 (http://image.ox.ac.uk/show-all-openings?collection=corpus&manuscript=ms157) and 283, および、Bodl. MS Auct. F.1.9 を参照。フワーリズミーの天文表については、O. Neugebauer, ed., *The Astronomical Tables of Al-Khwārizmī* (Copenhagen, 1962); および、R. Mercier, 'Astronomical Tables in the Twelfth Century', in *Adelard of Bath: An English Scientist and Arabist of the Early Twelfth Century*, ed. C. Burnett (London, 1987): 87–118 を参照。
64. Roger Bacon, *Opus Tertium*, Ch. 67, in *Opera Quaedam Hactenus Inedita*,

37. S.A. Bedini and F.R. Maddison, 'Mechanical Universe: The Astrarium of Giovanni de' Dondi', *Transactions of the American Philosophical Society* 56, no. 5 (1966): 1-69, とくに 8。
38. Oxford, Bodl. MS Ashmole 1796, ff. 130r, 160r. 1380 年におけるセント・オールバンズの修道士名簿は、*Book of Benefactors,* London, BL MS Cotton Nero D.VII, ff. 81v–83v; W. Dugdale, *Monasticon Anglicanum,* ed. J. Caley, H. Ellis and B. Bandinel (London, 1819), 2:209n で編集されている。See E.M. Thompson (ed)., *Customary of the Benedictine Monasteries of St. Augustine, Canterbury and St. Peter, Westminster* (London, 1902), 1:117.
39. Leonardo da Vinci, Codex Madrid I, f. 12r, http://leonardo.bne.es/index.html〔『マドリッド手稿』下村寅太郎監修、5 冊組、1975〕
40. 同等の複雑さの時計、アスタリウムは、1360 年代にパドヴァ（イタリア）で製造された。Giovanni Dondi dall'Orologio, *Tractatus astrarii,* ed. and tr. E. Poulle (Geneva, 2003).
41. L. Watson, K. McCann, and H. Horton, 'Big Ben: Why Has Westminster's Great Bell Been Silenced – and for How Long?', *Telegraph,* 21 Aug 2017, https://www.telegraph.co.uk/news/2017/08/21/big-ben-row-everything-need-know-westminsters-great-bell-silenced/.
42. *Rule of Benedict* (註 24), 11.13, p 41.
43. Knowles, *The Monastic Order in England* (註 4), 462–4, 455–6; *GASA* (註 3), 2:441–2, 1:194, 207–9; North, *Richard of Wallingford* (註 32), 2:532–8.
44. University of Aberdeen MS 123, f. 84r.
45. R.M. Kully, 'Cisiojanus: comment savoir le calendrier par cœur', in *Jeux de mémoire : aspects de la mnémotechnie médiévale* (Montreal, 1985), 149–56.
46. Greatrex, *English Benedictine Cathedral Priories* (註 2), 66.
47. Hugh of St Victor, 'The Three Best Memory-Aids for Learning History', ed. W.M. Green, 'Hugo of St. Victor: De Tribus Maximis Circumstantiis Gestorum', *Speculum* 18 (1943): 484–93; tr. in M. Carruthers, *The Book of Memory: A Study of Memory in Medieval Culture* (Cambridge, 2nd. edn. 2008), 339–44. Linguisticator という語学学校は、明示的に中世的手法を用いている (https://linguisticator.com)。
48. Carruthers, *The Book of Memory* (註 47), 1–4.
49. J.G. Clark, *A Monastic Renaissance at St. Albans: Thomas Walsingham and His Circle, c.1350–1440* (Oxford, 2004), 54–5; British Library Lansdowne MS 763, ff. 97v–104r, http://www.bl.uk/manuscripts/Viewer.aspx?ref=lansdowne_ms_763_f098v; *GASA* (註 3), 2:106.
50. Alexander of Villedieu, *Massa Compoti,* in W.E. Van Wijk (ed)., *Le Nombre d'or: étude de chronologie technique suivie du texte de la Massa compoti d'Alexandre de Villedieu* (La Haye, 1936), 55. また、L. Means, '"Ffor as Moche as Yche Man May Not Haue Þe Astrolabe": Popular Middle English Variations on the Computus', *Speculum* 67 (1992): 595–623, at 606; L. Thorndike, 'Unde Versus', *Traditio* 11 (1955): 163–93, その

21. C. Eagleton, 'John Whethamsteade, Abbot of St. Albans, on the Discovery of the Liberal Arts and Their Tools: Or, Why were Astronomical Instruments in Late-Medieval Libraries?' *Mediaevalia* 29 (2008): 109–36.
22. M. Arnaldi and K. Schaldach, 'A Roman Cylinder Dial: Witness to a Forgotten Tradition', *Journal for the History of Astronomy* 28 (1997): 107–31; Juste, 'Hermann der Lahme und das Astrolab' (註 19), 278–82. また、C. Kren, 'The Traveler's Dial in the Late Middle Ages: The Chilinder', *Technology and Culture* 18 (1977): 419–35 も参照。
23. Chaucer, *The Canterbury Tales: The Shipman's Tale*, VII.201–6〔註 1〕.
24. *The Rule of St Benedict*, ed. T. Fry as RB 1980 (Collegeville, 1982), 41.1, p. 63.〔『聖ベネディクトの戒律』古田暁訳、すえもりブックス (2000)〕
25. Robertus Anglicus, Sacrobosco's *De Sphera*, XII に対する注釈。In L. Thorndike, ed., *The Sphere of Sacrobosco and Its Commentators* (Chicago, 1949), 185–6, 235–6.
26. A.A. Mills, 'Altitude Sundials for Seasonal and Equal Hours', *Annals of Science* 53 (1996): 75–84.
27. Palladius, *On Husbondrie* (第 1 章、註 19), VI.225–8.
28. Chaucer, *The Canterbury Tales: The Nun's Priest's Tale*, VII.2853–7, 3187–99. J.D. North, *Chaucer's Universe* (Oxford, 1988), 117–120 を参照。.
29. *GASA* (註 3) 2:280–81, 385.
30. Paris, Bibliothèque Nationale de France, MS Français 19093, f. 5r, https://c.bnf.fr/xHR.
31. Robertus Anglicus, commentary on Sacrobosco's *De Sphera*, XI に対する注釈。Thorndike, *The Sphere of Sacrobosco* (註 25), 180, 230 にある。また、L. White, *Medieval Technology and Social Change* (Oxford, 1962), 132–3; A.J. Cárdenas, 'A Learned King Enthralls Himself: Escapement and the Clock Mechanisms in Alfonso X's Libro del saber de astrologia', in *Constructions of Time in the Late Middle Ages*, ed. C. Poster and R. Utz, *Disputatio* 2 (Evanston, 1997), 71–87 も参照。
32. Norwich Cathedral Priory, *Camera Prioris*, Roll no. 3, J.D. North, *Richard of Wallingford: An Edition of His Writings* (Oxford, 1976), 2:316 に引用されている。また、J. North, *God's Clockmaker: Richard of Wallingford and the Invention of Time* (London, 2005), 153; C.F.C Beeson, *English Church Clocks, 1280–1850* (London, 1971), 13–15 も参照。
33. Norfolk Record Office DCN 1/4/23 and 29; Beeson, *English Church Clocks* (註 32), 16–18 (図 2 に、聖具係の 1324-25 年の名簿が再現されている), 104–5; *Victoria County History of Norfolk* (London, 1906), 2:318.
34. J. Needham, L. Wang and D.J. de S. Price, *Heavenly Clockwork: The Great Astronomical Clocks of Medieval China* (Cambridge, 2nd. edn. 1986).
35. North, *God's Clockmaker* (註 32), 175–81.
36. Cambridge, Gonville and Caius College MS 230 (116), ff. 116v, 11v–14v; D.J. Price, 'Two Medieval Texts on Astronomical Clocks', *Antiquarian Horology* 1 (1956), 156.

11. 同等の修道院で修道士に支給される寝具などの個人的な品目のリストは、Greatrex, *English Benedictine Cathedral Priories* (註 2), 58–60 で活字になっている。
12. C.B. Drover, 'A Medieval Monastic Water-Clock', *Antiquarian Horology* 1 (1954): 54–8 & 63.
13. これは今、Archivo de la Corona de Aragón (Barcelona), MS Ripoll 225, ff. 87r–93r, http://pares.mcu.es/ (Signatura: ACA, COLECCIONES, Manuscritos, Ripoll, 225) にある。Text ed. J.M. Millás Vallicrosa, *Assaig d'història de les idees físiques i matemàtiques a la Catalunya medieval,* Estudis Universitaris Catalans: Sèrie monogràfica 1 (Barcelona, 1931), 316–18; tr. F. Maddison, B. Scott and A. Kent, 'An Early Medieval Water-Clock', *Antiquarian Horology* 3 (1962): 348–53.
14. たとえば、Cambridge University Library MS Hh.6.8, f. 124r にある、フランシスコ派の托鉢修道士による、1333年の聖金曜日の記述や、R. Bartlett, *The Hanged Man: A Story of Miracle, Memory, and Colonialism in the Middle Ages* (Princeton, 2006), 63–4 を参照。
15. 'De utilitatibus astrolabii', MS Ripoll 225 (註 13), ff. 13v–14r, ed. N. Bubnov in Gerbert, *Opera Mathematica* (Berlin, 1899), 114–47, 引用部分は 129–30 だが、リポイ稿本は、この資料の編者が参照した資料とはわずかに異なる。後に教皇シルウェステル2世となるオーリヤックのジェルベールが著者である可能性もあるが、あまり高くはない。C. Burnett, 'King Ptolemy and Alchandreus the Philosopher: The Earliest Texts on the Astrolabe and Arabic Astrology at Fleury, Micy and Chartres', *Annals of Science* 55 (1998): 329–68、とくに 330 を参照。.
16. Burnett, 'King Ptolemy and Alchandreus' (註 15).
17. Cambridge, Corpus Christi College MS 111, pp 47–8; ed. in J. Handschin, 'Hermannus Contractus-Legenden - nur Legenden?,' *Zeitschrift für deutsches Altertum und deutsche Literatur* 72 (1935): 1–7; tr. in L. Ellinwood, ed., *The Musica of Hermannus Contractus,* rev. J.L. Snyder (Rochester, 2015), 166–7; W. Berschin, 'Ego Herimannus: Drei Fragen zur Biographie des Hermannus Contractus', in *Hermann der Lahme: Reichenauer Mönch und Universalgelehrter des 11. Jahrhunderts,* ed. F. Heinzer and T.L. Zotz (Stuttgart, 2016), 19–24.
18. 12世紀の写本、Durham Cathedral Library MS C.III.24 がある。https://iiif.durham.ac.uk/index.html?manifest=t2mw0892992f.
19. D. Juste, 'Hermann der Lahme und das Astrolab im Spiegel der neuesten Forschung,' in *Hermann der Lahme: Reichenauer Mönch und Universalgelehrter des 11. Jahrhunderts,* ed. F. Heinzer and T.L. Zotz, (Stuttgart, 2016), 273–84.
20. Oxford, Bodl. MS Ashmole 304, f. 2v, http://bit.ly/Ashmole304. A. Iafrate, 'Of Stars and Men: Matthew Paris and the Illustrations of MS Ashmole 304', *Journal of the Warburg and Courtauld Institutes* 76 (2013): 139–77 参照。

volume-1.

44. ウルガタ訳〔聖書のカトリック教会標準ラテン語訳〕を用いるウェストウィックにとっては、後の方の2つの詩篇は、135番と146番ということになっただろう。見事な例は、1125年頃、ジェフリー・ド・ゴラム大修道院長によって委嘱された翻訳である（Hildesheim, Dombibliothek MS St Godehard 1）。詩篇第8は、https://www.abdn.ac.uk/stalbanspsalter/english/commentary/page083.shtml にある〔翻訳時点では https://www.albani-psalter.de/stalbanspsalter/english/commentary/page083.shtml にある〕。

第2章　時を数える

1. G. Chaucer, *The Canterbury Tales: Prologue to the Monk's Tale,* VII.1929–30, in *The Riverside Chaucer,* ed. L.D. Benson（Oxford, 1987）, 240.〔チョーサー『カンタベリー物語』笹本長敬訳、英宝社（2002）など〕
2. J. Greatrex, *The English Benedictine Cathedral Priories: Rule and Practice, c. 1270–c.1420*（Oxford, 2011）, 67.
3. *Gesta Abbatum monasterii Sancti Albani*（GASA）, ed. H. Riley（London, 1867）, 2:370, 3:393.
4. お勤めの実施の配列は、修道院ごとに少しずつ異なるが、「戒律」に定められた雛形（第8章～18章）に合致し、大司教ランフランクスの修道院憲章（1077頃）で練り上げられた。1日のパターンは、*The Monastic Constitutions of Lanfranc,* ed. D. Knowles, rev. edn. by C.N.L. Brooke（Oxford, 2008）, xx–xxv にある。時間割については、D. Knowles, *The Monastic Order in England: A History of Its Development from the Times of St. Dunstan to the Fourth Lateran Council, 940–1216*（Cambridge, 2nd edn 1963）, 450–51 を参照。
5. *GASA*（註3）, 2:428, 451.
6. *The Monastic Constitutions of Lanfranc*（註4）, ch. 87, pp. 122–7.
7. Oxford, Bodl. MS Bodley 38, ff. 19v–23v. ed. G. Constable, *Horologium Stellare Monasticum,* in *Consuetudines Benedictinae Variae,* Corpus Consuetudinum Monasticarum 6（Siegburg, 1975）, 1–18.
8. Gregory of Tours, *De Cursu Stellarum,* ed. B. Krusch, Monumenta Germaniae Historica I.2（Hanover, 1969）, 404–22; S.C. McCluskey, 'Gregory of Tours, Monastic Timekeeping, and Early Christian Attitudes to Astronomy', *Isis* 81（1990）: 8–22 を参照。現存する最古の稿本、Bamberg Staatsbibliothek MS Patres 61（8世紀）, ff. 75v–82v はデジタル化されている。http://bit.ly/DeCursuStellarum を参照〔https://www.bavarikon.de/object/SBB-KHB-00000SBB00000157〕。'Matters Arising', *Nature* 325（1 Jan 1987）: 87–9 を参照。
9. B. Brady, D. Gunzburg and F. Silva, 'The Orientation of Cistercian Churches in Wales: A Cultural Astronomy Case Study', *Cîteaux – Commentarii cistercienses,* 67（2016）: 275–302.
10. J.L. Heilbron, *The Sun in the Church: Cathedrals as Solar Observatories*（Cambridge, MA, 2001）.

30. Statutes in British Library Lansdowne MS 375, ff. 97–105, edited in *Registrum Abbatiae Johannis Whethamstede* (London, 1873), 2: 305–15.
31. たとえば、Alexandre Villedieu による、よく知られた *Carmen de Algorismo* of Alexander Villedieu. Edited in J.O. Halliwell, *Rara Mathematica* (London, 1841), 73–83 を参照。十進数が5世紀から7世紀のインドで発達したこと、とくにブラフマグプタ（598頃～668頃）の関与については、K. Plofker, 'Mathematics in India', in *The Mathematics of Egypt, Mesopotamia, China, India, and Islam: A Sourcebook, ed. V.J.* Katz (Princeton, 2007), 385–514 を参照。
32. Cambridge University Library MS Ii.6.5, fol. 104r. K. Vogel, *Mohammed ibn Musa Alchwarizmi's Algorismus: das früheste Lehrbuch zum Rechnen mit indischen Ziffern* (Aalen, 1963) にあるコピーとテキスト。英訳は、J.N. Crossley and A.S. Henry, 'Thus Spake Al-Khwārizmī: A Translation of the Text of Cambridge University Library Ms. Ii.vi.5', *Historia Mathematica* 17 (1990): 103–31 にある。
33. J.N. Crossley, 'Old-Fashioned versus Newfangled: Reading and Writing Numbers, 1200–1500', *Studies in Medieval and Renaissance History* 10 (2013): 79–109.
34. University of Aberdeen MS 123, ff. 66r–67v.
35. Cambridge, Corpus Christi College MS 7, f. 98r. *GASA*（註 25), 3: 399–400, 454–7 にまとめられている。また、F. Madden, B. Bandinel and J.G. Nichols, eds., *Collectanea Topographica et Genealogica* (London, 1838), 5:194–7 も参照。
36. Bede, *The Reckoning of Time,* ed. and tr. F. Wallis (Liverpool, 2004), 9.
37. たとえば、*The Crafte of Nombryng,* from British Library Egerton MS 2622, ed. R. Steele, *The Earliest Arithmetics in English,* EETS ES 118 (London: 1922): 3–32（引用部分は5）を参照。
38. たとえば、Oxford, St John's College MS 17, ff. 41v–42r (Thorney, 12th century), http://digital.library.mcgill.ca/ms-17.
39. アルフレッド大王がこの翻訳にどれほどかかわったか（かかわったとして）については疑問が投げかけられている。J. Bately, 'Did King Alfred Actually Translate Anything? The Integrity of the Alfredian Canon Revisited', *Medium Ævum* 78 (2009): 189–215 参照。エリザベス一世女王による 1593 年の英訳は、自筆が残っている(Kew, National Archives SP 12/289).
40. T. Kojima, *The Japanese Abacus: Its Use and Theory,* quoted in L. Fernandes, 'The Abacus vs. the Electric Calculator', https://www.ee.ryerson.ca/~elf/abacus/abacus-contest.html.
41. e.g. St John's College MS 17（註 38), ff. 41v–42r http://digital.library.mcgill.ca/ms-17.
42. D. Knowles, *The Religious Orders in England* (Cambridge, 1957), 1:285.
43. John Gower, *Confessio Amantis*, Prologue, ll.〔序章註 19〕27–30 (Kalamazoo, 2006), http://d.lib.rochester.edu/teams/publication/peck-confessio-amantis-

Palladius, *The Work of Farming (Opus Agriculturae) and Poem on Grafting*, tr J.G. Fitch (Totnes, 2013), 177より翻訳、調整した。ラテン語のテキストは、ed. J.C. Schmitt (Leipzig, 1898), http://www.forumromanum.org/literature/palladius/agr.html.

14. John 11:9〔「ヨハネによる福音書」〕; J.D. North, 'Monastic Time', in *The Culture of Medieval English Monasticism*, ed. J.G. Clark (Woodbridge, 2007), 203–11, at 208.
15. Cambridge, Peterhouse MS 75.I, f. 64r.
16. 16. Harris, 'On the Locality to Which the Treatise of Palladius De Agricultura Must be Assigned', *American Journal of Philology* 3 (1882): 411–21.
17. 例えば、*The Kalendarium of Nicholas of Lynn*, ed. S. Eisner (Athens, GA, 1980); J.D. North, *Chaucer's Universe* (Oxford, 1988), 104–9を参照。
18. Cambridge, Trinity College MS O.3.43; Oxford, Bodl. MS Auct F.5.23; D. Wakelin, *Humanism, Reading, and English Literature 1430–1530* (Oxford, 2007), 43–5.
19. Palladius, *De re rustica/On Husbondrie*, VII.60–63. 2つの版があり、それぞれ15世紀の別の訳に基づいている。*The Middle-English Translation of Palladius De re rustica*, ed. M. Liddell (Berlin, 1896), 181と、*Palladius on Husbondrie, from the unique MS. of about 1420 A.D. in Colchester Castle*, ed. B. Lodge (London, 1879), 160.
20. たとえば、Cambridge, Corpus Christi College MS 297, ff. 23r–91vを参照。
21. Virgil, *The Georgics*, I. 208–11.
22. Virgil, *The Georgics*, I. 220–21.
23. 「ドッグデイズ」の正確な定義の話には変動がある。また、歳差運動でシリウスが昇る日は遅くなるので、夏のいちばん暑い時期との結びつきは弱まってきている。B. Blackburn and L. Holford-Strevens, *The Oxford Companion to the Year* (Oxford, 1999), 595–6を参照。
24. N. Sivin, *Granting the Seasons: The Chinese Astronomical Reform of 1280* (New York, 2008).
25. *Gesta Abbatum monasterii Sancti Albani (GASA)*, ed. H. Riley (London, 1867), 1:73–95.
26. C.B.C. Thomas, 'The Miracle Play at Dunstable', *Modern Language Notes* 32 (1917): 337–44.
27. *GASA* (註25), 1:73.
28. Cambridge University Library MS Ee. 4.20, f. 68v; J.G. Clark, *The Benedictines in the Middle Ages* (Woodbridge, 2011), 70–71; M.T. Clanchy, *From Memory to Written Record: England 1066–1307*, 2nd edn. (Oxford, 1993), 13; Orme, *English Schools in the Middle Ages* (註7), 49–50.
29. *GASA* (註25), 1:196. R. Bowers, 'The Almonry Schools of the English Monasteries, c.1265–1540', in *Monasteries and Society in Medieval Britain: Proceedings of the 1994 Harlaxton Symposium*, ed. B. Thompson (Stamford, 1999): 177–222, at 191–2を参照。

20. L.P. Hartley, *The Go-Between* (London, 1953), 5.〔L.P. ハートレイ『恋を覗く少年』蕗沢忠枝訳、新潮社（1955)〕

第 1 章　Westwyk と Westwick

1. St Albans Book of Benefactors, London, British Library Cotton MS Nero D.VII, ff. 81v–83v. ed. W. Dugdale, *Monasticon Anglicanum*, new edn, ed. J. Caley, H. Ellis and B. Bandinel (London, 1819), 2:209n.
2. D. Knowles, *The Religious Orders in England, Volume II: The End of the Middle Ages* (Cambridge, 1955), 231–2; R.B. Dobson, *Durham Priory, 1400–1450* (Cambridge, 1973), 56–7.
3. Book of Benefactors (註 1), f. 83r.
4. E. Woolley, 'The Wooden Watching Loft in St. Albans Abbey Church', *Transactions of St. Albans and Herts Architectural and Archaeological Society* (1929), 246–54.
5. Matthew Paris, *Chronica Majora*, ed. H. Luard, Rolls Series (London, 1880), 5:669.〔高田英樹編訳『原典中世ヨーロッパ東方記』（名古屋大学出版会、2019）には、モンゴルの襲来にかかわる部分の抄訳がある〕
6. British Library Cotton MS Tiberius E.VI, f. 236v; Inquisition post mortem Alphonsus de Veer (1328), National Archives C 135/10/12; D.S. Neal, A. Wardle and J. Hunn, *Excavation of the Iron Age, Roman, and Medieval Settlement at Gorhambury, St. Albans* (London, 1990), 102–3.
7. Dobson, *Durham Priory* (註 2), 57–9; N. Orme, *English Schools in the Middle Ages* (London, 1973), 50–51; A.E. Levett, *Studies in Manorial History*, ed. H.M. Cam, M. Coate and L.S. Sutherland (Oxford, 1938), 292–3.
8. イスラム教徒が純然たる太陰暦を選んだのは、先行するユダヤ教やキリスト教から自らを区別するためだったかもしれない。C.L.N. Ruggles and N.J. Saunders, 'The Study of Cultural Astronomy', in *Astronomies and Cultures*, ed. Ruggles and Saunders (Niwot, 1993), 1–31; J. North, *Cosmos: An Illustrated History of Astronomy and Cosmology* (Chicago, 2008), 185.〔C. North『COSMOS―インフォグラフィックスでみる宇宙』吉川真訳、丸善出版（2016)〕
9. Oxford, Bodleian Library MS Digby 88, f. 97v.
10. 'Houses of Benedictine Nuns: St Mary de Pre Priory, St Albans', in *A History of the County of Hertford: Volume 4*, ed. W. Page (London, 1971), 428–32; Ver Valley Society, 'Mills', http://www.riverver.co.uk/ mills/.
11. S.C. McCluskey, *Astronomies and Cultures in Early Medieval Europe* (Cambridge, 1998), 13; North, *Cosmos* (註 8), 11–12.
12. Cambridge, Pembroke College MS 180; Cambridge, Trinity College MS B.2.19; British Library Royal MS 2 A X. T.A.M. Bishop, 'Notes on Cambridge Manuscripts', in *Transactions of the Cambridge Bibliographical Society* 1 (1953), 432–41, その中の 435 を参照。
13. Cambridge, Emmanuel College MS 244. Rutilius Taurus Aemilianus

https://www.newstatesman.com/politics/2014/09/nick-clegg-it-s-not-obvious-what-uk-can-do-legally-new-terror-powers; S. Javid, Twitter, 8 March 2019, https://twitter.com/sajidjavid/status/1104054288064675840; B. Moor, 'Residents Frustrated at "Medieval" Cellphone Coverage in the Far North', *Stuff,* 29 Aug 2018, https://www.stuff.co.nz/auckland/local-news/northland/106654790/residents-frustrated-at-medieval-cellphone-coverage-in-the-far-north.

13. J. Swan, 'White House Review Nears End: Officials Expect Bannon Firing', *Axios,* 18 Aug 2017, https://www.axios.com/2017/12/15/white-house-review-nears-end-officials-expect-bannon-firing-1513304936; D. Snow, tweets at 9:47 a.m. and 10:31 a.m., 19/8/2017, https://twitter.com/thehistoryguy/status/898828840197345280 および 898839891949256704.
14. I. Newton, *Philosophiae naturalis principia mathematica,* 3rd edition (London, 1726), 529〔アイザック・ニュートン『プリンシピア：自然哲学の数学原理』中野猿人訳、講談社（1977/2019）〕. あとがきに当たる「一般注」が最初に書かれたのは、1713年の第2版に対してだったが、そこでニュートンは「実験的哲学」（*philosophiam experimentalem*）という語句を用いている。tr. A. Motte, 1729（*The Mathematical Principles of Natural Philosophy,* 2 vols., 2:391–2）A. Cunningham, 'How the "Principia" Got Its Name: Or, Taking Natural Philosophy Seriously', *History of Science* 29（1991）, 377–92, および、その後のカニンガムと別の科学史家、エドワード・グラントの、*Early Science and Medicine* 5:3（2000）での論争や、M.H. Shank and D.C. Lindberg, 'Introduction', in *The Cambridge History of Science, Volume 2: Medieval Science,* ed D.C. Lindberg and M.H. Shank（Cambridge, 2013）, 1–26を参照。
15. D.J. Price, *The Equatorie of the Planetis*（Cambridge, 1955）, 149; Chaucer, 'A Treatise on the Astrolabe', II.4; たとえば、F.N. Robinson, Preface to 2nd edn of *The Works of Geoffrey Chaucer*（London, 1957）, ix; D. Pearsall, *The Life of Geoffrey Chaucer: A Critical Biography*（Oxford, 1992）, 218–19を参照。「エクァトリー」が収録された著作集は、J.H. Fisher, ed., *The Complete Poetry and Prose of Geoffrey Chaucer*（New York, 1977およびその後の版）である。
16. C.J. Singer, R. F. Holmes宛（1959年5月8日 付）およびA. W. Skempton宛（1959年3月27日付）, London, Wellcome Collection PP/CJS/A.47; D. J. de S. Price, C.J. Singer宛、1959年12月22日 付、London, Wellcome Collection PP/CJS/A.47.
17. A. Liversidge, 'Interview: Derek de Solla Price', *OMNI*（Dec 1982）, 89–102および136その中の89。
18. K.A. Rand Schmidt, *The Authorship of the Equatorie of the Planetis*（Cambridge, 1993）; K.A. Rand, 'The Authorship of The Equatorie of the Planetis Revisited', *Studia Neophilologica* 87（2015）, 15–35.
19. John Gower, *Confessio Amantis,* VII.625–32.〔ジョン・ガワー『恋する男の告解』伊藤正義訳、篠崎書林、1980〕

原註

序章

1. これは、ノーベル賞受賞者ローレンス・ブラッグが、ネヴィル・モット教授に宛てた手紙で、自分の妻アリスの言葉を引いた言葉。1962年5月4日付。Royal Institution MS WLB 55F/89. ブラッグは同僚に、本人に間違ったところは何もない。間違っているのは生い立ちだ」とも語った（C. Singer宛、1955年12月15日付、RI MS WLB 55F/47）。
2. プライスの応募資料は、ケンブリッジ大学の本人のファイル、CU Archives, Records of the Board of Graduate Studies, 1, 195304, Price D.J. に豊富にある。S. Falk, 'The Scholar as Craftsman: Derek de Solla Price and the Reconstruction of a Medieval Instrument', *Notes and Records of the Royal Society* 68（2014), 111–34.
3. M.R. James, *A Descriptive Catalogue of the Manuscripts in the Library of Peterhouse*（Cambridge, 1899), 94.
4. D. de S. Price, *Science since Babylon,* 増補版（New Haven, 1975), 26–7.
5. D. J. Price, 'In Quest of Chaucer – Astronomer', *Cambridge Review,* 30 Oct 1954, 123–4.
6. 'Chaucer Holograph Found in Library', *Varsity,* 23 Feb 1952; 'Possible Chaucer Manuscript: Discovery at Cambridge, *The Times,* 28 Feb 1952; たとえば、'Skrev Chaucer Bog om Astronomisk Regnemetode?', *B.T.*（Copenhagen), 27 Feb 1952; 'Was Chaucer a Scientist Too?', *The Hindu*（Madras), 6 April 1952.
7. C. Sagan, Cosmos（New York, 1980), 335.〔カール・セーガン『コスモス』上下、木村繁訳、朝日新聞社出版局（1980/2013)〕
8. D. Wootton, *The Invention of Science: A New History of the Scientific Revolution*（London, 2015). このウートンによる立派な論争の書の冒頭の一文、「近代科学は1572年から1704年にかけて発明された」（強調は引用者）は、タイトル〔科学の発明〕に込められた主張そのものだ。しかし著者は、科学革命の重要性を論じる際、それ以前の何世紀かの取り上げるに足る科学については考慮していないことを明らかにしている（とくに573-5を参照)。
9. J. Gribbin, *Science: A History*（London, 2002).
10. W. Camden, 'Certaine Poemes, or Poesies, Epigrammes, Rythmes, and Epitaphs of the English Nation in Former Times', in *Remaines of a Greater Worke*（London, 1605), 2.
11. E. Gibbon, *The History of the Decline and Fall of the Roman Empire,* vol. 6（London, 1788), 519.〔エドワード・ギボン『ローマ帝国衰亡史』中野好夫訳、ちくま学芸文庫（全10巻、1995～1996）など)〕
12. たとえば、当時の英副首相、ニック・クレッグによる、「アイシル〔イラク・レバントのイスラム国〕にいる、こうした野蛮で中世的な輩」といった記述がある。A. Chakelian, 'Nick Clegg: "It's Not Obvious" What the UK Can Do Legally on New Terror Powers', *New Statesman,* 2 Sept. 2014,

め

や

ゆ

よ

ら

り

る

れ

ろ

わ

う

え

索引